全国普通高校电气工程及其自动化专业规划教材

Power Supply and Distribution System in Intelligent Building

智能建筑
供配电系统

江 萍◎主编　　王琮泽　李 可　张 悦 等◎编著
Jiang Ping　　　Wang Zongze　Li Ke　Zhang Yue

清华大学出版社
北京

内 容 简 介

本书主要介绍智能建筑中供配电系统的构成方法、系统计算、设备选择、系统保护、电能质量等方面的基本理论体系。

本书强调理论与规范相呼应,理论与工程相结合,将理论深入浅出地进行了讲解,将工程化解到理论中,促进专业理论知识转化为实际工程应用知识体系。

本书结构紧凑,内容丰富,表述严谨,专业术语和符号均采用国家现行标准,实用性强。编写语言深入浅出,通俗易懂。每章建议性的学习策略还能使读者便于了解知识重点。不仅可作为培养从事供配电系统设计、运行、维护和安装的工程技术人才的专业教材,还可作为相关工程技术人员的培训教材和参考书。

图书在版编目(CIP)数据

智能建筑供配电系统/江萍主编.—北京:清华大学出版社,2013(2022.8重印)

(全国普通高校电气工程及其自动化专业规划教材)

ISBN 978-7-302-30341-1

Ⅰ.①智… Ⅱ.①江… Ⅲ.①智能化建筑—房屋建筑设备—供电系统—高等学校—教材 ②智能化建筑—房屋建筑设备—配电系统—高等学校—教材 Ⅳ.①TU852

中国版本图书馆 CIP 数据核字(2012)第 240840 号

责任编辑:王丽娜 薛 阳
封面设计:李召霞
责任校对:焦丽丽
责任印制:朱雨萌

出版发行:清华大学出版社
    网 址:http://www.tup.com.cn,http://www.wqbook.com
    地 址:北京清华大学学研大厦 A 座   邮 编:100084
    社 总 机:010-83470000   邮 购:010-62786544
    投稿与读者服务:010-62776969,c-service@tup.tsinghua.edu.cn
    质量反馈:010-62772015,zhiliang@tup.tsinghua.edu.cn
    课件下载:http://www.tup.com.cn,010-83470236
印 装 者:北京九州迅驰传媒文化有限公司
经 销:全国新华书店
开 本:185mm×260mm 印 张:25.25   字 数:616 千字
版 次:2013 年 11 月第 1 版   印 次:2022 年 8 月第 9 次印刷
定 价:69.00 元

产品编号:044582-03

前　　言

　　本书可作为高等院校电气工程及其自动化专业、建筑电气与智能化以及建筑电气类专业的本科教材,也可以作为从事供配电专业的相关专业工程技术人员的培训用书和参考书。

　　本书以智能建筑中的电能分配与使用为总体框架,对智能建筑供配电系统的知识结构、内容、应用等方面,以工程观念组织教材内容,将理论和工程实际紧密结合,构建将专业理论知识转化为实际工程应用的知识体系。注重选取新技术、新产品内容,结合新的国家标准和设计规范进行编写,具有理论的系统性和应用的针对性。编写语言深入浅出,通俗易懂。

　　全书共分 11 章,教学内容可以根据不同专业的要求和教学学时的要求进行组合。本书首先简述了供配电系统与电力系统的相互关系,以及在智能建筑中的地位和作用。然后系统地介绍了负荷的计算方法、供配电系统方案的确定方法、短路电流的计算、电气设备选择、供配电系统线缆选择、高低压系统的保护方法、二次回路与配电自动化的基本原理、雷电过电压的防护和电能质量等知识体系。每章介绍了主要学习内容和建议性的学习策略,并留有各种类型的习题供教师和学生选择使用。

　　为适应电气工程专业发展的需求,本书是编写者在查阅了大量书刊、网上信息等相关专业资料,并结合多年的教学经验和工程实践经验的基础上编写而成的。在此向所有参考内容的作者致以衷心的感谢。本书的出版得到了清华大学出版社计算机与信息分社电子信息教材编辑室的关心和重视,还得到了吉林建筑工程学院教学质量建设与教学改革工程项目的关心和资助,谨此表示感谢。

　　全书由吉林建筑大学江萍任主编,负责构思、组织编写和统稿工作。本书第 2、第 6 章由吉林建筑大学王琼泽老师负责编写,第 8、第 9 章由长春建筑学院李可老师负责编写,第 10 章由鞍山师范学院张悦老师编写,第 11 章由吉林省城乡规划设计研究院郎国良和王明编写,其余部分由江萍老师负责编写。本书在编写过程中得到了吉林建筑大学电气与电子信息工程学院的领导和同事们的大力支持,由姜艳兰高工、叶昌怀教授、韩成浩教授和魏立明博士审阅并提出了许多宝贵意见。

　　由于编者水平有限,时间仓促,难免有错漏和不妥之处,敬请广大读者与同行专家批评指正。

编　者

2013 年 8 月

目　　录

第1章　智能建筑供配电系统简介

1.0　内容简介及学习策略

1. 学习内容简介

本章主要介绍电力系统的组成与供配电系统的相互关系,描述了供配电系统中的基本概念、额定电压以及系统运行方式,介绍了建筑供配电系统的组成及智能化的发展趋势,在智能建筑中供配电系统的地位和作用,最后还介绍了本课程的学习内容体系以及供配电系统设计的基本内容。

2. 学习策略

建议的学习策略为先阅读本章目录,以电力系统如何将电能输送到智能建筑中为主线展开学习。学完本章后,读者将能够实现如下目标。
- ☞ 了解电力系统的组成及作用。
- ☞ 掌握系统额定电压的规定及适用范围。
- ☞ 理解中性点运行方式中高压系统与低压系统的不同特点。
- ☞ 学会选择建筑供配电系统中的电压等级。

1.1　电　力　系　统

电能是指电以各种形式做功的能力,它是表示电流做了多少功的物理量。电能的利用是人类社会进入电气时代的第二次工业革命(19 世纪 70 年代到 20 世纪初)的主要标志。电能属于二次能源,可方便地从自然界的一次能源中(如水的势能、核能、风能、太阳能等)转化获得。电能具有清洁、高效、便利、环保、即产即用和易于调控等特点,被广泛应用于社会各个领域。因此,电能的生产量和使用量已成为社会经济发展水平的重要标志之一。

2010 年中国第一、第二、第三产业和居民生活用电的结构为 2.8%:66.5%:14.5%:16.2%,人均用电量达到 1854~1942 千瓦时(kW·h),人均生活电量为 300~315 千瓦时(kW·h)。到 2020 年中国的用电结构将为 2.0%:58.5%:18.5%:21.0%,人均用电量将达到 2660~2920 千瓦时(kW·h),人均生活用电量将达到 560~610 千瓦时(kW·h)。

由于智能建筑中所需要的电能绝大部分是由公共电力系统供给,所以,本节对电力系统的基本知识进行简要介绍。

1.1.1　电力系统的组成

电力系统是经过发电、变电、输电、配电和用电等环节组成的电能生产与消费系统。也就是说,电力系统是由发电厂、电力网和电能用户组成的一个整体系统,实现对电能的生产、传输和使用的功能,如图 1-1(a)和图 1-1(b)所示。

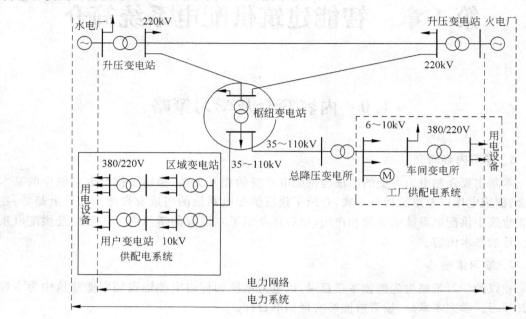

(a) 方案示意图

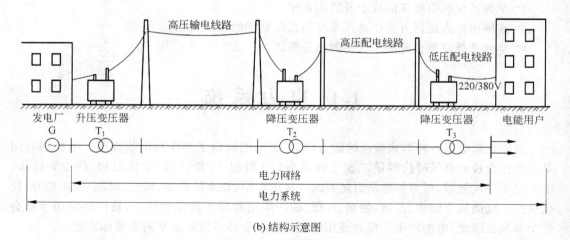

(b) 结构示意图

图 1-1　电力系统示意图

1. 发电厂

发电厂是生产电能的场所,可以把自然界中的一次能源转换为用户可以直接使用的二次能源,即电能。根据发电厂所取用一次能源的不同可分为火力发电厂、水力发电厂、核能发电厂等,此外还有潮汐发电、地热发电、太阳能发电、风力发电等发电方式。

2. 电力网络

电力网络(简称电力网)是连接发电厂和电能用户的中间环节。一般由升压和降压等变配电所(站)以及与之相连接的电力线路组成。负责将发电厂生产的电能传送到电能用户。

1) 变电站

变电站是接受电能、变换电压(或电流)和控制分配电能的场所。电力网中的变电站可分为升压变电站和降压变电站。升压变电站主要是将发电厂发出的电能进行升压处理,以便远距离传输大功率的电能。降压配电变电站是将接受的高压电能进行逐级降压处理,并进行分配,以便用户安全使用。电力系统中的降压配电变电站主要有以下几种类型。

(1) 枢纽变电站是汇集多个电源或连接不同电力系统的重要变电站,它是电力系统中的枢纽点,负责整个系统的电能调节分配。

(2) 区域变电站能将输配电网中的 220kV 或 110kV 等超高电压降压为 35kV 或 10kV 供给地区用电。区域变电站是一个地区和一个中、小城市的主要变电站。

(3) 配电所(开闭所)是对 35kV 或 10kV 同级电压进行配电的场所,其传输能力约为 8000~10 000kW,负荷面积约为 2km²。

(4) 用户变电站是接受区域变电站 35kV 或 10kV 的电能,降压为 0.38/0.22kV 向用电设备供电。

2) 电力线路

电力线路是电能传输的有线通道。通常分为输电线路和配电线路两种类型。

(1) 输电线路的主要任务是负责远距离传输高压电能。它包括发电厂升压后到枢纽变电站的电力线路,连接枢纽变电站的电力线路,以及枢纽变电站到区域变电站的电力线路等。输电线路的输送容量与输电电压的平方成正比。因此,提高输电电压是实现大容量或远距离输电的主要技术手段,也是输电技术发展水平的主要标志。

通常将 35~220kV 的输电线路称为高压线路(High Voltage,HV),330~750kV 的输电线路称为超高压线路(Extra-High Voltage,EHV),750kV 以上的输电线路称为特高压线路(Ultra-High Voltage,UHV)。

(2) 配电线路是将电能从区域变电站降压后传输到电能用户的电力线路。它包括区域降压变电站到用户配电变压器的电力线路,或用户配电变压器到用电单位的电力线路等。

将交流额定电压为 1kV 以上的电压称为高电压配电线路;将交流额定电压在 1kV 以下、直流不超过 1500V 的电压称为低压配电线路。

3. 电能用户

使用电能的所有单位均称为电能(或称电力)用户。电能用户通过用电设备将电能转换为满足用户需求的其他形式的能量,如机械能、光能或热能等。电能用户根据用户的性质可分为工业用户、农业用户、市政商业用户和居民用户;根据供电电压又可分为高压用户和低压用户。高压用户的额定电压在 1kV 以上,低压用户的额定电压为 380/220V。

1.1.2　电力系统的运行特点

1. 电能的产用平衡

电能无法大量存储,故电能的生产、输送、分配和使用都必须在同一时间内完成。电能的生产必须时刻保持与使用平衡。因此,电力系统需在各个环节和不同层次设置相应的信息与控制系统,以便对电能的生产和输运过程进行测量、调节、控制、保护、通信和调度,确保用户获得安全、经济、优质的电能。

2. 电力系统的暂态过程迅速

电力系统中的暂态过程是非常迅速的，开关的操作、系统内出现的短路故障等过程都是瞬间完成的，并伴随暂态过程中电压或电流波动变化的出现。为维护电力系统正常运行，需要设置一系列监视、测量、控制、保护的自动装置，以及通信、运行、维护、管理的信息系统。

3. 电能的生产非常重要

由于电能的应用已经成为社会生活的重要组成部分，中断供电将会造成不可估量的严重后果。因此，电能的生产在国民经济中具有重要地位，电力系统的规模和技术水准已成为一个国家经济发展水平的标志之一。

1.2　电力系统的额定电压

额定电压(Rated Voltage)是指能使电气设备长期运行时最经济的工作电压。电力系统的额定电压是指系统中各类电气设备长期运行时的正常工作电压。电力系统中的电气设备主要包括发电机、变压器、电力线路、用电设备等。

在额定电压下，各类电气设备都能工作在最佳状态，电器的性能才比较稳定，并具有最大的经济效益。

1.2.1　额定电压的规定

在电力系统中，使用三相交流电路向用户远距离传输电能。根据理论推导，传输电能的电流与电压成反比，即

$$I = \frac{S}{\sqrt{3}U}$$

式中：I——线路传输电流，A；

　　　S——视在功率或线路传输容量，kV·A；

　　　U——线路传输电压，kV。

对电力网络来说，当传输容量一定时，传输电压越高，传输电流将越小，获得的经济利益越大。例如，由于电流的减小，传输导体的截面变细，使用的有色金属量(铜或铝)减少；传输线路上的功率损耗($\Delta P = I^2 R$)大幅减少；传输线路上的电压损耗($\Delta U = IR$)减小等。但是，电压的升高会对电气设备的绝缘能力要求很高，会对设备制造和电力网络控制的技术水平提出更高的要求。对电能用户来说，高电压不利于使用者的安全操作。对设备制造业来说，为保证产品的标准化和系列化，不应任意确定线路的电压。

国际电工委员会(International Electrotechnical Commission，IEC)提出在任意国家和地区内，相邻两级电压之比不应小于二倍的原则，并提供了可以选择采用的电压等级系列。中国根据国民经济发展的需要，制造水平和发展趋势等各类因素，规定了电力系统及电力设备的额定电压级别系列，即规定了标准电压等级系列或称标称电压。电力系统的标称电压为系统设计选定的电压。这一规定有利于电器制造业的生产标准化和系列化，有利于设计

的标准化和选型,有利于电器的互相连接和更换,有利于备件的生产和维修等。

中国国家标准《标准电压》(GB 156—1993)规定的部分额定电压值如表 1-1 所示。

表 1-1　中国三相交流电网额定电压和系统平均额定电压

电网和用电设备额定电压/kV	交流发电机额定电压/kV	电力变压器额定电压/kV		系统平均额定电压/kV
		一次绕组	二次绕组	
0.22	0.23	0.22	0.23	0.23
0.38	0.40	0.38	0.40	0.40
0.66	0.69	0.66	0.69	0.69
3	3.15	3 3.15	3.15 3.3	3.15
6	6.3	6 6.3	6.3 6.6	6.3
10	10.5	10 10.5	10.5 11	10.5
—	13.8 15.75 18	13.8 15.75 18	— 	—
(20)	(20)	(20) (21)	(21) (22)	(21)
35	35	35	38.5	37
66	—	66	69	69
110	—	110	121	115
220	—	220	242	231
330	—	330	363	347
500	—	500	550	525

说明:圆括号中的数据为用户有要求时使用。

表中 0.66kV、3kV 及 6kV 电压一般在工业供配电系统设计时采用,在民用建筑电气供配电系统设计中基本不采用。从表中数据可以看到,在同一电压等级下,各种设备的额定电压并不完全相等。为使各种相互连接的电气设备都能运行在较为有利的电压下,各种电气设备的额定电压之间应相互配合。

在中国,不同地区电力网络的额定电压系列不同,主要有 330kV/110kV/35kV/10kV,500kV/220kV/110kV/35kV/10kV,500kV/220kV/66kV/10kV。由于各区域电力网络的电压标准不一致,其相互间的联网运行存在困难。

目前,中国最高的交流电压等级为 1000kV(长治—荆门线),于 2008 年 12 月 30 日投入运行。中国最高的直流电压等级为正负 500kV(葛洲坝—上海南桥线等),南方电网公司将建设正负 800kV 特高压直流输电线。

1.2.2　电力设备额定电压的确定

当线路传输一定功率的电能时,沿线路有电压损失。传输功率越大,线路上的电压损失越大。在同一个额定电压等级下的线路中,线路上各点的实际电压是不相等的,距离电源越远的点实际电压越低。电力系统各点的实际运行电压允许在一定程度上偏离其额定电压，在这一允许偏离范围内，各种电力设备及电力系统本身仍能正常运行。

1. 用电设备的额定电压(U_r)

用电设备的额定电压U_r应与所取用电能的电力网络的额定电压（标称电压U_N）相一致。即

$$U_r = U_N$$

大部分用电设备为感性负载，以系统的标称电压作为用电设备的额定电压，只要在同一电压等级电力网中各点取用电能，能使线路沿线的实际电压与额定电压的偏差不致太大，保证电气设备正常工作。国家对各级电网的电压偏差均有严格规定，详细内容请查阅第11章电能质量。用电设备应具有比电网电压允许偏差更宽的正常电压范围。

2. 发电机的额定电压($U_{r\cdot G}$)

发电机的额定电压$U_{r\cdot G}$一般比同级电力网络的额定电压（标称电压U_N）高出5%，用于

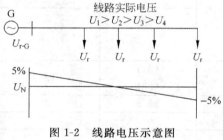

图1-2　线路电压示意图

补偿线路上的电压损失，即

$$U_{r\cdot G} = 1.05 U_N \qquad (1\text{-}1)$$

由于用电设备一般允许的电压偏差为±5%，沿线电压损失一般为10%，线路的始端电压应比标称电压高出5%，而线路末端电压不应低于标称电压的5%。发电机多接于线路的始端，因此发电机的额定电压应比线路的标称电压高5%，如图1-2所示。

3. 变压器的额定电压($U_{r\cdot T}$)

变压器一次侧接电源，对电力网而言相当于用电设备，二次侧向负荷供电，相当于电源。因此，变压器额定电压的确定应考虑一次侧和二次侧两种情况，二次侧还应考虑与供电负荷的距离远近因素。

1) 变压器一次侧的额定电压($U_{1r\cdot T}$)

变压器一次侧额定电压$U_{1r\cdot T}$应等于用电设备的额定电压U_r。如果直接和发电机相连接，则变压器的一次侧额定电压$U_{1r\cdot T}$应等于发电机的额定电压$U_{r\cdot G}$，即

$$U_{1r\cdot T} = U_r \quad \text{或} \quad U_{1r\cdot T} = U_{r\cdot G} = 1.05 U_N \qquad (1\text{-}2)$$

2) 变压器二次侧的额定电压($U_{2r\cdot T}$)

由于变压器二次额定电压$U_{2r\cdot T}$规定为空载时的电压，在满载工作时需要考虑提供5%的绕组内的电压损失。当远距离线路向负荷提供电能时，还需要再考虑线路上的电压损失。因此，分两种情况来确定变压器二次侧的额定电压$U_{2r\cdot T}$。

(1) 当变压器向用电设备（负荷）远距离供电时，变压器二次侧的额定电压$U_{2r\cdot T}$应比电力系统的标称电压U_N高出10%。其中，5%用于补偿变压器满载供电时，一、二次绕组的电压损失，另外5%用于补偿线路上的电压损失。即

$$U_{2r\cdot T} = 1.1 U_N \qquad (1\text{-}3)$$

(2) 当变压器向用电设备近距离供电时，变压器二次侧额定电压$U_{2r\cdot T}$应比电力系统的标称电压U_N高出5%。其中，5%仅用于补偿变压器满载供电时一、二次绕组的电压损失，

不考虑线路上的电压损失。即

$$U_{2r \cdot T} = 1.05U_N \tag{1-4}$$

图 1-3(a)、图 1-3(b)为电力系统中的各种电气设备的额定电压的确定示例。

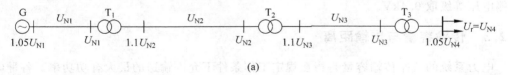

(a)

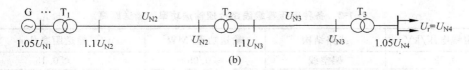

(b)

图 1-3　发电机、变压器、用电设备的额定电压的确定

4. 系统的平均额定电压(U_{av})

对于整个电力系统而言,存在多个电压等级。在同一个电压等级的线路中,由于线路上分布阻抗的存在,线路上各点的电压值不同。在进行短路电流计算等问题上,需要电压等级归算来简化计算。因此,对每一电压等级的系统标称电压都规定了一个系统平均额定电压,并认为线路上任何一点的电压都是系统的平均电压,这样产生的误差是可以接受的。

系统平均额定电压 U_{av} 是指在同一等级的电力线路中,线路始端供电设备的额定电压和线路末端用电设备的额定电压的平均值。即

$$U_{av} = \frac{1.1U_N + U_N}{2} = 1.05U_N \tag{1-5}$$

例 1-1　在如图 1-3(b)所示的电力系统中,已知:$U_{N1}=6kV$,$U_{N2}=110kV$,$U_{N3}=10kV$,$U_{N4}=0.38kV$。试确定发电机、变压器 T_1、T_2、T_3 的额定电压及各段线路上的平均额定电压。

解:发电机 G 的额定电压 $U_{r \cdot G}$ 为

$$U_{r \cdot G} = 1.05U_{N1} = 1.05 \times 6 = 6.3(kV)$$

变压器 T_1 一次侧与发电机直接相连接,故一、二次侧的额定电压 $U_{1r \cdot T1}$ 和 $U_{2r \cdot T1}$ 为

$$U_{1r \cdot T1} = U_{r \cdot G} = 1.05U_{N1} = 1.05 \times 6 = 6.3(kV)$$

$$U_{2r \cdot T1} = 1.1U_{N2} = 1.1 \times 110 = 121(kV)$$

变压器 T_2 一、二次侧的额定电压 $U_{1r \cdot T2}$ 和 $U_{2r \cdot T2}$ 为

$$U_{1r \cdot T2} = U_{N2} = 110(kV)$$

$$U_{2r \cdot T2} = 1.1U_{N3} = 1.1 \times 10 = 11(kV)$$

变压器 T_3 一、二次侧的额定电压 $U_{1r \cdot T3}$ 和 $U_{2r \cdot T3}$ 为

$$U_{1r \cdot T3} = U_{N3} = 10(kV)$$

$$U_{2r \cdot T3} = 1.1U_{N4} = 1.1 \times 0.38 \approx 0.4(kV)$$

线路 U_{N2} 和 U_{N3} 段系统平均额定电压分别为 U_{2av} 和 U_{3av}

$$U_{2av} = 1.05U_{N2} = 1.05 \times 110 = 121(kV)$$

$$U_{3av} = 1.05U_{N3} = 1.05 \times 10 = 10.5(kV)$$

在 $U_{2r.T3}$ 的计算过程中,计算值为 0.418kV,查表 1-1 知规定值为 0.4kV,故应按国家标准电压取值为 0.4kV。

对于 10/0.4kV 配电变压器,二次侧与负荷的供电距离通常为近距离,故配变压器的二次侧电压等级取 0.4kV。

1.2.3　传输容量与传输距离

电力系统的线路传输容量是指在规定工作条件下允许输送的最大有功功率。各种电压等级线路的传输容量与传输距离如表 1-2 所示。

表 1-2　各种电压等级线路合理输送功率和输送距离

额定线电压/kV	线路结构	输送功率/MW	输送距离/km
0.22	架空线	≤0.05	≤0.15
0.22	电缆线	≤0.1	≤0.20
0.38	架空线	<0.1	≤0.25
0.38	电缆线	<0.175	≤0.35
3	架空线	0.1～1	1～3
3	电缆线	0.175～1.5	≤1.8
6	架空线	0.1～1.2	4～15
6	电缆线	≤3	≤8
10	架空线	0.2～2	6～20
10	电缆线	≤5	≤10
35	架空线	2～15	20～50
66	架空线	3.5～30	30～100
110	架空线	10～50	50～150
220	架空线	100～500	200～300
330	架空线	200～8000	200～600
500	架空线	1000～1500	150～850
750	架空线	2000～2500	>500
1000	架空线	>3000	1000～1500

输电网主要完成电能远距离输送功能。电压等级在 220～1000kV 之间的一般为输电电压。配电网主要完成电能的降压处理,并按一定方式分配至电能用户。电压等级在 110kV 及以下的为配电电压。其中,35～110kV 的配电网为高压配电网,3～35kV 的配电网为中压配电网,1kV 以下的配电网为低压配电网。

1.3　供配电系统的中性点运行方式

供配电系统的中性点运行方式就是指中性点与大地的电气联结方式。在供配电系统中,当变压器或柴油发电机的绕组为星形连接时,其中性点有直接接地、不接地和经消弧线圈接地三种运行方式。接地是指以大地为参考零电位所建立的电气联系。不同的中性点运行方式,会影响系统运行的可靠性、设备的绝缘性、通信的干扰性以及继电保护方式等。

中国 3~60kV 供配电系统一般采用中性点不接地的运行方式，以提高供电的可靠性。当 3~10kV 系统的接地电流大于 30A，以及 35~60kV 系统接地电流大于 10A 时，应采用中性点经消弧线圈接地的运行方式。110kV 及以上的供配电系统为降低设备绝缘性，要求采用中性点直接接地的运行方式。1kV 以下低压配电系统考虑单相负荷的使用安全，通常采用中性点直接接地的运行方式。

1.3.1　中性点接地系统

如图 1-4 所示，中性点接地系统是指中性点（N）直接接地或经小电阻接地的系统，也称为大接地电流系统。这种系统如果有一相对地绝缘破坏而发生接地短路故障时，会构成单相短路回路，故障电流 I_k 值很大，能使继电保护装置迅速动作切断电源中断供电。由于中性点的钳位作用，能使非故障相对地电压不变，电气设备绝缘水平可按相电压考虑。因此，这种运行方式的供电可靠性低，对系统绝缘要求不高，故障电流会产生很大的电磁干扰作用。

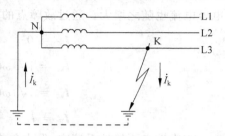

图 1-4　中性点接地系统的单相接地回路

1.3.2　中性点不接地或经消弧线圈接地系统

中性点不接地系统是指中性点（N）不接地或经高阻抗（如消弧线圈）接地的系统，又称为小接地电流系统。正常运行时，各相对地分布电容相同，三相对地电容电流对称且相量和为零，各相对地分布电压为相电压。

1. 中性点不接地系统

如图 1-5 所示为中性点不接地系统 L3 相发生单相接地故障时的回路。故障相、非故障相以及中性点的对地电压和对地电容电流均会发生变化。

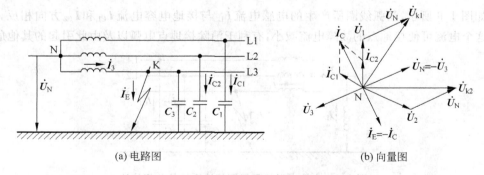

(a) 电路图　　　　　　　　　　(b) 向量图

图 1-5　中性点不接地系统的单相接地

1）各相对地电压

根据基尔霍夫电压定律，故障相 L3 的对地电压 $\dot{U}_\mathrm{k3}$、中性点对地电压 $\dot{U}_\mathrm{N}$、非故障相对地电压 $\dot{U}_\mathrm{k1}$ 和 $\dot{U}_\mathrm{k2}$ 分别为

$$\dot{U}_\mathrm{k3} = 0$$

$$\dot{U}_{\mathrm{N}} = -\dot{U}_3$$

$$\dot{U}_{\mathrm{k1}} = \dot{U}_1 + \dot{U}_{\mathrm{N}} = \dot{U}_1 - \dot{U}_3 = \sqrt{3}\,\dot{U}_3\,\mathrm{e}^{-\mathrm{j}150°}$$

$$\dot{U}_{\mathrm{k2}} = \dot{U}_2 + \dot{U}_{\mathrm{N}} = \dot{U}_2 - \dot{U}_3 = \sqrt{3}\,\dot{U}_3\,\mathrm{e}^{+\mathrm{j}150°}$$

上式表明,中性点不接地系统发生单相接地故障时,故障相对地电压为零,非故障相对地电压升高为相电压的 $\sqrt{3}$ 倍,中性点对地电压会升高到相电压,系统的线电压维持不变。

2) 各相对地电容电流

由于故障相对地电容被短接,故其对地电容电流为零。非故障相对地电压升高,其对地电容电流也随之增大。通过故障点的电流 $\dot{I}_{\mathrm{E}}$ 等于电源相电流 $\dot{I}_3$。即

$$\dot{I}_{\mathrm{k3}} = 0$$

$$\dot{I}_{\mathrm{k1}} = \mathrm{j}\sqrt{3}\,\omega C_1\,\dot{U}_3\,\mathrm{e}^{-\mathrm{j}150°} = \sqrt{3}\,\omega C\,\dot{U}_3\,\mathrm{e}^{-\mathrm{j}60°}$$

$$\dot{I}_{\mathrm{k2}} = \mathrm{j}\sqrt{3}\,\omega C_2\,\dot{U}_3\,\mathrm{e}^{+\mathrm{j}150°} = \sqrt{3}\,\omega C\,\dot{U}_3\,\mathrm{e}^{-\mathrm{j}120°}$$

$$\dot{I}_{\mathrm{E}} = \dot{I}_3 = -(\dot{I}_{\mathrm{k1}} + \dot{I}_{\mathrm{k2}}) = \mathrm{j}3\omega C\,\dot{U}_3$$

在中性点不接地系统中,发生单相接地故障时,通过故障点的电流不大,仅为正常时单相对地电容电流的 3 倍。

以上分析表明,中性点不接地系统发生单相接地故障时,虽然各相对地电压发生了变化,单个相间的线电压仍能保持三相对称,且通过故障点的故障电流比较小,因而系统可以继续运行一段时间。供电规程规定单相接地后继续运行不得超过 2h。由于非故障相和中性点对地电压的升高,故要求电气设备的绝缘能力必须按线电压考虑。若接地点不稳定,还会产生间歇性断续电弧,致使过电压严重,影响绝缘能力。

2. 中性点经消弧线圈接地

当中性点不接地的运行方式单相接地电流超过规定值时,为避免产生间歇性断续电弧,中性点应经高阻抗的电弧线圈接地,以减小接地电弧电流,使电弧容易熄灭。

如图 1-6 所示,消弧线圈所产生的电感电流 $\dot{I}_{\mathrm{L}}$ 与接地电容电流 $\dot{I}_{\mathrm{C1}}$ 和 $\dot{I}_{\mathrm{C2}}$ 方向相反,适当调节这个电流可使接地点的故障电流减小,有利于消除接地点电弧以及由此引起的其他危害。

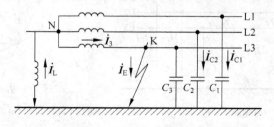

图 1-6 中性点经消弧线圈接地系统的单相接地

消弧线圈对电容电流的补偿有三种方式:

① 全补偿 $\dot{I}_{\mathrm{L}} = \dot{I}_{\mathrm{C}}$;

② 欠补偿 $\dot{I}_{\mathrm{L}} < \dot{I}_{\mathrm{C}}$;

③ 过补偿 $\dot{I}_{\mathrm{L}} > \dot{I}_{\mathrm{C}}$。

采用全补偿方式时,其容抗和感抗相等,满足了电磁谐振条件,发生单相接地故障时,消弧线圈上会产生很大的电压降,可能造成设备绝缘损坏。采用欠补偿方式时,若有部分线路停止运行时,有可能出现完全补偿形式。采用过补偿方式时,正常运行时中性点对地电压为零,消弧线圈没有电流通过,发生单相接地故障时有很小的电流流过,既能保证电弧容易熄灭,又不会过渡到全补偿方式。因此,在电力系统中一般不采用全补偿方式,而采用过补偿方式。

1.3.3　低压配电系统的形式

1. 带电导体系统的形式

在低压配电系统中,带电导体是指在正常运行时有工作电流流过的导体,即相线和中性线。中国带电导体系统的形式有单相两线制、两相三线制、三相三线制和三相四线制。单相两线制用于单相负荷的用电设备配电。两相三线制用于向需要相电压和线电压的单相负荷的用电设备配电。三相三线制用于对称的三相负荷的用电设备配电。三相四线制用于既有单相负荷,又有三相负荷的用电设备配电。

2. 低压配电系统接地形式

低压配电系统的接地形式是指系统中性点接地和保护线(PE)与系统相连接的方式。电源侧的接地称为系统接地,负载侧的接地称为保护接地。常用名词解释如下。

中性线导体 N——引自电源中性点的导体,又称工作零线。具有通过单相负载的工作电流,通过三相电路中的不平衡电流,具有使不平衡三相负载上的相电压保持平衡等作用。因此,中性线导体不允许断开。

保护线导体 PE——防止触电将电气设备或线路的金属外壳、接地母线、接地端子、接地极、接地金属部件等作电气连接的导线或导体,又称保护零线。

保护中性线导体 PEN——中性线导体 N 与保护线导体 PE 共为一体,具有中性线导体和保护线导体两种功能的导体。

国际电工委员会(IEC)标准规定的低压配电系统接地有 TN 系统、TT 系统和 IT 系统三种方式。系统接地形式以拉丁字母作代号,其意义如下。

第一个字母表示电源端与地的关系。T 表示系统电源端有一点直接接地;I 表示系统电源端所有带电部分不接地或有一点通过高阻抗接地。

第二个字母表示电气装置的外露可导电部分与地的关系。T 表示电气装置的外露可导电部分直接接地,与系统电源端的接地点无电气连接;N 表示电气装置的外露可导电部分通过保护线导体与系统电源端接地点有直接的电气连接。

在 TN 系统中,短横线(-)后的字母用来表示中性导体与保护导体的组合情况。C 表示中性线导体和保护线导体是合二为一;S 表示中性线导体和保护线导体完全分开独立;C-S 表示系统中的中性线导体和保护线导体一部分是合一,另一部分分开。

1) TN 系统

TN 系统的电源端中性点直接接地,并有中性线引出。用电设备金属外壳用保护线导体与中性点连接。按照中性线(工作零线)与保护线(保护零线)的组合情况,TN 系统又分以下三种形式,如图 1-7 所示。

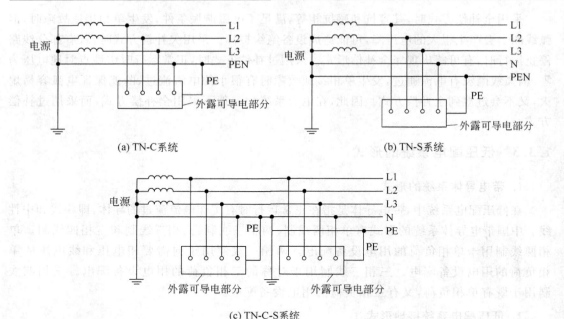

(a) TN-C 系统　　　　　　　　　　　　　　(b) TN-S 系统

(c) TN-C-S系统

图 1-7　TN 系统接地形式示意图

（1）TN-C 系统，又称为三相四线制系统，如图 1-7(a)所示。系统中的工作零线和保护零线的功能合在一根导线上，即 PEN 线。当系统三相负荷不平衡或只有单相负荷或谐波分量较大时，PEN 线上有较大的工作电流通过，会使电气装置的外露可导电部分在正常情况下处于危险的带电状态。因此，这种系统仅适用于三相平衡的负载场所。

（2）TN-S 系统，又称为三相五线制系统，如图 1-7(b)所示。系统中的工作零线 N 和保护零线 PE 从电源端中性点开始严格分开。正常工作时，保护零线上没有工作电流通过，所有设备的外露可导电部分均与 PE 线相连，处于安全的不带电状态。这种系统适用于对安全可靠性要求较高的场所。

（3）TN-C-S 系统，如图 1-7(c)所示。系统中的工作零线与保护零线有一部分共用，又有一部分分开，兼具 TN-C 系统和 TN-S 系统的特点。当 TN-C 部分的工作零线 N 出现较大的工作电流时，会导致 TN-S 部分的保护零线 PE 上带电。因此，为保证 PE 线与 N 线分开后的部分完全具备 TN-S 系统的功能，通常在 PE 线和 N 线的分开点作重复接地处理。

2）TT 系统

如图 1-8 所示。TT 系统的电源中性点直接接地，用电设备金属外壳用保护线接至与电源端接地点无关的接地极。N 线和 PE 线分别接地，能隔离相互间的电磁联系，适用于数据处理用电设备和精密检测装置的配电。

3）IT 系统

如图 1-9 所示。IT 系统的电源端中性点不接地或经高阻抗接地，用电设备金属外壳直接接地。IT 系统属于小接地电流系统，在发生单相接地故障时，仍能维持三相电压平衡，三相设备仍能继续工作。但同时另两个非故障相对地电压会升高到线电压，此时若再发生一相单相接地故障，将发展为两相接地短路，导致供电中断。这种系统适用于某些对不间断供电要求高的场所。

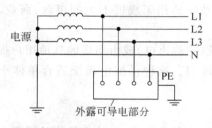

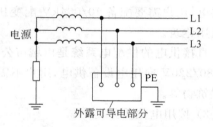

图 1-8　TT 系统接地形式示意图　　　　　图 1-9　IT 系统接地形式示意图

1.4　建筑供配电系统

供配电系统是在电力系统中将电能降压后传输给某地区或某工业企业的电力用户的电力网。它是电力系统中的重要组成部分,传输的电能通常是从电源端单方向流向用户端。按工业建筑和民用建筑分类,通常将向市政、商业和居民等民用建筑供配电的系统称为民用供配电系统或建筑供配电系统。如果建筑物为智能建筑,则将向智能建筑电气工程提供电能的供配电系统称为智能建筑供配电系统。将向工业企业提供电能的系统称为工厂供配电系统。

1.4.1　建筑供配电系统的组成及分类

1. 建筑供配电系统的组成

建筑供配电系统由一次部分和二次部分组成。一次部分是用于变换电压和传输电能的电路。其主要设备有高压(10～35kV)配电线路、配变电站、低压配电线路、避雷器、无功补偿装置等。二次部分是用于监测一次设备的运行参数、保护一次电路及设备、控制开关的投切的电路。其主要设备有测量仪表、保护装置、自动装置、操作电源、开关控制装置等。

一次侧电路在传输电能的同时,二次侧电路对一次侧电路进行监测、保护、控制。二次侧配合一次侧工作,构成一个完整的供配电系统。

2. 建筑供配电系统分类

1) 按用户的用电规模分类

电能用户的用电规模是指用电量和供电范围。用电规模越大,供电的电压等级就会越高。建筑供配电系统通常分为二级降压、一级降压和低压直接供电系统。

二级降压的供配电系统通常是由总降压站将 110kV 或 35kV 电压降第一级降压为 10kV 电压后送到分配变电站或用户配变电站,再由分配电站或用户配电站将 10kV 电压降第二级降压至低压 380/220V 向用电设备供电。若有 3(6)kV 高压用电设备,需要一次降压到 3(6)kV,一些回路向高压设备供电,另一些回路再经变压器降到低压 380/220V 向用电设备供电。二级降压的供配电系统适合大型建筑物、特大型民用建筑群、工业企业等电能用户。

一级降压的供配电系统是由用户配变电站将高压 10kV 降到低压 380/220V 向用电设

备供电,用户需要配备 10/0.4kV 配变压器。这种系统适用于规模不大的市政、商业、居民等民用建筑。

直接供电的供配电系统是由城市公共电力系统(简称市电)或由周边的其他用户提供低压 380/220V 向用电设备供电,用户不需要配备变压器。这种供配电系统适合单体小型民用建筑物等。

2) 按用电性质分类

用户的用电性质主要有照明、动力及应急等用电设备。因此,在建筑物内的供配电系统中又有照明系统、动力配电系统、应急系统等。

1.4.2　建筑供配电系统中的电压等级

一般情况下,大多数民用建筑供配电系统的供电电压在 10kV 及以下,少数大型民用建筑物或建筑群的供电电压在 35kV 以下。

用电单位的供电电压等级应根据用电负荷容量、设备特征、供电距离、当地公共电网现状及发展规划等因素,考虑技术经济因素后确定。

城镇的高压配电系统宜采用 10kV,低压配电系统应采用 380/220V。建筑供配电系统电压等级选择如表 1-3 所示。

表 1-3　建筑电气供电电压等级的选择

用户容量		供电电压/kV	备　注
用电设备总容量/kW	变压器容量/kVA		
≥250	≥160	10 或 6	当采用 35kV 配电经济合理时,可采用 35/0.4kV 直降方式
<250	<160	0.22/0.38	特殊情况也可高压供电

1.4.3　建筑供配电系统的发展趋势

由于建筑业的不断发展,对电能的需求量和用电规模以及管理水平提出了更高的要求。如,10kV 高压供电的方式,逐步淘汰 6kV 等级电压供电,提高了电能供应能力和电能质量。实施节能环保策略,全面规划并合理确定系统方案,有效防止电磁污染及声光污染,采取综合治理措施,以确保人居环境的安全,保护生态环境。推广成熟有效的节能措施,配合建筑物内其他专业进行有效节能,广泛使用配电自动化系统及智能化系统。

目前,配电管理自动化系统(Distribution Management System,DMS)发展迅速。配电管理自动化系统 (DMS)是指利用现代电子计算机、通信及网络技术,将配电网在线数据和离线数据、配电网数据和用户数据、电网结构和地理图形进行信息集成,构成完整的自动化系统,实现配电网及其设备正常运行及事故状态下的监测、保护、控制、用电和配电管理的现代化。配电自动化系统主要包括变电站自动化系统、10kV 馈线自动化系统、用户自动化系统和配电管理系统等。

变电站自动化系统是指应用自动控制技术和信息处理与传输技术,通过计算机软硬件系统或自动装置代替人工对变电站进行监控、测量和运行操作的一种自动化系统。10kV 馈线自动化系统主要是完成 10kV 馈电线路的监测、控制、故障诊断、故障隔离和网络重构。配电管理系统是指用现代计算机、信息处理及通信等技术,并在 GIS(Geographic

Information System)平台支持下对配电网的运行进行数据采集和监视控制(Supervisory Control And Data Acquisition,SCADA)、配电网运行管理、用户管理和控制、自动绘图设备管理地理信息系统(AM/FM/GIS)等。

民用建筑供配电系统的发展趋势为能够根据各个不同用户的需要,提供多品质的灵活、可靠、敏捷的电能服务。用户也可以自由地选择电力品质、种类和供应者。系统中不仅具有完善的分布电源和蓄能系统,保证不间断供电,还应具有完善的需求管理和信息的实时双向传输,以保证供配电设备的高可靠性、免维护、智能化、可通信、在线监控和远程故障诊断等使用功能。

1.5　智能建筑电气工程

智能建筑是将现代建筑技术与计算机技术、网络技术、信息技术和控制技术相融合,能为人类提供安全、舒适、节能、高效、成本低廉的居住与工作空间。在智能建筑中,采用系统集成技术实现各种信息优化组合,并赋予建筑物感知能力、控制能力、分析能力、判断能力和响应能力。智能建筑为实现以人为本而达到节约能源、保护环境和可持续发展的目标奠定了基础。

1.5.1　智能建筑的定义及特征

根据中国 GB/T50314—2006《智能建筑设计标准》,智能建筑的定义内容为:智能建筑(Intelligent Building,IB)是以建筑物为平台,兼备信息设施系统、信息化应用系统、建筑设备管理系统、公共安全系统等,集结构、系统、服务、管理及其优化组合为一体,向人们提供安全、高效、便捷、节能、环保、健康的建筑环境。

在智能建筑中,实现各种功能的系统有很多,每一类系统中又包含多个子系统,如设备自动化系统中含有楼宇供配电系统、照明监控系统、环境监控系统等。通信自动化系统中包含有线电视系统、楼宇电话系统、卫星通信系统等。安全防卫自动化系统中包含入侵报警系统、电视监控系统、巡更系统。对内,智能建筑的多个系统既能独立运行,又能相互交换信息协调运行,与人文、环境相结合成为有机集合体。对外,智能建筑通过互联网与外部社会融合为一体,形成一个具有开放性的复杂系统,与社会信息化、社会经济发展、管理模式、装备技术发展等有着密切关系。

智能建筑的系统集成就是将其中的各类系统,通过计算机网络集成为一个相互关联的协调系统。一般来说,系统集成过程需要经历子系统功能级集成到控制网络集成,而后再到信息系统与信息网络集成,实现信息、资源共享,控制模式能按需要配置与整合,达到安全、舒适、节能、便利和低成本的运行目标。

1.5.2　智能建筑中的电气工程

智能建筑主要由楼宇自动化系统(Building Automation System,BAS)、通信网络系统(Communication Network System,CNS)、信息网络系统(Information Network System,INS)、结构化综合布线系统(Structrue Cabling System,SCS)、系统集成中心(SIC)组成。

BAS、CNS和INS通过SCS和计算机网络技术构成符合智能建筑功能要求的建筑环境。

楼宇自动化系统(BAS)是将建筑物或建筑群内的空调与通风、变配电、照明、给排水、热源与热交换、冷冻和冷却及电梯和自动扶梯等系统,以监视、控制和管理为目的而构成的综合系统。广义而言 BAS 包含建筑设备控制系统、安全防范系统(Security Automation System,SAS)、消防报警系统(Fire Automation System,FAS)等系统进行监控管理,确保建筑物内环境的舒适、安全、高效、节能等要求。狭义上讲,BAS 专指建筑设备控制系统。图 1-10 为广义 BAS 监控管理范围示意图。

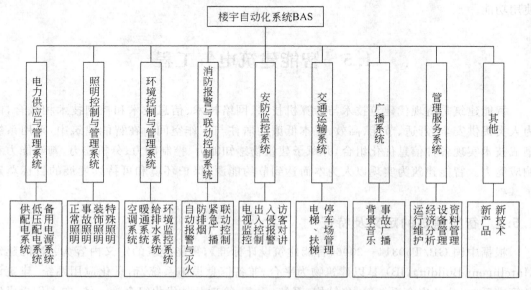

图 1-10　BAS监控管理范围示意图

BAS 系统利用计算机网络和接口技术将各个系统集成在一起,形成一个综合集成化的实时动态监控与管理系统。

通信网络系统(CNS)是建筑物内语音、数据、图像等信息传输系统。通过通信网络系统,可以实现与外部通信网络连接。如公用电话网、综合业务数据网、互联网、数据通信网及卫星通信网等。

信息网络系统(INS)是建筑物中各类信息流通的公共通道和交换枢纽。它应用计算机技术、通信技术、多媒体技术、信息安全技术和行为科学等先进技术和设备构成信息网络平台,提供语音、数据、图像等多媒体通信条件。借助于这个平台实现信息共享、资源共享,开展各种应用业务,如电子商务、远程教育。

智能建筑电气工程可分为强电工程和弱电工程。强电工程主要包括电力供应与管理系统和照明控制管理系统;弱电系统主要是依靠电能来传递、处理和控制各类信息。如建筑设备自动化系统、通信网络系统和信息网络系统等。

智能建筑中供配电系统的功能主要表现在两个方面,一方面是提供安全、可靠、便利和高质量的电能供智能建筑内所有工程及用户使用;另一方面实现绿色节能调控管理功能。

智能建筑管理功能主要有能源管理、维护管理、收费管理等内容。能源管理包括记录电能、燃气、水等的使用量,进行数据分析,努力降低能耗费用。维护管理包括支持编制维护计划、进行检查维护、做好记录、提供分析结果,降低维护费用。收费管理含有编制收费清单、查询历史记录、提供收费信息等,节省人力物力。

1.6　供配电系统设计的基本内容

1. 本课程主要学习内容

本课程主要内容是为民用建筑供配电系统以及智能建筑供配电系统的构建、负荷计算、设备选择、保护整定等方面奠定理论知识基础,以设计为主,运行维护为辅。本课程主要内容的相互关系如图 1-11 所示。

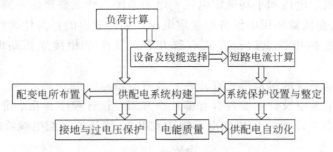

图 1-11　本课程内容体系

通过对本课程的学习,掌握建筑供配电系统工程的基本理论体系,初步具备设计、施工、监理、运行维护等应用能力。

2. 供配电系统设计的内容

供配电系统设计主要完成接受 10kV 高压电能,并进行低压 380/220V 降压处理后,分配给建筑物内的各种用电设备。设计内容有配变电所设计、供配电线路设计、照明设计和防雷接地设计等。

1) 配变电所设计内容

变电所设计的内容主要包括确定变电所高、低压系统主接线方案,确定自备电源,确定变电所位置,确定二次回路方案及继电保护的选择与整定,进行负荷计算、无功补偿计算和短路电流计算,选择变压器,选择开关设备及线缆,设计变电所内的电气照明,设计防雷保护与接地装置等。

2) 供配电线路设计的内容

供配电线路设计主要包括供电电源、电压等级和供电线路的确定,建筑物内部高压和低压配电系统的设计。

3. 供配电系统设计程序

1) 初步设计

初步设计阶段应收集相关图纸及技术要求,并向当地供电部门、气象部门、消防部门等收集相关资料。选择合理的供电电源和电压等级采取合理的防雷措施及消防措施,进行负荷计算确定最佳供配电方案。提出主要设备及材料清单、编制概算、编制设计说明书。报上级主管部门审批。

2）施工图设计

施工图设计阶段在初步设计方案经上级主管部门批准后进行。主要内容有校正并扩大初步设计阶段的基础资料和相关数据，完成施工图的设计，编制材料明细表，编制设计说明书，编制工程预算书等。

习　题

1-1　电力系统和供配电系统的组成关系如何？有何区别？

1-2　什么是额定电压和平均额定电压？电力系统为什么要规定不同的电压等级？

1-3　发电机、变压器和用电设备的额定电压是如何规定的？为什么？

1-4　电力系统的中性点运行方式有哪几种？发生单相接地短路时，各相电压有何变化？

1-5　低压配电系统的接地形式有几种？各有何特点？

1-6　建筑供配系统设计主要内容有哪几个方面？设计程序有几个阶段？

1-7　试确定图 1-12 所示的供配电系统中发电机、变压器和配电线路的额定电压？

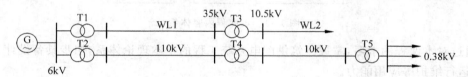

图 1-12　习题 1-7 图

第2章 负荷计算及无功补偿

2.0 内容简介及学习策略

1. 学习内容简介

本章主要介绍供配电系统中的负荷计算方法、系统损耗计算方法和无功功率补偿计算方法，并以示例介绍各种方法的综合运用。

2. 学习策略

本章的学习应围绕计算负荷展开，以计算用电量、损耗量、补偿无功量为主线，理解基本概念的含义，掌握常用计算方法。学完本章后将能实现如下学习目标。

- ☞ 了解负荷曲线的意义。
- ☞ 理解最大负荷、计算负荷、年最大负荷利用小时数、负荷率等基本概念。
- ☞ 掌握需要系数法确定计算负荷方法。
- ☞ 了解二项式法和利用系数法。
- ☞ 掌握指标估算法确定计算负荷。
- ☞ 理解系统损耗计算内容。
- ☞ 掌握无功功率计算方法。

2.1 电力负荷

电力负荷是指用电单位或用电设备所消耗的电功率(kW)、容量(kVA)或电流(A)。在民用供配电系统中，用电单位可分为住宅电能用户、商业电能用户、公用建筑电能用户等，或分为照明负荷、动力负荷以及重要负荷等。用电设备种类繁多，主要类型有照明设备、空调设备、电梯、水泵、电热类设备、家电设备等。

在电力系统中，电力负荷的使用情况很复杂，实际消耗的电能或电功率是一个变动的参数。也就是说，实际电力负荷的大小会随着用户或用电设备的使用而变化。因此，在进行供配电系统设计时，应根据已有电能用户的用电规律和用电设备的工作方式，进行推算尚未投入使用的电能用户的用电量，为供配电系统设计、变压器容量选择、导体截面选择和检测仪表的量程确定等方面提供有力依据。

2.1.1 用电设备的工作制与负荷持续率

1. 用电设备的工作制

用电设备的工作方式可分为连续运行、短时运行和断续周期运行三种工作制。

1) 连续运行工作制

连续运行工作制又称为长期运行工作制。这种工作制是指在规定的环境温度下较长时间连续运行,设备任何部分的温升均不超过最高温度允许值,负荷工作比较稳定。如照明设备、电动扶梯设备、空调系统设备、通风机、水泵等均属连续运行工作制的用电设备。

2) 短时运行工作制

用电设备的运行时间短而停歇时间长。在工作时间内,用电设备的温升尚未达到稳定温度就停止运行,开始停歇冷却,将工作时产生的热量散发到周围的介质之中。短时运行工作制的设备比较少,如,房间换气扇、锅炉补水泵、水闸用电动机等设备。

3) 断续周期运行工作制

断续周期运行工作制又称为重复短暂工作制。这种工作制是指用电设备以断续方式反复进行工作,其工作时间与停歇时间相互交替。工作时间内设备温度升高,停歇时间内温度又下降,若干周期后,产生的热量可以使设备的温度上升到一个稳定的波动状态。如电焊机、吊车电动机、电梯等设备。

2. 负荷持续率

断续周期运行工作制下的用电设备,通常用负荷持续率来表示其工作特征。

负荷持续率又可称为暂载率或接电率。负荷持续率是指在一个工作周期内,工作时间所占用的百分比值,即

$$\varepsilon\% = \frac{t_w}{T} \times 100\% = \frac{t_w}{t_w + t_0} \times 100\% \tag{2-1}$$

式中:$\varepsilon\%$——负荷持续率;

t_w——工作时间;

t_0——停歇时间;

T——工作周期,$T = t + t_0$。

根据国际技术标准规定,重复短暂负荷下电气设备的额定工作周期为 10min。吊车的标准暂载率有 15%、25%、40% 和 60% 四种。电焊机的标准暂载率有 50%、65%、75% 和 100% 四种,其中 100% 为自动电焊机的负荷持续率。

3. 不同持续率下的功率换算

断续工作制下的电气设备的额定容量与其额定负荷持续率相对应,当负荷持续率变化时,电气设备可承受的功率也将发生变化。设工作周期相同,且为绝热过程,其功率换算的方法如下。

当负荷持续率为 $\varepsilon_1\%$ 时,对应的电气设备功率为

$$P_1 = \sqrt{3} U I_1 \cos\varphi$$

当负荷持续率为 $\varepsilon_2\%$ 时,对应的电气设备功率为

$$P_2 = \sqrt{3} U I_2 \cos\varphi$$

同一台电气设备分别在两种负荷持续率下运行时,假设在工作周期内产生的热量相等,则有

$$I_1^2 R t_{w1} = I_2^2 R t_{w2}$$

将功率代入上式可得

$$P_1^2 \frac{t_{w1}}{T} = P_2^2 \frac{t_{w2}}{T}$$

$$P_1^2 \varepsilon_1 \% = P_2^2 \varepsilon_2 \%$$

$$P_2 = P_1 \sqrt{\frac{\varepsilon_2 \%}{\varepsilon_1 \%}} = P_1 \sqrt{\frac{\varepsilon_2}{\varepsilon_1}} \tag{2-2}$$

式(2-2)表示负荷持续率由 $\varepsilon_1 \%$ 变化为 $\varepsilon_2 \%$ 时,电气设备的功率由 P_1 变化为 P_2 的换算关系。

2.1.2　设备容量的确定

设备容量又称为安装容量。它是指计算范围内安装的所有用电设备消耗电能的额定容量或额定功率之和。用电设备铭牌上都标有设备的额定功率,用"P_r"表示。由于各用电设备的额定运行方式不同,应换算成统一规定的工作制下的有功功率,即设备容量或设备功率,用"P_e"表示。

1. 单台用电设备的设备功率

电气设备上所标注的额定容量是表示输出能力的容量,而设备容量是表示消耗能量的输入能力。在确定设备容量时,需要考虑输入与输出间的能量损耗因素。

1) 长期连续工作制或短时连续工作制的用电设备

不考虑损耗时,长期连续工作制或短时连续工作制的用电设备的设备容量即为额定功率,即

$$P_e = P_r \tag{2-3}$$

对于少量的短时工作制的用电设备,求计算负荷时一般不考虑此类设备。

考虑损耗时,长期连续运行或短时连续工作制的用电设备的设备容量为

$$P_e = P_r / \eta$$

η 为电气设备的功率效率。

2) 断续周期运行工作制的用电设备

断续周期运行工作制的用电设备的设备容量要换算到统一标准负荷持续率下的功率。

① 电焊机及电焊装置的设备容量

设备容量按规定应统一换算到负荷持续率 $\varepsilon_{100} = 100\%$ 时的功率,即

$$P_e = P_r \sqrt{\frac{\varepsilon_r}{\varepsilon_{100}}} = P_r \sqrt{\varepsilon_r} = S_r \cos\varphi \sqrt{\varepsilon_r} \tag{2-4}$$

式中: P_e——换算到 $\varepsilon = 100\%$ 时的电焊机设备容量,kW;

P_r——电焊机的铭牌额定功率,kW;

S_r——电焊机的铭牌额定容量,kVA;

$\cos\varphi$——电焊机的额定功率因数;

ε_r——电焊机的铭牌规定的额定暂载率。

例 2-1　有一台电焊机,在 $\varepsilon_r = 25\%$ 时的容量为 20kVA,$\cos\varphi = 0.7$,额定电压为 380V。试求电焊机的设备容量。

解:根据式(2-4)得电焊机的设备容量为

$$P_e = S_r \cos\varphi \sqrt{\varepsilon_r} = 20 \times 0.7 \times \sqrt{0.25} = 7(\text{kW})$$

② 吊车电动机的设备容量

吊车电动机的设备容量规定统一换算到标准暂载率 $\varepsilon_{25} \% = 25\%$ 时的功率,即

$$P_e = P_r \sqrt{\frac{\varepsilon_r}{\varepsilon_{25}}} = 2 P_r \sqrt{\varepsilon_r} \tag{2-5}$$

式中：P_e——换算到 JC_{25} 时的吊车电动机设备容量，kW；

　　　　P_r——吊车电动机的铭牌额定功率，kW；

　　　　ε_r——吊车电动机的铭牌规定的额定暂载率。

　　例 2-2　有一台吊车起重机，其铭牌上的额定功率 $P_N = 11kW$，额定暂载率 $\varepsilon_r\% = 15\%$，试求该起重机的设备容量。

　　解：根据式(2-5)得该起重机的设备容量为

$$P_e = 2P_r\sqrt{\varepsilon_r} = 2 \times 11 \times \sqrt{0.15} = 8.52(kW)$$

　　(3) 照明设备的设备容量

$$P_e = K_L P_r$$

式中：K_L——计算系数。白炽灯、碘钨灯等取 $K_L = 1$；荧光灯采用普通型电感镇流器时，取
　　　　　$K_L = 1.25$，采用节能型电感镇流器时，取 $K_L = 1.15 \sim 1.18$，采用电子型电感镇
　　　　　流器时，取 $K_L = 1.1$；高压水银荧光灯、金属卤化物灯、高压钠灯等，用普通电感
　　　　　镇流器时，取 $K_L = 1.14 \sim 1.16$；用节能型电感镇流器时，取 $K_L = 1.09 \sim 1.1$；

　　　　P_r——照明灯具上的额定容量，W。

　　2. 用电设备组的设备容量

　　用电设备组的设备容量是指不包括备用设备在内的所有单个用电设备的设备容量之和。

　　3. 建筑物的总设备容量

　　建筑物内总的设备容量应取供电范围内各用电设备组设备功率的总和，不应计入不能同时工作的负荷。如消防设备功率和备用设备功率等。只有当消防用电设备的计算有功功率大于火灾时切除的一般电力、照明的计算有功功率时，才将这部分容量的计算有功功率与未切除的一般电力、照明负荷相加作为总的计算有功功率。季节性用电设备应选择最大者计入总设备容量。

　　4. 柴油发电机组的设备容量统计

　　当柴油发电机组仅作为消防、保安性质用电设备的应急电源时，其用电负荷的设备容量应计消防用电设备和保安用电设备的设备容量。如消防泵、消防电梯、防排烟设备、安防设备、电视监控设备、应急照明设备等。

　　当柴油发电机组不仅作为消防和保安的应急电源使用，还可以作为其他重要负荷的备用电源使用时，其设备容量应考虑两者不能同时使用的情况，并选择容量大的一组设备作为柴油发电机组的设备容量。

2.2　负　荷　曲　线

　　对于同一类性质的电能用户，随机变化的电力负荷具有某种程度的规律性。这种变化的规律性可用负荷曲线来描述。

　　负荷曲线是指用于表达电力负荷随时间变化情况的函数曲线。按负荷功率性质可分为有功负荷曲线和无功负荷曲线。按时间可分为日负荷曲线、月负荷曲线和年负荷曲线等。按计量地点还可分为用户(变电所)负荷曲线、地区负荷曲线和电力系统、发电厂负荷曲线等。

2.2.1　日负荷曲线

1. 日负荷曲线的绘制

日负荷曲线是指电能用户在 24h 内用电负荷变化的情况。负荷曲线常绘制在直角坐标系中，纵坐标表示电力负荷大小，横坐标表示对应的时间。

根据某一检测点 24h 各个时刻的功率表显示数据，逐点绘制而成的平滑负荷曲线最为准确，如图 2-1(a)所示。

通常，为了使用方便，将负荷曲线绘制成阶梯形，如图 2-1(b)所示。梯形负荷曲线与平滑负荷曲线之间会有一定误差，在工程上是可以允许的。

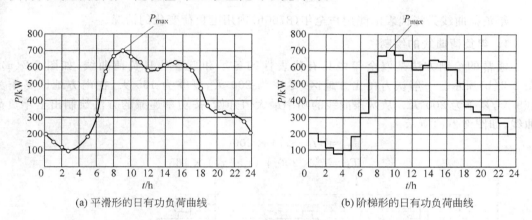

(a) 平滑形的日有功负荷曲线　　　　　　　(b) 阶梯形的日有功负荷曲线

图 2-1　日有功负荷曲线

2. 日负荷曲线的特征参数

1) 日电能消耗量 W_d

在图 2-1 中，日有功负荷曲线与时间轴所围绕的面积就是日电能消耗量，即

$$W_d = \int_0^{24} P(t)\,\mathrm{d}t \tag{2-6}$$

式中：P——日负荷曲线上的瞬时功率，kW；

　　　t——时间，h。

2) 日最大负荷功率 P_{max}

在日负荷曲线上功率最大值 P_{max} 为最大负荷功率。

3) 日平均负荷功率 P_{av}

日平均负荷功率 P_{av} 为日电能消耗量与 24h 的比值，即

$$P_{av} = \frac{W_d}{24} \tag{2-7}$$

4) 日有功负荷系数 α

有功负荷系数是指日平均负荷功率与最大负荷功率的比值，即

$$\alpha = \frac{P_{av}}{P_{max}} \tag{2-8}$$

通常有功负荷系数在 0.7~0.75 之间。

5) 日无功负荷系数 β

无功负荷系数是指日平均无功功率与最大无功功率的比值,即

$$\beta = \frac{Q_{av}}{Q_{max}} \tag{2-9}$$

通常无功负荷系数在 0.76~0.82 之间。

负荷系数表示负荷曲线的陡缓程度,负荷系数越接近 1,说明曲线的峰谷差异越小,曲线越平缓。

同一种负荷的有功功率日负荷曲线,一般均与无功功率日负荷曲线的变化规律不同。

2.2.2 年负荷曲线

年负荷曲线是指代表电能用户全年(8760h)内用电负荷变化的情况。

1. 年负荷曲线的绘制

通常的绘制方法是取全年中具有代表性的冬季和夏季的日负荷曲线,如图 2-2(a)、图 2-2(b)所示。一般认为在北方地区,冬季为 200 天,夏季为 165 天,在南方地区冬季为 165 天,夏季为 200 天。从两条曲线的功率最大值开始,按功率递减的方法绘制出全年负荷曲线,如图 2-2(c)所示。

$$T_1 = (t_1 + t_1') \times 200$$
$$T_2 = t_2'' \times 200 + (t_2 + t_2') \times 165$$

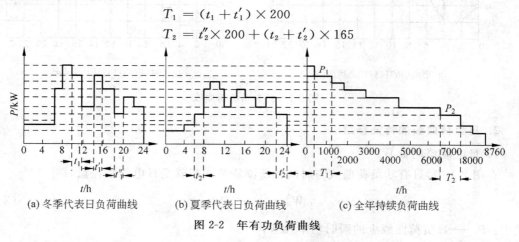

(a) 冬季代表日负荷曲线　　(b) 夏季代表日负荷曲线　　(c) 全年持续负荷曲线

图 2-2　年有功负荷曲线

负荷曲线可直观地反映出电能用户的用电特点和规律,即最大负荷 P_{max}、平均负荷 P_{av} 和负荷波动程度。同类型的企业或民用建筑有相近的负荷曲线。负荷曲线对于从事供配电系统设计和运行的人员是很有益的。

2. 年负荷曲线的特征参数

1) 年电能消耗量 W_a

在图 2-2(c)中,年有功负荷曲线与时间轴所围绕的面积就是年电能消耗量,即

$$W_a = \int_0^{8760} P(t)\,dt \tag{2-10}$$

2) 最大负荷 P_{max}

在年有功负荷曲线上出现的最大负荷功率值,也就是典型的日有功负荷曲线上的最大负荷功率。

3）年平均负荷 P_{av}

如图 2-3 所示，年平均负荷是指电力负荷在一年内消耗的功率的平均值。表示全年实际消耗的电能，即

$$P_{av} = \frac{W_a}{8760} \tag{2-11}$$

4）负荷系数

用 α 和 β 分别表示有功负荷系数和无功负荷系数，负荷系数又称负荷率，它是表明负荷波动程度的一个参数，其值越大负荷曲线越平坦，负荷波动越小。即

$$\alpha = \frac{P_{av}}{P_{max}} \quad \beta = \frac{Q_{av}}{Q_{max}}$$

一般工厂的 $\alpha = 0.65 \sim 0.75$，$\beta = 0.70 \sim 0.82$，智能建筑的 $\alpha = 0.35 \sim 0.80$，$\beta = 0.40 \sim 0.85$。

5）年最大负荷利用小时数 T_{max}

它是一个假想时间，表示电力负荷按年最大负荷 P_{max} 持续运行 T_{max} 小时所消耗的电能恰好等于该电力负荷全年实际消耗的电能 W_a。

$$T_{max} = \frac{W_a}{P_{max}} \tag{2-12}$$

如图 2-4 所示，虚线下的矩形面积恰好等于阶梯形下的面积。T_{max} 越大表示年负荷曲线越平坦，T_{max} 越小表示年负荷曲线越陡。

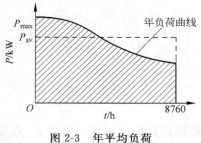

图 2-3　年平均负荷

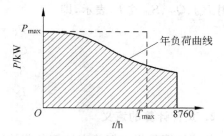

图 2-4　年最大负荷利用小时数

对于不同性质的电能用户，T_{max} 差别很大。常见电力用户的年最大负荷利用小时数如表 2-1 所示。

表 2-1　各类工厂的年最大负荷利用小时数 T_{max}

工厂类别	最大负荷年利用小时数		工厂类别	最大负荷年利用小时数	
	有功/h	无功/h		有功/h	无功/h
化工厂	6200	7000	农业机械制造厂	5330	4220
苯胺颜料工厂	7100	—	仪器制造厂	3080	3180
石油提炼工厂	7100	—	汽车修理厂	4370	3200
重型机械制造厂	3770	4840	车辆修理厂	3560	3660
机床厂	4345	4750	电器工厂	4280	6420
工具厂	4140	4960	氮肥厂	7000～8000	—
滚珠轴承厂	5300	6130	金属加工厂	4355	5880
起重运输设备厂	3300	3880	电机制造厂	2800	—
汽车拖拉机厂	4960	5240	汽车厂	4960	5240
电线电缆制造厂	3500	—	印染厂	5710	6650
电气开关制造厂	4280	6420	室内照明与生活用电	1500	3000

2.2.3　计算负荷

1. 计算负荷的概念

计算负荷是按发热条件选择导体和电气设备的一个"假想负荷"。其物理意义表示为这个不变的"计算负荷"持续运行时所产生的热效应，与实际变动负荷长期运行所产生的最大热效应相等。也就是说，当"假想负荷"在 t 时间内通过一个导体或电器产生的热效应，与这个导体或电器在同样时间内通过一个实际变动负荷产生的热效应相等。我们把这个不变的"假想负荷"称为这个实际变动负荷的"计算负荷"。

通常将以半小时(30min)平均负荷为依据所绘制的负荷曲线上的"最大负荷"称为计算负荷。计算负荷分为有功计算负荷(P_C)、无功计算负荷(Q_C)、视在计算负荷(S_C)或计算电流(I_C)。

计算负荷是按发热条件选择电气设备的重要依据。选择 30min 的原因是由于导体通过电流发热致使导体温度上升，一般中小截面导体的发热时间常数 τ 为 10min 以上，而导体通过电流达到稳定温升的时间大约为 $3\tau\sim4\tau$，即载流导体大约经半小时(30min)后可达到稳定温升值。短暂的尖峰负荷不足以使其达到最高温度就已消失了，只有持续时间在 30min 以上的负荷值，才能使导体或电气设备的温度达到最高值。所以，按照发热条件选择导体或电气设备，采用 30min 最大负荷作为计算负荷是合乎实际的。因此，计算负荷又可以用 P_{30}、Q_{30}、S_{30} 或 I_{30} 表示，即

$$\left.\begin{aligned}
P_C &= P_{30} = P_{max} \\
Q_C &= Q_{30} = Q_{max} \\
S_C &= S_{30} = S_{max} \\
I_C &= I_{30} = I_{max}
\end{aligned}\right\} \tag{2-13}$$

2. 负荷计算的意义

负荷计算是指求解确定计算负荷的运算过程。根据计算负荷选择电气设备，在实际运行中导体的最高温升不会超过允许值。计算负荷的合理性直接影响到供配电系统设计和设备选择的经济性和安全性。如果计算负荷偏大，会造成资源浪费。如果计算负荷偏小，会使系统经常处于过负荷运行状态，增加电能损耗，产生过热，加速绝缘老化，成为安全隐患，容易发生电气事故，造成各种损失。因此，合理计算出计算负荷意义重大。

例 2-3　某电气开关厂全厂的计算负荷为 4200kW，功率因数为 0.75。试计算：

(1) 该厂全年有功及无功电能需求量；

(2) 该厂年平均负荷。

解：(1) 查表 2-1 得，该工厂最大负荷年利用小时数分别为

$$T_{max \cdot P} = 4280h, \quad T_{max \cdot Q} = 6420h$$

则全年有功电能需求量为

$$W_p = T_{max \cdot P} \times P_{max} = T_{max \cdot P} \times P_C = 4280 \times 4200 = 17.98 \times 10^6 (kW \cdot h)$$

全年无功电能需求量为 $W_Q = T_{max \cdot Q} \times Q_{max} = T_{max \cdot Q} \times Q_C$，其 $\cos\varphi = 0.75$，$\tan\varphi = 0.88$，则

$$Q_{max} = P_{max} \times \tan\varphi = 4200 \times 0.88 = 3696 (kVar)$$

$$W_Q = 6420 \times 3696 = 23.73 \times 10^6 (kVar \cdot h)$$

（2）取 $\alpha=0.70,\beta=0.75$，则该厂年有功和无功的平均负荷为

$$P_{av} = \alpha \times P_{max} = 0.70 \times 4200 = 2940(kW)$$

$$Q_{av} = \beta \times Q_{max} = 0.75 \times 3696 = 2772(kVar)$$

2.3　三相负荷计算方法

供配电系统是以三相交流电向用户或用电设备提供电能。用电设备可分为三相负荷和单相负荷。动力类三相负荷的用电设备通常使用三根相线或三根相线加一根保护线工作，如电梯设备中的曳引机、水泵、空调机组中的电气设备等，这类设备属于三相平衡负荷。照明类和家用电气类用电设备的额定电压为 220V，使用两根（相、零）线或三根（相、零、保护）线工作，属于单相负荷。将单相负荷接入三相电源系统中时，需要将单相负荷平衡分配到三根相线上构成三相平衡负荷，即单相负荷的三相联接。因此，供配电系统用的负荷计算主要是针对三相负荷的。如果单相负荷不能构成平衡的三相负荷，则需要进行将单相负荷等效成三相负荷后再进行负荷计算。

负荷计算方法有需要系数法、二项式法、利用系数法和指标法。在施工图设计阶段目前常用需要系数法，在做设计任务书或初步设计的阶段，尤其当需要进行方案比较时，用指标法估算比较方便。

2.3.1　需要系数法

需要系数法是用设备容量乘以需要系数和同期系数求出计算负荷。这种方法是工业企业及民用建筑供配电系统负荷计算的主要方法。

1. 需要系数 K_d

1）需要系数的确定

需要系数定义为负荷曲线中的最大有功计算负荷 P_{max} 与全部用电设备的设备容量之比，即

$$K_d = \frac{P_{max}}{P_e} = \frac{P_C}{P_e} \tag{2-14}$$

在实际运行中，用电设备不可能同时运行，而且同时运行的用电设备也不一定都是满负荷工作。另外，在运行过程中，设备本身有功率损耗，供电线路上也有损耗。把诸多设备使用时的人为因素和客观因素进行统计计算，获得需要系数，即

$$K_d = \frac{K_L \cdot K_\Sigma}{\eta_e \cdot \eta_{WL}} \tag{2-15}$$

式中：K_d——需要系数；

　K_L——用电设备组的负荷系数，即用电设备组在最大负荷时，正在工作着的用电设备实际所需的功率与这些用电设备总容量之比；

　K_Σ——用电设备组的同时系数，即用电设备组在最大负荷时，工作着的用电设备容量与该组用电设备总容量之比；

　η_e——用电设备组的平均效率，即用电设备组输出与输入功率之比；

η_{WL}——供电线路的平均效率,即供电线路末端与线路首端功率之比。

由上面的分析可知,需要系数 K_d 是一个小于 1 的综合指标,通常由查阅资料获得。常见的需要系数如表 2-2~表 2-4 所示。

表 2-2   各类民用建筑物的需要系数

建筑物名称	需要系数 K_d	建筑物名称	需要系数 K_d
住宅楼	0.3~0.5	门诊楼	0.6~0.64
单身宿舍	0.6~0.7	病房楼	0.55~0.6
办公楼	0.5~0.55	影剧院	0.6~0.65
写字楼	0.64~0.7	体育馆	0.65~0.7
科研楼	0.6~0.65	综合楼	0.6~0.65
教学楼	0.7~0.75	饭店	0.7~0.73
商场	0.7~0.75	手工加工工业	0.4
餐饮	0.8~0.85	食品加工工业	0.45

表 2-3   照明负荷的需要系数

不同用途的建筑	需要系数 K_d	功率因数 $\cos\varphi$	$\tan\varphi$
住宅每户	0.5~0.6	0.8	0.75
公寓、别墅(每户)	0.6~0.65	0.85	0.62
办公楼(有窗户的小开间)	0.6	0.85	0.62
写字楼(大空间)	0.70~0.8	0.85	0.62
教学、科研楼	0.8~0.85	0.9	0.484
商场、餐饮、游乐场所	0.8~0.9	0.8	0.75
客房(全部负荷)	0.7~0.8	0.9	0.484
影剧院	0.7~0.75	0.85	0.62
体育馆	0.65~0.7	0.8	0.75
公共设施	0.9	0.8	0.75
仓库、汽车库	0.5~0.6	0.85	0.62
外部照明	1.0	0.8	0.75

表 2-4   民用建筑用电设备的需要系数表

用电设备分类		K_d	$\cos\varphi$	$\tan\varphi$
通风和采暖设备	各种风机、空调器	0.7~0.8	0.8	0.75
	恒温空调箱	0.6~0.7	0.95	0.33
	冷冻机	0.85~0.9	0.8	0.75
	集中式电热器	1.0	1.0	0
	分散式电热器(200kW 以下)	0.85~0.95	1.0	0
	分散式电热器(100kW 以上)	0.75~0.85	1.0	0
	小型电热设备	0.3~0.5	0.95	0.33
给排水设备	各种水泵(15kW 以下)	0.75~0.8	0.8	0.75
	各种水泵(17kW 以上)	0.6~0.7	0.87	0.57

续表

用电设备分类		K_d	$\cos\varphi$	$\tan\varphi$
起重运输设备	客梯(1.5t 及以下)	0.35~0.5	0.5	1.73
	客梯(2t 及以上)	0.6	0.7	1.02
	货梯	0.25~0.35	0.5	1.73
	自动扶梯,步行道	0.6	0.5	1.73
	输送带	0.6~0.65	0.75	0.88
	起重机械	0.1~0.2	0.5	1.73
	锅炉房用电	0.75~0.85	0.85	0.62
消防设备	卷帘门	0.6	0.7	1.02
	电梯	0.4	0.5	1.73
厨房及卫生间设备	食品加工机械	0.5~0.7	0.80	0.75
	电饭锅、电烤箱	0.85	1.0	0
	电炒锅	0.70	1.0	0
	电冰箱	0.60~0.7	0.7	1.02
	热水器(淋浴用)	0.65	1.0	0
	除尘器	0.3	0.85	0.62
其他设备	打包机	0.20	0.60	1.33
	洗衣房动力设备	0.65~0.75	0.50	1.73
	天窗开闭机	0.1	0.5	1.73
	厨房电力设备	0.7	0.7	1.02
	实验室电力设备	0.2~0.4	0.60	1.33
	医院电力设备	0.4~0.5	0.60	1.33
通信及信号设备	载波机	0.85~0.95	0.8	0.75
	收信机	0.8~0.9	0.8	0.75
	发信机	0.7~0.8	0.8	0.75
	电话交换机	0.75~0.85	0.8	0.75
	客房床头电控箱	0.15~0.25	0.6	1.33
机修设备	修理间机械设备	0.15~0.20	0.5	1.73
	电焊机	0.35	0.35	2.68
	移动式电动工具	0.20	0.5	1.73

2) 需要系数的选取

需要系数是在一定的条件下根据统计方法得出的,它与用电设备的工作性质、设备效率、设备数量、线路效率以及生产组织和工艺设计等诸多因素有关。在不同地区、不同类型的建筑物内,对于不同的用电设备组,用电负荷的需要系数也不相同。上述表中为需要系数的推荐值,可作为供配电设计中进行负荷计算的参考。

在实际工程中应根据具体情况从表中选取一个恰当的值进行负荷计算。一般而言,当用电设备组内的设备数量较多时,需要系数应取较小值;反之,则应取较大值。设备使用率较高时,需要系数应取较大值;反之,则应取较小值。

一般动力设备为 3 台以下时,需要系数取 $K_d=1$。照明负荷的需要系数大小与灯的控制方式和开启率有关。大面积集中控制的灯比相同建筑面积的多个小房间分散控制的灯的需要系数大。插座容量的比例大时,需要系数的比例可以偏小一些。

2. 按需要系数法确定计算负荷

用需要系数法进行负荷计算时，首先按照工艺性质、需要系数把用电设备分成若干组，然后分组进行计算，最后再算出总的计算负荷。负荷计算的步骤应从用电设备的末端开始，逐级上推到电源进线端为止，即逐级计算的方法。

1) 确定用电设备组的计算负荷

将工艺性质相同，需要系数相近的用电设备划为一组，确定每组用电设备的设备容量之后，查表取得需要系数，进行负荷计算。其计算公式为

$$
\left.\begin{aligned}
P_{C1} &= K_d \cdot \sum P_e \\
Q_{C1} &= P_{C1} \cdot \tan\varphi \\
S_{C1} &= \sqrt{P_{C1}^2 + Q_{C1}^2} \\
I_{C1} &= \frac{S_{C1}}{\sqrt{3}\,U_N}
\end{aligned}\right\} \tag{2-16}
$$

式中：P_{C1}、Q_{C1}、S_{C1}——该用电设备组的有功、无功、视在计算负荷，kW、kVar、kVA；

$\sum P_e$——该用电设备组的设备容量总和，kW，不包括备用设备容量；

K_d——该用电设备组的需要系数（参看表 2-2～表 2-4）；

I_{C1}——该用电设备组的计算电流，A；

$\tan\varphi$——与运行功率因数角相对应的正切值；

U_N——该用电设备组的额定电压，kV。

2) 确定多个用电设备组的计算负荷

在配电干线上或变电所低压母线上，有多个用电设备组同时工作，但这些用电设备组不会同时以最大负荷形式工作，因此，在确定多个用电设备组的计算负荷时引入一个系数，称为同期系数 K_Σ（又称同时系数），其计算公式为

$$
\left.\begin{aligned}
P_{C2} &= K_{\Sigma P} \sum P_{C1} \\
Q_{C2} &= K_{\Sigma Q} \sum Q_{C1} \\
S_{C2} &= \sqrt{P_{C2}^2 + Q_{C2}^2} \\
I_{C2} &= \frac{S_{C2}}{\sqrt{3}\,U_N}
\end{aligned}\right\} \tag{2-17}
$$

式中：P_{C2}、Q_{C2}、S_{C2}——配电干线或车间变电所低压母线上的有功、无功、视在计算负荷，kW、kVar、kVA；

$\sum P_{C1}$、$\sum Q_{C1}$——分别为各用电设备组的有功、无功计算负荷的总和，kW、kVar；

$K_{\Sigma P}$——有功功率同期系数，取 0.8～1.0 之间；

$K_{\Sigma Q}$——无功功率同期系数，取 0.93～1.0 之间；

I_{C2}——配电干线或车间变电所低压母线上的计算电流，A；

U_N——配电干线或车间变电所低压母线上的额定电压，kV。

3) 确定配变电所高压侧计算负荷

配变电所高压侧的计算负荷即为低压侧计算负荷加上变压器损耗，高压线路不长，其线

路损耗不大,在负荷计算时往往忽略不计。配变电所高压侧计算负荷公式为

$$\left.\begin{array}{l} P_{C3} = P_{C2} + \Delta P_T \\ Q_{C3} = Q_{C2} + \Delta Q_T \\ S_{C3} = \sqrt{P_{C3}^2 + Q_{C3}^2} \\ I_{C3} = \dfrac{S_{C3}}{\sqrt{3}U_N} \end{array}\right\} \tag{2-18}$$

式中:P_{C3}、Q_{C3}、S_{C3}——配变电所高压侧有功、无功、视在计算负荷,kW、kVar、kVA;

$\quad\quad I_{C3}$——配变电所高压侧母线上的计算电流,A;

$\quad\quad U_N$——配变电所高压侧的额定电压,kV;

$\quad\quad \Delta P_T$、ΔQ_T——变压器的有功、无功损耗,kW、kVar。

例 2-4 某办公楼内共有 $3 \times 30W$ 格栅荧光灯(电子镇流器)450 盏,普通五孔单相插座 300 只,每个五孔插座的设备容量为 $2 \times 100W$,荧光灯和插座均平衡地接入三相电源系统。试按需要系数法计算配电干线上的计算负荷 P_C、Q_C、S_C、I_C。

解:将办公楼内的照明设备分为荧光灯设备组和插座设备组。

(1)荧光灯设备组负荷计算

查表 2-3,取需要系数为 $K_d = 0.75$,功率因数取 $\cos\varphi_1 = 0.9$,$\tan\varphi_1 = 0.484$,则设备容量为

$$P_{e1} = 450 \times 3 \times 30 \times 1.1 \times 10^{-3} = 44.6(kW)$$

采用需要系数法求出的计算负荷为

$$P_{C1} = K_d P_{e1} = 0.75 \times 44.6 = 33.5(kW)$$

$$Q_{C1} = P_{C1}\tan\varphi_1 = 33.5 \times 0.484 = 16.2(kVar)$$

(2)插座设备组负荷计算

需要系数取 $K_d = 0.70$,平均功率因数取 $\cos\varphi_2 = 0.8$,$\tan\varphi_2 = 0.75$,则设备容量为

$$P_{e2} = 300 \times 2 \times 100 \times 10^{-3} = 60(kW)$$

采用需要系数法求出的计算负荷为

$$P_{C2} = K_d P_{e2} = 0.7 \times 60 = 42(kW)$$

$$Q_{C2} = P_{C2}\tan\varphi_2 = 42 \times 0.75 = 31.5(kVar)$$

(3)配电干线上的计算负荷

配电干线上有两组设备容量,取 $K_{\sum P} = 0.8$,$K_{\sum Q} = 0.93$,则计算负荷为

$$P_C = K_{\sum P}(P_{C1} + P_{C2}) = 0.8 \times (33.5 + 42) = 60.4(kW)$$

$$Q_C = K_{\sum Q}(Q_{C1} + Q_{C2}) = 0.93 \times (16.2 + 31.5) = 44.4(kVar)$$

$$S_C = \sqrt{P_C^2 + Q_C^2} = \sqrt{60.4^2 + 44.4^2} = 75.0(kVA)$$

$$I_C = \frac{S_C \times 10^3}{\sqrt{3}U} = \frac{75 \times 10^3}{\sqrt{3} \times 380} = 114.0(A)$$

2.3.2 二项式计算法

对于企业中用电设备数量少,容量相差悬殊的配电线路进行负荷计算,应用需要系数法计算出的结果往往偏小,与实际相差较大。在这种情况下,采用二项式法进行负荷计算比较

接近实际。

采用二项式法进行负荷计算时,考虑了大容量负荷的影响。计算负荷由平均最大负荷和几台大容量用电设备的附加负荷组成。

1. 相同工作制的单组用电设备的计算负荷

$$
\left.
\begin{aligned}
P_C &= bP_e + cP_x \\
Q_C &= P_C \tan\varphi \\
S_C &= \sqrt{P_C^2 + Q_C^2} \\
I_C &= \frac{S_C}{\sqrt{3}\,U_N}
\end{aligned}
\right\}
\tag{2-19}
$$

式中:P_C、Q_C、S_C、I_C——该用电设备组的计算负荷,kW、kVar、kVA、A;

    P_e——该用电设备组的设备容量总和,kW;

    P_x——该用电设备组中 x 台容量最大的用电设备的设备容量之和,kW;

    x——该用电设备组取用大容量用电设备的台数,如金属冷加工机床 x 取 5,起重机 x 取 3 等;

    b、c——二项式系数,如表 2-5 所示;

    U_N——额定电压,kV;

    bP_e——该用电设备组的平均负荷;

    cP_x——x 台容量最大用电设备的附加负荷(考虑容量最大用电负荷使计算负荷大于平均负荷的影响)。

当用电设备的台数 n 等于最大容量用电设备的台数 x,且 $x \leqslant 3$ 时,一般将用电设备的设备容量总和作为最大计算负荷。

表 2-5   用电设备组的二项式系数

用电设备组名称	二项式系数 K_d		最大容量设备台数 x
	b	c	
小批生产的金属冷加工机床	0.14	0.4	5
大批生产的金属冷加工机床	0.14	0.5	5
小批生产的金属热加工机床	0.24	0.4	5
大批生产的金属热加工机床	0.26	0.5	5
通风机、水泵、空压机及电动发电机组	0.65	0.25	5
非连锁的连续运输机械及铸造车间整砂机械	0.4	0.4	5
连锁的连续运输机械及铸造车间整砂机械	0.6	0.2	5
锅炉房和机加工、机修、装配等车间的吊车($\varepsilon = 25\%$)	0.06	0.2	3
铸造车间的吊车($\varepsilon = 25\%$)	0.09	0.3	3
自动连续装料的电阻炉设备	0.7	0.3	2
非自动连续装料的电阻炉设备	0.7	0.3	2
实验室用的小型电热设备(电阻炉、干燥箱等)	0.7	0	

注:如果用电设备组的设备总台数 $n < 2x$ 时,则最大容量设备台数取 $x = n/2$,且按"四舍五入"修改规则取整数。

2. 不同工作制的多组用电设备计算负荷

考虑各组用电设备的最大负荷不可能同时出现的因素,在计算时只取各组用电设备的

附加负荷的最大值计入总计算负荷,即

$$
\left.
\begin{aligned}
P_{\mathrm{C}} &= \sum (bP_{\mathrm{e}}) + (cP_x)_{\mathrm{m}} \\
Q_{\mathrm{C}} &= \sum (bP_{\mathrm{e}}\tan\varphi) + (cP_x)_{\mathrm{m}}\tan\varphi_x \\
S_{\mathrm{C}} &= \sqrt{P_{\mathrm{C}}^2 + Q_{\mathrm{C}}^2} \\
I_{\mathrm{C}} &= \frac{S_{\mathrm{C}}}{\sqrt{3}\,U_N}
\end{aligned}
\right\}
\tag{2-20}
$$

式中：P_{C}、Q_{C}、S_{C}、I_{C}——多组用电设备组的计算负荷总和,kW、kVar、kVA、A;

$\sum bP_{\mathrm{e}}$——各用电设备组平均负荷 bP_{e} 的总和;

$(cP_x)_{\mathrm{m}}$——各用电设备组附加负荷 cP_x 中的最大值;

$\tan\varphi_x$——与 $(cP_x)_{\mathrm{m}}$ 相对应的功率因数角的正切值;

$\tan\varphi$——与各用电设备组对应的功率因数角的正切值。

如果每组中的用电设备数量小于最大容量用电设备的台数 x,则采用小于 x 的两组或更多组中最大的用电设备附加负荷的总和作为总的附加负荷。

注意,用二项式法进行负荷计算时,把所有用电设备统一分组,按照不同工作制分组,不应逐级计算。

另外二项式法进行负荷计算的局限性很大,因此仅限于某些机械加工行业低压干线上的负荷计算。二项式系数 b、c 不够科学准确,相关资料又较少,因此二项式法的应用受到了限制。

例 2-5　某车间 380V 线路上,接有金属冷加工机床,电动机 40 台,共 115kW,(其中较大容量电动机有 10kW 的 4 台,4kW 的 7 台);通风机 5 台共 6kW。电阻炉 1 台 2kW。试用二项式法确定线路的计算负荷。

解：(1) 相同工作制用电设备组的计算负荷

① 冷加工机床组

查表 2-5 得,取 $b=0.14$,$c=0.5$,$x=5$,$\cos\varphi=0.5$,$\tan\varphi=1.73$

$P_{\mathrm{C1}}=bP_{\mathrm{e}}+cP_x=0.14\times115+0.5\times(10\times4+4)=16.1+22=28.1(\mathrm{kW})$

$Q_{\mathrm{C1}}=P_{\mathrm{C1}}\tan\varphi=38.1\times1.73=66.0(\mathrm{kVar})$

② 通风机组

查表 2-5 得,取 $b=0.65$,$c=0.25$,$x=5$,$\cos\varphi=0.8$,$\tan\varphi=0.75$

$P_{\mathrm{C2}}=bP_{\mathrm{e}}+cP_x=0.65\times6+0.25\times5=3.9+1.25=5.2(\mathrm{kW})$

$Q_{\mathrm{C2}}=P_{\mathrm{C2}}\tan\varphi=5.2\times0.75=3.9(\mathrm{kVar})$

③ 电阻炉组

查表 2-5 得,取 $b=0.7$,$\cos\varphi=1$,$\tan\varphi=0$

$P_{\mathrm{C3}}=bP_{\mathrm{e}}=0.7\times2=1.4(\mathrm{kW})$

$Q_{\mathrm{C3}}=P_{\mathrm{C3}}\tan\varphi=0(\mathrm{kVar})$

(2) 配电线路上的计算负荷

$P_{\mathrm{C}}=\sum(bP_{\mathrm{e}})+(cP_x)_{\mathrm{m}}=(16.1+3.9+1.4)+22=21.4+22=43.4(\mathrm{kW})$

$Q_{\mathrm{C}}=\sum(bP_{\mathrm{e}}\tan\varphi)+(cP_x)_{\mathrm{m}}\cdot\tan\varphi_x$

$\quad=(16.1\times1.73+3.9\times0.75+1.4\times0)+22\times1.73$

$$= 30.8 + 38.1 = 68.9 (\text{kVar})$$

$$S_C = \sqrt{P_C^2 + Q_C^2} = \sqrt{43.4^2 + 68.9^2} = 81.4 (\text{kVA})$$

$$I_C = \frac{S_C}{\sqrt{3} U_N} = \frac{81.4}{\sqrt{3} \times 0.38} = 123.7 (\text{A})$$

2.3.3 利用系数法

利用系数法是以概率论为理论基础,通过利用系数、有效台数、附加系数等来确定计算负荷的。这种方法的计算结果比较接近实际,但计算过程繁琐,适用于计算机程序计算。

1. 利用系数和附加系数

1) 利用系数

利用系数 K_u 为负荷曲线中的平均计算负荷 P_{av} 与全部用电设备的设备容量之比,即

$$K_u = \frac{P_{av}}{\sum P_N} \tag{2-21}$$

2) 附加系数

附加系数为计算负荷 P_C 与平均负荷 P_{av} 之比,即

$$K_{ad} = \frac{P_C}{P_{av}} \tag{2-22}$$

3) 有效设备台数

用电设备的有效台数 n_{ef} 是将不同设备功率和不同工作制下的用电设备台数换算为相同设备功率和相同工作制的等效值。

$$n_{ef} = \frac{\left(\sum P_N \right)^2}{\sum P_N^2} \tag{2-23}$$

式中: P_N ——用电设备组中每台用电设备的设备功率,kW。

利用系数、附加系数和有效设备台数可查阅有关专业资料获得。

2. 利用系数法确定计算负荷

采用利用系数法确定计算负荷时,不论计算范围大小,都必须求出该计算范围内的用电设备有效台数 n_{ef} 及附加系数 K_{ad},以此求出结果。

1) 单组用电设备中设备台数大于 3 台时的计算负荷

由利用系数求出平均负荷为

$$\left. \begin{array}{l} P_{av} = K_u \sum P_N \\ Q_{av} = P_{av} \tan\varphi \end{array} \right\} \tag{2-24}$$

再由附加系数求出计算负荷。附加系数由设备等效台数和利用系数查表获得。即

$$\left. \begin{array}{l} P_C = K_{ad} \sum P_{av} \\ Q_C = K_{ad} \sum Q_{av} \\ S_C = \sqrt{P_C^2 + Q_C^2} \\ I_C = \frac{S_C}{\sqrt{3} U_N} \end{array} \right\} \tag{2-25}$$

2) 多组用电设备的计算负荷

当供电范围内有多个性质不同的用电设备组时,设备有效台数为所有设备的等效台数,利用系数以各设备组的加权利用系数 K_{av} 替换,同样查资料获得附加系数,求出计算负荷,即

$$
\left.
\begin{aligned}
P'_C &= K_{av} K_{ad} \sum \left(\sum P_{av} \right) \\
Q'_C &= K_{av} K_{ad} \sum \left(\sum Q_{av} \right) \\
S'_C &= \sqrt{P'^2_C + Q'^2_C} \\
I'_C &= \frac{S'_C}{\sqrt{3} U_N}
\end{aligned}
\right\}
\tag{2-26}
$$

式中：$\sum P_{av}$ —— 每组用电设备的平均有功功率;

$\qquad \sum Q_{av}$ —— 每组用电设备的平均无功功率。

2.3.4 指标估算法

当用电设备还没有完全确定,且需要做初步方案设计时,可以使用指标估算法进行负荷计算。常用的指标估算法有单位指标法、负荷密度法和住宅用电量指标法等。

1. 单位指标法

单位指标法的计算公式为

$$
P_C = \alpha N \tag{2-27}
$$

式中：α —— 单位用电指标,单位为 kW/人、kW/床、kW/产品等;

$\qquad N$ —— 单位数量,单位为人、床、产品等。

2. 负荷密度法

负荷密度法的计算公式为

$$
P_C = \rho A \tag{2-28}
$$

式中：ρ —— 负荷密度,kW/m²,如表 2-6 和表 2-7 所示;

$\qquad A$ —— 建筑面积,m²。

表 2-6　各类民用建筑物的负荷密度指标

建筑类别	负荷密度指标/(W/m²)	建筑类别	负荷密度指标/(W/m²)
公寓	30～50	高等学校	20～40
办公楼	40～80	中小学校	12～20
医院	40～70	展览馆	50～80
住宅	普通住宅 30～60 中级住宅 50～100 高级住宅、别墅 60～100	商业	一般 40～80 大中型 70～130
体育场	40～70	旅馆	40～70
剧场	50～80	汽车库	8～15

注：1. 当空调冷水机组采用直燃机时,负荷密度指标一般比采用电动压缩机制冷时的用电指标降低 25～35VA/m²。表中所列负荷密度指标的上限值是按空调采用电动压缩机制冷时的数值。

　　2. 表中的负荷密度指标单位为 W/m²,考虑功率因数和变压器的负荷率,折合成变压器容量 VA/m² 时,乘以系数 1.5。

表 2-7　旅游旅馆的负荷密度及单位指标参考值

用电设备组名称	负荷密度指标/(W/m²)		单位指标/(W/床)	
	平均	推荐范围	平均	推荐范围
全馆总负荷	72	65~79	2242	2000~2400
全馆总照明	15	13~17	928	850~1000
全馆总电力	57	50~62	2366	2100~2600
冷冻机房	17	15~19	969	870~1100
锅炉房	5	4.5~5.9	156	140~170
水泵房	1.2	1.2	43	40~50
风机	0.3	0.3	8	7~9
电梯	1.4	1.4	28	25~30
厨房	0.9	0.9	55	30~60
洗衣机房	1.3	1.3	48	45~60
窗式空调	10	10	357	320~400

例 2-6　某办公楼建筑面积约 1.8 万平方米,设有集中空调系统。试估算计算负荷。

解:空调系统用电负荷通常占全楼负荷的 40% 以上,故查表 2-6 选取负荷密度指标时,取上限值,$\rho = 80 \text{W/m}^2$,整个建筑物估算的计算负荷为

$$P_{\text{C}} = \rho A = 80 \times 1.8 \times 10^4 \times 10^{-3} = 1440 (\text{kW})$$

3. 住宅用电量指标法

住宅用电量指标法的计算公式为

$$P_{\text{C}} = K_{\sum} \beta N \qquad (2\text{-}29)$$

式中:$K_{\sum}$——住宅用电同期系数,如表 2-8 所示;

　　　β——住宅用电量指标,kW/户,如表 2-9 所示;

　　　N——供电范围内的住宅户数。

表 2-8　住宅用电负荷同期系数

户数	1~3	4	6	8	10	12	14
$K_{\sum}$	1	0.95	0.80	0.70	0.65	0.60	0.55
户数	16	18	21	24	25~100	125~200	260~300
$K_{\sum}$	0.55	0.50	0.50	0.45	0.45	0.35	0.30

表 2-9　住宅用电指标参考值

住宅类型	高层住宅	多层住宅	单体别墅	连体别墅 1~2 户	连排叠加 4~8 户
用电指标/(kW/户)	6	6~8	16~30	10~12	10

例 2-7　某多层住宅楼有 11 层,4 个单元,每层 2 户,每户均为三室一厅。每个单元采用一条低压干线供电。试求:(1)每条干线进户处的计算负荷?(2)全楼的计算负荷为多少?

解:(1) 每条干线共有 $11 \times 2 = 22$ 户,查表 2-9,每户用电指标取 $\beta = 8 \text{kW}$,$K_{\sum} = 0.5$,则每条干线进户处的计算负荷为

$$P_c = K_\Sigma \beta N = 0.5 \times 8 \times 22 = 88 (\text{kW})$$

（2）全楼共有 $22 \times 4 = 88$ 户，$K_\Sigma = 0.45$，则全楼的计算负荷为

$$P_c = K_\Sigma \beta N = 0.45 \times 8 \times 88 = 316.8 (\text{kW})$$

2.4　单相负荷计算方法

在民用建筑中，有大量的照明单相用电设备。在低压供配电系统设计时，应尽量使单相设备均衡地分配在三相线路上，减少三相不平衡状态。

当单相负荷的总容量小于计算范围内三相对称负荷总容量的 15% 时，无论单相设备如何分配，均可按三相平衡负荷计算。当单相负荷的总容量超过三相对称负荷总容量的 15% 时，应将单相负荷换算为等效三相负荷，再与三相负荷相加进行负荷计算。

2.4.1　单相负荷接于相电压和线电压的等效三相负荷计算

单相用电设备接在相电压上时称为相间负荷，接在线电压上时称为线间负荷。单相用电设备功率等效三相设备功率的计算时，应以最大负荷相上的容量为依据。

1. 单相用电设备接于相电压的等效三相负荷计算

单相用电设备接于相电压时，等效三相设备容量取最大一相负荷的 3 倍，即

$$\left.\begin{array}{l} P_{eq} = 3P_m \\ Q_{eq} = P_{eq} \tan\varphi_m \\ S_{eq} = \sqrt{P_{eq}^2 + Q_{eq}^2} \end{array}\right\} \tag{2-30}$$

式中：P_{eq}——等效三相设备容量，kW；

P_m——最大负荷相的设备容量，kW；

Q_{eq}——等效三相设备的无功功率，kVar；

S_{eq}——等效三相设备的视在功率，kVA。

2. 单相线间负荷等效三相负荷计算

先将接于线电压的单相负荷等效为接于相电压的相间负荷，再按照相间负荷等效三相负荷的计算方法确定计算负荷。

1）单台线间单相负荷的等效计算

只有单台线间单相负荷时，等效三相负荷为线间负荷的 $\sqrt{3}$ 倍，即

$$P_{eq} = \sqrt{3} P_e \tag{2-31}$$

式中：P_e——线间负荷容量，kW。

2）多台线间负荷接在不同相线之间的等效计算

（1）线间负荷等效为相间负荷

设有单相线间负荷 P_{12}、P_{23}、P_{31} 分别接在三相电源系统的相线 L_1、L_2 和 L_3 之间，功率因素分别为 $\cos\varphi_{12}$、$\cos\varphi_{23}$、$\cos\varphi_{31}$，等效后的单相相间负荷为 P_{1eq}、P_{2eq}、P_{3eq}。经过理论推算，等效计算公式为

$$
\left.
\begin{aligned}
P_{1\text{eq}} &= P_{12}\,p_{1(12)} + P_{31}\,p_{1(31)} \\
P_{2\text{eq}} &= P_{23}\,p_{2(23)} + P_{12}\,p_{2(12)} \\
P_{3\text{eq}} &= P_{31}\,p_{3(31)} + P_{23}\,p_{3(23)} \\
Q_{1\text{eq}} &= Q_{12}\,q_{1(12)} + Q_{31}\,q_{1(31)} \\
Q_{2\text{eq}} &= Q_{23}\,q_{2(23)} + Q_{12}\,q_{2(12)} \\
Q_{3\text{eq}} &= Q_{31}\,q_{3(31)} + Q_{23}\,q_{3(23)}
\end{aligned}
\right\}
\tag{2-32}
$$

式中：P_{12}、P_{23}、P_{31}——分别接于 L_1L_2、L_2L_3、L_3L_1 的单相线间负荷，kW；

　　　　$P_{1\text{eq}}$、$P_{2\text{eq}}$、$P_{3\text{eq}}$——换算为 L_1、L_2、L_3 相线上的单相相间有功负荷，kW；

　　　　$Q_{1\text{eq}}$、$Q_{2\text{eq}}$、$Q_{3\text{eq}}$——换算为 L_1、L_2、L_3 相线上的单相相间无功负荷，kVar；

　　　　$p_{1(12)}$、$p_{2(12)}$、$p_{2(23)}$、$p_{3(23)}$、$p_{3(31)}$、$p_{1(31)}$——有功功率换算系数，如表 2-10 所示；

　　　　$q_{1(12)}$、$q_{2(12)}$、$q_{2(23)}$、$q_{3(23)}$、$q_{3(31)}$、$q_{1(31)}$——无功功率换算系数，如表 2-10 所示。

表 2-10　单相线负荷换算成单相相负荷时的换算系数值

换算系统	功　率　因　数								
	0.35	0.4	0.5	0.6	0.65	0.7	0.8	0.9	1.0
$p_{1(12)}$，$p_{2(23)}$，$p_{3(31)}$	1.27	1.17	1.0	0.89	0.84	0.8	0.72	0.64	0.5
$p_{2(12)}$，$p_{3(23)}$，$p_{1(31)}$	−0.27	−0.17	0	0.11	0.16	0.2	0.28	0.36	0.5
$q_{1(12)}$，$q_{2(23)}$，$q_{3(31)}$	1.05	0.86	0.58	0.38	0.3	0.22	0.09	−0.05	−0.29
$q_{2(12)}$，$q_{3(23)}$，$q_{1(31)}$	1.63	1.44	1.16	0.96	0.88	0.8	0.67	0.35	0.29

（2）相间负荷等效三相负荷

各相负荷分别相加，选出最大相负荷，取其 3 倍作为等效三相负荷的设备容量，即

$$
\left.
\begin{aligned}
P_{\text{eq}} &= 3P_{\varphi\cdot\text{m}} \\
Q_{\text{eq}} &= P_{\text{eq}}\tan\varphi_{\text{m}} \\
S_{\text{eq}} &= \sqrt{P_{\text{eq}}^2 + Q_{\text{eq}}^2}
\end{aligned}
\right\}
\tag{2-33}
$$

式中：P_{eq}——单相线间负荷等效为三相负荷的有功功率，kW；

　　　　$P_{\varphi\cdot\text{m}}$——等效最大相间负荷，kW；

　　　　Q_{eq}——单相线间负荷等效为三相负荷的无功功率，kVar；

　　　　S_{eq}——单相线间负荷等效为三相负荷的视在功率，kVA。

（3）既有线间负荷又有相间负荷时的等效计算

应将单相线间负荷换算成单相相间负荷，然后各相负荷分别相加，取最大相负荷的 3 倍作为等效三相负荷计算的依据。计算方法同式（2-33）。

2.4.2　单相负荷的等效三相负荷的简化计算

1. 计算等效三相负荷的简化法

如图 2-5 所示，假设单相线间负荷的关系为 $P_{12} \geqslant P_{23} \geqslant P_{31}$，按发热等效原理可推导出简化计算公式，即

$$
\left.
\begin{aligned}
P_{\text{eq}} &= 3P_{31} + 3(P_{23} - P_{31}) + \sqrt{3}(P_{12} - P_{23}) = \sqrt{3}\,P_{12} + (3 - \sqrt{3})P_{23} \\
Q_{\text{eq}} &= \sqrt{3}\,P_{12}\tan\varphi_{12} + (3 - \sqrt{3})P_{23}\tan\varphi_{23} \\
S_{\text{eq}} &= \sqrt{P_{\text{eq}}^2 + Q_{\text{eq}}^2}
\end{aligned}
\right\}
\tag{2-34}
$$

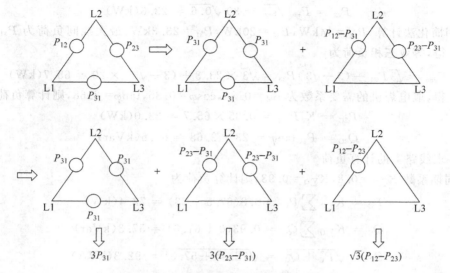

图 2-5　线间负荷等效成三相负荷示意图

上式表明,有功单相线间负荷等效为三相负荷时,应等于最大线间负荷的 $\sqrt{3}$ 倍,加上次大相间负荷的 $(3-\sqrt{3})$ 倍。

2. 计算示例

例 2-8　如图 2-6 所示,某 380/220V 三相四线制线路上,装有 220V 单相电热干燥箱 3 台,单相电加热单相电焊机 3 台。电热干燥箱 1 台 10kW 接于 L1 相,1 台 30kW 接于 L2 相,3 台 10kW 接于 L3 相。1 台焊机 14kW($\varepsilon_1=100\%$)接于 L1、L2 相,1 台 20kW($\varepsilon_2=100\%$)接于 L2、L3 相,1 台 30kW($\varepsilon_3=60\%$)接于 L3、L1 相。试求该线路的计算负荷。

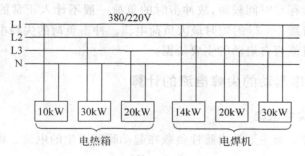

图 2-6　例 2-8 题图

解:(1)电热箱单相相间负荷等效三相负荷计算

最大相间负荷为 L2 相上的 30kW,根据式(2-28)得,等效三相负荷为

$$P_{1eq}=3P_2=3\times30=90(kW)$$

查表 2-4 得,取电热箱的需要系数为 $K_d=0.75$,$\cos\varphi=1$,$\tan\varphi=0$,则计算负荷为

$$P_{1C}=K_dP_{1eq}=0.75\times90=67.5(kW)$$

$$Q_{1C}=P_{1C}\tan\varphi=0$$

(2)电焊机单相负荷等效三相负荷计算

先求出 30kW 电焊机的设备容量为

$$P_{e3} = P_{r3} \sqrt{\varepsilon_{r3}} = 30 \sqrt{0.6} = 23.3(\text{kW})$$

采用简化法计算，$P_{12} = 14\text{kW}$，$P_{23} = 20\text{kW}$，$P_{31} = 23.3\text{kW}$，最大线间负荷为 P_{31}。根据式(2-31)得，等效三相负荷为

$$P_{2eq} = \sqrt{3} P_{31} + (3 - \sqrt{3}) P_{23} = \sqrt{3} \times 23.3 + (3 - \sqrt{3}) \times 20 = 65.7(\text{kW})$$

查表 2-4 得，取电焊机的需要系数为 $K_d = 0.35$，$\cos\varphi = 0.35$，$\tan\varphi = 2.68$，则计算负荷为

$$P_{2C} = K_d P_{1eq} = 0.35 \times 65.7 = 23.0(\text{kW})$$

$$Q_{2C} = P_{2C} \tan\varphi = 23 \times 2.68 = 61.6(\text{kVar})$$

（3）求线路上的计算负荷

取同期系数 $K_{\sum P} = 0.8$，$K_{\sum Q} = 0.93$，则计算负荷为

$$P_C = K_{\sum P} \sum P_C = 0.8(67.5 + 23) = 72.4(\text{kW})$$

$$Q_C = K_{\sum Q} \sum Q_C = 0.93(0 + 61.6) = 57.3(\text{kVar})$$

$$S_C = \sqrt{P_C^2 + Q_C^2} = \sqrt{72.4^2 + 57.3^2} = 92.3(\text{kVA})$$

$$I_C = \frac{S_C}{\sqrt{3} U_N} = \frac{92.3 \times 10^3}{\sqrt{3} \times 380} = 140.3(\text{A})$$

2.5　尖峰电流的计算

由于电动机正常运行的起动电流一般为额定电流的 4～7 倍，且起动时间短，起动之后电动机恢复到正常的额定电流。电动机、电弧炉等用电设备正常工作时对供配电系统具有短暂的冲击性作用，称为冲击性负荷。

由于冲击性负荷存在时间较短，故冲击时的负荷一般不计入正常的负荷计算中。尖峰电流是指用电设备持续 1～2s 的短时最大负荷电流。冲击负荷的尖峰电流应作为检验系统的保护开关和电动机能否自启动的主要依据。

2.5.1　电动机顺序起动的尖峰电流的计算

1. 单台设备的尖峰电流

单台设备的尖峰电流主要是由感性负载在起动瞬间产生的电流。即

$$I_{pK} = KI_N \tag{2-35}$$

式中：I_{pK}——单台设备的尖峰电流，A；

　　　I_N——用电设备的额定电流，A；

　　　K——用电设备的起动电流倍数，一般鼠笼式电动机为 5～7，绕线型电动机为 2～3，
　　　　　直流电动机为 1.5～2，电焊变压器为 3～4（详细值可查产品样本）。

2. 多台用电设备的尖峰电流

一般只考虑起动电流最大的一台电动机的起动电流，因此，多台用电设备的尖峰电流为

$$I_{pK} = (KI_N)_m + I_{C(n-1)} \tag{2-36}$$

式中：$(KI_N)_m$——起动电流最大的一台电动机的起动电流，A；

　　　$I_{C(n-1)}$——除起动电流最大的那台电动机之外，其他用电设备的计算电流。

2.5.2　电动机同时起动的尖峰电流的计算

1. 电动机组同时起动的尖峰电流

应考虑电动机组同时起动时可能出现的最大起动电流作为尖峰电流，即

$$I_{PK} = \sum_{i=1}^{n} K_i I_{ni} \tag{2-37}$$

式中：n——同时起动的电动机台数；

　　　K_i、I_{ni}——对应于第 i 台电动机的起动倍数和额定电流。

2. 计算示例

例 2-9　某车间有一条 380V 线路，向 2 台异步电动机供电。已知 $K_1 = 6$，$I_{n1} = 10.4$A；$K_2 = 5.5$，$I_{n2} = 28.4$A；$K_3 = 7$，$I_{n3} = 14.2$A。试求：(1)三台电动机不可能同时起动时，该线路的尖峰电流。(2)三台电动机同时起动时，该线路的尖峰电流。

解：(1)由题意得，第二台电动机的起动电流最大，所以该线路尖峰电流应为

$$I_{PK} = K_2 I_{n2} + (I_{n1} + I_{n3}) = 5.5 \times 28.4 + (10.4 + 14.2) = 180.8(A)$$

(2)同时起动时，线路上的尖峰电流为

$$I_{PK} = \sum_{i=1}^{n} K_i I_{mi} = K_1 I_{n1} + K_2 I_{n2} + K_3 I_{n3}$$

$$= 6 \times 10.4 + 5.5 \times 28.4 + 7 \times 14.2 = 318(A)$$

2.6　供配电系统的损耗计算

供配电系统的损耗主要包括高低压线路损耗和变压器损耗。损耗负荷的计算能为建筑电气节能提供理论根据。

2.6.1　线路上的功率损耗和电能损耗计算

在传输电能过程中，供配电系统中的线路会通过电流，线路上的阻抗将引起功率和能量的损耗。线路损耗负荷包括有功功率损耗和无功功率损耗。

1. 线路上的功率损耗

供配电系统线路上的最大有功功率损耗和无功功率损耗是以计算电流 I_C 为依据的，其计算公式为

$$\Delta P_w = 3 I_C^2 R \times 10^{-3}$$
$$\Delta Q_w = 3 I_C^2 X \times 10^{-3} \tag{2-38}$$

式中：ΔP_w、ΔQ_w——线路的最大有功功率损耗，kW 和无功功率损耗，kVar；

　　　R、X——每相线路上的电阻、电抗，Ω。

每相线路上的 R、X 可按式(2-39)计算

$$R = r_0 l$$
$$X = x_0 l \tag{2-39}$$

式中：x_0、r_0——线路单位长度的交流电阻和电抗，Ω/km；

　　　l——线路计算长度，km。

计算每相线路上的电抗时，电缆和绝缘导线穿管敷设线路中的导线间几何间距很小，电抗值也很小，线路单位长度的电抗可以近似取值。芯线截面在 $10\mathrm{mm^2}$ 及以下的可取 $x_0 = 0.095\Omega/\mathrm{km}$；芯线截面在 $10 \sim 50\mathrm{mm^2}$ 的可取 $x_0 = 0.07\Omega/\mathrm{km}$；芯线截面在 $70\mathrm{mm^2}$ 及以上的可取 $x_0 = 0.06\Omega/\mathrm{km}$。计算每相线路上的电阻时，单位长度的交流电阻如表 2-11 所示。

表 2-11　电缆及绝缘导线的相电阻（按芯线温度 $\theta = 70^\circ\mathrm{C}$）

导线截面/$\mathrm{mm^2}$	导线相电阻 $r_0/(\Omega/\mathrm{km})$		导线截面/$\mathrm{mm^2}$	导线相电阻 $r_0/(\Omega/\mathrm{km})$	
	铜芯	铝芯		铜芯	铝芯
1.5	14.7		50	0.44	0.74
2.5	8.87	14.78	70	0.32	0.53
4	5.54	9.29	95	0.23	0.39
6	3.70	6.20	120	0.18	0.31
10	2.22	3.72	150	0.15	0.25
16	1.39	2.32	185	0.12	0.2
25	0.89	1.49	240	0.09	0.15
35	0.63	1.06	300	0.07	0.12

2. 线路上的年有功电能损耗

一年内线路上的电能损耗为线路最大损耗功率对时间的累计，即

$$\Delta W_{\mathrm{WL}} = \int_0^{8760} \Delta P_{\mathrm{w}} \mathrm{d}t = \Delta P_{\mathrm{w}} \tau \tag{2-40}$$

式中：$\tau_{\max}$——线路的年最大负荷损耗小时，h，它是一个假想的时间。

对于供配电系统线路中全年的电能损耗，如果以计算负荷来消耗，需要 $\tau_{\max}$ 这么长时间就可以全部消耗完。也就是说线路通过年最大损耗小时的计算电流所损耗掉的电能，与实际运行时线路全年通过实际电流所损耗的电能相等。

如图 2-7 所示，年最大损耗小时数与年最大利用小时数、负荷的功率因数有一定的关系。如负荷的功率因数为 1.0 时，当年最大利用小时数 $T_{\max} = 4000\mathrm{h}$ 时，年最大损耗小时 $\tau_{\max} = 2000\mathrm{h}$。

例 2-10　如图 2-8 所示，计算低压配电线路的有功损耗和无功损耗。

解：（1）OA 段线路的损耗计算

查表 2-11 得，取 $r_0 = 0.63\Omega/\mathrm{km}$，$x_0 = 0.07\Omega/\mathrm{km}$，通过的计算电流为

$$I_{\mathrm{C}} = \frac{S_{\mathrm{C}}}{\sqrt{3}U_{\mathrm{N}}} = \frac{\sqrt{\left(\sum P\right)^2 + \left(\sum Q\right)^2}}{\sqrt{3}U_{\mathrm{N}}}$$

$$= \frac{\sqrt{(30+30)^2 + (30 \times 0.75 + 30 \times 0.62)^2} \times 10^3}{\sqrt{3} \times 380}$$

$$= 110.5(A)$$

OA 段线路有功损耗和无功损耗为

$$\Delta P_{w1} = 3I_C^2 R \times 10^{-3} = 3 \times 110.5^2 \times 0.63 \times 0.03 \times 10^{-3} = 0.69(kW)$$

$$\Delta Q_{w1} = 3I_C^2 X \times 10^{-3} = 3 \times 110.5^2 \times 0.07 \times 0.03 \times 10^{-3} = 0.08(kVar)$$

（2）AB 段线路的损耗计算

查表 2-11 得，取 $r_0 = 0.89\Omega/km$，$x_0 = 0.07\Omega/km$，通过的计算电流为

$$I_{C2} = \frac{P_2}{\sqrt{3}U_N \cos\varphi_2} = \frac{30 \times 10^3}{\sqrt{3} \times 380 \times 0.85} = 53.6(A)$$

AB 段线路有功损耗和无功损耗为

$$\Delta P_{w2} = 3I_{C2}^2 R_2 \times 10^{-3} = 3 \times 53.6^2 \times 0.89 \times 0.01 \times 10^{-3} = 0.077(kW)$$

$$\Delta Q_{w2} = 3I_{C2}^2 X_2 \times 10^{-3} = 3 \times 53.6^2 \times 0.07 \times 0.01 \times 10^{-3} = 0.006(kVar)$$

（3）OB 段线路的损耗计算

$$\Delta P_w = \Delta P_{w1} + \Delta P_{w2} = 0.69 + 0.077 = 0.767(kW)$$

$$\Delta Q_w = \Delta Q_{w1} + \Delta Q_{w2} = 0.08 + 0.006 = 0.086(kVar)$$

由例题可见，电缆线路上无功损耗很小，通常情况下可以忽略不计。线路损耗主要是有功损耗。大容量供电线路应尽量接近负荷中线设置配变压器的位置。

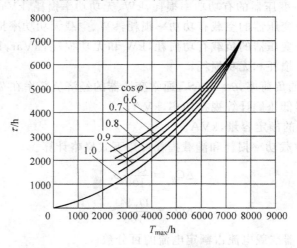

图 2-7　τ_{max} 与 T_{max} 的关系曲线

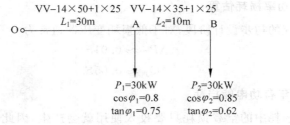

图 2-8　例 2-10 图

2.6.2 变压器的功率损耗和电能损耗

1. 变压器的功率损耗计算

变压器的功率损耗包括有功功率损耗 ΔP_T 和无功功率损耗 ΔQ_T。有功损耗又分为空载损耗和负载损耗两部分。

空载损耗又称铁损,它是变压器主磁通在铁芯中产生的有功功率损耗。因为主磁通只与外加电压和频率有关,当外加电压 U 和频率 f 恒定时,铁损也为常数,与负荷大小无关。

负载损耗又称铜损,它是变压器负荷电流在一次、二次绕组的电阻中产生的有功功率损耗,其值与负载电流的平方成正比。

同样,无功功率损耗也由两部分组成,一部分是变压器空载时,由产生主磁通的励磁电流所产生的无功功率损耗,另一部分是由变压器负载电流在一、二次绕组电抗上产生的无功功率损耗。

ΔP_k、ΔQ_k 通过短路试验测得,ΔP_0、ΔQ_0 由空载试验测得,均由制造厂提供。变压器有功损耗和无功损耗计算的公式为

$$\left.\begin{array}{l} \Delta P_T = \Delta P_0 + \Delta P_k \left(\dfrac{S_C}{S_r}\right)^2 = \Delta P_0 + \Delta P_k \beta^2 \\[2mm] \Delta Q_T = \Delta Q_0 + \Delta Q_k \left(\dfrac{S_C}{S_r}\right)^2 = \Delta Q_0 + \Delta Q_k \beta^2 \end{array}\right\} \tag{2-41}$$

式中:ΔP_T、ΔQ_T——变压器的有功功率损耗,kW、无功功率损耗,kVar;

    ΔP_0、ΔQ_0——变压器的空载有功功率损耗,kW、空载无功功率损耗,kVar;

    ΔP_k、ΔQ_k——变压器的负载有功损耗,kW 和无功损耗,kVar,即变压器的短路有功损耗和无功损耗;

    β——变压器的负荷率,$\beta = S_C/S_r$,通常变压器的经济负荷率在 70% 左右;

    S_C——变压器低压侧计算视在功率,kVA;

    S_r——变压器的额定容量,kVA。

变压器的无功空载功率损耗和满载损耗可用下式概略计算。

$$\left.\begin{array}{l} \Delta Q_0 = \dfrac{I_0\%}{100} S_r \\[2mm] \Delta Q_k = \dfrac{U_k\%}{100} S_r \end{array}\right\} \tag{2-42}$$

式中:$I_0\%$——变压器空载电流占额定电流的百分数;

    $U_k\%$——变压器阻抗电压占额定电压的百分数。

2. 变压器的功率损耗估算

在供配电系统的初步设计阶段,对于低损耗变压器通常为

$$\left.\begin{array}{l} \Delta P_T \approx 0.01 S_r \\[2mm] \Delta Q_T \approx 0.05 S_r \end{array}\right\}$$

3. 变压器的年有功电能损耗

由于变压器损耗中的空载损耗只要投入使用就会产生,因此,这部分损耗的电能应是 ΔP_0 与全年时间的乘积,即

$$\Delta W_{a1} = \Delta P_{Fe} \times 8760 \approx \Delta P_0 \times 8760$$

变压器的负载损耗与负荷率、年最大损耗小时数有关，即

$$\Delta W_{a2} = \Delta P_{Cu} \beta^2 \tau_{max} \approx \Delta P_k \beta^2 \tau_{max}$$

因此，变压器全年的电能损耗为

$$\Delta W_a = \Delta W_{a1} + \Delta W_{a2} \approx \Delta P_0 \times 8760 + \Delta P_k \beta^2 \tau_{max}$$

2.7　无功功率补偿计算方法

在民用建筑供配电系统中，用电设备多数为感性负荷，在正常工作时，需要向电网吸收并交换大量的无功功率，致使供配电系统的功率因数降低。一般工矿企业的自然功率因数在 0.7 以下，旅游宾馆和商厦为 0.7～0.8，一般综合负荷的功率因数为 0.6～0.9。

无功功率的增加会导致电力资源的浪费，各种损耗增加。因此，《供电营业规则》规定，100kVA 及以上高压供电用户功率因数为 0.9 以上；其他电力用户和大中型电力排灌站、趸购转售电企业，功率因数为 0.85 以上；农业用电，功率因数为 0.8。在《民用建筑电气设计规范》JGJ16—2008 中，要求 10(6)kV 及以下无功补偿宜在配电变压器低压侧集中补偿，且功率因数不宜低于 0.9，高压侧的功率因数指标应符合当地供电部门的规定。因此，用电单位应采取措施提高功率因数。

2.7.1　提高功率因数的意义

1. 提高功率因素能充分发挥电源的潜力

发电机或变压器作为用电设备的电源设备，都有一定的额定容量 S_r，在正常情况下不允许超过额定值。在向用户提供电能时，根据 $P = S_r \cos\varphi$，当用户的功率因数 $\cos\varphi$ 越高，提供的有功功率 P 就越多，使电源设备的容量得到充分利用，提高了供电能力。

2. 提高功率因素能减少各种损耗

当用户需要的负荷功率一定时，供配电系统输送电能的电流由系统电压、用户的功率因数和用户需要的功率决定，即

$$I = \frac{P}{\sqrt{3}U\cos\varphi}$$

当供配电系统电压一定时，功率因数 $\cos\varphi$ 越高，线路中的电流就会越小，能大量减少线路以及整个系统的各种损耗。

（1）由于线路上的电压损失为 $\Delta U = IRl$。线路电流的减小，会使线路上的电压损失减少，因此能提高供电质量。

（2）由于线路上的功率损耗与电流的平方成正比，即 $\Delta P = I^2 Rl$。线路电流的减小，能平方倍降低线路的功率损耗，大量减少了电能浪费。

（3）线路上的电流是选择变压器、导线、开关电器、测量仪表的主要依据。电流的减小，能降低配电设备的负荷容量，有利于设备选择使用。

（4）线路电流的减小，还能减少线路的导线截面积，有利于降低有色金属量的使用，还可以降低系统线路敷设等操作成本。

综上所述,提高功率因数,能提高供配电系统的安全性、经济性、可靠性,还能节约电力资源,有利于节能环保。

2.7.2　功率因数计算

在建筑供配电系统中,不考虑谐波时,功率因数有瞬时功率因数、平均功率因数、最大负荷功率因数,考虑谐波时有谐波环境功率因数。

1. 瞬时功率因数计算

瞬时功率因数是指某一时刻系统在特定监测点的功率因数值。由功率因数表或相位表直接读出,或由功率表、电流表和电压表的读数,通过计算公式获得,即

$$\cos\varphi = \frac{P}{\sqrt{3}\,UI} \tag{2-43}$$

式中：P——功率表测量的三相有功功率表读数,kW;

　　　U——电压表测量的线电压读数,kV;

　　　I——电流表测量的相电流读数,A。

2. 平均功率因数

平均功率因数是指某一规定时间内,功率因数的平均值。其计算公式为

$$\cos\varphi_{av} = \frac{P_{av}}{S_{av}} = \frac{P_{av}}{\sqrt{P_{av}^2 + Q_{av}^2}} = \frac{\alpha P_C}{\sqrt{(\alpha P_C)^2 + (\beta Q_C)^2}}$$

$$= \frac{1}{\sqrt{1 + \left(\frac{\beta Q_C}{\alpha P_C}\right)^2}} = \frac{1}{\sqrt{1 + \left(\frac{Q_{av}t}{P_{av}t}\right)^2}} = \frac{1}{\sqrt{1 + \left(\frac{W_Q}{W_P}\right)^2}}$$

$$= \frac{W_P}{\sqrt{W_P^2 + W_Q^2}} \tag{2-44}$$

式中：P_C——三相有功功率计算负荷,kW;

　　　Q_C——三相无功功率计算负荷,kVar;

　　　α——有功负荷系数;

　　　β——无功负荷系数;

　　　W_P——某一时间内消耗的有功电能,kW·h,由有功电能表读出;

　　　W_Q——某一时间内消耗的无功电能,kVar·h,由无功电能表读出。

3. 最大负荷功率因数

最大负荷功率因数是指在年最大负荷(即计算负荷)时的功率因数。其计算公式为

$$\cos\varphi = \frac{P_C}{S_C} \tag{2-45}$$

在系统设计中考虑无功补偿时,为简便起见,常按最大负荷时的功率因数来计算补偿容量。严格地讲,应按平均功率因数是否满足要求来计算。

4. 谐波环境功率因数

谐波环境功率因数是指有功功率 P 与视在功率 S 的比值,即

$$PF = \frac{P}{S} = \frac{UI_1\cos\varphi_1}{UI} = \frac{I_1}{I}\cos\varphi_1 = \nu\cos\varphi_1$$

式中：PF——谐波环境中的实际功率因数；

　　　P——总有功功率，kW；

　　　S——总视在功率，kVA；

　　　I_1——基波电流有效值；

　　　I——总电流有效值；

　　　ν——基波因子，它为基波电流有效值与总电流有效值之比，即 $\nu = I_1/I$；

　　　$\cos\varphi_1$——基波功率因数。

在实际工程设计中，谐波导致的无功功率很难计算。在无限大容量系统中，仅考虑谐波电流而忽略谐波电压畸变率影响时，可以用功率因数与谐波电流畸变率 $\mathrm{THD}_i/\%$ 之间的关系曲线来估算谐波环境中的功率因数 PF 值，如图 2-9 所示。

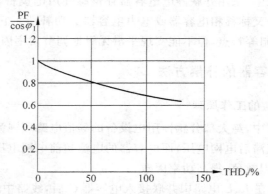

图 2-9　谐波电流畸变率 $\mathrm{THD}_i/\%$ 与功率因数 PF 的关系曲线

2.7.3　功率因数的改善

在供配电系统中，提高功率因数的方法可分为自然功率因数提高和人工补偿功率因数的提高两类。

1. 提高自然功率因数

合理选择和使用用电设备，降低用电设备所需的无功功率需求量，以提高自然功率因数。

1）合理选择变压器的容量和型号

合理选择变压器的容量，避免因长期轻载运行而造成功率因数降低。提高变压器的负荷率，可以提高一次侧功率因数（0.7～0.85）。变压器负荷率超过 0.7 时，一次侧功率因数最高。正确选择变压器运行的台数，根据情况切除季节性负荷用变压器。

2）合理选择异步电动机的型号规格

电动机类用电设备在额定功率运行时，其额定功率因数较高，一般都在 0.85 以上，但在空载运行时功率因数降为 0.16 左右，1/4 轻载运行时功率因数降为 0.55 左右。因此，选择电动机时，尽可能使其经常接近满负荷运行，功率因数能达 0.8 以上。

3）选择节能型荧光灯

选用谐波系数在 15% 以下的电子整流器，自然功率因数可达到 0.9～0.95。

2. 人工补偿提高功率因数

当采用提高用电设备自然功率因数的方法后，功率因数仍不能达到《供用电规则》所要求的数值时，就需要设置专门的无功补偿装置，人工补偿无功功率，以提高功率因数。

1) 采用同步电动机补偿

在满足生产工艺的要求下，考虑选用同步电动机替代异步电动机工作。通过改变励磁电流来调节并改善供配电系统的功率因数。这种补偿方式可以做到平滑自动调节功率因数。专为无功补偿而设的同步电动机称为同步调相机，由于投资大，维护不方便，在建筑供配电系统中很少采用。

2) 采用并联电容器补偿

在建筑供配电系统中，采用并联静电电容器补偿感性用电设备需要的无功功率是一种普遍的方法。这种方法又称移相电容器或电力电容器无功补偿。它具有损耗小，运行维护方便，补偿容量容易控制等特点，但不能实现平滑无级地调节功率因数。

2.7.4　并联电力电容器的补偿方法

1. 电容器并联补偿的工作原理

在建筑供配电系统中，绝大部分感性用电设备的等值电路可视为电阻 R 和电感 L 的串联电路。感性负载电流滞后电网电压，而电容器的电流超前电网电压，这样就可以完全或部分相互抵消，减小功率因数角，提高功率因数。

如图 2-10 所示，当在 R、L 电路中并联接入电容器 C 后，线路中的电流为

$$\dot{i} = \dot{i}_C + \dot{i}_{RL}$$

可见，并联电容器后 $\dot{U}$ 与 $\dot{i}$ 之间的夹角 φ 变小了，供电回路的功率因数 $\cos\varphi$ 提高了。补偿后线路中的电流 $\dot{i}$ 滞后电压 $\dot{U}$ 称为欠补偿，如图 2-10(b) 所示。补偿后线路中的电流 $\dot{i}$ 超前电压 $\dot{U}$ 称为过补偿，如图 2-10(c) 所示。

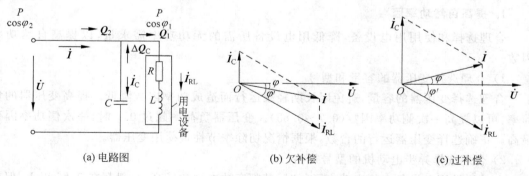

(a) 电路图　　　　　　(b) 欠补偿　　　　　　(c) 过补偿

图 2-10　电容器无功补偿原理图

一般都不采用过补偿，因为这将引起变压器二次侧电压的升高，会增大电容器本身的损耗，使温升增大，电容器寿命降低，同时还会使线路上的电能损耗增加。

2. 无功功率补偿量计算

在图 2-9(a) 所示的电路图中，当用电设备需要的无功功率大于线路或电源提供的无功

功率时,由电容器提供一部分无功功率补偿给用电设备。

1) 用电设备需要的无功功率

如图 2-11 所示,用电设备为感性负载,根据设备提供的有功功率 P 和功率因数 $\cos\varphi_1$,可以依据功率三角形计算出所需要的无功功率 Q_1,即

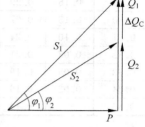

图 2-11　$\cos\varphi$ 与 Q 的关系

$$Q_1 = P\tan\varphi_1$$

2) 线路提供的无功功率

由于供电线路要求的功率因数较高,如高压供电 $\cos\varphi_2$ 为 0.9 以上,低压供电 $\cos\varphi_2$ 为 0.85 以上,故线路所提供的无功功率少于设备需要的无功功率。又因为电容器不消耗有功功率,因此,线路提供设备所需要的功率 P,线路提供的无功功率为

$$Q_2 = P\tan\varphi_2$$

3) 电容器补偿的无功功率

在欠补偿状态时,电容器补偿的无功功率为设备所需与线路所提供的无功功率之差,即

$$\Delta Q_C = Q_1 - Q_2 = P(\tan\varphi_1 - \tan\varphi_2) \tag{2-46}$$

无功功率补偿容量的大小可根据用电设备所需而定。无功功率补偿方式通常采用固定补偿和自动补偿两种方法。

(1) 固定补偿无功功率

固定补偿无功功率是一次性投入所有电容器的补偿容量,所有电容器均处于运行状态。由于电力部门考察用户的功率因数时使用平均功率因数,因此固定补偿无功功率应满足补偿后平均功率因数的要求条件,即

$$\Delta Q_C = P_{av}(\tan\varphi_1 - \tan\varphi_2) = \alpha P_C(\tan\varphi_1 + \tan\varphi_2) = \alpha P_C \Delta q \tag{2-47}$$

式中：ΔQ_C——电容器无功功率补偿容量,kVar;

$\quad P_C$——系统有功计算负荷,kW;

$\quad \varphi_1$——补偿前功率因数角;

$\quad \varphi_2$——补偿后功率因数角;

$\quad \Delta q$——无功功率补偿率,kVar/kW,如表 2-12 所示。

表 2-12　无功功率补偿率 Δq　　　　　（单位：kVar/kW）

补偿前 $\cos\varphi_1$	补偿后 $\cos\varphi_2$									
	0.85	0.90	0.91	0.92	0.93	0.94	0.95	0.96	0.97	0.98
0.50	1.11	1.25	1.28	1.31	1.34	1.37	1.40	1.44	1.48	1.53
0.55	0.90	1.04	1.06	1.09	1.12	1.16	1.19	1.22	1.27	1.32
0.60	0.71	0.85	0.88	0.91	0.94	0.97	1.01	1.04	1.08	1.13
0.65	0.55	0.69	0.71	0.74	0.77	0.81	0.84	0.88	0.92	0.97
0.68	0.49	0.59	0.62	0.65	0.68	0.72	0.75	0.79	0.83	0.88
0.70	0.40	0.54	0.57	0.60	0.63	0.66	0.69	0.73	0.77	0.82
0.75	0.26	0.40	0.43	0.46	0.49	0.52	0.55	0.59	0.63	0.68
0.78	0.18	0.32	0.35	0.38	0.41	0.44	0.47	0.51	0.55	0.60

补偿前 $\cos\varphi_1$	补偿后 $\cos\varphi_2$									
	0.85	0.90	0.91	0.92	0.93	0.94	0.95	0.96	0.97	0.98
0.79	0.16	0.29	0.32	0.35	0.38	0.41	0.45	0.48	0.53	0.57
0.80	0.13	0.27	0.29	0.31	0.36	0.39	0.42	0.46	0.50	0.55
0.81	0.10	0.24	0.27	0.30	0.33	0.36	0.40	0.43	0.47	0.52
0.82	0.08	0.21	0.24	0.27	0.30	0.34	0.37	0.41	0.45	0.50
0.83	0.05	0.19	0.22	0.25	0.28	0.31	0.34	0.38	0.42	0.47
0.84	0.03	0.16	0.19	0.22	0.25	0.28	0.32	0.35	0.40	0.44
0.85	—	0.14	0.16	0.19	0.23	0.26	0.29	0.33	0.37	0

（2）自动补偿无功功率

由于自动补偿无功功率是根据负荷对无功功率的需求量来提供补偿量的，因此补偿后的功率因数瞬时值满足要求时，其平均功率因数自然满足要求。无功功率的计算负荷（最大值）往往在有功计算负荷附近出现，所以，一般情况下以有功计算负荷发生时所需要的无功功率作为自动补偿容量的计算依据，即

$$\Delta Q_C = P_C(\tan\varphi_1 - \tan\varphi_2) = P_C \Delta q \tag{2-48}$$

3. 电容器的选择

1）电容器的数量

在确定了总的补偿容量 ΔQ_C 后，可根据电容器的单个容量 q_C 来确定电容器的个数 n，即

$$n \geqslant \frac{\Delta Q_C}{q_C} \tag{2-49}$$

单个电容器的额定容量由生产厂家确定，实际采用的电容数量通常大于计算值。当采用三相电容器时，实际补偿容量应为

$$\Delta Q'_C = nq_C$$

当采用单相电容器时，除保证补偿量之外，还要保证电容器的数量为 3 的倍数，以维持系统的三相平衡。

在合理选择电容器台数后，实际补偿量和计算补偿量往往不一致，需要校正补偿后的功率因数，避免补偿过渡，造成系统在电容性和电感性之间变动而不能稳定运行。

2）电容器容量与电压的关系

当电容器的额定电压与实际运行电压不相符时，电容器能补偿的实际容量将低于额定容量。电容器的实际补偿容量应按式（2-50）进行换算。

$$Q'_r = Q_r \left(\frac{U}{U_N}\right)^2 \tag{2-50}$$

式中：Q_r——电容器铭牌上的额定容量，kVar；

$\quad\quad Q'_r$——电容器在实际运行电压下的容量，kVar；

$\quad\quad U_N$——电容器的额定电压，kV；

$\quad\quad U$——电容器的实际运行电压，kV。

4. 电容器的接线方式

三相电容器的接线方式分为三角形和星形两种。当电容器额定电压等于电网线电压

时,两种方式均可采用。当电容器额定电压等于电网的相电压时,只能采用星形接线方式。

相同的电容器,采用三角形接线方式时,因电容器上所加电压为线电压,可提供的补偿容量为

$$Q_{C\triangle} = 3U_{N\varphi}^2 2\pi fC$$

采用星形接线方式时,因电容器上所加电压为相电压,可提供的补偿容量为

$$Q_{CY} = U_{N\varphi}^2 2\pi fC$$

$$Q_{CY} = \frac{1}{3}Q_{C\triangle}$$

若补偿容量相同,采用三角形接线方式比星形接线方式可节约 2/3 的电容值。因此,在实际工作中,电容器组多采用三角形接线方式。

在三角形接线方式中,如果某相电容器内部击穿,就形成了相间短路故障,有可能引起电容器膨胀、爆炸现象,使事故扩大。当采用星形接线方式时,如果某相电容器击穿短路,不会形成相间短路故障,故障电流不大,对系统的威胁不大。一般在高压系统中电容器常采用星形接线方式,在低压系统中常采用三角形接线方式。

5. 电容器的补偿方式

如图 2-12 所示,用户处的静电电容器补偿方式可分为就地补偿、低压集中补偿和高压集中补偿。

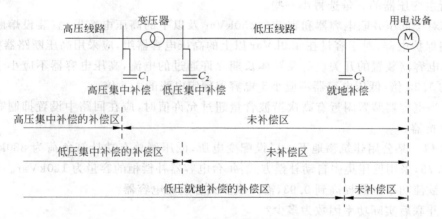

图 2-12　并联电容器的补偿方式

1) 就地补偿

就地补偿是指将无功补偿装置设在需要补偿的设备旁边,与设备一起投切运行。这种补偿方式的补偿区域范围大,能补偿安装地点到电源设备及线路上的功率因数,节能效果好。但电容器利用率低,维护管理不方便。

对无功功率的需要量大,负荷平稳且经常使用,并与变配电所距离较远的设备,电容器宜采用就地补偿方式。安装电容器的地点应与各种谐波源保持一定距离。

对短时工作制设备、快速正反转、反接制动机、自动重合闸的电动机、随时加载的设备等,如电梯、星三角起动电动机、多速电机等处,不允许装设就地补偿装置。

2) 低压集中补偿

低压集中补偿是指将无功补偿装置集中装设在 0.4kV 低压母线上,根据用户需要无功

功率的情况进行自动投切运行,也可以采用固定补偿运行方式。

这种补偿方式的补偿区域范围较大,能补偿变压器及以前的设备和线路功率因数,不能补偿变压器到用电设备之间的线路功率因数。低压集中补偿的补偿装置集中,便于维护管理,电容器利用率高,但节能效果没有就地补偿好,常被广泛应用于民用建筑供电系统中。

3) 高压集中补偿

高压集中补偿是指将无功补偿装置集中装设在 10(6)kV 母线上进行补偿。这种补偿方式的补偿区域范围小,只能补偿变压器高压侧以上线路的功率因数,不能补偿变压器低压侧到用电设备之间的线路功率因数。对变压器及低压系统达不到节能作用,且需要设置单独房间,造价高。一般计算容量在 5000kVA 及以上时,用于配合低压补偿装置,主要补偿变压器所需的无功功率。

6. 其他

(1) 装设了无功补偿装置以后,在确定补偿装置装设地点以前的总计算负荷时,应扣除无功补偿的容量,即总的无功计算负荷为

$$Q'_c = Q_c - \Delta Q_c \tag{2-51}$$

$$S_c = \sqrt{P_c^2 + Q'^2_c} \tag{2-52}$$

在变电所低压侧装设了集中无功补偿装置以后,由于低压侧总的计算负荷减小,从而可使变电所主变压器的容量选得小一些。

(2) 对于低压并联电容器和容量在 450kVar 及以下的高压电容器,宜装设熔断器作为相间短路保护电器,对于容量在 450kVar 以上的高压电容器组,应采用高压断路器控制。

(3) 电容器装置的开关设备及导体长期允许通过的电流,高压电容器不应小于电容额定电流的 1.35 倍,低压电容器不应小于电容器额定电流的 1.5 倍。

(4) 当电容器装置附近有高次谐波含量超过允许值时,应在回路中设置抑制高次谐波的串联电抗器。

例 2-11 某公用建筑物地下一层设配变电所,低压侧总有功计算负荷为 880kW,功率因数为 0.75,采用低压集中自动补偿方式,每台电容器补偿柜的容量为 120kVar。试求:

(1) 欲使功率因数提高到 0.93,需并联多大容量的电容器?

(2) 并联后实际功率因数为多少?

(3) 并联前后所选择配变压器的容量有什么变化?

解:(1) 查表 2-12 得,$\Delta q = 0.49$kVar/kW,补偿前 $\cos\varphi_1 = 0.75$,补偿后 $\cos\varphi_2 = 0.93$,需要补偿的无功功率为

$$\Delta Q_c = P_c \Delta q = 880 \times 0.49 = 431(\text{kVar})$$

$$n = \frac{\Delta Q_c}{q_c} = \frac{431}{120} = 3.6$$

取 4 台 120kVar 自动投切静电电容补偿柜,实际补偿量为 480kVar。

(2) 实际补偿后,总无功计算负荷和视在计算负荷为

$$Q'_c = Q_c - \Delta Q_c = P_c \tan\varphi_1 - \Delta Q_c = 880 \times 0.88 - 480 = 294.4(\text{kVar})$$

$$S_c = \sqrt{P_c^2 + Q'^2_c} = \sqrt{880^2 + 294.4^2} = 927.9(\text{kVA})$$

实际功率因数为

$$\cos\varphi = \frac{P_C}{S_C} = \frac{880}{927.9} = 0.948$$

（3）并联前选择变压器容量的视在计算负荷为

$$S_{C1} = \sqrt{P_C^2 + Q_C^2} = \sqrt{880^2 + (880 \times 0.88)^2} = 1172.2(\text{kVA})$$

取变压器的负荷率 $\beta = 0.75$，选择变压器的容量应为

$$S_r = \frac{S_C}{\beta} = \frac{1172}{0.75} = 1563(\text{kVA})$$

实际选择容量为 1600kVA。

并联后选择变压器容量的视在计算负荷为 $S_C = 927.9\text{kVA}$。

$$S_r = \frac{S_C}{\beta} = \frac{927.9}{0.75} = 1237.2(\text{kVA})$$

实际选择容量为 1250kVA。并联电容器后所选择的变压器的容量降低了。

2.8　负荷计算实例

2.8.1　工业建筑负荷计算示例

例 2-12　某工厂机修车间用 380/220V 三相四线制供电，设备种类及参数如表 2-13 所示，行车的暂载率为 15％，电焊机的暂载率为 65％，线路损耗不计，要求低压线路的功率因数为 0.93。按需要系数法确定车间低压干线上的计算负荷，并进行无功补偿计算。

计算结果如表 2-13 所示。由计算结果可见，补偿后视在功率和总的计算电流减小很多，因此，变压器容量可以减小，供电线路导线截面可减小，能减少系统设备投资，节约有色金属。

表 2-13　某厂机修车间负荷计算结果

序号	设备名称	设备台数	设备容量 P_e/kW		需要系数 K_d	功率因数 $\cos\varphi$	$\tan\varphi$	计算负荷			
			铭牌值	换算值				P_C/kW	Q_C/kVar	S_C/kVA	I_C/A
1	机床	52	200	200	0.2	0.5	1.73	40	69.2		121.6
2	行车	2	5.1	3.95	0.15	0.5	1.73	0.6	1.00		1.8
3	通风机	5	6.0	6.0	0.8	0.8	0.75	4.8	3.6		9.1
4	电焊机	3	21	16.93	0.6	0.6	1.33	10.2	13.6		25.8
车间总计		62	232.1	226.9				55.6	87.4		
	取 $K_\Sigma = 0.9$					0.54		50.0	78.7	93.2	141.8
	补偿后	$\Delta Q_C = P_C \cdot \Delta q = 58\text{kVar}$				0.93		50.0	20.7	54.1	82.2

2.8.2　民用建筑负荷计算示例

在建筑供配电系统中，负荷计算步骤一般采用从用电设备的末端起，逐级向电源侧计算。到高压电源进户点处时，还应计入线路损耗、变压器损耗、无功补偿等负荷。

例 2-13　如图 2-13 表示了某写字楼供配电系统中的一部分。建筑物为二类高层建筑，E 点的功率因数要求达到 0.9 及以上。用电设备如表 2-14 所示，环境温度为 25℃。消防负荷

全部列入计算范围之内,单相每台电容器的额定容量为12kVar。试求用需要系数法确定图中各点的计算负荷,并进行无功补偿以及选择变压器容量。

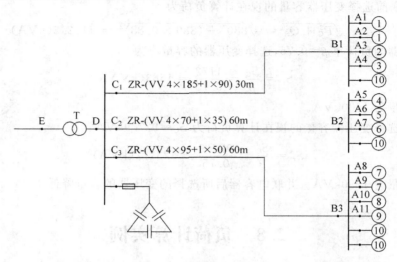

图 2-13　例 2-13 图

表 2-14　各点负荷参数值

负荷编号	①	②	③	④	⑤	⑥	⑦	⑧	⑨	⑩
负荷名称	正常照明	应急照明	消防控制室	消防电梯	电梯	排烟及正压风机	生活水泵	消防水泵	热水器	备用
设备容量/kW	120	20	4	30	30	32.5	22	45	72	
功率因数	0.8	1.0	0.8	0.7	0.7	0.8	0.8	0.8	1.0	
回路数	2	1	1	1	1	1	2	1	1	3
备注	三级	二级	二级	二级	三级	二级	(一用一备)三级	二级	三级	

解:(1) 计算 A1~A3 点的计算负荷。

这一级用电设备有单台设备、消防设备和单组设备,按需要系数法计算,如表 2-15 所示。

表 2-15　A1~A11 点的计算负荷

计算点	设备容量/kW	需要系数 k_d	功率因数 $\cos\varphi$	$\tan\varphi$	计算有功功率/kW	计算无功功率/kVar	计算视在功率/kVA	计算电流/A
A1	①120	0.7	0.8	0.75	84	63	105	159.6
A2	①120	0.7	0.8	0.75	84	63	105	159.6
A3	②20	1.0	1.0	0	20	0	20	30.4
A4	③4	1.0	0.8	0.75	4	2.8	4.9	7.4
A5	④30	1.0	0.7	1.02	30	30.6	43.9	66.7
A6	⑤30	0.6	0.7	1.02	18	18.4	25.7	39.1
A7	⑥32.5	0.8	0.8	0.75	26	19.5	32.5	49.4
A8	⑦22	0.8	0.8	0.75	17.6	13.2	22	33.4
A10	⑧45	1.0	0.8	0.75	45	33.8	56.3	85.6
A11	⑨72	0.5	1.0	0	36	0	36	54.7

各计算点的计算电流值,可用于选择各回路上的导线、开关等电气设备的重要依据。作为生活水泵的备用负荷没有列入计算范围。

(2) 计算 B1~B3 点的计算负荷。

这一级各点为多组用电设备,用需要系数法计算时,备用负荷不计入计算范围,结果如表 2-16 所示。

表 2-16　B1~B3 点的计算负荷

计算点	设备容量/kW	计算有功功率 /kW	计算无功功率 /kVar	计算视在功率 /kVA	计算电流 /A	平均功率因数 $\cos\varphi_{av}$	平均需要系数 K_{dav}
B1	$120+120+20+4$ $=264$	$84+84+20+4$ $=192$	$63+63+0+2.8$ $=128.8$	231.2	351.3	0.83	0.73
B2	$30+30+32.5=$ 92.5	$30+18+26=74$	$30.6+18.4+19.5$ $=68.5$	100.8	153.2	0.73	0.80
B3	$22+45+72=117$	$17.6+45+36=$ 98.6	$13.2+33.8=47$	109.2	166.0	0.90	0.84

(3) 计算 C1~C3 点的计算负荷。

这一级的计算负荷应加上线路上的损耗负荷,计算结果如表 2-17 所示。

表 2-17　C1~C3 点的计算负荷

计算点	线路电阻/Ω	线路电抗/Ω	线路有功损耗 ΔP_w/kW	线路无功损耗 ΔQ_w/kVar	计算有功功率/kW	计算无功功率/kVar	计算视在功率/kVA	计算电流 /A
C1	0.12×0.03 $=0.004$	0.06×0.03 $=0.002$	1.48	0.74	193.5	129.5	232.9	353.9
C2	0.32×0.06 $=0.019$	0.06×0.06 $=0.004$	1.34	0.28	75.3	68.8	102.0	155.0
C3	0.23×0.06 $=0.014$	0.06×0.06 $=0.004$	1.16	0.33	99.7	47.3	110.4	167.7

(4) 计算 D 点的计算负荷。

这一级的负荷计算应计入同期系数,并计算出无功功率补偿前的计算负荷和补偿后的计算负荷。补偿前的计算负荷结果如表 2-18 所示。

表 2-18　D′点的计算负荷(补偿前)

计算点	多组设备计算有功功率 $\sum P_c$ /kW	多组设备计算有功功率 $\sum Q_c$ /kVar	同期系数	计算有功功率/kW	补偿前计算无功功率 /kVar	计算视在功率/kVA	计算电流 /A
D′	$193.5+75.3+99.7$ $=368.5$	$129.5+68.8+47.3$ $=254.6$	0.9	331.7	229.1	403.1	612.5

一般情况下,低压侧补偿后功率因数取值不小于 0.93 时,补偿后高压侧功率因数能满足 0.9 以上的要求。补偿后的计算负荷的结果如表 2-19 所示。

表 2-19　D 点的计算负荷(补偿后)

计算点	补偿前功率因数 $\cos\varphi_1$	补偿后功率因数 $\cos\varphi_2$	无功补偿容量/kVar	实际补偿容量/(kVar(9 台 12kVar/台))	补偿后计算有功功率/kW	补偿后计算无功功率/kVar	补偿后计算视在功率/kVA	补偿后计算电流/A
D	0.82	0.93	99.5	108	331.7	121.1	353.1	536.5

实际补偿后的实际功率因数为 0.939。

(5) 计算 E 点的计算负荷。

E 点的计算负荷就是 D 点的计算负荷加上变压器的损耗负荷。根据 D 点的视在计算功率,查附录 A-10,选择 SCB9-500/10,额定容量为 500kVA,负荷率为 71%。补偿后的计算负荷如表 2-20 所示。

表 2-20　E 点的计算负荷

计算点	空载损耗 ΔP_0/kW	负载损耗 ΔP_k/kW	U_k/%	I_0/%	变压器有功损耗/kW	变压器无功损耗/kVar	计算有功功率/kW	计算无功功率/kVar	计算视在功率/kVA	计算电流/A
E	1.3	5.16	4.0	1.6	3.90	18.1	335.6	139.2	363.3	552.0

高压侧功率因数实际值为 0.924。

习　　题

2-1　用电设备有哪几种工作制?

2-2　什么是负荷持续率?不同负荷持续率下的功率如何换算?

2-3　年负荷曲线有哪些特征参数?各表示什么含义?

2-4　什么是计算负荷?其物理意义是什么?30min 有何含义?

2-5　负荷计算主要有哪几种方法?适用于什么范围?

2-6　需要系数法和二项式法计算的特点是什么?

2-7　单相负荷分配原则是什么?

2-8　什么是尖峰电流?计算尖峰电流的目的是什么?

2-9　如何能减少线路上的损耗?

2-10　无功补偿的意义是什么?常用哪几种补偿方法?

2-11　某综合性大楼内有商场建筑面积为 5500m²,写字间 6000m²,宾馆 8000m²,试估算其计算负荷?

2-12　有条 380V 的三相线路,供电给 35 台小批生产的冷加工机床电动机,总容量为 85kW,其中较大容量的电动机有:7.5kW、1 台;4kW、3 台;3kW、12 台。试分别用需要系数法和二项式系数法确定其计算负荷。

2-13　某办公楼一区照明的设备容量为 80kW,二区照明的设备容量为 60kW,使用同一线路供电,用需要系数法求计算负荷。

2-14　有一条长 2km 的 10kV 高压线路供电给两台并列运行的电力变压器。高压线路采用 LJ-70 铝绞线,等距水平架设,线距 1m。两台变压器均为 SC9-800/10 型,DYN11 联结,总的计算负荷为 900kW,$\cos\varphi=0.86$,$T_{max}=4500h$。试分别计算此高压线路和电力变压器的功率损耗和年电能损耗。

2-15　某建筑物内的有功计算负荷为 1600kW,功率因数为 0.75。现拟在配变电所 0.4kV 母线上装设并联电容器集中补偿,使功率因数提高到 0.93,补偿量是多少? 计算补偿前和补偿后的计算负荷?

2-16　某车间有一条 380V 线路,供电给表 2-21 所列 5 台交流电动机。试计算该线路的计算电流和尖峰电流。

表 2-21　交流电动机的参数

参　数	电动机				
	M1	M2	M3	M4	M5
额定电流/A	6.1	20	32.4	10.2	30
起动电流/A	34	140	227	66.3	165

2-17　某多层住宅楼,有 4 个单元,共 6 层,每层两户,每户建筑面积均为 158m²,三室两厅,采用 4 条干线配送电能。试求:

(1) 每条干线上的计算负荷?

(2) 全楼的计算负荷?

2-18　在 380/220V 照明配电线路上,在 L1、L2、L3 相上分别接有 20 盏、25 盏、27 盏相同型号规格的灯具,电光源功率为 3×30W。在 L1 相和 L2 相之间接 1 台 14kW、380V 单相线间负荷,在 L2 相和 L3 相之间接 2 台 11kW、380V 单相线间负荷,L3 相和 L1 相之间接 1 台 14kW、380V 单相线间负荷。试求线路上的计算负荷?

第3章　建筑供配电一次系统的构成

3.0　内容简介及学习策略

1. 学习内容简介

本章内容只是粗线条地勾勒出供配系统的结构框架,从供配电系统的功能、组成及布置等方面进行讲解。主要介绍了建筑供配电一次系统构成的方法,负荷的分级依据,配电站主接线的基本形式和网络形式,常用应急电源的功能,配变电所的组成与布置等知识体系。

2. 学习策略

本章建议使用的学习策略是在了解供配电系统的功能是向用电设备负荷提供可靠的电能为前提条件下,以负荷等级对供电的要求为依据,以电源、主接线、出线回路为主线展开学习。学完本章后,读者将能够实现如下目标。

- ☞ 了解负荷等级对供电的要求,了解市电与应急电源的相互关系。
- ☞ 理解主接线的含义,掌握单母线接线方式的特点,并能灵活运用。
- ☞ 了解主接线系统中常用设备的功能,了解主接线设计的基本要求。
- ☞ 学会建立竖向配电系统方案图的基本方法。
- ☞ 掌握放射式、树干式以及混合式配电的特点。
- ☞ 了解设计布置配变电所和柴油发电机房的基本方法。

3.1　负荷等级及供电要求

在电力系统中,用电负荷(简称负荷)是指用电设备所用的功率或线路中通过的电流。在建筑物内,各种负荷的重要程度不同,对负荷的供电要求也就不同。对一些重要的负荷需要保证连续供电能力,并保持高水平的供电可靠性。对一些重要程度不高的负荷可以适当降低连续供电能力,具有相对高的供电可靠性。供电的可靠性是指供电企业对用户供电的连续性,通常可以用实际供电小时数与全年时间内实际总小时数的百分比来衡量,也可以用全年的停电次数和停电持续时间来衡量。

3.1.1　负荷分级

民用建筑的用电负荷应根据建筑物的规模、高度和功能,以及在安全、政治和经济上的重要性,并根据供电可靠性及中断供电所造成的损失或影响程度划分负荷等级。

依据《民用建筑电气设计规范》JGJ 16-2008,用电负荷应根据供电可靠性及中断供电在政治、经济上所造成的损失或影响的程度,分为一级负荷、二级负荷及三级负荷。

1. 一级负荷

符合下列情况之一时,应为一级负荷。

(1) 中断供电将造成人身伤亡;

(2) 中断供电将造成重大影响或重大损失;

(3) 中断供电将破坏有重大影响的用电单位的正常工作,或造成公共场所秩序严重混乱。例如,重要通信枢纽、重要交通枢纽、重要的经济信息中心、特级或甲级体育建筑、国宾馆、承担重大国事活动的会堂、经常用于重要国际活动的大量人员集中的公共场所等的重要电力负荷。

在一级负荷中,当中断供电后将发生中毒、爆炸和火灾等情况的负荷,以及特别重要场所中不允许中断供电的负荷,应为特别重要的负荷。

2. 二级负荷

符合下列情况之一时,应为二级负荷。

(1) 中断供电将造成较大影响或损失;

(2) 中断供电将影响重要用电单位的正常工作或造成公共场所秩序混乱。

3. 三级负荷

不属于一级负荷和二级负荷的用电负荷应为三级负荷。

3.1.2　各级负荷的供电要求

1. 一级负荷的供电要求

一级负荷应由两个独立电源供电,当一个电源发生故障时,另一个电源应不至同时受到损坏。一级负荷中特别重要的负荷,除上述两个电源外,还必须增设应急电源,并严禁将其他负荷接入应急供电系统中。应急电源不能与电网电源并列运行。常用的应急电源有不受正常电源影响的独立的发电机组、专门馈电线路、静态交流不间断电源(UPS)和蓄电池等。

在中国目前的经济、技术条件下,可以作为一级负荷电源的要求的几种情况如图 3-1所示。

2. 二级负荷的供电要求

二级负荷宜由两回线路供电。当电源来自同一区域变电站的不同变压器时,即可认为满足要求。在负荷较小或地区供电条件困难时,二级负荷可由一回路 6kV 及以上专用的架空线路或电缆供电。当采用架空线时,可为一回路架空线供电;当采用电缆线路时,应采用两根电缆组成的线路供电,其中每根电缆应能承担 100% 的二级负荷,且互为备用。

3. 三级负荷对供电的要求

供电无特殊要求,可按约定供电。通常在城市公用电力网(简称市电)中取用一路电源供电即能满足要求。

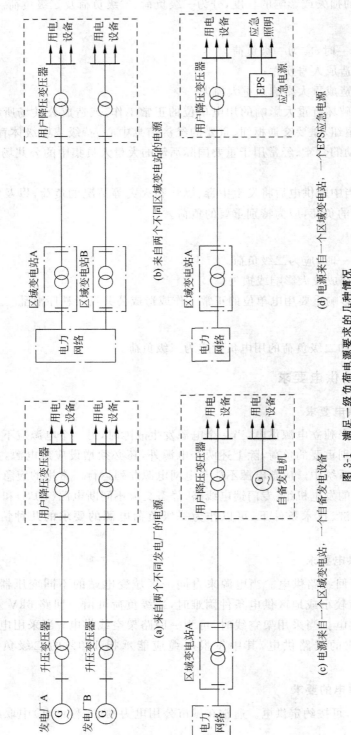

(a) 来自两个不同发电厂的电源

(b) 来自两个不同区域变电站的电源

(c) 电源来自一个区域变电站、一个自备发电设备

(d) 电源来自一个区域变电站、一个EPS应急电源

图 3-1　满足一级负荷电源要求的几种情况

3.2　应急电源

应急电源是一种安装在建筑物内的备用电源装置。当建筑物内发生火灾、事故或其他紧急情况而导致市电断电时,应急电源可以为消防用电负荷和其他重要负荷提供第二路应急供电。

3.2.1　应急电源的种类

在建筑供配电系统设计中为确保对特别重要负荷的供电,应急电源与正常电源之间必须采取可靠的措施防止两者并列运行,以保证应急电源的专用性,防止向系统反向送电。应急电源种类有独立于正常电源的发电机组、UPS 不间断电源、EPS 应急电源和直流蓄电池组等。

1. 柴油发电机组

柴油发电机组是自备发电机中的一种,它是一种使用柴油机驱动发电机产生电能的小型交流发电设备。柴油机驱动发电机运转,将柴油的能量转化为电能。整套机组一般由柴油机、发电机、控制箱、燃油箱、起动和控制用蓄电瓶、保护装置、应急柜等部件组成,如图 3-2 所示。

柴油发电机组起动和供电迅速,自起动控制方便,运行可靠,操作维修方便,功率范围大(5～2000kW),效率高,体积小,重量轻,系统简单,一般多为整体配套,安装方便。

2. UPS 不间断电源

不间断电源系统(Uninterruptible Power System,UPS),它能够提供持续、稳定、不间断的一定量的电能,如图 3-3 所示。UPS 不间断电源通常由主机及蓄电池、电池柜等组成。主机中装有整流器、逆变器、静态开关和控制系统。当市电正常时,UPS 将市电稳压、稳频后供负载使用,同时向机内蓄电池充电;当市电中断时,UPS 立即在数毫秒内将蓄电池的电源通过逆变转变为交流电向负荷提供电能,维持负荷的正常工作。UPS 按工作原理分为在线式、离线式和在线互动式三种类型。

图 3-2　柴油发电机组　　　　　　　　　　图 3-3　UPS 电源

在线式 UPS 不间断电源工作时,先将市电提供的交流电变成直流电源,同时提供给蓄电池充电和逆变器,逆变器重新把直流电转化为稳定的、高质量的正弦交流电,向负荷提供电能。这种 UPS 电源可以供电给任何使用市电的设备。

离线式(又称后备式)UPS 不间断电源工作时,将市电直接供电给用电设备,并同时为蓄电池充电。如果市电供电质量不稳定或中断供电,则市电的进线回路会自动切断,蓄电池的直流电能会通过逆变器转换成方波交流电向负荷供电,直到市电恢复正常。这种 UPS 电源只限于供电给电容型负载,如电脑和监视器。

在线互动式(又称线上交错式)UPS 不间断电源工作时,与离线式 UPS 不间断电源工作过程基本相同,不同之处在于在线互动式 UPS 不间断电源可以随时监视市电的供电状况,并具备升压和减压补偿电路功能。在市电的供电质量不理想时,可以随时校正,减少不必要的切换,延长电池寿命。同离线式 UPS 电源相比,在线互动式 UPS 电源的保护功能较强,逆变器输出电压波形较好,一般为正弦波。

3. EPS 应急电源

图 3-4　EPS 电源

应急电源(Emergency Power Supply,EPS)是为消防设施、应急照明、事故照明等一级负荷提供电能的电源设备,如图 3-4 所示。EPS 应急电源主要由整流充电器、蓄电池组、逆变器、互投装置和系统控制器等部分组成。当市电正常时,由市电经过互投装置给重要负载供电,同时进行蓄电池充电。当市电供电中断或市电电压超限(±15%或±20%的额定输入电压)时,互投装置将立即投切至逆变器,将蓄电池组的直流电能转化为交流电源向负载供电。当电网电压恢复时,互投装置将会投切至交流电网供电。

4. 蓄电池组

蓄电池组是一种能将电能转化为化学能存储起来,并能再将化学能转化为电能向负载供电的化学设备。在民用建筑中大部分采用浮冲式镍镉蓄电池作为应急备用电源。它由交流供电部分、整流滤波部分、浮冲的镍铬电池部分等组成。交流市电正常时,由整流器直接供电给负荷,交流停电时,自动转成由镍镉电池向用户供电。蓄电池组适用于建筑物内部的电话机房,高压配电的直流操作电源等场所。

3.2.2　应急电源的选择

严禁将其他负荷接入应急电源供电系统,应急电源与正常电源之间必须采取安全可靠的措施,防止其并列运行,尤其防止向系统反送电。根据负荷对中断供电时间的要求,应急电源类型的选择如表 3-1 所示。

表 3-1　应急电源类型的选择

应急电源类型	负荷对中断供电时间的要求	备　　注
供电网络中独立于正常电源的专用馈电线路	允许中断供电时间大于电源切换时间	选用带有自动投入装置的独立于正常电源的专用馈电线路
独立于正常电源的发电机组	允许中断供电时间为 15～30s 的负荷	选用快速自动启动的应急发电机组,并设置与市电自动切换的互投装置,且有防止与市电并联运行的措施
UPS 不间断电源	允许中断供电时间为毫秒(ms)级的负荷	适用于交流供电容性负荷
EPS 应急电源	允许中断供电时间为 0.25s 以上的负荷	适用于交流供电的电感性及电阻性应急照明负荷
蓄电池组	允许停电时间为毫秒级的特别重要负荷	容量不大、采用直流电源供电的负荷

3.3　配变电站主接线

在建筑供配电系统中,配变电站具有接受 10kV 高压电能,进行降压(0.4kV)处理,然后分配给各类用电负荷的主要功能。因此,配变电站需要使用控制开关、保护电器、电力变压器、计量和测量仪表、各类导线等电气设备,按照相关要求和一定顺序组成主控线电路,实现配变电站的功能要求。

3.3.1　常用电气设备的功能及符号

1. 电力变压器

电力变压器是将一种电压的交流电能转化成另一种电压的交流电能的电气设备,以满足电力系统输电、供电、配电或用电的需求。配电变压器是工矿企业与民用建筑供配电系统中的重要设备之一。

电力变压器按相数可分为三相和单相电力变压器。在建筑物内或建筑群中,大多数情况采用三相电力变压器。按绕组导电材料可分为铜绕组变压器和铝绕组变压器。一般情况下均采用铜绕组变压器,在施工工地临时用变压器时可选用铝绕组变压器。按绝缘介质可分为油浸式变压器和干式变压器。油浸式变压器是一种将铁芯和绕组浸在绝缘液体中的变压器。它性能良好,价格低廉,但存在火灾隐患,不适合在建筑物内使用。干式变压器依靠空气对流进行冷却。干式变压器因没有油,也就没有火灾、爆炸、污染等问题,适合在防火、防爆要求高的建筑物内使用。

2. 高压电气设备

在建筑供配电系统中,高压设备主要有高压开关类设备、避雷器和高压移相电容器等。高压开关电气主要包括高压断路器、高压隔离开关、高压负荷开关、高压熔断器等,其主要功能简要介绍如下。

1) 高压断路器

高压断路器是一种具有控制和保护强力的开关电器,其内部设有强力的灭弧装置,能投切正常的负荷电流,并能与保护装置配合自动切断故障短路电流。因将主触点置于灭弧装置内,无法直接观察其通断状态,断开时无可见断点。为安全起见,高压断路器必须与能产生可见断点的隔离电器配合使用。

2) 高压隔离开关

高压隔离开关没有灭弧装置,只能投切空载或很小(几安)的负荷,断开时有明显的可见断点。它适用于隔离电源,常与高压断路器配合使用,保证检修人员的安全。

3) 高压负荷开关

高压负荷开关具有简单的灭弧装置,能投切正常的负荷电流,但不能分断短路电流。断开时有明显的可见断点,常与熔断器配合来切断短路电流和过载电流。

4) 高压熔断器

高压熔断器是一种保护电器。当其所在电路发生短路故障或长期过载时,能通过热效应熔断熔体来切断电路,实现断电保护功能无可见断点。

5）避雷器

避雷器是一种过电压保护电器。将避雷器并联于被保护电路的前端,当有雷电过电压沿线路侵入配变电所时,避雷器能首先击穿对地放电,保护设备免受因雷电过电压对电气设备绝缘的破坏作用。

6）高压移相电容器

高压移相电容器是一种在高压侧进行无功功率补偿的电气设备。由于供配电系统中大多数是感性负荷,需要大量的感性无功功率。使用高压电容器能补偿部分所需无功功率,提高系统的功率因数,充分发挥电源潜力,并能减少供配电系统中的各种损耗。

7）仪用互感器

仪用互感器是一类能将线路高电压或大电流变换为低电压或小电流供仪表测量使用的设备。仪用互感器是小型特殊变压器,还能作为继电器保护和信号装置的电源,使控制电路和保护装置与高压回路隔离开来。

(1) 电压互感器(PT)。它是一种小型降压器,能把线路高电压降成低电压,以获取测量和保护用电压信号。

(2) 电流互感器(CT)。它是一种小型升压器,能把线路大电流变换成小电流,以获取测量和保护用电流信号。

3. 低压电气设备

在民用建筑电气工程中,常用的低压电气设备主要有低压开关设备、仪用互感器、交流接触器和热继电器等。低压开关设备有低压刀开关、负荷开关、断路器、熔断器、移相电容器、接触器和热继电器等。低压负荷开关、熔断器和低压移相电容器的功能与高压负荷开关、熔断器和高压移相电容器的功能基本相同,此处不再赘述。

1）低压刀开关

低压刀开关是一种简单的手动操作电器。没有灭弧装置,只能用于不频繁投切小容量负荷电流,断开时有可见断点。

2）低压断路器

低压断路器又称低压自动空气开关,具有良好的灭弧能力,能投切低压线路的负荷电流,能自动切断短路故障电流,可用于线路不频繁手动操作。

3）接触器

交流接触器是用来远距离接通或断开负荷电流的低压开关,适合频繁起动电源以及控制电动机的场所。接触器的主触点系统具有灭弧能力,连接在一次回路中,辅助触点没有灭弧能力,只能接在用于控制的二次回路中。

4. 主接线中主要电器元件的图形符号和文字符号

电气工程图应采用国家统一制定的图例符号和必要的文字符号来标记各种电气设备、元件和线路。配变电站主接线通常用单线表示三相,部分常用的电气元件的图例符号和文字符号如表 3-2 所示。

表 3-2　主接线系统中常见电气元件图例符号和文字符号

设备名称	文字符号	图表符号	设备名称	文字符号	图表符号
电力变压器	TM		电压互感器①	TV	

续表

设备名称	文字符号	图表符号	设备名称	文字符号	图表符号
断路器	QF		电流互感器[2]	TA	
负荷开关	QL		移相电容器	C	
隔离开关	QS		电抗器	L	
熔断器	FU		电缆终端头		
跌落式熔断器	FU		插头或插座	X	
刀开关	QK		避雷器	F	
接触器	KM		热继电器	FU	

注：① 两个符号分别表示双绕组和三绕组电压互感器。
　　② 三个符号分别表示单个二次绕组、两个铁芯两个二次绕组、一个铁芯两个二次绕组的电流互感器。

5. 开关电气的组合方式和操作顺序

由于开关的控制功能和保护功能不同,在供配电系统中需要把各类开关组合运用,达到既能投切正常负荷电流计算,又能自动切断故障短路电流,为维修安全提供可见断点等功能。通常采用"断路器＋隔离开关"或"负荷开关＋熔断器"组合成开关组,如图 3-5 所示。当断路器的负荷侧无电流倒送的可能性时,可省去负荷侧的隔离开关。

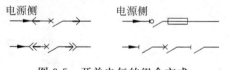

图 3-5　开关电气的组合方式

由"断路器＋隔离开关"组合的开关组,因隔离开关没有灭弧作用,只有可见断点,不能切合负荷电流和短路电流,在操作时必须遵守的顺序如下。

(1) 接通回路时,先闭合隔离开关,后闭合断路器;

(2) 断开回路时,先断开断路器,后断开隔离开关。

由"负荷开关＋熔断器"组合的开关电器,使用负荷开关作正常的负荷投切操作。当回路短路或过负荷时,由熔断器自动切断电路后,再操作负荷开关切开电路。从新更换熔断器后,操作负荷开关投入正常负荷。

3.3.2　配变电所主接线

1. 主接线及基本要求

1) 主接线

主接线是配变电所接受电能、变换电压和分配电能的电路。由电力变压器、各种开关电器、电流互感器、电压互感器、母线、电力线缆、移相电容器和避雷器等电气设备按要求以一定次序连接组成。

主接线图是用国家统一的电气图例符号和文字符号表示主电路中各种电器设备相互连接的顺序,一般用单线图表示。主接线图只表示各种电器设备之间的电气联系,与安装地点无关。

2) 主接线的基本要求

主接线是配变电所的主要部分,其接线的合理性将直接影响供配电系统的安全性、操作性、经济性以及运行管理费用等。主接线对选择电气设备,布置配电装置,配置继电保护和自动装置,以及对土建工程的投资与施工等都有着非常密切的关系。因此,按要求确定主接线方案是配变电所电气设计中极为重要的环节之一。

主接线的基本要求应从安全性、可靠性、灵活性、经济性、发展性和技术性等方面综合考虑。

安全性是指主接线必须符合有关电气技术规范、规程的要求,充分保证操作和维护人员和设备的安全。

可靠性是指主接线应根据负荷等级满足供电的连续性要求。即满足电力负荷对供电可靠性的要求。

灵活性是指主接线应能适应各种可能的运行方式的要求。运行方式的改变就是主接线电路关系的改变。通过改变主接线电路中的电气元件的投入或切除来实现不同的运行方式。适应各种情况下负荷的变化与电能供应的相互要求,适应元件维护检修的要求,保证系统能提供最有效的供电质量。

经济性是指主接线应在满足上述要求的同时满足最少的系统投资和运行费用要求。

发展性是指主接线应考虑现阶段社会发展对建筑物功能的增加所带来的用电负荷发展的可能性。

2. 配变电站主接线的基本形式

配变电站的主接线形式较多,常见主接线的基本形式介绍如图 3-6 所示。

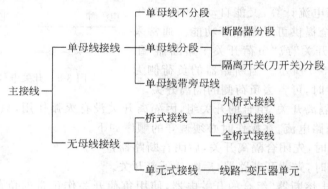

图 3-6　常见的主接线形式

母线又称汇流排,原理上相当于接收和分配电能的一个电气结点。当用电回路较多时,馈电线路和电源之间的联系常采用母线制。在供配电系统中通常采用矩形截面的铜导体(铜排)或铝排来作为母线。

1)单母线接线

单母线接线是有母线主接线形式中的一种。这种接线方式只有一条母线,在建筑供配电系统中最为常见的主接线形式。

(1)单母线不分段。单母线不分段接线通常有单进线回路和双进线回路,如图 3-7 所示。WB 为母线,母线上方为电源侧,母线下方为负载侧。在配变电所主接线中,这种接线形式最简单。每条电源进线和负载引出线的电路中都装有断路器和隔离开关。断路器用于切断负荷电流或故障电流。隔离开关有两种,一种是靠近母线侧的称为母线隔离开关,作为隔离母线电源,检修断路器之用;另一种是靠近线路侧的称为线路隔离开关,是防止在检修断路器时从用户侧反向送电,或防止雷电过电压沿线路侵入,保证维修人员的安全。

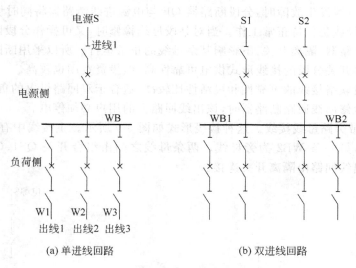

图 3-7   单母线不分段接线示意图

　　单进线回路只有一种运行方式,如果母线出现故障或进行检修时,会影响所有出线回路供电。这种方式接线简单,使用设备少,配电装置投资少,但供电可靠性较差,适用于向三级负荷供电。

　　双回路进线有三种运行方式,即双电源一用一备、双电源并列运行、双电源一进一出。

　　① 双电源一用一备的运行方式是指一个电源工作,向母线提供电能,另一个电源不工作,作为备用电源。这种备用方式称为冷备用或明备用。当工作电源出现故障或检修时,可以自动或手动投入备用电源工作,减小对负荷的供电影响提高系统供电可靠性。

　　② 双电源并列运行是指两个进线电源同时向母线提供电能,两个电源互为备用,这种备用方式称为热备用或暗备用。当一个电源出现故障或检修时,可自动切除故障电源。另一个电源继续工作向负荷提供电能。应当强调的是,双电源并列运行必须满足同期性要求,即两个电源电压的幅值、相位和频率必须相同,否则可能会使系统出现严重事故。一般来说,来自同一级变电站的同一段母线上的双电源,满足同期性的可能性较大。这种运行方式使用较少。

　　③ 双电源一进一出的运行方式是指电能从一条进线输入,一部分提供给本变电所负荷使用,其余部分由另一条进线输出到其他电能用户。这种配变电站又称为中间型变电站。

　　(2) 单母线分段接线。在单母线分段接线方式中,可采用隔离开关(QS)或断路器(QF)进行分段,如图 3-8 所示。

　　① 用隔离开关分段的单母线接线,既可以分段单独运行,也可以并列同时运行。采用分段单独运行时,相当于单母线不分段接线运行状态,各段母线的电气系统互不影响。当任一段母线发生故障或检修时,仅停止对该段母线所带负荷的供电。当任一电源线路发生故障或检修时,如果另一个电源容量能负担全部引出线负荷时,则可经过"倒闸操作",恢复对全部引出线负荷的供电。但在操作过程中,需对母线作短时停电。"倒闸操作"是指接通电路,先闭合隔离开关,后闭合断路器;切断电路时,先断开断路器,后断开隔离开关。

　　采用并列运行时,当某一电源发生故障或检修时,则无需母线停电,只需切断该电源的断路器及隔离开关,由另外一个电源向所有负荷供电。此时需要考虑两段母线上的负荷根据电源容量以及负荷的等级进行调整。当母线发生故障或检修时,将会引起正常母线段短时停电。

　　② 用断路器分段的单母线接线,分段断路器 QF 还具有继电保护作用。两个电源并列

运行时,当某段母线发生故障时,分段断路器 QF 与电源进线断路器将同时切断母线和故障电源,非故障段母线仍保持正常工作。当对某段母线检修时,又可操作分段断路器 QF 和相应的电源进线断路器、隔离开关,不影响其余母线的正常运行。所以采用断路器分段的单母线接线比用隔离开关分段的接线形式供电可靠性高,但投资费用也较高。

单母线分段联络接线的可靠性和灵活性比较高,适合于双回路供电的负荷用户。但是,单母线接线在检修出线回路断路器时,该出线回路上的用户必须停电。

③ 单母线带旁路母线接线。这种接线形式如图 3-9 所示。主接线中有两条母线,一条 WB1 为主母线,另一条 WB2 为旁母线。两条母线之间由组合开关 QS1、QF1、QS2 联络。旁母线与各条出线回路由隔离开关连接。

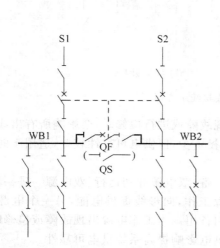

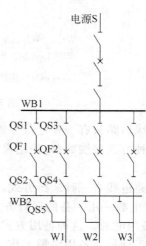

图 3-8　单母线分段接线示意图　　　　　图 3-9　单母线带旁母接线示意图

正常运行时,联络开关组 QS1、QF1、QS2 均断开。当需要检修 W1 出线回路断路器 QF2 时,先合上联络开关组隔离开关 QS1、QS2 及其断路器 QF1,检查旁路母线是否完好。如果旁路母线正常,则合上 QS5,再切断出线回路上的断路器 QF2 及其隔离开关 QS3、QS4。这样,出线回路断路器 QF2 就可以退出检修,由主母线 WB1 经旁母线 WB2 向检修线路供电。这种方式可实现检修出线回路断路器时,出线回路负荷不必停电,提高了供电可靠性。

检修结束后,合上隔离开关 QS3、QS4 及其断路器 QF2,再断开联络开关组断路器 QF1 及其隔离开关 QS1、QS2 和 QS5,即可恢复出线回路断路器 QF2 及其隔离开关 QS3、QS4 对线路 W1 回路的供电。利用旁母线检修出线回路断路器时,每次只能检修一条回路。

2)无母线的主接线

(1)桥式接线。桥式接线适用于两回路电源线路受电,两台变压器降压变电的主接线方式。也就是说,只有两台变压器和两条电源进线时,可以采用桥式接线。连接两台变压器之间的开关组称为桥或桥臂。根据进线断路器与桥的位置关系分类,桥式接线可分为外桥式、内桥式和全桥式三种,如图 3-10(a)、图 3-10(b)和图 3-10(c)所示。

① 外桥式接线中的桥臂 QF3 位于进线断路器 QF1 和 QF2 的外侧,进线回路仅安装隔离开关,省掉进线断路器。外桥式接线对变压器的回路操作方便,适合负荷变化大,需要经常投切变压器的场所。由于进线段没有断路器,对电源进线回路操作不方便,适合进线段供电距离较短且不易发生故障的场合。因投切操作 QF1 和 QF2 不会影响桥臂上的工作,桥

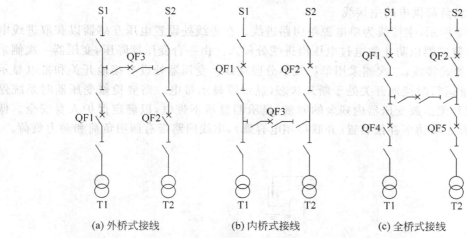

图 3-10　桥式接线示意图

臂上可以通过穿越功率,故可作为中间型变电站来构成环网。

② 内桥式接线中的桥臂 QF3 位于进线断路器 QF1 和 QF2 的内侧,靠近变压器侧,省掉变压器回路的断路器,仅安装隔离开关。内桥式接线对进线回路的操作方便,适合进线段供电距离较长或较易发生故障的场所。对变压器回路操作不方便,适合负荷变化不大,不需要经常对进行投切操作的场合。投切操作 QF1 和 QF2 会影响桥臂上的工作,桥臂上不能通过穿越功率,只适合作为终端型变电站。

③ 全桥式接线中的桥臂 QF3 两侧均有断路器 QF1、QF2 和 QF4、QF5,对线路和变压器操作均方便,运行灵活,适应性强。但所需设备多,投资大,变电所占地面积大。

（2）单元式接线。线路-变压器单元接线是建筑供配系统中常用的一种单元式接线方式。当供电电源只有一条回路,且变压器只有一台时,采用这种接线方式,如图 3-11 所示。这种接线方式的供电可靠性低,当高低压供电线路、变压器及低压母线上发生故障或检修时,全部负荷都将停止供电,适用于三级负荷的配变电所。

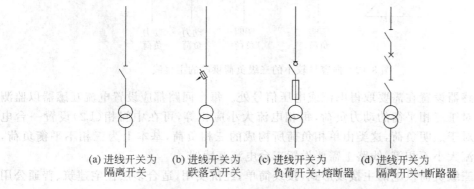

图 3-11　线路-变压器单元式接线示意图

3. 几种配变电站常用的主接线形式

在建筑供配电系统中,不同的负荷等级所要求的供电可靠性不同,主接线的形式也不相同。以负荷等级为主要参考因素,介绍几种配变电站的主接线形式。

　　1) 向三级负荷供电的主接线

　　如图 3-12 所示,主接线为单电源单回路进线。在进线处设置电压互感器以获取进线电压信号,设置避雷器以防止雷电过电压沿进线处侵入。由一台变压器降压,变压器一次侧采用线路-变压器式接线,二次侧采用单母线不分段接线。变压器处设有接地开关和带电显示器。系统正常运行时接地开关处于断开状态,显示器显示带电。需要检修变压器时系统停电,闭合接地开关泄放变压器内残余的能量,显示器显示不带电,以确定保护人身安全。低压母线上设有无功功率补偿装置(并联移相电容器),出线回路带有照明负荷和动力负荷。

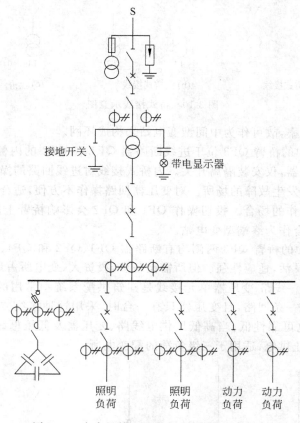

图 3-12　向容量较小的三级负荷供电的主接线

　　电流互感器设置在需要取得电流或电压信号处。每个回路都应设置电流互感器以监测电流信号。对于三相平衡的动力负荷,每相电流大小应相等,可在中间相(L2)设置一台电流互感器。对于照明负荷,这类由单相负荷所构成的三相负荷,基本上为三相不平衡负荷,每相负荷电流大小不相等,线路上需要设置三台电流互感器。

　　这种向三级负荷供电的主接线形式,接线简单,经济实用,适合多层住宅建筑、普通公用建筑和小型工厂车间等负荷量较小的用电场所。

　　当负荷量较大时,需要采用两台或多台变压器供电,其一次侧采用高压单母线不分段接线,二次侧采用低压单母线分两段不联络接线,如图 3-13 所示。

　　为明确主接线之间的结构,在以后的主接线图中均未画出互感器、避雷器、接地开关、带电显示器等,而实际工程中的主接线应该具备上述设备元件。

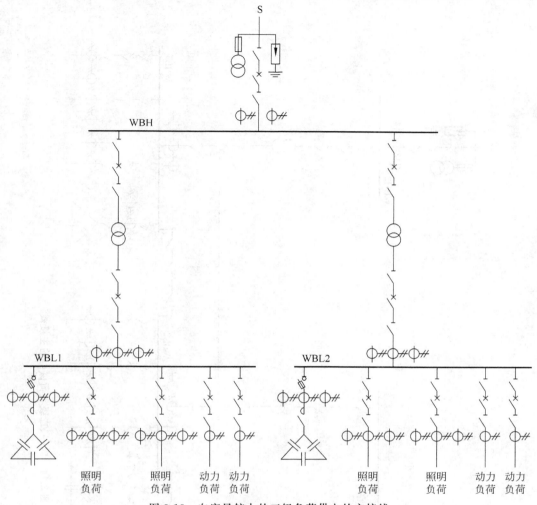

图 3-13　向容量较大的三级负荷供电的主接线

2) 向一、二级负荷供电的主接线

如图 3-14 所示,两路电源或两路独立电源进线,保证电源的备用关系。高压侧采用单母线分段不联络接线。设置三台变压器,低压侧采用单母线分三段联络,保证变压器之间的备用关系。图中虚线表示断路器之间的电气互锁关系。在低压母线上进行无功功率集中补偿。

3) 向特别重要级负荷供电的主接线

如图 3-15 所示,两回路电源高压电源进电,保证电源的备用关系。采用自备柴油发电机作为第三电源为特别重要负荷的应急电源。一、二次侧采用单母线分段联络接线方式。各进线断路器和母线分段断路器之间必须考虑互锁关系,如图中虚线所连的断路器为互锁关系。

互锁关系可以根据主接线的运行方式设定。当两路电源 S1 和 S2 并列运行时,两路进线断路器 QF1 和 QF2 处于闭合状态,QF3 联络断路器应锁定为开断状态。如果有一路电源(S1)出现故障而自动断开,则母线连络开关 QF3 应自动闭合,由另一路电源(S2)向母线 WBH1 供电。如果两台变压器 T1 和 T2 在运行时需要检修或出现故障(如 T1),则可以通过低压母线联络开关 QF6 的闭合来实现由 T2 变压器带动 WBL1 母线负荷运行。各母线段之间的联络关系越多,其互锁关系越复杂,对断路器动作的可靠性要求就越高。

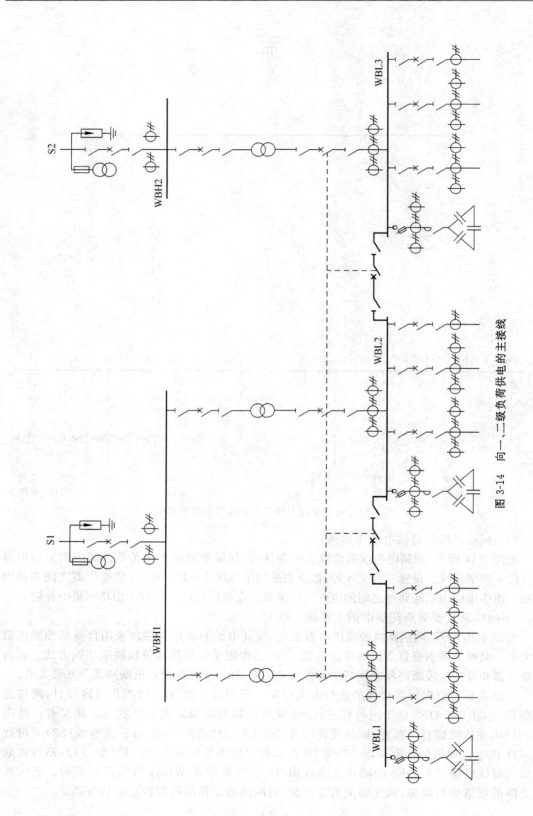

图 3-14　向一、二级负荷供电的主接线

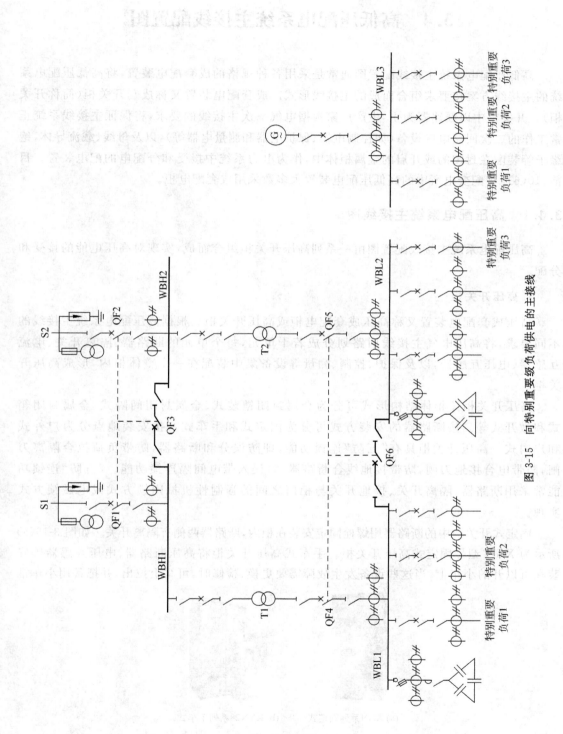

图 3-15 向特别重要级负荷供电的主接线

3.4　高低压配电系统主接线配置图

高低压配电系统主接线配置图通常是采用各种规格的成套配电装置,将高低压配电系统的主接线方案按要求组合而成的主接线形式。成套配电装置又称成套开关柜(简称开关柜)。开关柜中以断路器为主,生产厂家根据电气一次主接线的要求,将保证主接线系统正常工作的二次回路电气设备(如控制电器、保护电器和测量电器等),以及母线、载流导体、绝缘子等装配在封闭的或开启的金属柜体中,作为电力系统中接受和分配电的配电装置。目前,10(6)kV配变电所中的高低压配电装置大多数采用成套配电柜。

3.4.1　高压配电系统主接线图

高压配电系统主接线配置图由一系列高压开关柜组合而成,实现对高压电能的接受和分配。

1. 高压开关柜

高压成套配电装置又称高压成套配电柜或高压开关柜。根据高压配电系统主接线的不同要求,将高压电气主接线回路划分成若干单元,每个单元的断路器、隔离开关、电流互感器、电压互感器,以及保护、控制、测量等设备集中装配在一个整体柜内,形成高压开关柜。

高压开关柜按柜体结构形式可分为金属封闭铠装式、金属封闭间隔式、金属封闭箱式和敞开式等。按断路器的安装方式可分为固定式和手车式。按安装地点分为户外式和户内式。高压开关柜具有"五防"连锁功能,即防误分和断路器,防带负荷拉合隔离刀闸,防带电合接地刀闸,防带接地线合断路器,防误入带电间隔连锁功能。"五防"连锁功能常采用断路器、隔离开关、接地开关与柜门之间的强制性机械闭锁方式或电磁锁方式实现。

固定式开关柜中的断路器用螺栓固定安装在柜内,断路器两侧有隔离开关。如图 3-16(a)所示为 XGN 型号固定式高压开关柜。手车式高压开关柜将高压断路器、电压互感器等安装在可以开的小车上,当这些设备发生故障需要更换、检修时,可马上拉出,并把备用小车推

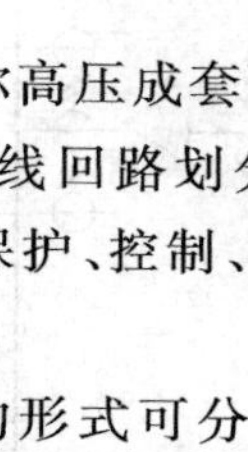

(a) XGN系列固定式 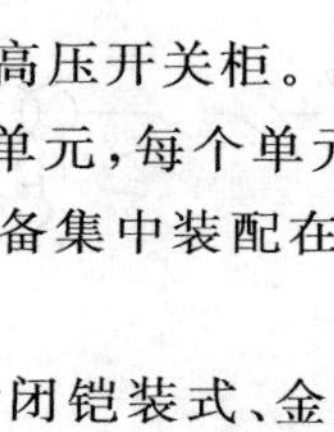　　　(b) KYN28系列手车式

图 3-16　高压开关柜

入恢复供电。图 3-16(b) 展示了 KYN28 系列金属封闭铠装移开式高压开关柜。其内部结构如图 3-17 所示。KYN 型号含义如图 3-18 所示。

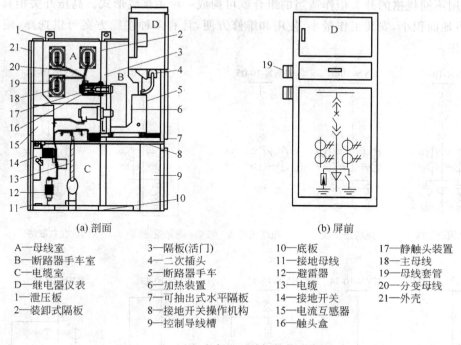

(a) 剖面　　　　　　　　　　　　　　　　　(b) 屏前

A—母线室	3—隔板(活门)	10—底板	17—静触头装置
B—断路器手车室	4—二次插头	11—接地母线	18—主母线
C—电缆室	5—断路器手车	12—避雷器	19—母线套管
D—继电器仪表	6—加热装置	13—电缆	20—分变母线
1—泄压板	7—可抽出式水平隔板	14—接地开关	21—外壳
2—装卸式隔板	8—接地开关操作机构	15—电流互感器	
	9—控制导线槽	16—触头盒	

图 3-17　手车式高压开关柜结构示意图

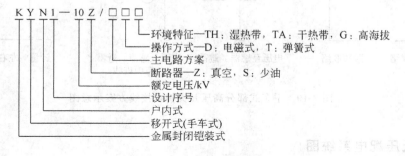

图 3-18　KYN 型号含义图

不同规格的开关柜内有不同的电气元件组合方案，同一种系列的开关柜由不同规格的开关柜构成。如 KYN1 系列高压开关柜的规格对应的柜内接线方案如图 3-19 所示。高压开关柜每一种规格即为一个单元，也就是说每个高压开关柜只有一个单元。

2. 主接线方案图与主接线配置图

高压配电系统主接线方案图和主接线配置图的电气原理是相同的，二者只是表达方式不同。主接线方案图表达电能接受和分配时的电源进线回路、单母线分段与不分段、出线回路等结构关系。主接线配置图是将合理的主接线方案通过各种开关柜的组合来实现主接线的功能,可用于直接向开关柜厂家订货。因此,高压配电系统的主接线配置图通常也称为高压配电系统图,如图 3-20(a)和图 3-20(b)所示。

选用不同规格的开关柜作适当的组合就可构成一种主接线形式。高压开关柜具有结构紧凑,占地面积小,安装工作量小,使用和维修方便,且有多种接线方案可供选择,便于用户灵活选用。

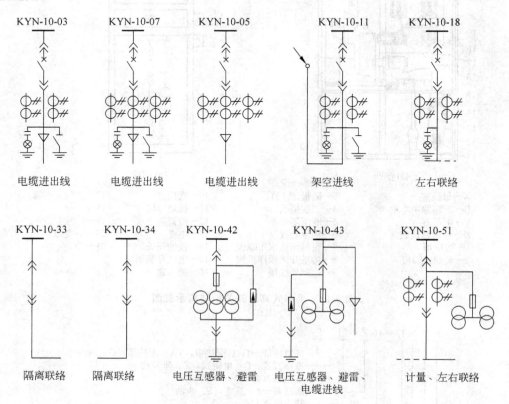

图 3-19　手车式部分高压开关柜内接线方案示意图

3.4.2　低压配电系统图

1. 低压开关柜

低压成套配电装置又称低压开关柜、低压配电柜或低压配电屏。低压开关柜按主接线方案将不同的电气元件组装在一个箱体内,在低压配电系统中作为动力和照明负荷的配电使用。按断路器是否能移动分类,可分为固定式和抽出式,如图 3-21 所示。

固定式是将断路器等各电气元件可靠地固定于柜体中确定的位置,柜体外形一般为屏式、箱式等。常用型号有 GGD 型。抽出式是断路器等主要电气元件装置在可移动的抽屉里,柜体可按标准模数 E(如 MNS 型的 $E=25\mathrm{mm}$,GCS 型的 $E=20\mathrm{mm}$)灵活组装成不同规格的多个抽屉,每个抽屉为一个进出线回路数。常用型号有 GCK、GCS 和 MNS 等。固定

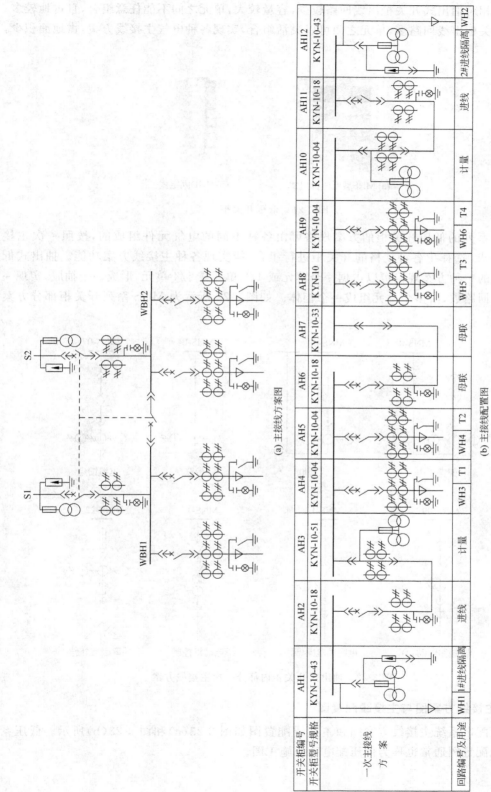

图 3-20　高压配电系统主接线方案图和主接线配置图

式开关柜相对抽出式开关柜出线回路较少,容量较大,单元之间不能任意组合,且占地较多。抽出式开关柜出线回路多,单元之间可以灵活组合,实现各种电气主接线方案,占地面积少,但造价高。

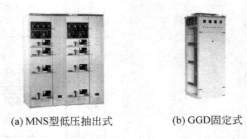

(a) MNS型低压抽出式　　　　　(b) GGD固定式

图 3-21　低压开关柜

同一系列的低压开关柜的方案规格可由各种不同的电气元件组成的,按照一次主接线方案要求,选择出各种规格的开关柜进行组合,能实现各种主接线方案功能。抽出式低压开关柜的一种方案规格可以占据一个单元或 1/2 单元或 1/4 单元,形成一个抽屉,实现一个进出线回路数,由多个单元组成一个柜体。如图 3-22 所示为 MNS 系列开关柜部分方案规格。

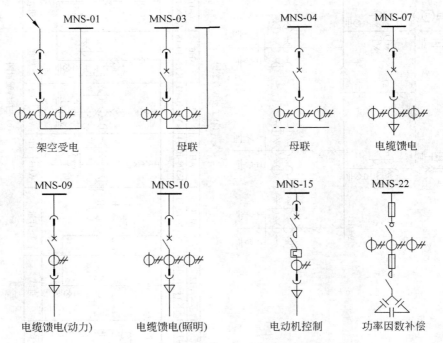

图 3-22　抽出式开关柜内部分一次主接线方案

2. 主接线方案图与主接线配置图

低压配电系统主接线方案图和主接线配置图如图 3-23(a)和图 3-23(b)所示。低压系统主接线配置图通常也称为低压配电系统施工图。

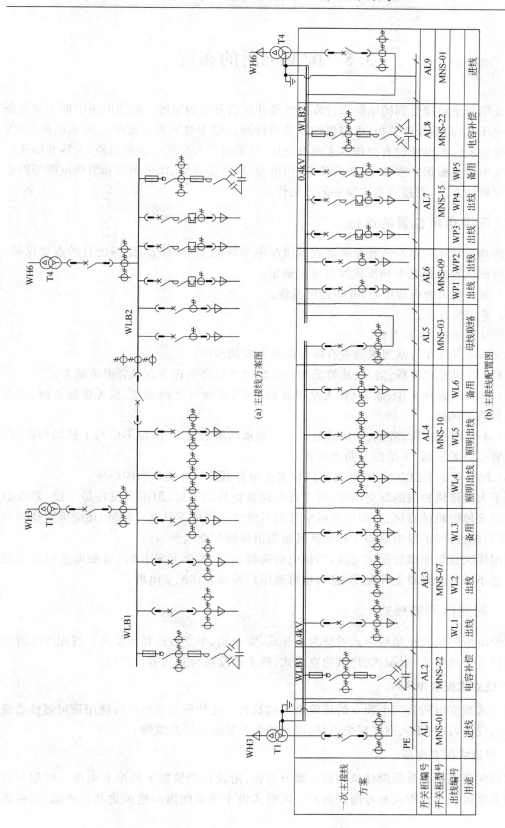

图 3-23 低压配电系统主接线方案和配置图

3.5　配变电所的布置

配变电所是将接受到的电能进行降压变换并从新分配的场所。配变电所中的主要设备有电力变压器、高低压开关柜、电容器柜以及各种测量仪表等装置。配变电所不包括35kV以上的变电所。配电所没有变压器来变换电压,只是接受和分配电能的场所,又称开闭所。

配变电所应根据工程特点、负荷性质、用电容量、所处环境、供电条件和节约电能等因素合理确定设计方案,并适当考虑发展的可能性。

3.5.1　配变电所位置的选择

合理地选择配变电所所址是智能建筑供配电系统能安全、有效、经济运行的重要保证。配变电所的位置应根据下列要求综合考虑确定。

(1) 深入或接近负荷中心,并靠近电源侧。

(2) 进出线方便。

(3) 设备运输、安装方便。

(4) 不应设置在有剧烈振动或有爆炸危险介质的场所。

(5) 不应设置在厕所、浴室、地势低洼或可能积水场所的正下方或邻近的地方。

(6) 不宜设置在多尘、水雾(如大型冷却塔)或有腐蚀气体的场所,当无法远离时,不应设在污源的下风侧。

(7) 不应设在厕所、浴室、厨房或其他经常积水场所的正下方,且不应与上述场所贴邻。相邻隔墙应做无渗漏、无结露等防水处理。

(8) 配变电所为独立建筑物时,不应设置在地势低洼和可能积水的场所。

对于大型建筑物内的配变电所,可设置在建筑物的地下层,但不宜设在最下层,并应根据环境要求加设机械通风、去湿设备或空气调节设备。当地下只有一层时,还应采取预防洪水、消防措施,还应采取措施防止积水从其他渠道淹渍配变电所。

民用建筑宜集中设置配变电所,当供电负荷较大,供电半径较长时,可根据情况分散设置。住宅小区可设置独立式配变电所,也可选用户外预装式配变电所。

3.5.2　配变电所的形式

配变电所的形式按结构形式可分为室外式、室内式、半室内式和预装式。按配变电所所处位置可分为独立式、附设式、建筑物室内式、杆上式或高台式和组合式等。

1. 独立式配变电所

独立式配变电所是一个独立的建筑物或构筑物。这种配变电所可以使用带可燃性绝缘油的电气设备,适用于大型区域变电站,以及较为分散的多层建筑物。

2. 附设式配变电所

这种配变电所需要借助建筑物的一部分墙体,附设在建筑物上的配变电所。根据与建筑物的关系可分为内附式和外附式两种。内附式设于建筑物内与建筑物共用外墙,这种方式能保持建筑物的外观整齐,但需要占用一定的建筑面积。外附式设于建筑物外与建筑物共用一面墙,这种附设方式不需占用建筑物内部面积,但会影响建筑物的外观形象。一般工厂车间配变电所常采用附设式。大型民用建筑采用这种方式时,常与冷冻机房、锅炉房等建筑物附设在一起。

3. 建筑物室内配变电所

这种配变电所设于建筑物的地下室、一层或设备层等部位,为高层或多层建筑物的冷冻机房、水泵房和照明系统等用电设备供应电能。

4. 杆上式或高台式配电所

变压器设置于杆塔上或设在专门的变压器台墩上的室外变电所,其安装容量应小于315kVA,适用于农村、中心城镇居民和工厂生活区。

5. 组合式配变电所

组合式成套变电站又称箱式变电站。箱式变电站将高压开关设备、配电变压器、低压配电装置,以及自动化系统、通信、计量、电容补偿及直流电源等电气单元,按一定的主接线方案组合在一起,安装在一个钢结构全封闭的箱体之内。箱式变电站具有技术先进,安全可靠,自动化程度高,组合方式灵活,投资省见效快,占地面积小和外形美观等特点。适用于城市居民住宅小区、车站、港口、机场、公园、绿化带等人口密集地区,它既可作为固定式配变电所,也可作为移动式配变电所,具有点缀和美化环境的作用。

3.5.3　配变电所的结构与布置

本节主要介绍智能建筑物室内配变电所的结构与布置。室内配变电所主要由高压配电室、低压配电室、变压器室、电容器室、控制室、值班室等构成。配变电所的布置方案应根据建筑物的分布情况,以及周围环境条件和用电负荷密度综合确定。

1. 结构布置总体要求

(1)配变电所的布置设计时应考虑进出线方便,结构紧凑,安装和运行维护方便,并确保人身和设备的安全,考虑发展的可能性。

(2)低压配电室应靠近变压器室,电容器室宜与变压器室及相应电压等级的配电室相毗邻,控制室、值班室、维修室和辅助房间的位置应方便工作人员使用。

(3)尽量利用自然采光和自然通风,变压器室和电容器室尽量避免夕晒,控制室尽可能朝南。

(4)配电室、变压器室和电容器室的门应设向外开启的防火门,通往配电室其他房间的门应双向开启或向低压方向开启。

(5)可燃性油浸变压器、充有可燃油的高压电容器和断路器宜设置在高层建筑物外的专用房间内,形成独立配变电所。与其他建筑物之间的防火距离,必须符合现行相关的国家标准。当受条件限制必须布置在高层建筑或其裙房内时,变压器室应布置在首层或地下一层靠外墙的部位,并应设直接向外的安全出口。外墙开口部位的上方,应设置宽度不小于1.0m的非燃烧体的挑檐。可燃油油浸变压器总容量不应超过1250kVA,单台容量不应超过630kVA。

(6)配变电所设于地下室时,应满足房间高度、跨度及设置电缆沟的要求。应注意以下事项。

① 严禁设置装有可燃性油的电气设备的配变电所。

② 高层建筑地下层配变电所的位置,宜选择通风散热良好的场所,并应设置散热措施。地面宜抬高 100～300mm,以防止地面水流入配变电所内。

③ 配变电所宜设置不少于两个出口,其中一个门的高度与宽度能垂直搬进高压配电柜,至少有一个出口通向室外、公共走廊或楼梯间的出口。室内通道应保持畅通,不应设置门槛。配变电所内不应有与之无关的管路和线路通过。

④ 高层建筑的配变电所宜设置在地下一层或首层。当建筑物高度超过 100m 时,也可将配变电所设置在高层区的避难层或设备层中,严禁选用带可燃性油的电气设备。

⑤ 采用干式变压器、无油断路器的配变电所,其高压开关柜、变压器、低压开关柜等设备可以设置在同一个房间内,也可以分室布置。具有 IP3X 防护等级外壳的不带可燃性油的电气设备可以靠近布置。

在地下室或建筑内部的变压器室,当自然通风条件差时,应设置机械通风。在温度高、湿度大的地区,有条件时可设置空调,以改善变压器的运行条件。如图 3-24～图 3-26 为配变电所布置的几种方案。

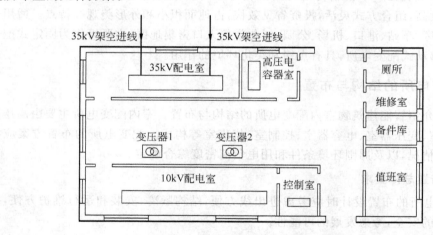

图 3-24 35/10kV 变电所布置方案

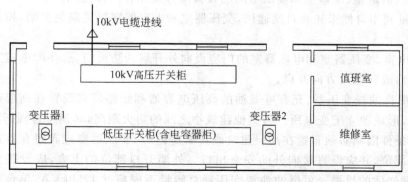

图 3-25 10/0.4kV 配变电所的布置方案(采用无油设置)

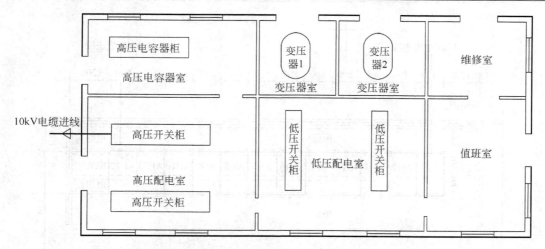

图 3-26　10/0.4kV 配变电所布置方案(采用可燃油设备)

2. 高压配电室的布置

图 3-27 为高压配电室的一种布置方式。高压配电室的布置需要满足相关规定的各项要求。

(1) 高压配电室一般只装高压配电设备,尽可能采用成套配电装置(即高压开关柜),其型号应一致。配电装置应按主接线的要求装设连锁和闭锁装置,以防止因误操作而导致事故的发生。

(2) 带可燃油的高压配电装置宜装设在单独的高压配电室内。当高压开关柜的数量为 6 台及以下时,可与低压配电装置设置在同一房间内。

(3) 在同一房间内单列布置的高低压开关柜,当开关柜的顶面无封板时,两者之间的净距不应小于 2m。当开关柜的顶面封闭外壳的防护等级符合 IP2X 时,两者可以靠近布置。

(4) 高压配电室内的高度应考虑设备高度及上进上出、下进下出、上进下出、下进上出等进出线方式,以及母线桥架等因素。一般配电装置距屋顶(除梁外)不小于 0.8m,距梁下不小于 0.6m。

(5) 在室内配电装置裸露带电体的上面不应有明敷设的照明或动力线路跨越。配电装置之间或距地等各项净距不应小于所规定的最小安全距离。

(6) 高压配电室内的各种通道的宽度应不小于表 3-3 所规定的数值。开关柜侧面离墙净距不应小于 200mm,背面离墙不应小于 50mm。

(7) 当电源从柜后进线,需要在屏后墙上安装隔离开关及其操作机构时,在柜后维护通道的净宽应不小于 1.5m,若柜后封板的防护等级为 IP2X 时,可减至 1.3m。

(8) 当 10kV 裸导体离地距离小于 2500mm(35kV 距地 2600mm)时,可用遮栏隔断,但遮栏距地高度不应小于 1900mm。高压电缆自电缆沟沿墙上引时采用电缆托架,在电缆托架的正面用铁丝网保护。

(9) 配电装置的长度大于 6m 时,其柜后通道应设有两个出口。配电室长度大于 7m 时,应设有两个出口,并宜布置在配电室的两端。长度大于 60m 时,宜增加一个出口。

(10) 高压开关柜下设地沟时,其沟深应考虑电缆的弯曲半径和电缆数量。一般情况下,沟深为 1.0~1.5m,地沟的宽度不应小于 0.8~1.0m。电缆沟底应有 1%~3% 的坡度,坡度应向集水坑或集水沟倾斜。当设有可以进入的电缆夹层时,夹层高度不应小于 1.8m。

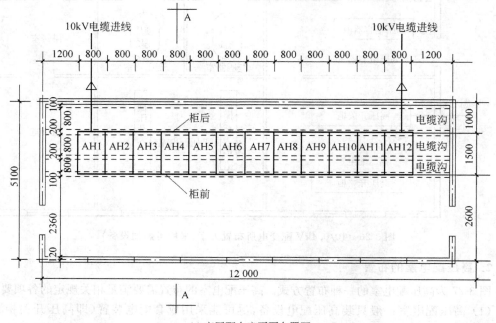

(a) 高压配电室平面布置图

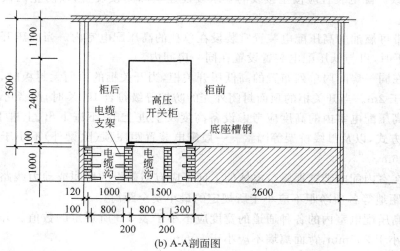

(b) A-A剖面图

图 3-27　高压配电室平面及剖面图

表 3-3　高压配电室内各种通道的最小安全净距宽度　　　　　　mm

通道分类	柜后维护通道	柜前操作通道	
		固定柜	手车柜
单列布置	800(1000)	1500	单车长＋1200
双列面对面布置	800	2000	双车长＋900
双列背对背布置	1000	1500	单车长＋1200

注：表内括号内的数字适用于 35kV 开关柜。

（11）高压配电室应设有消防器材，必要时设置气体灭火装置。

3. 变压器室的布置

（1）每台油量在 100kg 以上的三相油浸式变压器，应设在单独的变压器室内，宽面推进的变压器，低压侧宜向外，窄面推进的变压器，油枕宜向外。

（2）油浸式变压器的外廓（包括防护外壳）与变压器室的墙壁、门的最小净距如表 3-4 所示。

表 3-4　可燃油油浸变压器外廓与变压器室墙壁和门的最小净距

变压器容量/kVA	100～1000	1250～1600 及以上
变压器与后墙及侧墙净距/m	0.6	0.8
变压器与门净距/m	0.8	1.0

（3）设置于配变电所内的非封闭式（无防护外壳）干式变压器，宜安装在单独的变压器室内，并应加金属网状遮栏。遮栏网孔不应大于 40mm×40mm，遮栏高度不低于 1.7m。变压器之间的净距不应小于 1m，并应满足巡视和维修要求。干式变压器外壳与变压器室的墙壁、门的最小净距如表 3-5 所示。

表 3-5　干式变压器外壳与变压器室墙壁和门的最小净距

变压器容量/kVA	100～1000	1250～2500
干式变压器带有 IP2X 及以上的防护等级金属外壳与后墙、侧墙的净距/m	0.6	0.8
干式变压器带有 IP2X 及以上的防护等级金属外壳与门的净距/m	0.8	1.0(1.2)①
干式变压器有金属网状遮拦与后墙、侧墙的净距/m	0.6	0.8(1.0)②
干式变压器有金属网状遮拦与门的净距/m	0.8	1.0(1.2)②

注：① 括号中的数据适用于 35kV 变压器。

② 括号中的数据适用于 2000～2500kVA 变压器。

（4）如图 3-28 所示，多台干式变压器布置在同一个房间内时，变压器防护外壳间的净距不应小于表 3-6 规定的距离。

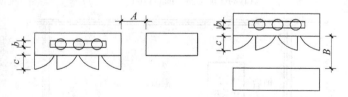

图 3-28　变压器防护外壳（IP2X）间距

表 3-6　变压器外壳防护之间的最小净距　　　　　　　　　m

变压器容量/kVA		100～1000	1250～1600	2000～2500
变压器带有 IP2X 及以上的防护等级金属外壳	A	0.6	0.8	1.0
变压器带有 IP3X 及以上的防护等级金属外壳	A	可以贴邻布置		
考虑变压器外壳之间有一台变压器拉出防护外壳	B	b+0.6	b+0.6	b+0.8
不考虑变压器外壳之间有一台变压器拉出防护外壳	B	1.0	1.2	1.4

注：变压器外壳门可以拆卸时，$B=b+0.6$。当变压器外壳门不可以拆卸时，其 B 值应是门扇宽度 C 加上变压器宽度 b，再加上 0.3m，即 $B=c+b+0.3$。

（5）当变压器外壳防护等级为 IP2X 时，与低压开关柜的间距不宜小于 0.8m。

（6）变压器室内可安装与变压器有关的负荷开关、隔离开关和熔断器。在考虑变压器布置以及高低压进出线位置时，应尽量使负荷开关或隔离开关的操作机构安装在门口附近。

（7）变压器室应设置通风窗，通风窗应采用非燃烧材料，并满足通风面积要求。变压器室的面积应考虑所带负荷发展的可能性，一般按能装设大一级容量的变压器考虑。

（8）车间配变电所和民用主体建筑内的附设配变电所的可燃性油浸变压器室，应设置容量为 100%变压器油量的储油池。通常的做法是在变压器油坑内设置厚度大于 250mm 的卵石层，卵石层的下面设置储油池，或者利用变压器油坑内的卵石层之间的缝隙作为储油池。

4. 低压配电室的布置

如图 3-29 所示为低压配电室的一种布置方式。低压配电室的布置需要满足相关规定的各项要求。

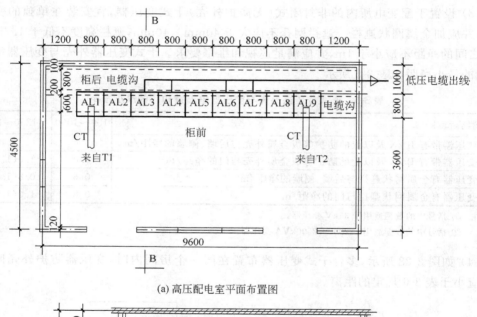

(a) 高压配电室平面布置图

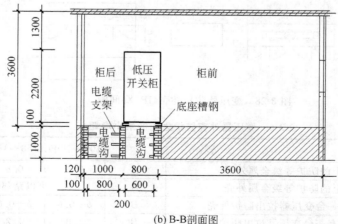

(b) B-B 剖面图

图 3-29　低压配电室平面及剖面图

（1）低压配电室的长度超过 7m 时，应设两个出口，并宜布置在配电室的两端。

（2）成排布置的低压开关柜，其长度超过 6m 时应在柜后面的通道上设置两个通向本室或其他房间的出口，并宜布置在通道的两端。当两个出口间的距离超过 15m 时，应增加一个出口。

（3）成排布置的低压开关柜，其柜前（屏前）和柜后（屏后）的通道净宽不应小于表 3-7 所列数据。各种布置方式的屏端通道不应小于 0.8m。

表 3-7　低压开关柜（屏）前后通道净宽（最小宽度）　　　　　　　　　m

装置种类 布置方式	单排布置		双排对面布置		双排背对背布置	
	屏前	屏后	屏前	屏后	屏前	屏后
固定式	1.5	1.0	2.0	1.0	1.5	1.5
抽屉式	1.8	1.0	2.3	1.0	1.8	1.0
控制屏	1.5	0.8	2.0	0.8	—	—

注：当建筑物墙面遇有柱类局部凸出时，凸出部位的通道宽度可减少 0.2m。

（4）低压配电室通道上方裸露带电导体距地面的高度不应低于下列数值。

① 柜（屏）前通道内为 2.5m，当母线加防护网后，防护网不应低于 2.2m；

② 柜（屏）后通道内为 2.3m，加防护网后防护网距地不应小于 1.9m。

（5）低压开关柜下面的电缆沟深度一般宜为 0.8～1.2m，柜下及柜后的电缆沟总宽度不小于 1.5m。低压配电室在建筑物内部及地下室时，可采用提高地坪的方法。低压配电室高度受限制时，可不设电缆沟，电缆可以从柜顶引至电缆托架铺设。

（6）供给一级负荷的两路电缆不应铺设在同一电缆沟内。当无法分开铺设时，应采用耐火电缆或矿物绝缘型电缆，且应分别布置在电缆沟的两侧支架上。

（7）同一配电室内向一级负荷供电的两段母线，在母线分段处应有防火隔断措施。

（8）低压配电室兼作值班室时，开关柜的屏正面离墙距离不宜小于 3m。

（9）低压配电室的高度应和变压器室综合考虑。当低压配电与抬高地面的变压器室毗邻时，配电室高度宜为 4～4.5m。当低压配电室与不抬高地面的变压器室毗邻时，配电室高度宜为 3.5～4m。配电室为电缆沟进出线时，其高度不应小于 3m，且低压开关柜顶距屋顶不应小于 0.8m，距梁底不应小于 0.6m。

5. 静电电容器室的布置

（1）高压电容器室宜安装在单独的房间内。当电容器柜的台数少于 4 台时，可以布置在高压配电室内，但距高压开关柜的距离不小于 1.5m。

（2）低压电容器柜一般应与低压开关柜并列安装。当电容器容量较大（3 台或 450kVar）考虑通风和安全运行时，宜装设在单独房间内。

（3）当电容器回路的高次谐波含量超过规定允许值时，应在回路中设置抑制谐波的串联电抗器。

（4）设置在民用建筑中的低压电容器应采用非可燃性油浸式电容器或干式电容器。

（5）电容器室应具有良好的自然通风，采用上部出风，下部进风，可按每 1000kVar 需要下部进风面积为 0.6m²，上部出风面积为 0.2～0.4m² 估算。低压电容器室的通风面积加大 1/3。

（6）成套电容器柜单列布置时，柜的正面操作通道宽度不应小于 1.5m，双列布置时不应小于 2m。电容器室长度大于 7m 时应设有两个出口门，并布置在两端。

6. 控制室的布置

只有当配变电所规模较大时才设置控制室。

（1）控制室的位置应选择运行方便、电缆较短和朝向良好的房间。一般毗邻于高压配电室。

（2）控制室内设置集中的事故信号和预警信号。主要设备有控制屏、信号屏、所用电屏和直流电源屏，这些构成主屏。根据要求还有电能表（或测量）屏和保护屏。

采用计算机监控的控制室内应设置操作台、光电动态显示模拟盘、所用电屏和直流电源屏。操作台上一般设有计算机、打印机、专用通信设备、模拟盘控制专用计算机和 UPS 电源等。

（3）屏的排列方式视屏的数量而定。正面布置控制屏和信号屏（或操作台），侧面或正面的上方布置所用电屏和直流电源屏。控制屏的模拟接线应清晰，尽量与实际配置相对应。

（4）控制室应有两个出口，门不宜直接通向室外，宜隔以走廊或套间。控制室高度及电缆沟的处理，可以与低压配电室相同。

（5）控制室内各屏之间以及通道宽度参见表 3-8，设计时可根据情况适当调整。

表 3-8　控制室各屏间及通道宽度

布置简图	名　称	一般值	最小值
	屏正面对平背面 b1/mm		2000
	屏背面对墙 b2/mm	1000	800
	屏侧面对墙 b3/mm	1000	800
	主屏正面对墙 b4/mm	3000	2500
	单排布置主屏正面对墙/mm	2000	1500

7. 值班室及维修室

（1）值班室及维修室的设置应根据工程的规模大小和具体要求而定，其位置应以出入方便，便于管理为原则。

（2）值班室与控制室合用时，应考虑宜使控制线路最短并避免交叉。

（3）当设有值班桌时，控制屏正面的操作通道宽度不应小于 3m。

（4）值班室应选择良好的朝向和足够的采光面积。宜设置空调、厕所、上下水道等必要的生活措施。

（5）值班室的地面应与配变电所的地面相同。

3.5.4 户外箱式变电站的布置

户外箱式变电站主要由高压配电装置、变压器、低压配电装置等三个主要部分组成。布置方式一般有"目"字形和"品"字形两种,如图 3-30 所示。

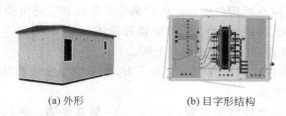

(a) 外形   (b) 目字形结构

图 3-30 箱式变电站结构示意图

(1)户外箱式变电站的位置应考虑对周围环境的影响,宜设置在安全、隐蔽、进出线方便的地方。距人行道边不宜小于 1m,据主体建筑物不宜小于 1.5m。

(2)箱式变电站的容量,不宜大于 1250kVA。

(3)箱式变电站的一次高压主接线可以是专用回路,也可以是双路干线方式或环网供电方式。

(4)箱式变电站的进出线宜采用电缆方式。高压应选交联聚乙烯电缆,低压应选全塑或交联聚乙烯电缆。

(5)户外箱式变电站的下部宜设有电缆沟,沟室深度净高不宜低于 1.5～1.8m,并宜设人孔。基础台标高不低于 300mm,基础外设接地网,接地极接头露在电缆沟内,其安装示意如图 3-31 所示。

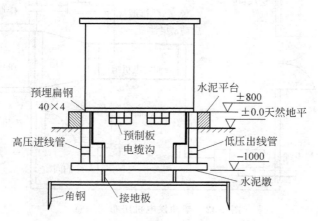

图 3-31 箱式变电站安装示意

3.6 柴油发电机房的布置

柴油发电机房主要由发电机间、控制及配电间、储油间、储藏间、送风井、排风排烟井等组成。柴油发电机房的布置,除满足正常的使用功能外,还需根据相关规定满足采光、通风、防火、减震、消音和隔音等方面的要求。

3.6.1　柴油发电机房位置的选择

（1）在民用建筑中，自备柴油发电机房的位置应设在首层、地下一层或地下二层。仅供特别重要负荷用电时，应靠近用户中心。供特别重要负荷和消防负荷用电时，则应靠近配变电所，并做好防潮、进风、排风、排烟、消音、减震等设施。

（2）机房位置宜靠近一级负荷或配变电所。

（3）机房位置不应设在厕所、浴室、水池下方，也不能与水池相邻。柴油发电机房设在地下室时，应满足以下要求。

① 不应设在四周均无外墙的房间，至少应有一侧靠外墙。热风和排烟管道应伸出室外，机房内应有足够的新风进口，气流分布应合理。

② 应考虑设备吊装、搬运和检修等问题，根据需要留好吊装孔。

③ 对机组和其他电气设备，应处理好防潮、消声和冷却等问题。

3.6.2　柴油发电机房的布置

如图 3-32 所示为散热器冷却的柴油发电机房的结构布置示意图。应根据有关要求，考虑机组的启动用蓄电池、控制装置、排烟、排风（热风）冷却等设施的位置。

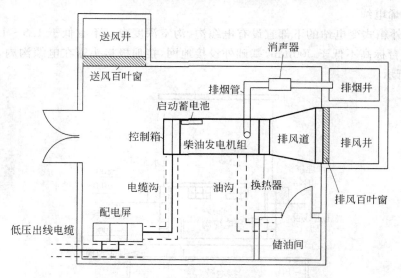

图 3-32　柴油发电机房布置示意

（1）机房布置应符合机组运行工艺的要求，力求紧凑、经济合理、运行安全和便于维护。

（2）机房中发电机组外轮廓距墙和屋顶应满足设备搬运、就地操作、维护检修的需要，并应不小于表 3-9 所列数据。机房内机组布置如图 3-33 所示。

（3）机房与配电室或控制室毗邻时，宜将发电机的出线端及电缆沟布置在配电室或控制室侧。

表 3-9　柴油发电机组之间及机组外廓与墙壁之间的净距

项目 \ 容量/kW	64 以下	75～150	200～400	500～1500	1600～2000
机组操作面 A/m	1.5	1.5	1.5	1.5～2.0	2.0～2.5
机组背面 B/m	1.5	1.5	1.5	1.8	2.0
柴油机端 C/m	0.7	0.7	1.0	1.0～1.5	1.5
机组间距 D/m	1.5	1.5	1.5	1.5～2.0	2.5
发电机端 E	1.5	1.5	1.5	1.8	2.0～2.5
机房净高 H	2.5	3.0	3.0	4.0～5.0	5.0～7.0

注：当机组按水冷方式设计时，柴油机端距离可适当缩小；当机组需要做消声工程时，尺寸应另外考虑。

（4）当控制屏和配电屏布置在机房中时，应布置在发电机端或发电机侧。屏前距发电机端的操作通道不应小于 2m，屏前距发电机侧的操作通道不应小于 1.5m，屏后离墙宜为 0.8～1.0m。起动蓄电池安装在机组基础上。

（5）单机容量小于 500kW 的装集式单台机组可不设控制室。单机容量大于 500kW 的多台机组宜设控制室。

（6）控制室内的控制屏单列布置时，其正面操作通道宽度不宜小于 1.5m；双列布置时，不宜小于 2.0m。

（7）控制室长度大于 7m 时，应在两端设有两个出口，门应向外开启。

（8）发电机配电屏的引出线宜采用耐火型铜芯电缆、耐火型封闭式母线或矿物绝缘电缆。控制线路、测量线路、励磁线路应选用铜芯控制电缆或铜芯电线。

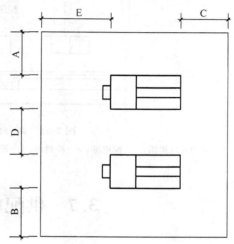

图 3-33　柴油发电机组布置示意

（9）控制线路、励磁线路和电力线路宜穿钢管埋地敷设或采用电缆沟敷设，沟内应有排水和排油措施。

（10）柴油发电机房的送风口设置宜正对发电机端或发电机两侧。进风口面积不宜小于散热器面积的 1.6 倍。当周围环境对噪音要求高时，宜作消声处理。

（11）机房排风口（热风）设置宜靠近且正对柴油机散热器，其连接处应采用软接头连接。排风口面积不宜小于散热器面积的 1.25～1.5 倍。当机组设在地下室时，排风管无法平直需拐弯引出时，拐弯不宜超过两处。非增压柴油机应在排烟管装设消声器。

（12）为减少机组运行时所产生的噪声和排除烟气对环境的污染，可采用高空直排或在机房内（外）设置消声消烟池。

（13）机房内设置的日用储油箱的储油量不应超过 8.0h 燃油量，油箱最低油位宜高于发电机射油泵，以便自留到柴油机内。当油量大于 500L 时，应设置储油间。当大于 1000L 时，应放置在主体建筑外，应采取相应的防火措施。

（14）柴油机采用闭式循环系统时应设置膨胀水箱，其装设位置应高于柴油机冷却水的最高水位。两台柴油发电机组机房布置示例如图 3-34 所示。

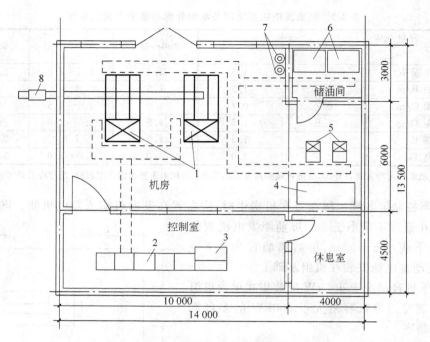

图 3-34　两台柴油发电机组机房布置示例

1—柴油发电机组；2—配电屏；3—控制台；4—调温水箱；5—水泵；6—储油箱；7—气体灭火储气瓶；8—消声器

3.7　供配电系统的配电网络

供配电系统的配电网络方式是指由电源端向负载端输送电能的网络形式。对于作为负荷端的用户来说，电源端就是指配变电所。配变电所向电能用户供电时，通常采用的基本方式有放射式、树干式和环式以及由这三种方式派生出的其他形式构成的配电网络。

3.7.1　高压配电网络

对民用和企业的电能用户而言，高压配电网路是指 1kV 及以上的高压电力线路。配电电压等级通常为 10kV。当进行经济论证有显著优越性时才采用 6kV 电压。

1. 放射式配电网络

放射式配电网络是指每一用电点采用专线供电。放射式配电网络又常分单回路、双回路和带公共配用线的放射式。

1）单回路放射式

单回路放射式由电源向用户采用一对一直接配电方式，每条线路指向一个用户点供电，各用户之间没有任何电气联系，如图 3-35(a) 所示。

这种配电网络供电可靠性较高，当任意一回线路发生故障时，不影响其他回路供电，线路操作灵活方便，继电保护简便，易于实现保护和自动化。这种配电网络可用于对容量较大，位置较分散的三级负荷供电。

2) 双回路放射式

每个用户均由双回路放射式供电。双回路放射式配电网络可将电源端接于不同的电源系统,以保证电源线路同时备用。当一个电源或一个线路故障时,可由另一个电源或另一条回路向用电负荷供电。这种配电网络供电可靠性高,但使用设备多,投资大,出线多,操作维护都较复杂,适用于一、二级负荷供电,如图 3-35(b)所示。

3) 带公共配用线的放射式

当用户的任何一条配电线路发生故障或停电检修时,都可以切换致公共备用线上,保证电源对用户继续供电。这种配电网络适用于二级负荷比较分散时的配电网络,如图 3-35(c)所示。

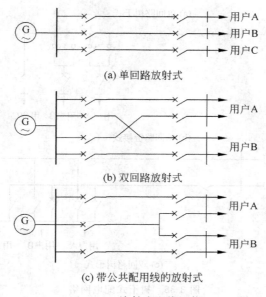

(a) 单回路放射式

(b) 双回路放射式

(c) 带公共配用线的放射式

图 3-35　放射式配线网络

2. 树干式配电网

树干式配电网络是指从电源端引出的干线回路上可以接出几条支线向负荷点供电。树干式又分为单回路树干式、单回路链接式和双回路树干式。

1) 单回路树干式

如图 3-36(a)所示,每个用户负荷点都是由电源的同一条干线回路供电。单回路树干式配电网络电源出线回路数较放射式少,能节省高压断路器和有色金属,配变电所馈出线路减少了,但供电可靠性差,当干线回路检修或故障跳闸时,会使所有用户停电。当干线回路中有一个用户发生故障,而保护装置拒动时,还可能引起干线回路停电。因此,单回路树干式配电网络一般只用于三级负荷。

2) 单回路链接式

如图 3-36(b)所示,每个用户负荷点都是由电源的一条干线回路供电。当干线上的负荷点(如用户 B)出现故障时,可以使用负荷开关切除故障段干线,缩小故障范围。这种方式也称为串联树干式,其供电的可靠性较单回路树干式有所提高。

3）双回路树干式

如图 3-36（c）所示，每个用户负荷点都是由电源的两条干线回路供电。对用户来说，两条干线回路具有线路互为备用的作用。同时双回路的电源端，可以引致不同电源，实现电源互为备用。与单回路干线相比，这种配电方式的供电可靠性提高较大，适用于一、二级负荷配电。

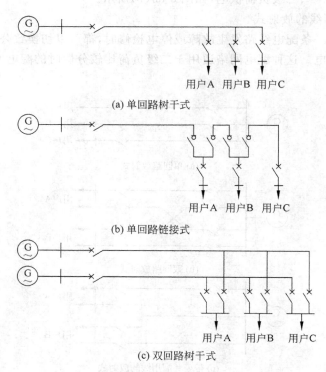

(a) 单回路树干式

(b) 单回路链接式

(c) 双回路树干式

图 3-36　树干式配电网络

3. 环式配电网络

环式配电网络的电源端线路组成环行回路网络，负荷点可以从环行供电回路中取用电能。环式配电网络按结构形式可分为单环式和双环式。按运行方式可分为开环运行和闭环运行。在环网中的某点将开关断开为开环运行，环网中没有断开点为闭环运行。

1）单环式配电网络

如图 3-37（a）所示，电源可以为一个或两个。负荷点可以从两个断路器端向电网取用电能。正常运行时为开环运行，便于实现保护动作的选择。开环点一般设在功率分点，即用户点。这种配电网络结构清晰，可靠性较高，网络中任何一段线路检修均不会造成用户停电，但环网中所有线路都必须承担全部负荷，线路投资高。

2）双环式配电网络

如图 3-37（b）所示，负荷点可以从两个环路电网取用电能。可靠性较高，但保护整定复杂，线路投资高。

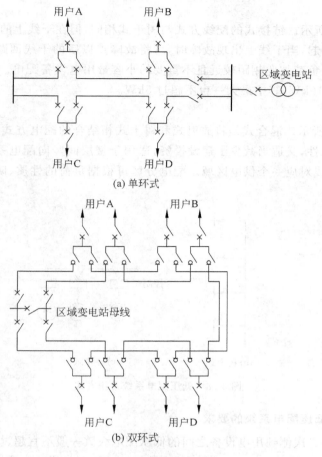

(a) 单环式

(b) 双环式

图 3-37　环式配电网络

3.7.2　低压配电系统

　　在智能建筑供配电系统中,常用的低压配电方式有放射式、树干式、链接式和混合式。低压配电系统的网络结构形式应根据有关要求组合确定。低压配电网络的设计应满足用户对供电可靠性、供电质量、系统接线方便、操作安全、检修方便和节约能源等多方面的要求。

1. 常用的低压配电方式

1) 放射式

　　如图 3-38(a)所示。电源端每条出线线路只向一个用户供电,中间不接其他负荷。这种配电方式供电可靠性较高,但有色金属量消耗较大,一次投资较高,适用于单台设备容量较大或较重要场所配电。如对于容量较大的消防泵、生活水泵、中央空调的冷冻机组等。

2) 树干式

　　如图 3-38(b)所示。电源端配出一条干线,沿干线再引出数条分支线路向用户供电。这种配线方式出线回路少,节省有色金属,但供电可靠性较差,每一分支回路发生故障时,将引起干线跳闸,影响面大。这种方式适用于用电性质相近,又无特殊要求的非重要用电设备配电。

3）链接式

如图 3-38(c)所示。链接式的配线方式与树干式相同,但在干线上的每一个分支处装有保护开关。从末端起,当干线上出现故障时,可将故障点以后的干线回路切除,缩小故障范围。这种方式适合负荷彼此相距较近且不重要的小容量用电设备配电。链接一般不超过 5台,总容量不超过 10kW,其中最大一台不超过 5kW。

4）混合式

如图 3-38(d)所示。混合式是将放射式和树干式相结合的配电方式。这种配电方式既保证了一定的可靠性,又适当减少了建设投资,适用于楼层间竖向配电系统,采用树干分区配电,每条回路干线对应一个供电区域。配电分区可根据负荷的性质、防火分区、维护管理等条件确定。

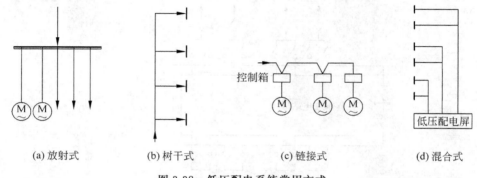

(a) 放射式　　　　(b) 树干式　　　　(c) 链接式　　　　(d) 混合式

图 3-38　低压配电系统常用方式

2. 民用建筑低压配电系统的要求

（1）自变压器二次侧到用电设备之间的低压配电级数一般不宜超过三级。

（2）各级配电屏或配电箱应适当留有备用回路,一般宜留总回路数的 25% 为备用回路。

（3）单相设备宜均匀分配到三相线路系统。

（4）居住小区配电系统应合理采用放射式、树干式和混合式配电方式,也可以采用环式网络配电,以提高供电的可靠性。18 层及以下高层建筑可以采用放射式或树干式配电,19层及以上的高层建筑宜采用放射式配电。

（5）多层公共建筑内各楼层竖向配电系统,宜采用树干式或分区树干式配电,每层的横向配电宜采用放射式或混合式配电。

（6）高层建筑中的配电系统应根据照明及动力负荷的分布情况,分别设置独立的配电系统。消防系统用电宜自成配电系统。一级负荷应在末端配电箱处设置双电源自动切换装置。重要负荷宜从配电室以放射式方式直接供电。其他负荷宜采用树干式或分区树干式配电。树干式中的干线可以采用插接母线和预分支电缆。

3. 建筑物内的低压配电系统

民用建筑一般都是多层或高层建筑,建筑物内的低压供配电系统是从电源端到用电负荷端的配电网络系统。电源端是从配变压器 10/0.4kV 的二次侧,以及柴油发电机组提供的 380/220V 低压电源。工作电源通常向建筑内所有负荷提供电能,备用电源应为向一级负荷中的特别重要负荷、一级负荷和二级负荷等重要负荷提供第二电源,如图 3-39 所示。

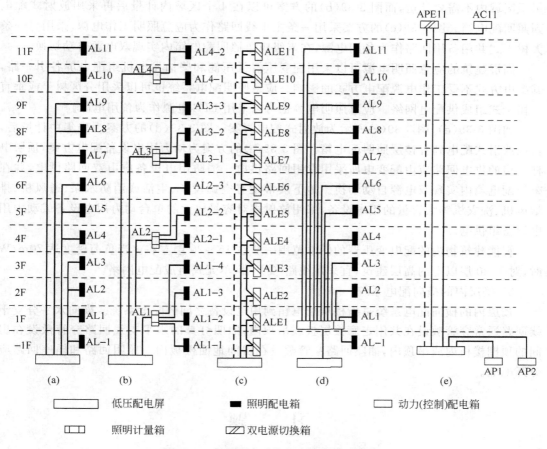

图 3-39　低压配电系统竖向配电典型方案

1) 负荷分布特点

负荷端为楼内各层照明和动力等用电设备。照明负荷较均匀地分散在各层的各种部位,动力负荷则布置在建筑物中相对较集中的位置。如电梯机房布置在顶层,空调机房和水泵房布置在地下室。照明和动力负荷按重要性又可分为一级负荷、二级负荷和三级负荷。如建筑中的消防负荷和事故照明负荷为一级负荷,普通照明负荷为三级负荷等。因此,建筑物内按负荷的性质、分布密度、重要性等因素,采用放射式或放射式与树干式相结合的混合式构成楼层间的竖向和楼层内的横向配电网络。

2) 楼层间的竖向配电系统

楼层间的竖向配电系统是指从低压配电屏到各楼层配电箱之间的配电系统。竖向配电回路通常敷设在电气竖井或墙体内,楼层配电箱安装在配电小间内。高层建筑的上部各层的照明电源供配电系统,可以采用分区大树干式组成网络。分区层数可以根据负荷大小及分布情况而定,一般为 2~6 层。每个分区可以是一个配电回路,也可以按负荷性质分成照明和动力负荷等几个回路。

如图 3-39(a)、图 3-39(b)、图 3-39(c)所示为分区树干混合式配电方案。图 3-39(a)、图 3-39(b)的方案均采用 4 条干线回路输送照明用电电源。图 3-39(a)的方案在 4 个分区大树干区域内不需要计量,而图 3-39(b)的方案可以在 4 个区域内计量后再采用放射式配电到照明配电箱。图 3-39(c)的方案采用一条主干线回路作为应急照明工作电源,采用另一条大树干式共用备用回路作为备用电源,在末级应急照明配电箱内实现双电源自动切换。

高层建筑的应急照明电源可以采用配变压器低压侧和柴油发电机组配电屏各引一路,其配电方式不受工作电源配电方式的影响。应急照明配电系统也可以采用分区树干或垂直大树干式组成供配电网络。应急照明电源也可以采用 EPS 电源作为备用电源。

如图 3-39(d)、图 3-39(e)所示为放射式配电方案。图 3-39(d)的方案为先集中计量后,再以放射式配电到各楼层照明配电箱。图 3-39(e)的方案为动力用电设备配电方案,顶层电梯机房的供电回路应由配变电所采用专用回路供电。消防用电设备应由双回路供电,并在末级配电箱内实现双电源自动切换。地下层常设有空调设备、生活或消防水泵、通风机、排烟风机、洗衣机等大容量的用电设备,采用放射式对容量较大的单台动力用电设备或动力用电设备组供电。

智能建筑物内的配电变压器的供电范围一般在 15～20 层左右。当负荷密度达 70m/W 时,对于 20 层以上的高层建筑,宜采用线路-变压器-单元式组成配电网络。

3) 楼层内的横向配电系统

楼层内的横向配电系统是指楼层配电箱到用电设备之间的配电系统。横向水平分支干线回路通常穿管敷设在共用走廊楼层板或吊顶内,照明灯具的水平支线回路穿管敷设在房间的顶棚楼板内或吊顶内,插座回路穿管敷设在房间地面楼板内。照明回路和插座回路应分开配电。

习　　题

3-1　电力负荷如何分级? 对供电有哪些要求?

3-2　供配电系统设计的基本要求有哪些?

3-3　什么叫主接线? 在供配电系统中常用哪几种? 其特点如何?

3-4　配变电所主接线的基本要求有哪些?

3-5　断路器、隔离开关、负荷开关都有哪些用途? 主要特点是什么?

3-6　"断路器+隔离开关"的开关组合形式在进行分闸操作时,应怎样操作? 为什么?

3-7　成套高压开关柜有哪几种结构类型? 有哪些特点?

3-8　低压配电系统常用哪几种配电形式? 适用于哪些场所?

3-9　在建筑物内配变电站的位置如何选择?

3-10　应急电源有哪些作用? 常用的有几种类型?

3-11　UPS 和 EPS 各表示什么设备? 有何异同点?

3-12　怎样布置柴油发电机房?

3-13　某高层建筑内在地下一层设有配变电所,有一条市电 10kV 高压电源进线,拟选择 2 台干式变压器 SCB9-1000/10 为全楼提供 380/220V 低压用电设备供电。其中一台变压器为照明负荷供电,共有 9 条出线回路。其中有 2 条出线为特别重要负荷回路,有 2 条出线为一级负荷回路,有 4 条出线为三级负荷回路;另一台变压器为动力负荷供电,共有 7 条回路。其中有 2 条回路为三级空调负荷供电,有 1 条回路为三级水泵房供电,有 1 条回路为水泵房二级负荷供电,有 1 条回路为一级负荷特别重要负荷供电,有 2 条回路为电梯三级负荷供电。同时还备有一台 250kW 的柴油发电机组。试根据上述条件设计出两种供配电系统的主接线方案,并进行论证。

3-14　某综合建筑物为 15 层,内设配变电所,并设有柴油发电机和 EPS 应急照明电源。负荷分布情况如表 3-10 所示。试设计竖向配电系统方案图。

表 3-10　楼层设备负荷表

楼　　层	功　　能	楼　层　设　备
F16	设备房	普通电梯(二级)、消防电梯(一级)、正压风机(一级)
F15～F9	住宅	应急照明(一级)、住户用电(三级)
F8～F4	写字间	应急照明(一级)、写字间照明(三级)、空调设备(三级)
F3～F1	商场	应急照明(一级)、空调设备(三级)、商场照明(二级)、电动扶梯(三级)
F-1	设备房	消防水泵(一级)、消防送、排烟机(一级)、空调制冷机组(三级)、设备房照明(三级)、应急照明(一级)

第4章 短路电流的计算

4.0 内容简介及学习策略

1. 学习内容简介

本章主要介绍了无限大容量电源供配电系统中短路电路的有关物理量含义,以及短路电流的计算方法。描述了标幺制计算方法中的基本概念和各种元件阻抗标幺值的求法。简要介绍了不对称电路中的基本概念和正向定则,并利用正向定规则求出两相短路和单相短路电流,还介绍了变压器穿越电流的物理意义。

2. 学习策略

本章建议使用的学习策略为在了解供配电系统发生短路故障时的巨大危害之后,学习如何求出系统最大短路电流,为系统选择设备校验短路效应时使用。在电压等级较多的高压系统中使用标幺制法计算短路电流,在低压系统中使用有名制法(欧姆法)计算短路电流。学完本章后,读者将能够实现如下目标。

- ✑ 了解电力系统短路故障的基本类型以及危害性。
- ✑ 了解无限大容量电源系统的短路过程分析。
- ✑ 理解短路电流周期分量和非周期分量的产生原因,以及各种短路电流物理量的含义。
- ✑ 掌握三相短路电流标幺制和有名制计算方法。
- ✑ 了解不对称电路中正序、负序、零序电流的基本概念。
- ✑ 掌握两相短路和单相短路电流的计算公式。
- ✑ 了解大容量异步电动机对短路点反馈电流的影响。
- ✑ 了解变压器穿越电流的含义。

4.1 短路产生的原因、危害及种类

4.1.1 短路产生的原因

在供配电系统运行中,短路是指相导体之间或相导体与地(或中性线)之间不通过负载而发生的电气连接现象。短路是系统常见的也是最严重的故障之一。短路发生的原因有绝缘破损、误操作和其他原因等。

1. 电气绝缘损坏

电气绝缘损坏是造成短路的主要原因。绝缘损坏的原因有绝缘老化、过电压击穿、机械

力损伤以及绝缘性能不合格等因素。系统在使用过程中,雷击或高电位侵入、运行方式操作、电压谐振等都可能引起过电压的产生。

2. 误操作

运行人员不按安全操作规程而发生的误操作。如隔离开关带负荷操作,检修结束后未拆除接地线而通电,误将低电压的设备接入较高电压的电路中等情况,都可能引发短路事故。

3. 其他原因

如挖沟损伤电缆,鸟兽风筝等跨接在载流裸导体上,或者动物咬坏设备导线电缆的绝缘层,恶劣的气象条件,人为偷电的破坏行为,藻类植物生长使相导体间的绝缘净距减少等,都可能引发短路。

4.1.2 短路的危害

1. 产生大电流

发生短路时,由于电路短接掉一大部分阻抗,供配电系统的总阻抗减少,使短路电流增大许多。在大容量电力系统中,短路电流可能达几万安培甚至几十万安培。因此,巨大的短路电流会产生大量的热量,足可以损毁电气设备。短路产生的电弧还会将许多元件短时间融化。同时,短路电流还会带来一定的电磁力,使导体变形甚至损坏,还可能造成重大火灾及伤害。

2. 造成系统电压下降

短路电流通过线路,会产生很大的电压降,使系统的电压水平骤降,引起电动机转速突然下降,甚至停转,严重影响电气设备的正常运行。这种危害在医院、矿山等环境下还会引起其他危险。

3. 影响系统的稳定运行

电力系统中出现短路故障时,系统功率分布的忽然变化和电压的严重下降,可能会破坏各发电厂并联运行的稳定性,严重的可能会造成系统解列,也就是发生跳闸现象。短路时电压下降得越大,持续时间越长,破坏整个电力系统稳定运行的可能性就越大。

4. 影响通信系统工作

不对称的接地电路,其不平衡电流将产生较强的不平衡磁场,可能会对附近的通信线路、电子设备及其他弱电控制系统产生干扰信号,使通信失真、控制失灵、设备产生误动作。

4.1.3 短路的种类

在三相交流供配电系统中,可能发生的短路种类有三相短路 $k^{(3)}$、两相短路 $k^{(2)}$、两相接地短路 $k^{(1+1)}$ 和单相短路 $k^{(1)}$。其中三相短路称为对称短路,其余三种称为不对称短路。单相短路有相线与中性线之间的短路,也有相线与 PE 线或地之间的短路,又称为单相接地短路。在中性点不接地系统中,单相接地短路因故障电流不大,可称为不正常运行状态,不属于短路故障,如图 4-1 所示。

在供配电系统设计和运行中,短路电流是选择电气设备的重要技术参数。

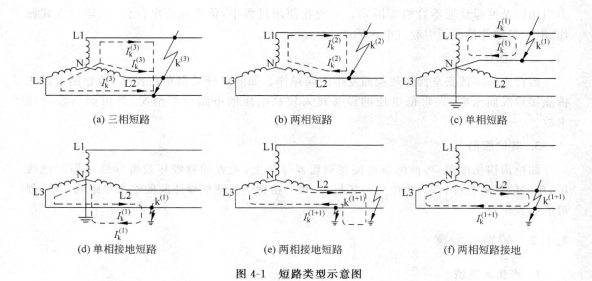

　　　(a) 三相短路　　　　　　　　　(b) 两相短路　　　　　　　　　(c) 单相短路

　　　(d) 单相接地短路　　　　　　　(e) 两相接地短路　　　　　　　(f) 两相短路接地

图 4-1　短路类型示意图

4.2　无限大容量电源系统三相短路电流暂态过程的分析

　　电力系统发生三相短路后,系统将由正常的工作状态经过一个瞬间的暂态过程,进入短路后的稳定状态。在这个过程中,电流会从正常的负荷电流突然增大再回落,并以很大的电流稳定于短路后的稳态。短路电流在暂态过程中的变化是复杂的,与电源系统的容量有关。

4.2.1　无限大容量电源系统

　　无限大容量电源系统是指容量相对于用户内部供配电系统容量大得多的电力系统。用户的负荷不论如何变动,甚至发生短路情况,电力系统变电所馈电母线的电压幅值和频率都能基本维持不变。从电路的角度看,理想的无限大容量电源就是一个理想的电压源,内部阻抗为零。在实际运行中,当电力系统电源内阻抗不超过短路回路总阻抗的 10%,或者电力系统容量超过用户供配电系统容量的 50 倍时,就可认为电力系统为"无限大容量电源系统"。

4.2.2　三相短路过程的分析

1. 短路前后系统的分析

　　如图 4-2(a)所示为三相短路前的电路,图 4-2(b)所示为三相短路后的电路。由于短路前后都是三相对称的,其单值电路如图 4-2(c)所示。

　　1) 短路前分析

　　短路前电路处于稳态,无限大容量电源电压为三相对称电压如图 4-2(a)所示,故在短路前后均保持不变。

　　已知 $u_\varphi(t)=U_m\sin(\omega t+\alpha)$,短路发生前电路中的电流为

$$i(t) = I_m \sin(\omega t + \alpha - \varphi) \tag{4-1}$$

式中：I_m——短路前电流的幅值，$I_m = U_m / \sqrt{R^2 + (\omega L)^2}$；

　　　φ——短路前回路中的阻抗角，$\varphi = \arctan \omega L / R$；

　　　α——电源电压的初始相角，亦称合闸角。

　　短路发生前的电压电流波形如图 4-3 中纵坐标左侧所示。感性电路中的电流滞后于电压相角 φ。

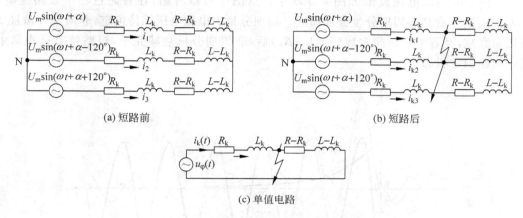

(a) 短路前　　　　　　　　　　　　　　　(b) 短路后

(c) 单值电路

图 4-2　无穷大容量系统三相短路分析

2）短路暂态过程分析

　　设 $t = 0$ 时短路，系统从原来的稳定工作状态，经过一个时间暂短的暂态过程后，才能进入短路后的稳定状态。当突然发生三相短路时，由于负载阻抗被短接，回路总阻抗减少，而电源的交流周期电压维持不变。在这个电压作用下，短路回路中将产生一个远大于正常工作电流的交流周期性短路电流 $i_p(t)$，称为周期性分量。由于短路时回路中存在电感，根据换路定理，回路电流在 $t = 0$ 的瞬间不可能突变，换路前电流 $i(0_+)$ 与换路后电流 $i(0_-)$ 的值相等，即 $i(0_+) = i(0_-)$。因此，在产生周期分量的同时，还将产生一个非周期分量的短路电流 $i_{np}(t)$，并按指数规律衰减，以保持 $t = 0$ 时的电流值不变。

　　根据 KVL 定律，短路回路应满足如下微分方程。

$$i_k(t) R_k + L_k \frac{\mathrm{d} i_k(t)}{\mathrm{d}t} = u_\varphi(t) \tag{4-2}$$

　　将 $u_\varphi(t) = U_m \sin(\omega t + \alpha)$ 代入式（4-2），则有微分方程为

$$i_k(t) R_k + L_k \frac{\mathrm{d} i_k(t)}{\mathrm{d}t} = U_m \sin(\omega t + \alpha) \tag{4-3}$$

　　式（4-3）为一个常系数线性一阶齐次微分方程，其解由两部分组成。第一部分是方程的特解，它代表短路电流的周期分量 $i_p(t)$；第二部分是方程的通解，它代表短路电流的非周期分量 $i_{np}(t)$。短路全电流 $i_k(t)$ 可以用式（4-4）表示。

$$i_k(t) = i_p(t) + i_{np}(t) = I_{pm} \sin(\omega t + \alpha - \varphi_k) + C \mathrm{e}^{-\frac{R_k}{L_k} t} \tag{4-4}$$

式中：I_{pm}——短路电流周期分量的幅值，$I_{pm} = U_m / \sqrt{R_k^2 + (\omega L_k)^2}$；

　　　φ_k——短路后回路的阻抗角，$\varphi_k = \arctan(\omega L_k) / R_k$；

　　　C——积分常数，由初始条件决定，即短路电流非周期分量的初始值 i_{np0}。

在发生短路后的瞬间,短路前后的 $i(0_+)=i(0_-)$,代入式(4-4)可得

$$
\left.\begin{array}{l}
I_{\mathrm{m}}\sin(\alpha-\varphi)=I_{\mathrm{pm}}\sin(\alpha-\varphi_{\mathrm{k}})+C \\
C=I_{\mathrm{m}}\sin(\alpha-\varphi)-I_{\mathrm{pm}}\sin(\alpha-\varphi_{\mathrm{k}})
\end{array}\right\} \tag{4-5}
$$

将式(4-5)代入式(4-4)得

$$
i_{\mathrm{k}}(t)=I_{\mathrm{pm}}\sin(\omega t+\alpha-\varphi_{\mathrm{k}})+[I_{\mathrm{m}}\sin(\alpha-\varphi)-I_{\mathrm{pm}}\sin(\alpha-\varphi_{\mathrm{k}})]\mathrm{e}^{-\frac{R_{\mathrm{k}}}{L_{\mathrm{k}}}t} \tag{4-6}
$$

短路后的电流电压波形如图 4-3 所示。从图中可以看出,在暂态过程中短路全电流 $i_{\mathrm{k}}(t)$ 由周期分量和非周期分量叠加而成。周期分量由电源电压维持恒定,非周期分量经 R_{k} 损耗而衰减,经若干个时间常数 $(\tau=L_{\mathrm{k}}/R_{\mathrm{k}})$ 后,非周期分量衰减完毕,短路暂态过程结束,进入短路稳定状态。

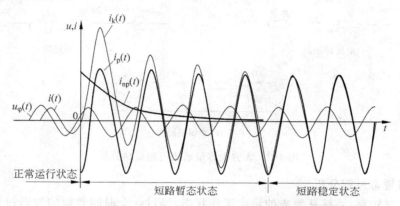

图 4-3　无线大容量系统三相短路前后电压、电流波形示意图

3) 短路稳态过程

当短路电流进入短路稳定状态时,无限大容量系统的电压持续不变,非周期电流分量衰减为零,仅有周期分量存在。

2. 产生最大短路全电流的条件

从图 4-3 可以看出,短路全电流 $i_{\mathrm{k}}(t)$ 的最大值出现在第一个峰值上,为周期分量幅值和非周期分量幅值之和。周期分量幅值 I_{pm} 的大小由短路回路中的电压 U_{m} 的幅值和阻抗值确定。当短路点位置确定后,阻抗值的大小和周期分量的幅值也就确定了。

当回路中的电抗部分远大于电阻部分时,即 $\omega L_{\mathrm{k}}\gg R_{\mathrm{k}}$,可以近似认为阻抗角 $\varphi_{\mathrm{k}}\approx 90°$,式(4-6)中的非周期分量如式(4-7)所示。

$$
i_{\mathrm{np}}(t)=[I_{\mathrm{m}}\sin(\alpha-\varphi)+I_{\mathrm{pm}}\cos\alpha]\mathrm{e}^{-\frac{R_{\mathrm{k}}}{L_{\mathrm{k}}}t} \tag{4-7}
$$

当 $\alpha=0°$,且 $I_{\mathrm{m}}=0$ 时,第一项为零,第二项取得最大值,也就是非周期分量取得最大值,与周期分量的幅值叠加将达到短路全电流的最大值。因此,产生短路全电流最大值的条件如下。

(1) 短路回路近似纯感抗电路,近似认为阻抗角 $\varphi_{\mathrm{k}}\approx 90°$;

(2) 短路瞬间电源电压过零,即初相角 $\alpha=0°$;

(3) 短路前电路处于空载状态,即 $I_{\mathrm{m}}=0$。

如图 4-4 所示为短路全电流最大波形图。短路全电流最大值的计算方法如式(4-8)所示,短路电流的最大瞬时值在短路发生后约半个周期出现。对于 50Hz 交流电来说,这个时

间约为短路发生后的 0.01s。

$$i_{\text{k·max}}(t) = -I_{\text{pm}}\cos\omega t + I_{\text{pm}}\text{e}^{\frac{R_{\text{k}}}{L_{\text{k}}}t} \tag{4-8}$$

应该指出,三相短路时各相短路电流的非周期分量并不相等,并不是各相都会出现最大短路全电流,只会在一相上出现最大短路全电流。

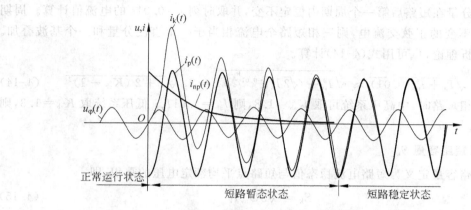

图 4-4　三相短路产生最大值时的波形示意图

4.2.3　三相短路的有关物理量

1. 短路电流次暂态值 I''

它是短路后幅值最大的一个周期(即第一个周期)的短路全电流周期分量 $i_{\text{p}}(t)$ 的有效值。在无限大容量系统中,短路全电流的周期分量幅值保持不变,则有

$$I'' = I_{\text{p}} = \frac{I_{\text{pm}}}{\sqrt{2}} \tag{4-9}$$

2. 短路电流稳态值 I_{∞}

短路电流稳态值是指短路进入稳定状态后短路电流的有效值,也就是周期分量的有效值。在无限大容量系统发生三相短路时,三相稳态短路有效值 I_{∞} 又可以简称为三相短路路电流 $I_{\text{k}}^{(3)}$ 或 I_{k},即

$$I_{\infty} = I'' = I_{\text{p}} = I_{\text{k}}^{(3)} = I_{\text{k}} \tag{4-10}$$

3. 短路全电流冲击值 i_{sh}

短路全电流冲击值 i_{sh} 是在发生最大短路电流的条件下,短路发生后约半个周期出现的最大瞬时值。将 $t=0.01\text{s}$ 代入式(4-8)可得

$$i_{\text{sh}} = i_{\text{k·max}}(0.01) = I_{\text{pm}} + I_{\text{pm}}\text{e}^{\frac{R_{\text{k}}}{L_{\text{k}}}0.01} = I_{\text{pm}}(1 + \text{e}^{\frac{R_{\text{k}}}{L_{\text{k}}}0.01}) = \sqrt{2}I_{\text{p}}K_{\text{sh}} \tag{4-11}$$

式中 $K_{\text{sh}} = 1 + \text{e}^{-\frac{R_{\text{k}}}{L_{\text{k}}}0.01}$ 称为冲击系数,它与衰减时间常数($\tau = L_{\text{k}}/R_{\text{k}}$)有关,是一个大于 1 小于 2 的系数。在工程上 K_{sh} 的取值方法如下。

(1) 对于 L 较大的中、高压系统中,取 $\tau = 0.05\text{s}$,故 $K_{\text{sh}} = 1.8$,则

$$i_{\text{sh}} = 2.55I_{\text{p}} \tag{4-12}$$

(2) 对于 R 较大的低压系统中,取 K_{sh} 为 1.3,则

$$i_{sh} = 1.84 I_p \tag{4-13}$$

短路全电流冲击值 i_{sh} 主要用于校验电气设备短路时的动稳定。

4. 短路冲击电流有效值 I_{sh}

短路冲击电流有效值是指在第一个周期内三相短路全电流的有效值。为简化计算,可假定非周期分量在短路后第一个周期内恒定不变,并取时刻 $t=0.01$ s 的电流值计算。周期分量为恒定不变的正弦交流电,则三相短路全电流相当于一个直流分量和一个基波叠加。根据谐波分析理论,I_{sh} 可用式(4-14)计算。

$$I_{sh} = \sqrt{I_p^2 + i_{np}^2(0.01)} \approx \sqrt{I_p^2 + (\sqrt{2} I_k e^{-0.01\frac{R_k}{L_k}})^2} = I_p \sqrt{1 + 2(K_{sh}-1)^2} \tag{4-14}$$

发生三相短路时,中高压系统可取 $K_{sh}=1.8$,则 $I_{sh}=1.51 I_p$;低压系统取 $K_{sh}=1.3$,则 $I_{sh}=1.09 I_p$。

5. 三相短路容量 S_k

三相短路容量定义为短路电流稳态值与短路点平均额定电压的乘积,即

$$S_k = \sqrt{3} U_{av} I_k \tag{4-15}$$

三相短路容量的物理含义是指无限大容量电源系统向短路点提供的视在功率。它表明了系统中某一点与电源联系的紧密程度。某一点的 S_k 越大,表明该点与电源的电气关系越紧密。理想情况下,某一点的 S_k 为无穷大,表明该点就是无限大容量系统的电源点。

4.3　短路回路阻抗的计算

计算短路电流时,应先求出供电电源至短路点之间的总阻抗值。电路各元件的阻抗值可以采用有名制和标幺制两种方法来计算。有名制主要用于 1kV 及以下的低压系统短路计算,标幺制多用于中高压系统短路电流的计算。

在计算高压电网中的短路电流时,一般需计算各主要元件(电源、架空线路、电缆线路、变压器、电抗器等)的电抗而忽略其电阻。当电缆线路较长并使短路回路总电阻大于总阻抗的 1/3 时,才需计算其电阻值。

4.3.1　标幺制及基值

标幺制是用标幺值表示系统元件参数,并进行分析计算的一套工程计算方法体系。

1. 标幺值的定义

任何一个物理量的标幺值,等于它的实际值与所选定的基准值的比值。标幺值是一个没有单位的相对量。即

$$标幺值 = \frac{有单位的实际值}{与实际值同单位的基准值}$$

标幺值用下标"＊"表示。基准值用下标"B"表示。有单位的实际值又可称为有名值。标幺值的大小与基值的选取密切相关。如有名值为 380V 和 400V 的电压值,如果选取电压基准值为 $U_B=400$ V 时,则标幺值 U_* 分别为 0.95 和 1。

2. 基准值的选择

在计算标幺值时,应先选定基准值。基准值的选取是人为的,可任意选择。各基准值必须保证有名值之间的欧姆定律和功率方程。如果要求标幺值之间的关系满足一定的相互关系,那么可以人为约束基准值之间的关系。在短路电流计算中经常遇到的 4 个物理量为容量 S、电压 U、电流 I 和电抗 X(或阻抗 Z、电阻 R)。这 4 个物理量的基准值选择分析如下。

1) 单相系统的基准值选择

以纯电感性系统为例,单相系统中采用有名值计算时有以下关系。

$$S = UI \tag{4-16}$$

$$U = IX \tag{4-17}$$

根据标幺值的定义,有 $S_* = S/S_B, U_* = U/U_B, I_* = I/I_B, X_* = X/X_B$,则有名值为 $S = S_* S_B, U = U_* U_B, I = I_* I_B, X = X_* X_B$,代入式(4-16)和式(4-17)中得

$$S_* S_B = U_* U_B \cdot I_* I_B$$

得

$$S_* = U_* I_* \cdot \frac{U_B I_B}{S_B}$$

$$U_* U_B = I_* I_B \cdot X_* X_B$$

得

$$U_* = I_* X_* \cdot \frac{I_B X_B}{U_B}$$

如果要求电压和电流标幺值之间的关系仍然满足功率关系 $S_* = U_* I_*$,电流和电抗标幺值之间满足欧姆定律 $U_* = I_* X_*$,必须使 $U_B I_B / S_B = 1, I_B X_B / U_B = 1$,则有

$$I_B = \frac{S_B}{U_B} \tag{4-18}$$

$$X_B = \frac{U_B}{I_B} = \frac{U_B^2}{S_B} \tag{4-19}$$

由式(4-18)和式(4-19)得知,4 个基准值的选取附加了两个约束条件,一般可先选定 S_B 和 U_B,然后推算出 X_B 和 I_B。

同理可以推导出以下关系。

若要求 $\tilde{S}_* = P_* + jQ_*$ 关系成立,则必须满足 $S_B = P_B = Q_B$;

若要求 $Z_* = R_* + jX_*$ 关系成立,则必须满足 $Z_B = R_B = X_B$;

若要求 $Z_* = 1/Y_*$ 关系成立,则必须满足 $Z_B = 1/Y_B$。

2) 三相系统的基准值选择

为了在用单相等值电路计算三相电路时不进行换算,使三相电压和功率标幺值与单相的相等(等效 Y 形接法时),可推导出下列关系。

若要求线电压 U_L 和相电压 U_φ 的标幺值 $U_{L*} = U_{\varphi *}$ 关系成立,则必须满足 $U_{LB} = \sqrt{3} U_{\varphi B}$,且 $U_{LB} = \sqrt{3} I_{LB} Z_{3\varphi B}$。

若要求三相功率 $S_{3\varphi}$ 和单相功率 S_φ 的标幺值 $S_{3\varphi *} = S_{\varphi *}$ 关系成立,则必须满足 $S_{3\varphi B} = 3S_{\varphi B}$,且 $S_{3\varphi B} = \sqrt{3} U_{LB} I_{LB}$,则线电流的基准值为

$$I_{LB} = \frac{S_{3\varphi B}}{\sqrt{3}\,U_{LB}}$$

简化为

$$I_B = \frac{S_B}{\sqrt{3}\,U_B} \tag{4-20}$$

l_* 在单相系统中，单相负载阻抗 $Z_{\varphi B}$ 的基准值满足如下关系。

$$Z_{\varphi B} = U_{\varphi B}^2 / S_{\varphi B}$$

i_* 在三相系统中，每相负载阻抗 $Z_{3\varphi B}$ 的基准值满足如下关系。

$$Z_{3\varphi B} = U_{LB}/\sqrt{3}\,I_{LB} = U_{LB}^2/\sqrt{3}\,I_{LB}U_{LB} = U_{LB}^2/S_{3\varphi B} = (\sqrt{3}\,U_{\varphi B})^2/3S_{\varphi B} = U_{\varphi B}^2/S_{\varphi B}$$

即

$$Z_{3\varphi B} = U_{\varphi B}^2 / S_{\varphi B} \tag{4-21}$$

单相系统和三相系统的阻抗基准值是相等的，即

$$Z_B = \frac{U_B^2}{S_B} \tag{4-22}$$

3. 阻抗标幺值的换算

阻抗标幺值的换算是基于有名值不变的情况下而言的，可以利用基准值 S_{B1}、U_{B1} 求出有名值 X（或 R、Z），再求出新基准值下的标幺值 X_{*2}（或 X_{*2}、R_{*2}）。

$$X = X_{*1}X_{B1} = X_{*1} \times \frac{U_{B1}}{S_{B1}}$$

$$X_{*2} = \frac{X}{X_{B2}} = X_{*1} \times \frac{U_{B1}}{S_{B1}} \Big/ \frac{U_{B2}}{S_{B2}} = X_{*1} \times \frac{U_{B1}}{S_{B1}} \times \frac{S_{B2}}{U_{B2}} \tag{4-23}$$

4. 不同电压等级电网中基准值的选取

在实际电力系统中，由于变压器的连接作用，电网中的电压等级各不相同。计算短路电流时，需要求出短路点与电源之间的总阻抗。因此，应将不同电压等级下的阻抗值归算到短路点所在的电压等级下的阻抗有名值和标幺值。如果选择适当的基准值，即选取各电压等级的平均额定电压作为该级的基准电压，则会得到不同电压等级下元件阻抗换算到同一电压等级所求出的阻抗标幺值是相等的。

如图 4-5 所示，电源为无限大容量系统，两台变压器 T1 与 T2 使电力系统具有三个电压等级，即 Ⅰ 级、Ⅱ 级和 Ⅲ 级。三相短路点 $k^{(3)}$ 在 Ⅲ 级中。选定基准容量 S_B，取各电压级的平均额定电压作为各级的基准电压，则 Ⅰ 段的基准电压为 $U_{\text{I av}}$，Ⅱ 段的基准电压为 $U_{\text{II av}}$，Ⅲ 段的基准电压为 $U_{\text{III av}}$。

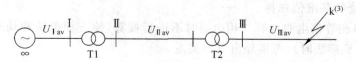

图 4-5　不同电压等级的电力网络

计算在 Ⅰ 段内线路 l_1 电抗有名值 X_I 和标幺值 X_{I*} 为

$$X_I = x_0 l_1 \tag{4-24}$$

$$X_{I*} = X_I \Big/ \frac{U_{I\,av}^2}{S_B} = X_I \frac{S_B}{U_{I\,av}^2} \tag{4-25}$$

归算到短路点 Ⅲ 段的有名值 $X_{I-Ⅲ}$ 和标幺值 $X_{(I-Ⅲ)*}$ 为

$$X_{I-Ⅲ} = X_I K_1^2 K_2^2 = X_I \left(\frac{U_{Ⅱ\,av}}{U_{I\,av}}\right)^2 \left(\frac{U_{Ⅲ\,av}}{U_{Ⅱ\,av}}\right)^2 = X_I \left(\frac{U_{Ⅲ\,av}}{U_{I\,av}}\right)^2 \tag{4-26}$$

$$X_{(I-Ⅲ)*} = X_{I-Ⅲ} \Big/ \frac{U_{Ⅲ\,av}^2}{S_B} = X_I \left(\frac{U_{Ⅲ\,av}}{U_{I\,av}}\right)^2 \left(\frac{S_B}{U_{Ⅲ\,av}^2}\right) = X_I \left(\frac{S_B}{U_{I\,av}^2}\right) \tag{4-27}$$

由式(4-24)和式(4-26)，可知在 Ⅰ 段电压等级和 Ⅲ 段电压等级的电抗有名值不相等。比较式(4-25)和式(4-27)，可知在 Ⅰ 段电压等级和 Ⅲ 段电压等级的电抗标幺值相等，也就是说，采用平均电压作为基准值电压的标幺值回路中，可以消除变压器产生的电压等级因素，各电压等级下的阻抗标幺值不必归算到短路点。各级采用平均额定电压作为基准值电压，与变压器变压比 K_1、K_2 近似相等，计算短路电流产生的误差在工程上是可以接受的。

4.3.2　短路回路中元件阻抗的计算

1. 电力系统的电抗计算

短路回路中的电力系统，相当于回路中的电源部分，其电阻相对于电抗来说很小，可以忽略不计，只需考虑电抗有名值 X_S 和标幺值 X_{S*} 计算。即

$$X_S = \frac{U_{Sav}^2}{S_k} = \frac{U_{Sav}^2}{S_{oc}}$$

$$X_{S*} = X_S / X_B = \frac{U_{Sav}^2}{S_k} \Big/ \frac{U_{Sav}^2}{S_B} = \frac{S_B}{S_k} = \frac{S_B}{S_{oc}} \tag{4-28}$$

式中：S_{oc}——电力系统出口断路器的断流容量，又称为遮断容量，MV·A，将它近似认为是电力系统的短路容量 S_k；

U_{Sav}——电力系统出口处平均额定电压，kV。

2. 电力线路的阻抗计算

1) 架空线路的阻抗计算

架空线路中的电抗远大于电阻，可以近似认为其阻抗为纯电抗。取线路平均额定电压为电压基准值 $U_B = U_{av}$，电抗有名值 X_l 和标幺值 X_{l*} 计算如下。

$$\left. \begin{array}{l} X_l = x_0 l \\[4pt] X_{l*} = X_l / X_B = x_0 l \Big/ \dfrac{U_{av}^2}{S_B} = x_0 l \dfrac{S_B}{U_{av}^2} \end{array} \right\} \tag{4-29}$$

式中：l——架空线路的长度为，km；

x_0——架空线路每千米电抗值，Ω/km，如表 4-1 所示。

2) 电缆线路的阻抗计算

电缆线路中的电抗和电阻大致相当，不能忽略电阻。阻抗有名值计算如下。

$$R_l = r_0 l$$

$$X_l = x_0 l$$

$$Z_L = \sqrt{R_l^2 + X_l^2} = l \sqrt{r_0^2 + x_0^2}$$

取线路平均电压为电压基准值 $U_B = U_{av}$，阻抗标幺值计算如下。

$$R_{1*} = r_0 l \left/ \frac{U_{av}^2}{S_B}\right. = r_0 l \frac{S_B}{U_{av}^2}$$

$$X_{1*} = x_0 l \left/ \frac{U_{av}^2}{S_B}\right. = x_0 l \frac{S_B}{U_{av}^2} \right\}$$

$$Z_{1*} = l \sqrt{r_0^2 + x_0^2} \left/ \frac{U_{av}^2}{S_B}\right. = l \sqrt{r_0^2 + x_0^2} \frac{S_B}{U_{av}^2}$$

(4-30)

式中：r_0——电缆线路每公里电阻值，Ω/km；

x_0——电缆线路每公里电抗值，Ω/km，如表 4-1 所示。

表 4-1　电力线路每相的单位长度电抗近似值

线路种类	线路额定电压 U_N/kV	电抗 $x_0/(\Omega/km)$
架空线路	0.38	0.32
	6	0.07
	10	0.08
	35	0.12
电缆线路	0.38	0.066
	6	0.35
	10	0.38
	35	0.40

3. 电力变压器的阻抗计算

变压器铭牌上给出的短路电压的百分值 $u_k\%$ 或短路阻抗百分值 $z_k\%$，这两个值都是以变压器额定电压为基准值的标幺值。$u_k\%$ 大小与 $z_k\%$ 在数值上相等，可以通用。

变压器短路阻抗有名值为

$$Z_T = \frac{u_k\%}{100} \times \frac{U_{r \cdot T}^2}{S_{r \cdot T}}$$

$$R_T = \frac{\Delta P_k}{3 I_{r \cdot T}^2} = \frac{\Delta P_k U_{r \cdot T}^2}{S_{r \cdot T}^2} \right\}$$

$$X_T = \sqrt{Z_T^2 - R_T^2}$$

(4-31)

式中：Z_T、R_T、X_T——分别为变压器的短路阻抗、电阻、电抗，Ω；

$U_{r \cdot T}$——变压器的额定电压，kV；

$S_{r \cdot T}$——变压器的额定容量，MVA；

ΔP_k——变压器的短路损耗，kW；

$I_{r \cdot T}$——变压器的额定电流，A。

如果 $U_{r \cdot T}$ 取变压器的一次侧额定电压，则 Z_T、R_T、X_T 就是在一次侧电压等级下的数值；如果 $U_{r \cdot T}$ 取变压器的二次侧额定电压，则 Z_T、R_T、X_T 就是在二次侧电压等级下的数值。

在中、高压系统中，短路阻抗以电抗为主，忽略变压器的短路电阻，则有 $X_T \approx Z_T$。取电压基准值 $U_B = U_{av}$，$U_{r \cdot T} \approx U_{av}$，变压器的短路电抗标幺值为

$$X_{k \cdot T*} = X_{k \cdot T} \left/ \frac{U_B^2}{S_B}\right. = \frac{u_k\%}{100} \times \frac{U_{r \cdot T}^2}{S_{r \cdot T}} \times \frac{S_B}{U_{av}^2} = \frac{u_k\%}{100} \times \frac{S_B}{S_{r \cdot T}}$$

(4-32)

4. 电抗器的阻抗计算

电力系统串联电抗器的主要作用是限制短路电流的大小，提高短路后母线上的残压。一般产品样本上给的参数有额定电压 U_r(kV)、额定电流 I_r(kA)和电抗百分数 $X_k\%$ 等。其中 $X_k\%$ 是以额定电压和额定电流为基准值的标幺值。取电压基准值 $U_B=U_{av}$，电抗器的电抗有名值 X_L 和电抗标幺值 X_{L*} 分别为

$$
\left.\begin{aligned}
X_L &= \frac{X_k\%}{100} \times \frac{U_r}{\sqrt{3}\,I_r} \\
X_{L*} &= \frac{X_k\%}{100} \times \frac{U_r}{\sqrt{3}\,I_r} \times \frac{S_B}{U_B^2} \\
&= \frac{X_k\%}{100} \times \frac{U_r}{\sqrt{3}\,I_r} \times \frac{\sqrt{3}\,U_B I_B}{U_B^2} \\
&= \frac{X_k\%}{100} \times \frac{U_r}{U_{av}} \times \frac{I_B}{I_r}
\end{aligned}\right\}
\tag{4-33}
$$

式中，U_r 与 U_{av} 并不一定相等，因为有的电抗器的额定电压 U_r 与它所连接的线路平均额定电压 U_{av} 并不一致。如将额定电压为 10kV 的电抗器装设在平均额定电压为 6.3kV 的线路上。

当电抗器的额定电压与所连接的电压等级相一致时，即 $U_r \approx U_{av}$，式(4-33)可以简化成

$$
X_{L*} = \frac{X_k\%}{100} \times \frac{I_B}{I_r}
\tag{4-34}
$$

4.3.3　短路回路中总阻抗的计算

一般来说，供配电系统中的线路、变压器、电抗器等的电阻比其电抗要小得多，对短路电流的影响很小。在 1kV 及以上的高压系统中，当短路回路中的总电阻 R_Σ 小于总电抗 X_Σ 的 1/3 时，即 $R_\Sigma < X_\Sigma/3$ 时，可以忽略电阻值对短路电流的影响。在 1kV 以下的系统中，元件的电阻对短路电流的影响较大。故在计算短路电流时，必须考虑电阻值对短路电流的影响。

1. 短路电路图

计算短路回路中的总阻抗，通常需要绘制短路计算电路图，如图 4-6 所示。在短路计算电路图上，将短路回路计算所需考虑的各元件的额定参数都标出来，并确定短路计算点。短路计算点的选择，应根据计算短路电流的目的确定。如为选择和校验电气设备，短路计算点应选择在使电气装置有可能通过最大短路电流的地方。

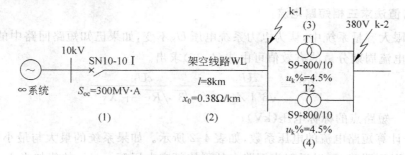

图 4-6　短路计算电路图

在确定出短路点之后,可以做出短路等效电路图,如图 4-7 所示。在等效电路图中,只需表示与短路点相关回路的各元件的阻抗。元件编号分子为元件标号,分母为元件的电抗值或阻抗值。k-2 点的短路等效电路中,所有元件的电抗或阻抗值均应归算到短路点平均额定电压为 0.4kV 的回路值,即每个电抗值或阻抗值均乘以变压器的变流比 $K_{i.T}^2$。

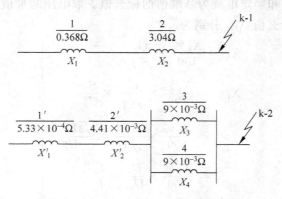

图 4-7　有名值短路等效电路图

2. 短路回路总阻抗的计算

在短路等效电路图中,如图 4-7 所示,一般采用简单的电抗或阻抗串、并联计算即可求出短路回路中总阻抗的有名值和标幺值。

短路回路总电抗 X_Σ、总电阻 R_Σ 和总阻抗 Z_Σ 的有名值的计算式为

$$X_\Sigma = X_1' + X_2' + X_{3zz}//X_4$$
$$R_\Sigma = R_1' + R_2' + R_3//R_4$$
$$|Z_\Sigma| = \sqrt{X_\Sigma^2 + R_\Sigma^2}$$

短路回路总电抗 $X_{*\Sigma}$、总电阻 $R_{*\Sigma}$ 和总阻抗 $Z_{*\Sigma}$ 的标幺值的计算式为

$$\left.\begin{array}{l} X_{*\Sigma} = X_{1*}' + X_{2*}' + X_{3*}//X_{4*} \\ R_{*\Sigma} = R_{1*}' + R_{2*}' + R_{3*}//R_{4*} \\ Z_{*\Sigma} = \sqrt{X_{*\Sigma}^2 + R_{*\Sigma}^2} \end{array}\right\} \tag{4-35}$$

短路回路等效总阻抗的标幺值是相对于选定基准容量 S_B(MV·A)和基准电压 U_B(kV)的标幺值。

4.3.4　三相短路电流的计算

1. 有名值法求三相短路电流

由于无限大容量系统中,认为电力系统电压 U_S 不变,如果已知短路回路中的总阻抗,那么三相短路电流周期分量的有效值可由式(4-36)求出。

$$I_k^{(3)} = \frac{cU_N}{\sqrt{3}\,|Z_\Sigma|} = \frac{cU_N}{\sqrt{3}\,\sqrt{R_\Sigma^2 + X_\Sigma^2}} \tag{4-36}$$

式中:U_N——短路点的标称电压(kV);

　　　c——计算短路电流的电压系数,如表 4-2 所示。如果系统的最大与最小短路电流情况不明确,可以近似为短路点的平均额定电压 U_{av}。U_{av} 的值如表 1-1 所示。

表 4-2　计算短路电流的电压系数

标称电压 U_N	计算最大短路电流的电压系数 c_{max}	计算最小短路电流的电压系数 c_{min}
220/380 V	1.00	0.95
3~35kV	1.10	1.00
35~220kV	1.10	1.00

在 1kV 及以上的高压系统中,一般不计电阻时,三相短路电流周期分量的有效值为

$$I_k^{(3)} = \frac{cU_N}{\sqrt{3}\,X_\Sigma} \tag{4-37}$$

2. 标幺值法求三相短路电流

选定基准容量为 S_B,基准电压 $U_B = U_{av}$,则 $U_S \approx U_{av}$。忽略电阻作用时,三相短路电流周期分量有效值的标幺值为

$$I_{k*}^{(3)} = \frac{I_k^{(3)}}{I_B} = \frac{U_S}{\sqrt{3}\,X_\Sigma} \times \frac{\sqrt{3}\,U_{av}}{S_B} = \frac{U_{av}^2}{S_B X_\Sigma} = \frac{X_B}{X_\Sigma} = \frac{1}{X_{*\Sigma}} \tag{4-38}$$

可得三相短路电流周期分量的有效值为

$$I_k^{(3)} = I_{k*}^{(3)} I_B = \frac{I_B}{X_{*\Sigma}} \tag{4-39}$$

计算点(即短路点)所在电压等级的电流基准值 I_B 为

$$I_B = \frac{S_B}{\sqrt{3}\,U_B} = \frac{S_B}{\sqrt{3}\,U_{av}} \tag{4-40}$$

3. 三相短路容量的计算

在供配电系统中,电源的进户点与无限大容量系统之间的关系是非常复杂的。短路计算时,电力部门通常会提供电源在某电压等级的短路容量 S_k,或以短路器的开断容量 S_{oc} 作为该点的短路容量。可以利用三相短路容量求出电源到短路容量点之间的等值阻抗有名值和标幺值,然后再计算其他元件的阻抗值,进而求出短路电流。

1) 短路容量的有名值和标幺值

式(4-15)为三相短路容量 S_k 的有名值定义式,其标幺值 S_{k*} 为

$$S_{k*} = \frac{S_k}{S_B} = \frac{\sqrt{3}\,U_{av} I_k^{(3)}}{\sqrt{3}\,U_B I_B} = \frac{U_{av}}{U_B} I_{k*}$$

选取电压基准值为 $U_B = U_{av}$,则

$$S_{k*} = I_{k*} = \frac{1}{Z_{*\Sigma}} \approx \frac{1}{X_{*\Sigma}} \tag{4-41}$$

2) 利用短路容量求电力系统阻抗有名值的标幺值

将式(4-37)代入式(4-15)得无限大容量系统的电源到短路容量点的电抗有名值 X_Σ 为

$$S_k = \sqrt{3}\,U_{av} I_k^{(3)} = \sqrt{3}\,U_{av} \times \frac{U_S}{\sqrt{3}\,X_\Sigma} = \frac{U_{av}^2}{X_\Sigma}$$

$$X_\Sigma = \frac{U_{av}^2}{S_k} \tag{4-42}$$

将式(4-39)分别代入式(4-15)得无限大容量系统电源到短路容量点的电抗标幺值 $X_{*\Sigma}$ 为

$$\left.\begin{aligned} S_k &= \sqrt{3}\,U_{av}I_k^{(3)} = \sqrt{3}\,U_{av}\frac{I_B}{X_{*\Sigma}} = \frac{S_B}{X_{*\Sigma}} \\ X_{*\Sigma} &= \frac{S_B}{S_k} \end{aligned}\right\} \tag{4-43}$$

3）短路容量与电力系统的关系

短路容量 S_k 是电力系统非常重要的一个基础参数，它能够表明供配电系统从某一点接入电力系统的电气位置。S_k 越大，则表示电源系统的内阻越小，接入点距电源的电气距离越近，该点与电力系统的电气关系越紧密。极限状态下，无限大容量电源内部的阻抗有名值和标幺值均为零。

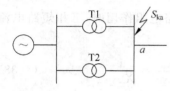

图 4-8　短路容量与运行状态

短路容量 S_k 的大小变化，还可以表明电力系统运行方式的变化。如图 4-8 所示，两台变压器有并列运行和分列运行两种方式。并列运行时 S_{ka} 大，单台分列运行时 S_{ka} 小。实际中电力系统经常有发电机、变压器、线路等设备的投入与退出，系统运行方式的改变是常见的。因此，系统某一点的短路容量的变化也是常见的，但是在一定的时间内，S_{ka} 将会在最大运行方式下的短路容量 $S_{k.max}$ 和最小运行方式下的短路容量 $S_{k.min}$ 之间变化。

4.4　三相短路电流的计算示例

4.4.1　采用有名值法计算三相短路电流的步骤

有名值计算方法又称欧姆法，其计算步骤如下。

（1）按照供配电系统图绘制短路计算电路图及有名值短路等效电路图，并在图上标出各元件的参数。

（2）计算短路回路中各元件阻抗的有名值。将所有元件归算到短路点平均额定电压下的回路中求出电抗或阻抗值。

（3）求出从无限大容量电源点至短路点之间的短路总阻抗有名值 Z_Σ 或总电抗 X_Σ。

（4）求出三相短路电流的有名值 $I_k^{(3)}$。

（5）求出短路全电流的冲击值 i_{sh} 和短路冲击电流的有效值 I_{sh}。

（6）求出三相短路容量 S_k。

例 4-1　在图 4-6 所示的电力系统电路中，已知电力系统出口断路器的断流容量为 300MVA。试计算配变电所 10kV 母线上 k-1 点短路和变压器低压母线上 k-2 点短路的三相短路电流和短路容量。

解：k-1 点和 k-2 点短路等效电路图如图 4-7 所示。取 $S_k=300\text{MVA}$，$U_{av1}=10.5\text{kV}$，$U_{av2}=0.4\text{kV}$。

（1）k-1 点短路电流的计算

因为是高压线路网络，可忽略电阻，则电力系统的电抗值为

$$X_1 = X_S = \frac{U_{av1}^2}{S_k} = \frac{(10.5)^2}{300} = 0.368(\Omega)$$

架空线路的电抗值为

$$X_2 = x_0 l = 0.38 \times 8 = 3.04(\Omega)$$

k-1 点短路总电抗为

$$X_\Sigma = X_1 + X_2 = 0.368 + 3.04 = 3.408(\Omega)$$

k-1 点三相短路电流 $I_{k-1}^{(3)}$ 为

$$I_{k-1}^{(3)} = \frac{U_{av1}}{\sqrt{3} X_\Sigma} = \frac{10.5}{\sqrt{3} \times 3.408} = 1.78(\text{kA})$$

k-1 点短路全电流的冲击值 i_{sh} 和短路冲击电流的有效值 I_{sh} 为

$$i_{sh} = 2.55 I_{k-1}^{(3)} = 2.55 \times 1.78 = 4.54(\text{kA})$$

$$I_{sh} = 1.51 I_{k-1}^{(3)} = 1.51 \times 1.78 = 2.69(\text{kA})$$

k-1 点三相短路容量为

$$S_{k-1} = \sqrt{3} U_{av1} I_{k-1}^{(3)} = \sqrt{3} \times 10.5 \times 1.78 = 32.37(\text{MVA})$$

（2）k-2 点短路电流的计算

电力系统的电抗值为

$$X_1' = \frac{U_{av1}^2 K_{i \cdot T}^2}{S_k} = \frac{U_{av1}^2}{S_k} \times \frac{U_{av2}^2}{U_{av1}^2} = \frac{U_{av2}^2}{S_k} = \frac{(0.4)^2}{300} = 5.33 \times 10^{-4}(\Omega)$$

架空线路的电抗值为

$$X_2' = x_0 l \times K_{i \cdot T}^2 = 0.38 \times 8 \times \left(\frac{0.4}{10.5}\right)^2 = 4.41 \times 10^{-3}(\Omega)$$

T1 和 T2 一次侧和二次侧的额定电压为：$U_{r1 \cdot T} = 10\text{kV}$，$U_{r2 \cdot T} = 0.4\text{kV}$，变压器在二次侧短路点的电抗值为

$$X_3 = X_4 = \frac{u_k \%}{100} \times \frac{U_{r2 \cdot T}^2}{S_{r \cdot T}} = \frac{4.5\%}{100} \times \frac{0.4^2 \times 10^3}{800} = 9 \times 10^{-3}(\Omega)$$

k-2 点短路总电抗为

$$X_{\Sigma k-2} = X_1' + X_2' + X_3 // X_4 = 9.44 \times 10^{-3}(\Omega)$$

k-2 点三相短路电流 $I_{k-2}^{(3)}$ 为

$$I_{k-2}^{(3)} = \frac{U_{av2}}{\sqrt{3} X_{\Sigma k-2}} = \frac{0.4}{\sqrt{3} \times 9.44 \times 10^{-3}} = 24.46(\text{kA})$$

k-2 点短路全电流的冲击值 i_{sh} 和短路冲击电流的有效值 I_{sh} 为

$$i_{sh} = 1.84 I_{k-2}^{(3)} = 1.84 \times 24.46 = 45(\text{kA})$$

$$I_{sh} = 1.09 I_{k-2}^{(3)} = 1.09 \times 24.46 = 26.66(\text{kA})$$

k-2 点三相短路容量为

$$S_{k-2} = \sqrt{3} U_{av2} I_{k-2}^{(3)} = \sqrt{3} \times 0.4 \times 24.46 = 16.95(\text{MVA})$$

k-1 点三相短路容量比 k-2 点三相短路容量大，表明 k-1 点距离电源的电气距离较密切。

4.4.2　采用标幺值计算三相短路电流的步骤

标幺值计算方法的步骤如下。

（1）按照供配电系统图绘制短路计算电路图及标幺值等效电路图，并在图上标出各元件的参数。

（2）选基准值，一般情况下，选定 $S_B = 100 \mathrm{MV \cdot A}$，$U_B = U_{av}$，再按式（4-20）和式（4-22）求出电流基准值 I_B 和电抗基准值 X_B。

（3）计算短路回路中各元件阻抗的标幺值。

（4）求出从无限大容量电源点至短路点之间的短路总阻抗标幺值 $Z_{*\Sigma}$ 或总电抗 $X_{*\Sigma}$。

（5）根据式（4-38）求出三相短路电流的标幺值 $I_{k*}^{(3)}$。

（6）求出三相短路电流的有名值 $I_k^{(3)}$，即 $I_k^{(3)} = I_{k*}^{(3)} I_B$。

（7）求出短路全电流的冲击值 i_{sh} 和短路冲击电流的有效值 I_{sh}。

（8）求出三相短路容量 S_k。

例 4-2　某无穷大容量电力系统如图 4-9 所示。试求：（1）各级电压网中的三相短路电流。（2）计算 6kV 电压网中短路全电流冲击值 i_{sh} 和短路冲击电流有效值 I_{sh}。（3）计算短路点的三相短路容量。

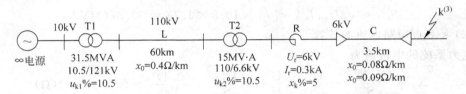

10kV　T1　　　　110kV　　　　T2　　　R　　6kV　　C　　k(3)

∞电源　31.5MVA　　　L　　　15MV·A　　U_r=6kV　　3.5km
　　　10.5/121kV　60km　　110/6.6kV　　I_r=0.3kA　　x_0=0.08Ω/km
　　　$u_{k1}\%$=10.5　x_0=0.4Ω/km　$u_{k2}\%$=10.5　$x_k\%$=5　　x_0=0.09Ω/km

图 4-9　某电力系统的计算电路图

解：因电力系统中有三个电压等级，故采用标幺值法计算短路电流。

（1）计算各级电压网中的三相短路电流

① 绘出标幺值计算短路等效电路图如图 4-10 所示。

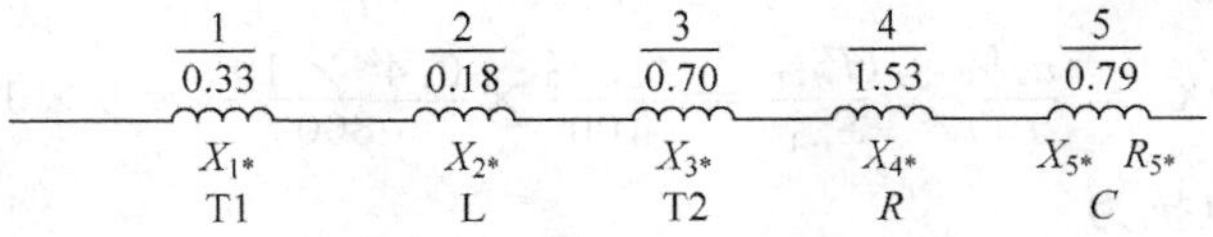

```
    1        2        3        4        5
  0.33     0.18     0.70     1.53     0.79
```
X_{1*}　　X_{2*}　　X_{3*}　　X_{4*}　　X_{5*} R_{5*}
　T1　　　　L　　　　T2　　　　R　　　　C

图 4-10　标幺值计算短路等效电路图

② 选定基准值。取 $S_B = 100 \mathrm{MV \cdot A}$，$U_{B1} = U_{av1} = 10.5 \mathrm{kV}$，$U_{B2} = U_{av2} = 115 \mathrm{kV}$，$U_{B3} = U_{av3} = 6.3 \mathrm{kV}$，则各级基准电流为

$$I_{B1} = \frac{S_B}{\sqrt{3} U_{B1}} = \frac{100}{\sqrt{3} \times 10.5} = 5.50 (\mathrm{kA})$$

$$I_{B2} = \frac{S_B}{\sqrt{3} U_{B2}} = \frac{100}{\sqrt{3} \times 115} = 0.50 (\mathrm{kA})$$

$$I_{B3} = \frac{S_B}{\sqrt{3} U_{B3}} = \frac{100}{\sqrt{3} \times 6.3} = 9.16 (\mathrm{kA})$$

③ 求各元件阻抗标幺值

无限大容量电源内部电抗标幺值为

$$X_{\infty *} = \frac{S_B}{S_\infty} = \frac{100}{\infty} = 0$$

电力变压器 T1 的电抗标幺值为

$$X_{1*} = \frac{u_{k1}\%}{100} \times \frac{S_B}{S_{r \cdot T1}} = \frac{10.5}{100} \times \frac{100}{31.5} = 0.33$$

架空线路的电抗标幺值为

$$X_{2*} = x_0 l \frac{S_B}{U_{av2}^2} = 0.4 \times 60 \times \frac{100}{115^2} = 0.18$$

电力变压器 T2 的电抗标幺值为

$$X_{3*} = \frac{u_{k2}\%}{100} \times \frac{S_B}{S_{r \cdot T2}} = \frac{10.5}{100} \times \frac{100}{15} = 0.70$$

电抗器的电抗标幺值为

$$X_{4*} = \frac{x_k\%}{100} \times \frac{I_{B3}}{I_r} = \frac{5}{100} \times \frac{9.16}{0.3} = 1.53$$

电缆线路的电阻和电抗标幺值分别为

$$R_{5*} = r_0 l \frac{S_B}{U_{av3}^2} = 0.08 \times 3.5 \times \frac{100}{6.3^2} = 0.70$$

$$X_{5*} = x_0 l \frac{S_B}{U_{av3}^2} = 0.09 \times 3.5 \times \frac{100}{6.3^2} = 0.79$$

④ 求短路总电抗和总电阻的标幺值

短路总电抗的标幺值为

$$\begin{aligned}
X_{*\Sigma} &= X_{1*} + X_{2*} + X_{3*} + X_{4*} + X_{5*} \\
&= 0.33 + 0.18 + 0.70 + 1.53 + 0.79 \\
&= 3.53
\end{aligned}$$

短路总电阻的标幺值为

$$R_{*\Sigma} = R_{5*} = 0.70$$

短路回路中总电抗 $X_{*\Sigma} = 3.53$，总电阻 $X_{*\Sigma} = 0.70$，因即 $R_{*\Sigma} << X_{*\Sigma}/3$，忽略电阻成分对短路电流的影响，以短路总电抗近似等于总阻抗计算所产生的相对误差在工程上可以接受。

⑤ 求出三相短路电流的标幺值 $I_{k*}^{(3)}$

$$I_{k*}^{(3)} = \frac{1}{X_{*\Sigma}} = \frac{1}{3.53} = 0.28$$

⑥ 求各级电压网中三相短路电流的有名值 $I_k^{(3)}$

$$I_{k1}^{(3)} = I_{k*}^{(3)} I_{B1} = 0.28 \times 5.50 = 1.54(\text{kA})$$

$$I_{k2}^{(3)} = I_{k*}^{(3)} I_{B2} = 0.28 \times 0.50 = 0.14(\text{kA})$$

$$I_{k3}^{(3)} = I_{k*}^{(3)} I_{B3} = 0.28 \times 9.16 = 2.56(\text{kA})$$

(2) 计算 6kV 电压网中短路全电流的冲击值 i_{sh} 和短路冲击电流的有效值 I_{sh}

$$i_{sh} = 2.55 I_{k3}^{(3)} = 2.55 \times 2.56 = 6.53(\text{kA})$$

$$I_{sh} = 1.51 I_{k3}^{(3)} = 1.51 \times 2.56 = 3.87(\text{kA})$$

(3) 计算短路点的三相短路容量

$$S_k = \sqrt{3} U_{av3} I_{k3}^{(3)} = \sqrt{3} \times 6.6 \times 2.56 = 29.26(\text{MVA})$$

有名值计算方法适用于电压等级少的电网，标幺值计算方法适合于电压等级多的复杂系统的电网。

4.4.3 变压器低压侧出线处三相短路电流的估算

当 10kV 输电线路采用电缆,输电距离在 5km 左右,变压器容量在 1000kVA 以内时,估算的三相短路电流接近工程允许值。

变压器的短路容量估算为

$$S_{k \cdot T} = \frac{S_N}{u_k \%} \times 100 \tag{4-44}$$

短路电流的有效值计算为

$$I_k = \frac{S_{k \cdot T}}{\sqrt{3} U_{av}} = \frac{S_N \times 100}{\sqrt{3} U_{av} u_k \%} \tag{4-45}$$

式中平均电压 U_{av} 为 0.4kV,常用的新型配电变压器的短路电压比 $u_k \%$ 为 4、4.5 和 6,变压器额定容量 S_N 的单位取 MV·A,代入式(4-45)整理得式(4-46)。

$$\left. \begin{array}{l} I_k(4) = 36 S_N \\ I_k(4.5) = 32 S_N \\ I_k(6) = 24 S_N \end{array} \right\} \tag{4-46}$$

4.5 大功率异步电动机对短路电流的影响

在靠近短路点处有大容量的交流电动机时,短路计算中应考虑电动机反馈电流的影响。在远离电动机而靠近电源端的短路电流计算时,可以不考虑电动机反馈电流的影响。

当大容量电动机端头发生三相短路时,由于电动机端电压骤降,致使电动机因定子电动势反高于外施电压而向短路点反馈电流,从而使短路计算点的短路电流增大。由于其反电势作用时间较短,电动机向短路点反馈的电流衰减很快,一般在 0.3~0.5s 衰减结束。所以电动机反馈电流仅对短路电流的冲击值有影响。

当短路点附近所接电动机的额定电流之和 $\sum I_{N \cdot M}$ 不小于短路电流 I_k 的 1% 时,应计入电动机反馈电流的影响。即

$$\sum I_{N \cdot M} \geqslant 0.01 I_k$$

一般情况下,对于发电厂的用电设备和工业设备,如化工、钢铁工业自用电网和泵站中的大容量低压电动机也应考虑短路冲击电流的影响。对于城市公用事业用低压电动机可以忽略不计。

电动机反馈的最大短路电流瞬时值可按式(4-47)计算。

$$i_{sh \cdot M} = \sqrt{2} K_{sh \cdot M} \frac{E''_{M*}}{x''_{M*}} I_{N \cdot M} \tag{4-47}$$

式中: $i_{sh \cdot M}$——异步电动机提供的短路反馈冲击电流;

E''_{M*}——电动机次暂态电动势标幺值,一般取 0.9;

x''_{M*}——电动机次暂态电抗标幺值,一般取 0.14~0.20;

$K_{sh \cdot M}$——电动机短路电流冲击系数,对高压电动机一般取 1.4~1.7,对低压电动机
　　　　　一般取 1.0~1.3;

$I_{N \cdot M}$——电动机额定电流。

考虑了大容量电动机反馈冲击电流后,短路点总短路冲击电流值 $i_{sh\Sigma}$ 可按式(4-48)计算。

$$i_{sh\Sigma} = i_{sh} + i_{sh.M} \tag{4-48}$$

式中: i_{sh}——系统提供的短路冲击电流值。

大容量电动机反馈冲击电流与额定电流相比,反馈电流的峰值在数值上大约是额定电流的 12~14 倍。在短路点不变的情况下,电动机容量越大向短路点反馈的短路电流越大。

4.6 低压短路电流的计算

1. 计算特点

1kV 以下的低压系统一般只有一个电压等级,通常采用有名值法计算短路电流。低压网络的短路计算的特点简述如下。

(1) 因配电用的电力变压器的容量远小于电力系统的容量,因此高压侧电源系统可以看成是无限大容量系统。变压器高压侧电力系统的阻抗应归算到短路点的低压侧。

(2) 短路回路阻抗中的电阻成分比例较大,不能忽略。应计入低压母线、开关触头、电流互感器一次绕组的电阻值,取值如表 4-3 和表 4-4 所示。

表 4-3 开关触头及其过电流线圈在故障回路中的阻抗

开关类型		低压断路器有过电流线圈		低压断路器无过电流线圈	刀开关	隔离开关
		r_{QF}	x_{QF}	r_{QF}	r_{QK}	r_{QS}
不同额电流 I_N(A) 时的阻抗值/mΩ	50	6.8	2.7	—	—	—
	70	3.35	—	—	—	—
	100	2.05	0.85	—	—	—
	160	1.39	0.55	0.65	—	—
	200	0.96	0.28	0.60	0.40	—
	400	0.55	0.10	0.40	0.20	0.20
	600	0.37	0.09	0.25	0.15	0.15
	1000	—	—	—	0.08	0.08
	2000	—	—	—	—	0.03
	3000	—	—	—	—	0.02

表 4-4 低压线圈式电流互感器一次线圈电阻及电抗   mΩ

型号	阻抗	20/5	30/5	40/5	50/5	75/5	100/5	150/5	200/5	300/5	400/5	500/5	600/5	750/5
LQG-0.5 0.5级	电抗	300	133	75	48	21.3	12	5.32	3	1.33	1.03	—	0.3	0.3
	电阻	37.5	16.6	9.4	6	2.66	1.5	0.67	0.58	0.17	0.13	—	0.04	0.04
LQC-1 1级	电抗	67	30	17	11	4.8	2.7	1.2	0.67	0.3	0.17	—	—	—
	电阻	42	20	11	7	3	1.7	0.75	0.42	0.2	0.11	—	—	—
LQC-3 3级	电抗	17	8	4.2	2.8	1.2	0.7	0.3	0.17	0.08	0.04	—	—	—
	电阻	19	8.2	4.8	3	1.3	0.75	0.33	0.19	0.09	0.05	—	—	—

（3）计算 220/380V 低压网络的三相短路电流时，式（4-36）中的计算电压 cU 可取平均额定电压 U_{av}。

（4）低压三相短路全电流冲击电流值和有效值分别为 $i_{sh}^{(3)}=1.84I_k$，$I_{sh}^{(3)}=1.09I_k$。三相短路容量为 $S_k=\sqrt{3}U_{av}I_k$。

2. 计算示例

例 4-3　如图 4-11 所示。已知：某配变电所的变压器为 SCB9 系列 10/0.4kV、1000kAV、DYN11 连接，$u_k\%=6$，$\Delta P_k=7.6$kW，变压器高压侧电力系统的短路容量为 200MVA。$l_1=5$m，采用 TMY-4（100×10），$r'=0.025$mΩ/m，$x'=0.168$mΩ/m；$l_2=10.4$m，采用 TMY-4（80×8），$r'=0.031$mΩ/m，$x'=0.170$mΩ/m；$l_3=20$m，采用 VV-3×120+1×70。M1 电动机型号为 Y-2805-4，$P_N=75$kW，$I_N=140$A。电流互感器为 LQC-1 型。试求图中 k1 和 k2 短路点处的三相短路电流是多少。

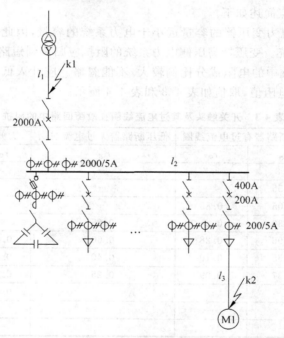

图 4-11　低压配电网的短路计算电路

解：（1）计算短路回路中各元件的阻抗，单位为 mΩ。

① 高压电力系统电抗归算到短路点 400V 侧的阻抗值为

$$X_1=\frac{U_{av}^2}{S_k}=\frac{400^2}{200\times10^3}=0.2，电阻忽略不计。$$

② 变压器的阻抗为

$$Z_T=\frac{u_{k\%}}{100}\times\frac{U_{r2\cdot T}^2}{S_{r\cdot T}}=\frac{6\times400^2}{100\times1000}=9.6$$

$$R_T=\frac{\Delta PU_{r2\cdot T}^2}{S_{r\cdot T}^2}=\frac{7.6\times400^2}{1000^2}=1.22$$

$$X_T=\sqrt{Z_T^2-X_T^2}=\sqrt{9.6^2-1.22^2}=9.52$$

③ 线路阻抗值计算。变压器低压侧干线 l_1 段的阻抗值为

$$R_{l1} = r'l_1 = 0.025 \times 5 = 0.13$$
$$X_{l1} = x'l_1 = 0.168 \times 5 = 0.84$$

母线 l_2 段的阻抗值为

$$R_{l2} = r'l_2 = 0.031 \times 10.4 = 0.32$$
$$X_{l2} = x'l_2 = 0.170 \times 10.4 = 1.77$$

线路 l_3 段单位长度的阻抗查附录 A-4 表得：VV-$3 \times 120 + 1 \times 70$，$r' = 0.146 \text{mΩ/m}$，$x' = 0.076 \text{mΩ/m}$，$l_3$ 段的阻抗值为

$$R_{l3} = r'l_3 = 0.146 \times 20 = 2.92$$
$$X_{l3} = x'l_3 = 0.076 \times 20 = 1.52$$

④ 开关电器阻抗值的计算。当 $I_n = 2000\text{A}$ 时，查表 4-3 得：低压断路器过电流线圈的阻抗及其触头的接触电阻值可忽略不计。隔离开关触头的接触电阻值为 $R_4 = 0.03$，$X_4 = 0$。

当 $I_n = 200\text{A}$ 时，查表 4-3 得：低压断路器过电流线圈的阻抗及其触头的接触电阻值为 $R_5 = 0.96$，$X_5 = 0.28$，隔离开关触头的接触电阻值可忽略不计。

⑤ 查表 4-4 得，变流比为 2000/5A 时电流互感器一次线圈电阻及电抗值为零，变流比为 200/5A 时电流互感器一次线圈电阻及电抗值为 $R_6 = 0.67$，$X_6 = 0.42$。

(2) 计算各点的短路阻抗。

① k1 点短路回路的总阻抗

$$R_{k1\Sigma} = R_T + R_{l1} = 1.22 + 0.13 = 1.35$$
$$X_{k1\Sigma} = X_1 + X_T + X_{l1} = 0.2 + 9.52 + 0.84 = 10.56$$
$$Z_{k1\Sigma} = \sqrt{R_\Sigma^2 + X_\Sigma^2} = \sqrt{1.35^2 + 10.56^2} = 10.65$$

② k2 点短路回路的总阻抗

$$R_{k2\Sigma} = R_T + R_{l1} + R_{l2} + R_{l3} + R_4 + R_5 + R_6$$
$$= 1.22 + 0.13 + 0.32 + 2.92 + 0.03 + 0.96 + 0.67$$
$$= 6.25$$
$$X_{k2\Sigma} = X_1 + X_T + X_{l1} + X_{l2} + X_{l3} + X_4 + X_5 + X_6$$
$$= 0.2 + 8.52 + 0.84 + 1.77 + 1.52 + 0 + 0.28 + 0.42 = 13.55$$
$$Z_{k2\Sigma} = \sqrt{R_\Sigma^2 + X_\Sigma^2} = \sqrt{6.25^2 + 13.55^2} = 14.92$$

(3) 计算各点的短路电流。

① k1 点的三相短路电流

$$I_{k1}^{(3)} = \frac{cU_N}{\sqrt{3}\ |Z_{k1\Sigma}|} = \frac{U_{av}}{\sqrt{3}\ |Z_{k1\Sigma}|} = \frac{400}{\sqrt{3} \times 10.65} = 21.68(\text{kA})$$
$$i_{sh1} \approx 1.84 I_{k1}^{(3)} = 1.84 \times 21.68 = 39.90(\text{kA})$$

② k2 点的三相短路电流

$$I_{k2}^{(3)} = = \frac{U_{av}}{\sqrt{3}\ |Z_{k2\Sigma}|} = \frac{400}{\sqrt{3} \times 14.92} = 15.48(\text{kA})$$
$$i_{sh2} \approx 1.84 I_{k2}^{(3)} = 1.84 \times 15.48 = 28.48(\text{kA})$$

(4) M1 电动机对 k_2 点短路冲击电流的影响。不计电动机对短路冲击电流影响的条

件是

$$\sum I_{\text{N·M}} \geqslant 0.01 I_{\text{k}}^{(3)}$$

已知 M1 的额定电流为 $I_{\text{N}} = 140\text{A}$，$0.01 I_{\text{k2}}^{(3)} = 154.8\ \text{A} > 140\text{A}$，所以可以不考虑电动机 M1 对短路点 k2 的影响。短路点 k1 为远离电动机而靠近电源端的短路点，也可以不考虑电动机反馈电流的影响。

4.7　不对称短路的短路电流计算

在电力系统中，不对称短路情况有两相短路、单相短路、单相接地短路等。不对称短路发生的概率要比三相对称短路发生的概率高很多，在继电保护的整定计算中常需要计算两相短路和单相短路电流。不对称短路的计算方法比较复杂，通常采用对称分量法进行计算。

4.7.1　对称分量法简介

1. 对称分量法的应用

对称分量法的基本原理为对任何一个三相不对称的系统都可以分解成正序、负序和零序三个对称的分量系统。对每个相序分量而言，都能独立地满足欧姆定律和基尔霍夫定律，因此可以把不对称短路计算转化成各个相序下的对称电路计算。

1）不对称相量的合成与分解

如图 4-12(a)、图 4-12(b)、图 4-12(c)所示为不对称三相电压 U_{U}、U_{V}、U_{W} 分解出的正序电压分量、负序电压分量和零序电压分量，图 4-12(d)为每相正序、负序和零序电压合成实际不对称电压的过程。即

$$\left.\begin{aligned}
\dot{U}_{\text{U}} &= \dot{U}_{\text{U}}^{+} + \dot{U}_{\text{U}}^{-} + \dot{U}_{\text{U}}^{0} \\
\dot{U}_{\text{V}} &= \dot{U}_{\text{V}}^{+} + \dot{U}_{\text{V}}^{-} + \dot{U}_{\text{V}}^{0} \\
\dot{U}_{\text{W}} &= \dot{U}_{\text{W}}^{+} + \dot{U}_{\text{W}}^{-} + \dot{U}_{\text{W}}^{0}
\end{aligned}\right\} \tag{4-49}$$

令 $\alpha = \text{e}^{\text{j}120°}$，则有 $\alpha^2 = \text{e}^{\text{j}240°} = \text{e}^{-\text{j}120°}$，$\alpha^3 = 1$。将一个向量乘以 α，相当于将该向量逆时针旋转 $120°$，将一个向量乘以 α^2，相当于将该向量顺时针旋转 $120°$。如果已知 U 相的正序分量 $\dot{U}_{\text{U}}^{+}$、负序分量 $\dot{U}_{\text{U}}^{-}$、零序分量 $\dot{U}_{\text{U}}^{0}$，则 V 相和 W 相的三个分量可以表示为

$$\left.\begin{aligned}
\dot{U}_{\text{V}}^{+} &= \alpha^2 \dot{U}_{\text{U}}^{+} \\
\dot{U}_{\text{W}}^{+} &= \alpha \dot{U}_{\text{U}}^{+}
\end{aligned}\right\} \tag{4-50}$$

$$\left.\begin{aligned}
\dot{U}_{\text{V}}^{-} &= \alpha \dot{U}_{\text{U}}^{-} \\
\dot{U}_{\text{W}}^{-} &= \alpha^2 \dot{U}_{\text{U}}^{-}
\end{aligned}\right\} \tag{4-51}$$

$$\left.\begin{aligned}
\dot{U}_{\text{V}}^{0} &= \dot{U}_{\text{U}}^{0} \\
\dot{U}_{\text{W}}^{0} &= \dot{U}_{\text{U}}^{0}
\end{aligned}\right\} \tag{4-52}$$

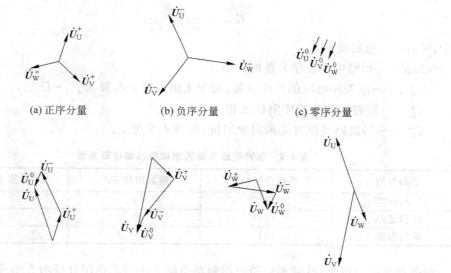

| (a) 正序分量 | (b) 负序分量 | (c) 零序分量 |

(d) 各序分量合成

图 4-12 对称分量合成

将式(4-49)～式(4-51)代入式(4-48)得

$$\left. \begin{array}{l} \dot{U}_U = \dot{U}_U^+ + \dot{U}_U^- + \dot{U}_U^0 \\ \dot{U}_V = \alpha^2 \dot{U}_U^+ + \alpha \dot{U}_U^- + \dot{U}_U^0 \\ \dot{U}_W = \alpha \dot{U}_U^+ + \alpha^2 \dot{U}_U^- + \dot{U}_U^0 \end{array} \right\} \tag{4-53}$$

根据克莱姆法则,行列式系数不为零,则式(4-52)的方程组有且仅有一组解,即

$$\left. \begin{array}{l} \dot{U}_U^+ = \dfrac{1}{3}(\dot{U}_U + \alpha \dot{U}_V + \alpha^2 \dot{U}_W) \\[2mm] \dot{U}_U^- = \dfrac{1}{3}(\dot{U}_U + \alpha^2 \dot{U}_V + \alpha \dot{U}_W) \\[2mm] \dot{U}_U^0 = \dfrac{1}{3}(\dot{U}_U + \dot{U}_V + \dot{U}_W) \end{array} \right\} \tag{4-54}$$

根据式(4-53)可以求出 U 相的正序、负序和零序分量,进而可以得到其他两相的相序分量。

2) 短路回路中各元件的序阻抗

序阻抗是指短路时各元件在正序、负序和零序电压与电压作用下显出的阻抗特性。在计算三相短路电流时,所有的各元件阻抗都是正序阻抗。凡是静止的三相对称结构的设备,如架空线、变压器、电抗器等,其负序阻抗等于正序阻抗。对于旋转的发电机等元件,其负序阻抗不等于正序阻抗。在三相系统中,大小相等、相位相同的三个零序电流与发电机及变压器中性点的接地方式有关。各元件的序阻抗值可以查阅相关技术资料获得。

2. 正序等效定则的应用

根据对称分量法对不同类型的短路故障进行理论分析得出,各种不对称电流正序分量的大小都与短路点的每一相中加入附加阻抗而发生的三相短路时的电流相等,这种关系叫做正序等效定则。即

$$I_{k(n)}^+ = \frac{U_{\varphi \cdot s}^+}{Z_\Sigma^+ + Z_\Delta^{(n)}} \qquad (4\text{-}55)$$

式中：(n)——短路类型；

$\quad I_{k(n)}^+$——短路电流正序分量的大小；

$\quad U_{\varphi \cdot s}^+$——电源相电压的正序分量，对于无限大容量电源，$U_{\varphi \cdot s}^+ = U_{\varphi \cdot s}$；

$\quad Z_\Sigma^+$——短路回路中正序阻抗之和；

$\quad Z_\Delta^{(n)}$——与短路类型有关的附加阻抗，如表 4-5 所示。

表 4-5 各种短路类型的附加阻抗和计算系数

短路类型	类型符号 (n)	附加阻抗 $Z_\Delta^{(n)}$	计算系数 $m_{(n)}$
三相短路	(3)	0	1
两相短路	(2)	Z^-	$\sqrt{3}$
单相短路	(1)	$Z^- + Z^0$	3

根据理论推导得出，故障相短路点的短路电流大小与其正序分量的大小成正比，即

$$I_k^{(n)} = m_{(n)} I_{k(n)}^+ \qquad (4\text{-}56)$$

式中：$I_k^{(n)}$——某种短路类型时的短路电流；

$\quad m_{(n)}$——与短路类型有关的计算系数。

不对称短路电流的计算，应根据短路类型，计算出短路回路中各序的阻抗，再根据正序等效定则和式(4-56)计算出短路电流。

4.7.2 两相短路电流的计算

根据式(4-54)、式(4-55)和表 4-5 可知，两相短路电流的大小为

$$\left.\begin{aligned}
I_{k(2)}^+ &= \frac{U_{\varphi \cdot s}}{Z^+ + Z^-} = \frac{U_{\varphi \cdot s}}{2Z_k} \\
I_k^{(2)} &= \sqrt{3} I_{k(2)}^+ = \frac{\sqrt{3} U_{\varphi \cdot s}}{2Z_k} = \frac{\sqrt{3}}{2} I_k^{(3)} = 0.866 I_k^{(3)}
\end{aligned}\right\} \qquad (4\text{-}57)$$

式(4-57)表明，无限大容量系统中的两相短路电流 $I_k^{(2)}$ 是三相短路电流 $I_k^{(3)}$ 的 0.866 倍。两相短路电流常用与相间短路的继电保护进行灵敏度校验。

4.7.3 单相短路电流的计算

在低压配电接地保护系统中，为了使保护设备在规定时间内动作，必须对开关整定电流或熔丝的额定电流进行灵敏度校验。因此，需要先计算出保护点的最小短路电流，即单相接地短路电流。

1. 单相短路电流的计算公式

在 380/220V 系统中，通常将相线与中性线（N 线）间的短路叫做单相短路，而将相线与保护线（PE 线）之间的短路叫做单相接地短路。

IT 系统的单相接地短路电流很小，在保护设计中不需要计算。TT 系统单相接地短路电流基本上决定于变压器的接地电阻值和设备外壳的接地电阻值，接近于常数。

TN 系统的单相接地短路电流决定于变压器及线路中的相线和保护线之间的阻抗。根

据正序等效定则和短路电流计算公式得

$$I_{k}^{(1)} = \frac{3U_{\varphi \cdot s}}{Z_{\Sigma}^{+} + Z_{\Sigma}^{-} + Z_{\Sigma}^{0}} = \frac{U_{\varphi \cdot s}}{\dfrac{(Z_{\Sigma}^{+} + Z_{\Sigma}^{-} + Z_{\Sigma}^{0})}{3}}$$

$$= \frac{U_{\varphi \cdot s}}{\sqrt{\left(\dfrac{R_{\Sigma}^{+} + R_{\Sigma}^{-} + R_{\Sigma}^{0}}{3}\right)^2 + \left(\dfrac{X_{\Sigma}^{+} + X_{\Sigma}^{-} + X_{\Sigma}^{0}}{3}\right)^2}}$$

令 $R_{\varphi p} = \dfrac{R_{\Sigma}^{+} + R_{\Sigma}^{-} + R_{\Sigma}^{0}}{3}$，$X_{\varphi p} = \dfrac{X_{\Sigma}^{+} + X_{\Sigma}^{-} + X_{\Sigma}^{0}}{3}$，$Z_{\varphi p} = \sqrt{R_{\varphi p}^2 + X_{\varphi p}^2}$，则上式为

$$I_{k}^{(1)} = \frac{U_{\varphi \cdot s}}{Z_{\varphi p}} \tag{4-58}$$

式中：$I_{k}^{(1)}$ ——220V 配电系统单相（或单相接地）短路电流值，A；

　　　$U_{\varphi \cdot s}$ ——电力系统的相电压，取 220V；

　　　$R_{\varphi p}$、$X_{\varphi P}$、$Z_{\varphi p}$ ——短路电路中相线-零线（或保护线）回路的电阻、电抗、阻抗，简称相保电阻、相保电抗、相保阻抗。

在 TN 系统中，单相短路或单相接地短路回路中的相保电阻、电抗和阻抗，主要包括变压器、母线到短路点之间的线路等元件的相保阻抗值。

2. 计算示例

例 4-4　如图 4-13 所示，试求短路点 k_1 处的单相接地短路电流。

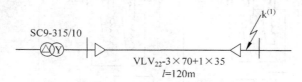

图 4-13　变压器-线路单相短路示意图

解： 查附录表 A-3 得，SC9-315/10 变压器的相保电阻、相保电抗为

$$R_{\varphi p \cdot T} = 5.0 \text{m}\Omega, \quad X_{\varphi p \cdot T} = 19.07 \text{m}\Omega$$

查附录表 A-4 得，单位长度铠装铝芯塑料电缆 VLV_{22}-3×70+1×35 的相保电阻、相保电抗为 $r_{\varphi p \cdot l} = 1.85 \text{m}\Omega/\text{m}$，$x_{\varphi p \cdot l} = 0.178 \text{m}\Omega/\text{m}$，则

$$R_{\varphi p \cdot l} = r_{\varphi p \cdot l} l = 1.85 \times 120 = 222 \text{m}\Omega$$

$$X_{\varphi p \cdot l} = x_{\varphi p \cdot l} l = 0.178 \times 120 = 21.36 \text{m}\Omega$$

k_1 点发生单相短路时的短路电流为

$$I_{k}^{(1)} = \frac{U_{\varphi \cdot s}}{\sqrt{(R_{\varphi p \cdot T} + R_{\varphi p \cdot l})^2 + (X_{\varphi p \cdot T} + X_{\varphi p \cdot l})^2}}$$

$$= \frac{220}{\sqrt{(5.0 + 222)^2 + (19.07 + 21.36)^2}}$$

$$= 0.954 (\text{kA})$$

4.7.4　变压器的穿越电流

在供配电系统中，变压器二次侧短路时，变压器在一次侧会有短路电流通过。将变压器

远离电源一侧短路时,靠近电源一侧流过的短路电流称为短路穿越电流。穿越电流在继电保护整定计算中经常使用。

对于不同连接组别的变压器,二次侧短路类型不同,在一次侧穿越电流的分布也不同。根据对称分量法分析,常用变压器穿越电流的大小如表 4-6 所示。

表 4-6　变压器低压侧短路时归算到高压侧的穿越电流

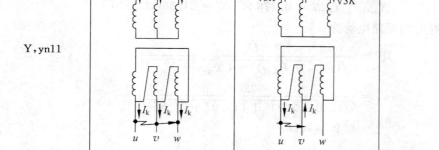

联结组别	三相短路	两相短路	单相短路
Y,yn0			
D,yn11			
Y,yn11			

注:I_k 为变压器二次侧短路电流,K 为变压器变压比。

习　题

4-1　供配电系统中常见的短路类型有哪些？发生的原因和危害有哪些？

4-2　什么叫无限大容量电源系统？它有什么特点？

4-3　短路电流的周期分量和短路电流的非周期分量是怎样产生的？

4-4　I''、I_∞、i_{sh}、I_{sh}、K_{sh}各表示什么？在无限大容量电源系统中怎样确定它们的值？

4-5　短路容量的物理意义是什么？工程上有何用途？

4-6　短路电流的常用计算方法有哪几种？适用于什么场合？

4-7　用标幺值法进行三相短路电流计算时，基准容量、基准电压、基准电流和基准阻抗是怎样确定的？

4-8　如何计算电力系统、线路、变压器、电抗器的阻抗标幺值？

4-9　什么情况下才考虑三相异步电动机对短路点附近的反馈冲击电流的影响？

4-10　如何用正序等效定则计算不对称短路电流时的两相短路电流和单相短路电流？

4-11　什么是变压器穿越电流？当联结组别为 D,yn11 的变压器二次侧的 L1 相与 N 线发生单相短路时，一次侧各相的穿越电流如何计算？

4-12　如图 4-14 所示，某工厂 10/0.4kV 车间变电所装有一台 S9-800/10 型变压器（$\Delta u_k\% = 5$），由 10kV 高压配电所通过一条长 0.5km 的 10kV 电缆（$x_0 = 0.08\Omega/\text{km}$）供电。已知高压配电所 10kV 母线 k-1 点三相短路容量为 52MVA，试计算该车间变电所 380V 母线 k-2 点发生三相短路时的短路电流。

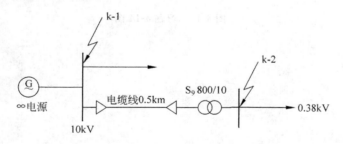

图 4-14　习题 4-12 图

4-13　如图 4-15 所示，已知电力系统出口处的短路容量为 $S_k = 250\text{MVA}$，试求：(1)配变电所 10kV 母线上 k-1 点短路的三相短路电流和短路容量？(2)两台变压器并联运行和分列运行两种情况下，低压 380V 母线上 k-2 点短路的三相短路电流和短路容量？

4-14　如图 4-16 所示，某用户 10/0.4kV 配变电所的变压器为 SCB10-1000/10 型，Dyn11 联结，已知变压器高压侧短路容量为 150MV·A。求短路点 k-1 和 k-2 处的三相和单相短路电流。

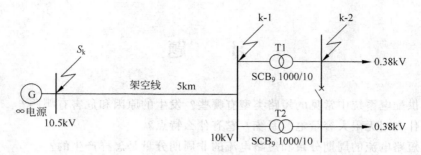

图 4-15　习题 4-13 图

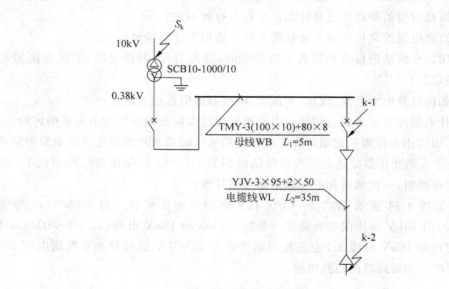

图 4-16　习题 4-14 图

第5章 电气设备的选择方法

5.0 内容简介及学习策略

1. 学习内容简介

本章主要介绍了供配电系中高低压开关设备、变压器、互感器等配电设备的选择依据和选择方法。描述了短路电流对配电设备产生的力效应和热效应,简要介绍了各种配电设备的产品功能及应用。

2. 学习策略

本章建议使用的学习策略为理解配电设备在供配电系统中的作用,从满足正常环境工作的选择条件,符合短路电流效应的校验条件两方面展开学习。学完本章后,读者将能够实现如下目标。

☞ 理解短路电流的力效应和热效应对配电设备的影响。

☞ 了解开关设备的灭弧原理和常用的灭弧方法。

☞ 掌握高压开关设备、互感器、低压开关设备的选择方法。

☞ 掌握配电变压器的选择方法。

☞ 了解应急电源的功能和使用场所。

☞ 学会选择柴油发电机组的基本方法。

5.1 短路电流的力效应和热效应

在供配电系统发生短路时,会产生很大的短路电流。当短路电流通过电气设备时,会产生很大的电动力冲击效应,可使设备产生机械变形或损坏。同时短路电流产生的巨大热量致使电气设备温度急剧升高,严重损坏设备的绝缘性能,甚至还会引起火灾。因此,在进行电气设备选择应用时,需要进行短路电流的动稳定和热稳定校验,以确保电气设备的可靠性和使用人员的安全性。

5.1.1 短路电流的力效应

当电流流过两个平行导体时,导体之间会产生相互作用的电动力。这个电动力的大小与载流导体之间的间距和电流的大小有关。短路发生时,因短路电流比正常工作电流大许多倍,所产生的电动力也会聚增。如果电气设备能够承受短路电流产生的最大电动力作用,则称电气设备满足了力稳定要求。

1. 两平行导体产生的最大电动力

当两个平行导体通过两相短路电流时,产生的电动力最大。两个电流同向时,产生相互吸引的电动力;两个电流反向时,产生相互排斥的电动力。导体间的相互作用力为

$$F = 0.2K_f i_1 i_2 \frac{l}{D} \tag{5-1}$$

式中:F——导体间的相互作用力,N;

$\quad\quad i_1$、i_2——两导体中通过的电流瞬时值,kA;

$\quad\quad l$——平行导体的长度,m;

$\quad\quad D$——导体中心间距,m;

$\quad\quad K_f$——矩形导体截面的形状系数,可根据导体的厚度 b、宽度 h 等因素,从图 5-1 中查出。

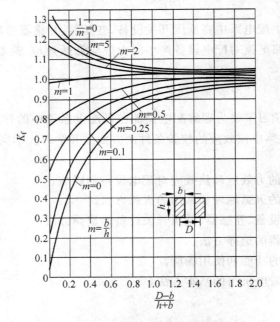

图 5-1　矩形截面导体形状系数曲线

当电路中发生两相短路时,两相短路冲击电流 $i_{sh}^{(2)}$ 将在两短路相导体间产生最大的电动力 F_{k2},即

$$F_{k2} = 0.2K_f (i_{sh}^{(2)})^2 \frac{l}{D}$$

当导体长度远远大于导体间距时,可以忽略导体形状的影响,即 $K_f=1$。

2. 三相平行导体产生的最大电动力

在供配电系统中最常见的是三相导体平行布置在同一平面里的情况,如图 5-2 所示。

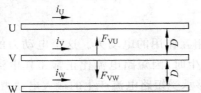

图 5-2　三相导体水平布置中间相受力情况

当三相导体中通以三相短路冲击电流 i_{sh} 时,可以证明中间相受力最严重,最大值为

$$F_{k3} = 0.173 \times K_f i_{sh}^2 \frac{l}{D} \tag{5-2}$$

在无限大容量电源系统中,同一点发生两相短路冲击电流 $i_{sh}^{(2)}$ 和三相短路冲击电流 i_{sh} 的关系

为 $i_{sh}^{(2)} = \dfrac{\sqrt{3}}{2} i_{sh}$，因此，三相短路与两相短路产生的最大电动力之比为

$$F_{k3} = \frac{2}{\sqrt{3}} F_{k2} = 1.15 F_{k2} \qquad (5\text{-}3)$$

由此可见，在无限大容量电源系统中，三相线路发生三相短路时中间相导体所受的电动力比两相短路时导体所受的电动力大。因此，校验电设备和载流导体部分的动稳定性，一般应采用三相短路冲击电流 i_{sh} 或短路冲击电流的有效值 I_{sh}。

5.1.2　短路电流的热效应

1. 短路时导体的温度变化

在未通过电流前，导体的温度 θ 与周围环境的温度 θ_0 相等。即

$$\theta = \theta_0$$

正常运行时，导体通过负荷电流，会产生电能损耗并转换为热能。这些热能，一方面使导体温度升高，另一方面向周围环境散热。当导体内产生的热量与导体向周围环境散失的热量平衡时，实际温度达到稳定值 θ_N。即

$$\theta = \theta_N$$

由负荷电流所导致长期发热的导体最高允许温度 $\theta_{N \cdot max}$ 主要取决于导体的材质和绝缘材料的热性能，并由国家规定。长期正常工作时，电气设备的实际工作温度不应超过导体最高允许温度 $\theta_{N \cdot max}$。若实际工作温度长期超过 $\theta_{N \cdot max}$，会减少电气设备的使用寿命。即

$$\theta_N \leqslant \theta_{N \cdot max}$$

短路发生后，由于短路电流迅速变大，导体的发热量急剧增大，致使导体的温度也急剧上升为最高值 θ_k，直到保护装置切断短路电流为止。表 5-1 所示为短路时导体允许最高温度 $\theta_{k \cdot max}$。如果导体温度超过 $\theta_{k \cdot max}$，电气设备将会因过热而永久损坏。即

$$\theta_k \leqslant \theta_{k \cdot max}$$

表 5-1　导体或电缆的长期允许工作温度和最高允许温度

导体或电缆种类		短路时导体允许最高温度 $\theta_{k \cdot max}/℃$	导体长期允许工作温度 $\theta_N/℃$	热稳定系数 K 值/$A\sqrt{s} \cdot mm^{-2}$
铝母线及导线、硬铝及铝锰合金		200	70	87
硬铜母线及导线		300	70	171
钢母线（不与电器直接连接）		410	70	70
钢母线（与电器直接连接）		310	70	63
3kV 以下铝芯绝缘电缆		220	80	84
3kV 以下铜芯绝缘电缆		250[①]	80	148
6~10~35kV 交联聚乙烯绝缘电缆	铜芯	250	90	137
	铝芯	250	90	90
	铝芯	200	90	77

续表

导体或电缆种类		短路时导体允许最高温度 $\theta_{k,max}$/℃	导体长期允许工作温度 θ_N/℃	热稳定系数 K 值/$A\sqrt{s}\cdot mm^{-2}$
铝芯聚氯乙烯绝缘电缆		130	65	65
铜芯聚氯乙烯绝缘电缆		130	65	100
铜芯矿物绝缘电缆	有聚氯乙烯护套	160	70	115
	无外护套的裸体	250	105	135

注：① 对发电厂、变电所以及大型联合企业等重要回路的铝芯电缆,短路最高允许温度为200℃。

② 含有铅锡接头的电缆,短路允许最高温度为160℃。

如图 5-3 所示为短路前后导体温度的变化情况。在 $0\sim t_0$ 时段,导体正常运行,温度稳定在 θ_N。在 t_0 时刻发生短路,导体温度在短时间 t_k 内,急剧升到 θ_k。在 t_0+t_k 时刻短路被切除,导体温度下降。在短路切除后,导体内无电流通过,不再产生热量,按指数规律向周围环境散热,最后冷却到周围环境温度 θ_0。

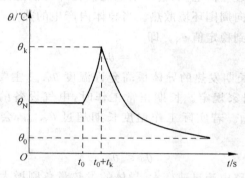

图 5-3　短路前后导体温度的变化

2. 短路电流产生的热量变化

由于短路电流持续的时间短,散发的热量较少,可以认为在导体内产生的热量全部用来使导体的温度升高,这一热力过程称为绝热过程。短路电流产生的热量变化 Q_k 为

$$Q_k = 0.24\int_0^{t_k} I_{kt}^2 R_{av}\,dt \tag{5-4}$$

式中：Q_k——短路电路在导体中产生的热量；

I_{kt}——短路全电流的有效值；

R_{av}——短路持续时间 t_k 内导体电阻的平均值。

根据热平衡方程式,短路电流产生的热量变化 Q_k 全部用来升高温度,则有

$$\int_0^{t_k} I_{kt}^2 R_{av}\,dt = \int_{\theta_N}^{\theta_k} C_0 m\,d\theta \tag{5-5}$$

式中：C_0——温度为 θ℃时的导体比热；

m——导体质量。

由于短路电流随时间变化的规律较复杂,导体电阻值的大小和比热 C_0 都随温度而变化,直接计算出短路电流的发热量 Q_k 和 θ_k 也都十分困难。

3. 短路热效应和假想时间

在工程计算中常常用短路电流的稳态值代替实际的短路电流 I_{kt} 来计算 Q_k 值。假定一个时间 t_{ima}，短路电流稳态值在 t_k 内产生的热量与实际短路电流在短路持续假想时间内所产生的热量相等。即

$$Q_k = 024 \int_0^{t_k} I_{kt}^2 R_{av} dt = 0.24 I_{\infty}^2 R_{av} t_{ima}$$

1）短路热脉冲

定义 $\int_0^{t_k} I_{kt}^2 dt$ 为短路发生后的短路热脉冲。短路热脉冲的含义是如图 5-4 所示的阴影面积，它不能代表短路后实际的发热情况，因为短路热脉冲只是等效为短路电流在恒值电阻上产生的热量，而实际情况中电阻是随温度而变化的。

2）假想时间 t_{ima}

假设短路全电流有效值等于稳态短路电流 I_{∞}，则要产生与短路热脉冲相等的时间为假想时间 t_{ima}。如图 5-4 所示，ABCOA 所围的面积和 DEOFD 所围的面积相等，F 点所对应的时间就是假想时间 t_{ima}。假想时间是根据等效热脉冲确定出来的。即

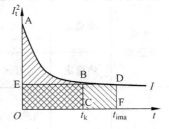

图 5-4　无限大容量系统
　　　　　的假想时间示意

$$\int_0^{t_k} I_{kt}^2 dt = I_{\infty}^2 t_{ima} \tag{5-6}$$

在无限大容量电源系统中，短路发热的假想时间可用式（5-7）、式（5-8）和式（5-9）近似地计算。

当 $t_k > 1s$ 时，可近似认为

$$t_{ima} = t_k \tag{5-7}$$

当 $t_k < 1s$ 时，短路点远离电源，可近似认为

$$t_{ima} = t_k + 0.05 \tag{5-8}$$

t_k 为短路电流持续时间，则

$$t_k = t_{op} + t_{QF} \tag{5-9}$$

式中：t_{op}——短路保护装置的主保护动作时间；

　　　t_{QF}——断路器全分闸时间，是断路器的固有分闸时间与电弧熄灭所需时间之和，可从产品样本查得。

热稳定校验实质上就是比较短路后导体的最高发热温度与其短路时发热的最高允许温度，若前者不超过后者则该设备的热稳定性满足要求，否则不满足要求。由于短路后导体的最高发热温度计算复杂，可以用电气设备安装处的短路电流热效应（$I_{\infty}^2 t_{ima}$）来替代短路产生的热量，与产品样本提供的额定短时电流的热效应（$I_t^2 t$）作比较。

5.1.3　短路电流校验计算

选择高低压电器及导体等需要进行的短路电流动稳定和热稳定校验的计算式如表 5-2 所示。

134 智能建筑供配电系统

表 5-2 短路电流校验的计算公式

设备名称	校验项目	计算公式	说　明
断路器、负荷开关、隔离开关	动稳定	$i_{max} \geqslant i_{sh}$ 或 $I_{max} \geqslant I_{sh}$	i_{max}、I_{max}——开关设备动稳定电流及有效值（kA），由产品样本查出；i_{sh}、I_{sh}——三相短路冲击电流的峰值及全电流的有效值，kA
	热稳定	$I_k^2 \cdot t_{ima} \leqslant I_t^2 \cdot t$	I_t——开关设备在 t 秒钟内通过的热稳定电流（kA），由产品样本查出；I_k——开关设备安装处的三相短路稳态电流，kA；t_{ima}——假想时间，s
电流互感器	动稳定	$i_{sh} \leqslant i_{dyn}$	i_{sh}——三相短路冲击电流的峰值，kA；i_{dyn}——电流互感器额定动稳定电流（kA），由产品样本查出，通常为额定短时热电流的2.5倍
	热稳定	$I_k^2 \cdot t_{ima} \leqslant I_{th}^2 \cdot t$	I_{th}——电流互感器额定短时热电流（kA），由产品样本查出
母线	动稳定	$\sigma_j \leqslant \sigma_y$ 当跨数大于 2 时母线应力为 $\sigma_j = 1.76 \dfrac{l^2}{DW} i_{sh}^2 \times 10^{-3}$ 当母线横放时（□□□）$W = 0.167bh^2$ 当母线竖放时（▯▯▯）$W = 0.167hb^2$	σ_j——作用于母线的计算机械应力，kg/cm^2；σ_y——母线允许的最大机械应力（kg/cm^2），铜母线为$1400kg/cm^2$，铝母线为$700kg/cm^2$；W——截面系数，cm^3；l——支柱绝缘子间距，cm；D——母线相间中心距，cm；i_{sh}——三相短路冲击电流峰值，kA；b——母线厚度，cm；h——母线宽度，cm
	热稳定	$S_{min} = \dfrac{I_k}{K} \sqrt{t_{ima}}$	S_{min}——母线所需的最小截面，mm^2；I_k——三相短路稳态电流，A；K——热稳定系数，见表 5-1
绝缘子	动稳定	$F_j \leqslant 0.6 F_P$ $F_j = 0.173 K_X \dfrac{l}{D} i_{sh}^2$	F_j——作用在绝缘子上的作用力，N；F_P——绝缘子机械强度等级，N，由产品样本查出；D——相间间距，m；l——绝缘子间跨距，m，当支柱绝缘子两边跨距不同时，取其平均值；K_X——绝缘子受力系数。当绝缘子水平布置，母线平放时为1；母线竖放时，6～10kV 为 1.4，35kV 为 1.18，当绝缘子垂直布置时为1
电缆	热稳定	$S_{min} = \dfrac{I_k}{K} \sqrt{t_{ima}}$	S_{min}——母线所需的最小截面，mm^2；I_k——短路稳态电流，A；K——热稳定系数，见表 5-1

例 5-1　在配变电所 380V 侧横放的 100mm×10mm 铜母线，相间间距为 200mm，支持点间距为 1.8m，跨数为 4，母线的短路冲击电流为 42.3kA。母线的短路保护实际动作时间为 0.6s，低压断路器的断路时间为 0.1s。该母线正常运行时最高温度为 55℃。

试求：（1）校验该母线在三相短路时的动稳定性。（2）校验硬铜母线的短路热稳定性。

解：（1）校验母线的动稳定性

横放 100mm×10mm 铜母线时，母线的宽度为 $h=10.0$cm，母线的厚度为 $b=1.0$cm，则 $W=0.167bh^2=0.167×1.0×10^2=16.7$mm³。

在 23kA 的短路冲击电流作用下，作用在母线上的计算机械应力为

$$\sigma_i = 1.76\frac{l^2}{DW}i_{sh}^2×10^{-3} = 1.76\frac{180^2}{20×16.7}×42.3^2×10^{-3} = 305.5\text{kg/cm}^2$$

铜母线允许最大的机械应力为 $\sigma_y=1400$kg/cm²，符合 $\sigma_i<\sigma_y$ 的条件，满足动稳定度要求。

（2）校验母线的热稳定性

计算满足热稳定要求的最小截面积 S_{min}。查表 5-1 得 $K=171$A$\sqrt{s}$·mm^{-2}，假想时间 $t_{ima}=0.6+0.1+0.05=0.75$(s)，$I_k=i_{sh}/1.84=42.3/1.84=23$(kA)，则

$$S_{min} = \frac{I_k}{K}\sqrt{t_{ima}} = \frac{23×10^3}{171}\sqrt{0.75} = 116.48\text{mm}^2$$

实际母线截面积为 $S=100\text{mm}×10\text{mm}=1000\text{mm}^2$，$S>S_{min}$，满足短路热稳定性要求。

5.2　开关电气的灭弧原理

5.2.1　电弧的产生及危害

1. 电弧的产生

电弧是一种在电气设备触头之间的放电现象。电弧具有很高的温度，高温区域可达 5000℃。开关电器在切断有电流通过的线路时，只要在分离瞬间动触头和静触头之间的电压大于 10～20V，电流大于 80～100mA，触头间就在电场的作用下电离绝缘介子，产生电弧放电现象。在电弧熄灭之前，开关电器触点之间的电流还在继续流通，只有电弧熄灭，电路才被真正切断。

电弧的产生和维持是触头间绝缘介质的分子或原子被游离的结果。游离就是中性介质转化为带电介质的过程。从电弧形成过程来看，游离过程主要有以下 4 种形式。

1）场致发射

当触头刚分开的瞬间，由于动触头和静触头之间的间隙很小，虽然触头间电压不一定很高，但很容易产生很强的电场强度。当电场强度超过 $3×10^6$V/m 时，阴极触头表面的电子会被电场力拉出，形成自由电子，使触头之间的间隙存有带电粒子，这种游离方式称为场致发射。

2）碰撞游离

从阴极表面发射出的自由电子，在电场的作用下加速向阳极方向运动，途中不断地与绝缘介质的中性粒子发生碰撞。只要电子的动能大于中性粒子的游离能，碰撞时就可释放出被束缚在原子核周围的电子，形成自由电子和正离子，这种过程称为碰撞游离。碰撞游离使触头间隙中的带电粒子数量加大，带电粒子在电场的作用下继续运动，同样会使它所碰撞的中性粒子游离。碰撞游离连续进行将导致触头间充满带电粒子，使原本绝缘的触头之间具有导电性。在外加电场的作用下，触头间的绝缘介质将会被击穿而形成电弧。

3）热电子发射

随着电弧温度的升高,金属触头内的自由电子能量增加,阴极表面将在高温作用下发射电子,同时金属触头将因融化而蒸发,使弧隙间的导电性增强,维持电弧继续燃烧。这个过程称为热电子发射。

4）热游离

电弧产生后,在弧隙高温的作用下,触头间隙中的气体和金属蒸气的分子和原子产生强烈的布朗运动,这些粒子间的相互碰撞还会使中性粒子可能游离出电子和正离子,这种过程称为热游离。一般气体开始发生热游离的温度为 9000～10 000℃,金属蒸气的热游离温度为 5000℃。在电弧稳定燃烧时,电弧温度很高,但电弧电压很低,电弧主要由热游离维持燃烧。

以上 4 种游离方式的综合作用是电弧产生的主要原因。

2. 电弧的危害

燃烧的电弧对供配电系统的安全运行产生了很大的危害。电弧延长了电路开断的时间,使短路电流的危害时间延长,这可能对电路设备造成更大的损坏。电弧的高温可烧损开关的触头,烧毁电气设备及导线电缆,还可能引起相间弧光短路,甚至引起火灾及爆炸事故。强烈的弧光可能损伤人的视力,严重的可使人眼失明。所以,开关设备在结构设计上要保证操作时电弧能迅速地熄灭。

5.2.2　电弧的熄灭方法

随着正弦交流电流的周期性变化,电弧的温度、直径及电弧电压也随之变化,即交流电弧的电流和电压每半周要过零一次。在电流自然过零前后,电流向弧隙输送能量较少,电弧温度和热游离下降,电弧将自动熄灭,所以交流电弧每一个周期要暂时熄灭两次。如果在电流过零时,采取有效的措施加强电弧的冷却,使电弧介质的绝缘能力达到不会被弧隙外施电压击穿的程度,则电弧就不会重燃而最终熄灭。因此,利用交流电弧电流过零时其自然熄灭这一有利时机,高压断路器中灭弧装置的灭弧原理都是加强去游离,实现灭弧使电弧不再复燃,从而开断电路。

1. 熄灭电弧的因素

1）去游离灭弧

自由电子和正离子相互吸引发生的中和现象称为去游离。电弧中性粒子发生游离的同时,还进行着使带电粒子减少的去游离过程。去游离的主要形式有复合去游离和扩散去游离。

复合是指正、负离子相互吸引,电荷相互中和的过程。两异性电荷要在很近的范围内才能完成复合过程。两者相对速度越大,复合可能性越小。由于电子质量小,易于加速,其运动速度约为正离子的 1000 倍。所以电子与正离子直接复合几率很小。通常电子在碰撞时,先附在中性粒子上形成负离子,速度大大减慢,因而负离子与正离子的复合比电子与正离子的复合容易很多。加快复合去游离可以加速电弧的熄灭。

扩散是指带电质点从电弧内部逸出后进入周围介质中的现象。扩散去游离分为浓度扩散、温度扩散和高速冷气吹弧扩散三种形式。浓度扩散是指带电粒子浓度高的电弧向带电粒子浓度低的周围介子中扩散,使电弧中带电粒子减少。温度扩散是指高温电弧中的带电粒子会向温度低的周围介质中扩散,减少了电弧中的带电粒子。高速冷气吹弧扩散是指利用高速冷气吹走电弧中的带电粒子,使电弧冷却而复合为中性粒子。

游离和去游离是电弧燃烧中的两个相反过程。游离过程使电弧中的带电离子增加,有助于电弧燃烧。去游离过程使电弧中的带电离子减少,有利于电弧熄灭。这两个过程的动平衡将使电弧稳定燃烧。如果游离过程大于去游离过程,将会使电弧愈加强烈地燃烧。如果去游离过程大于游离过程,则会使电弧燃烧减弱,以致最终电弧熄灭。

2) 介质绝缘强度恢复灭弧

当电弧电流过零的瞬间,电源停止向电弧输送能量,弧隙温度会有所下降,有利于去游离,使弧隙介质的绝缘能力有所恢复。弧隙间的绝缘能力恢复到正常绝缘状态的过程称为介质强度的恢复过程。同时在电弧电流过零时,弧隙电压由熄弧电压开始,出现一个由电路参数决定的电磁振荡过程。电磁振荡使弧隙电压产生恢复电压。如果在电弧电流过零的瞬间,恢复电压高于介质强度,弧隙仍被击穿,电弧重新燃烧。如果恢复电压始终低于介质强度,电弧被熄灭,如图 5-5 所示。

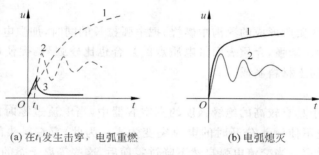

(a) 在 t_1 发生击穿,电弧重燃　　　　　(b) 电弧熄灭

图 5-5　介质绝缘强度和弧隙电压恢复过程示意图

1—介子强度恢复过程;2—电压回复过程;3—电弧电压

3) 近阴极效应

在电弧电流过零后,弧隙的电极极性发生了改变,弧隙中带电粒子的运动方向也相应改变。质量小的电子将向新的阳极运动,而比电子质量大 1000 多倍的正离子则原地未动,导致在新的阴极附近形成了一个电导很低的正电荷的离子层,使介质强度突然升高。这个现象称为近阴极效应。这个正离子层大约有 $150\sim250\text{V}$ 的起始介质强度。在低压电器中,常利用近阴极效应这个特性来灭弧。如利用短弧原理灭弧法。

4) 电弧熄灭的条件

交流电弧熄灭的条件为在电弧电流过零后,加强弧隙间的冷却,提高去游离能力。同时使介质强度的恢复速度始终大于弧隙电压恢复能力。

2. 开关电器常用的灭弧方法

在开关电器中,在触头间常采用绝缘能力强的灭弧介质,如空气、绝缘油、六氟化硫、真空等。在触点断开的瞬间迅速拉长电弧,从而降低开关触头之间的电场强度,减少电弧稳定燃烧的机会。常用的灭弧方法介绍如下。

1) 冷却灭弧法

降低电弧的温度,使离子运动速度减慢,这样不但使热游离作用减弱,而且离子的复合也增强,有利于电弧的熄灭。在交流电弧中,当触头间的电压过零时,复合的速度与电弧温度有关,温度越低,复合作用就越强烈,电弧就越易熄灭。这种灭弧方法在开关电器中普遍应用,这是一种基本的灭弧方法。

2) 吹弧灭弧法

利用外力来吹动电弧,使电弧加速冷却,同时拉长电弧,降低电弧中的电场强度,使离子的扩散和复合增强,从而加速电弧的熄灭。按吹弧的方向分为横吹和纵吹两种。按外力的性质分有气吹、油吹、电动力吹和磁力吹等方式。

3) 灭弧栅灭弧法

利用近阴极效应,可将电弧分割成许多短弧。由于电弧的电压降主要降落在阴极和阳极上,当所有阴极的介质强度总值大于加在触头上的电弧电压时,电弧将迅速熄灭。

栅片是由铁磁物质制成,当开关的动触头和静触头分离产生电弧时,电弧电流产生的磁场与铁磁物质间的相互作用力,把电弧吸引到栅片之间,将长弧分乘一串短弧。在每个短弧的阴极附近都有 $150\sim250\text{V}$ 的介质强度。n 个栅片则有 n 个 $150\sim250\text{V}$ 的介质强度。当作用于触头之间的电压小于 n 倍的 $150\sim250\text{V}$ 时,因不能维持电弧燃烧而将电弧熄灭。

4) 狭沟灭弧法

使电弧在固体介质所形成的狭沟中燃烧,把电弧拉长的同时,加强电弧在狭缝中的冷却作用,使电弧的去游离增强,介质表面带电质点的复合也比较强烈,促使电弧加速熄灭。灭弧片由石棉水泥或陶土材料制成。

5) 真空灭弧法

将开关触头置于具有较高的绝缘强度的真空容器中,当电流过零时即能熄灭电弧。为防止产生过电压,应不使触头分开时的电流突变为零。为此,宜在触头间产生少量金属蒸气,以便形成电弧通道。当交流电弧自然下降过零前后,这些等离子态的金属蒸气便在真空中迅速飞散而熄灭电弧。

在各种开关电器中均采用不同的灭弧方法进行灭弧。在这些灭弧方法中,冷却灭弧是最基本的,再配合其他灭弧方法,形成了各种开关电器的灭弧装置。如在高压隔离开关和低压快分开关中采用加速拉灭弧来冷却灭弧。在充填石英砂的管式熔断器中,利用狭沟灭弧加冷却灭弧。在低压自动空气断路器、接触器和带灭弧罩的刀开关中,应用了长弧切短灭弧加冷却灭弧方法。采用 SF_6 气体作为灭弧介质,使灭弧能力提高几十到几百倍。真空断路器则利用真空灭弧法,取得了良好的效果。

5.3　高压开关电器及其选择

在智能建筑供配电系统中,高压电器设备主要有断路器、负荷开关、熔断器、隔离开关、高压开关柜、电流互感器、电压互感器、母排、电缆等。为保证设备能安全可靠地运行,高压电器应满足正常工作条件下的电压、电流要求,还应满足在切除短路故障前能承受冲击电流的电动力效果,而不致于造成机械损伤,以及承受短路电流产生的热效应而不致于造成绝缘老化等。

5.3.1　常用高压开关电器

1. 高压断路器

高压断路器是供配电系统中最重要的开关电器。它不仅具有切断和接通正常负荷电流的能力,而且还具有很强的灭弧能力,能分断故障电路的短路电流,防止事故扩大,保证安全运行。因此,高压断路器的开关触点均置于灭弧装置内,不能直接看到触头的开断状态,无可见断点。由于动触头和静触头分开与闭合的作用力大,动作迅速,故高压断路器一般都具有操作机构和与之配套的操作电源。

1) 高压断路器的型号

高压断路器的类型很多,目前中国断路器的型号根据国家技术标准的规定,一般由文字符号和数字按如图 5-6 所示的方式组成。

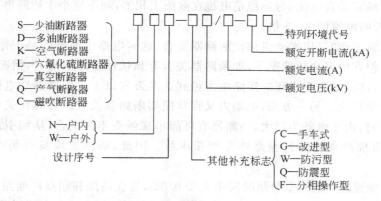

图 5-6　断路器型号的组成

2) 高压断路器的基本技术参数

通常用下列技术参数表示高压断路器的基本性能。

(1) 额定电压。额定电压是表示断路器绝缘强度的参数。它是断路器长期工作的标准电压。中国的相关标准规定,高压断路器的额定电压有以下等级:3kV、6kV、10kV、20kV、35kV、60kV、110kV、220kV、330kV、500kV。

为了适应电力系统工作的要求,断路器又规定了与各等级额定电压相应的最高工作电压。对 3~220kV 各等级,其最高工作电压较额定电压约高 15% 左右。对 330kV 及以上的最高工作电压较额定电压高 10%。断路器在最高工作电压下,应能长期可靠地工作。

(2) 额定电流。额定电流是表示断路器通过长期电流的能力。即断路器允许连续长期通过的最大电流。在额度电流通过时,断路器各部分的允许温度不超过国家标准规定的数值。

断路器正常使用的环境条件规定为:周围空气温度不高于 40℃,海拔不超过 1000m。当周围环境温度高于 40℃但不高于 60℃时,周围环境温度每增高 1℃,额定电流减少1.8%。当周围环境温度低于 40℃时,周围环境温度每降低 1℃,额定电流增加 0.5%,但最大不超过 20%。

中国的高压断路器额定电流值为 200A、400A、630A、1000A、1250A、1600A、2000A、2500A、3150A、4000A、5000A、6300A、8000A、10 000A、12 500A、16 000A、20 000A 等。

（3）额定开断电流。表示断路器切断电路的能力参数。在额定电压下,断路器能保证可靠开断的最大短路电流。

（4）动稳定电流。表示断路器承受短路电流电动力的能力参数。反映断路器在闭合状态时能承受的最大短路电流峰值,且在此电流作用下不会因电动力的作用发生任何机械损伤。动稳定电流又称为极限通过电流,通常用短路电流峰值表示。

（5）热稳定电流。表示断路器承受短路电流热效应的能力参数,通常以电流的有效值表示。断路器产品样本在提供热稳定电流的同时,还规定了一个时限,如 1s、4s、5s、10s 等,其物理意义为当热稳定电流通过断路器时,在规定的时限内,断路器各个部分的温度不会超过国家规定的短时允许发热温度,保证断路器不被损坏。

（6）关合电流。表示断路器关合电流能力的参数。断路器在接通电路时有可能会出现很大的关合短路电流,可能会使触头熔焊,使断路器造成损伤。断路器能够可靠关合的电流最大峰值称为额定关合电流,与动稳定电流在数值上相等,均不应小于短路电流最大冲击电流,即为额定开断电流的 2.55 倍。

在电网正常工作时,用操动机构使断路器关合,这时电路中流过的是工作电流,关合是比较容易的。但在电网事故情况下,如断路器关合有预伏性短路故障时,情况要严重得多。因为断路器关合时,电路中出现的短路电流可到达几万安以上。断路器导电回路受到的电动力可达几千牛以上。另一方面,电动力又常常阻碍断路器关合。因此在关合有预伏性短路故障的电路时,由于电动力过大,断路器有可能出现触头不能关合,从而引起触头严重烧伤,油断路器出现严重喷油甚至爆炸等严重事故。因此,断路器应具有关合故障电路的能力。

通常要求快速断路器的全分闸时间不大于 0.08s,近代高压和超高压断路器甚至要求为 0.02～0.04s。在断路器全分闸时间中,固有分闸时间约占一半以上,它与操动机构结构有关。

　3）高压断路器的操作机构

高压断路器的操动机构用来进行断路器的分闸与合闸操作,以及保持合闸状态。操动机构是断路器本体以外的机械传动装置。高压断路器常用的操作机构按其驱动能源的不同可分为手动式（CS 型）、电磁式（CD 型）、弹簧式（CT 型）和电动机式（CJ 型）。

手动操作机构是人用臂力使断路器合闸和远距离跳闸,其结构简单,不需要合闸能源。但不能遥控和自动合闸,合闸能力小,就地操作不安全,适用于 12kV 以下,开断电流小的断路器。

电磁操作机构由合闸电磁铁、跳闸电磁铁及维持机构组成,能手动和远距离跳、合闸,但需要大功率的直流电源操作,且合闸功率大,耗费材料多。

弹簧储能操作机构和电动机操作机构在合闸前先用电动机（型式不同）使合闸弹簧储能,然后利用弹簧所储能量将断路器合闸。弹簧操作机构也能手动和远距离跳、合闸,且操作电源交直流均可,要求电源的容量较小,暂时失去电源时仍能操作一次。但结构较复杂,价格较高,应用于中、小型断路器。

实现自动合闸或自动重合闸时,需采用电磁操作机构或弹簧操作机构。因采用交流操作电源较为简单经济,所以弹簧操作机构的应用越来越广泛。

　4）真空断路器

如图 5-7 所示为 ZN 型和 ZW 型真空断路器外形和灭弧室示意图。真空断路器利用真空(气压为 $10^{-2}\sim10^{-6}$ Pa)作为绝缘介质,将动、静触头封在真空灭弧室内。当触头切断电流时由于真空间隙空气稀薄,几乎不存在气体游离的问题,所以这种断路器的触头断开时很容易灭弧。但是在感性电路中,灭弧速度过快,会使电路出现操作过电压,不利于供配电系统的安全性。因此,实际上真空断路器在触头断开时会产生一点电弧,这种电弧称为"真空电弧"。

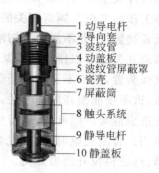

1 动导电杆
2 导向套
3 波纹管
4 动盖板
5 波纹管屏蔽罩
6 瓷壳
7 屏蔽筒
8 触头系统
9 静导电杆
10 静盖板

(a) 户内式真空断路器　　(b) 户外式真空断路器　　(c) 真空断路器的灭弧室

图 5-7　真空断路器

当电弧电流过零时,电弧暂时熄灭,触头周围的金属离子迅速扩散,凝聚在四周的屏蔽罩上,以致电流过零后在几微秒的极短时间内,触头间隙实际上又恢复了原有的高真空度。因此,当电流过零后虽很快加上高电压,触头间隙也不会再次被击穿,即真空电弧在电流第一次过零时就能完全熄灭。

真空断路器具有体积小,可靠性高,开断性能好,灭弧能力强,可频繁操作,运行维护简单,无污染等特点,广泛应用于 35kV 及以下的供配电系统中。

5) 少油断路器

少油断路器主要由油箱、传动机构和框架组成。油断路器以变压器油为触头间的绝缘介质,多油断路器的油量比少油断路器的油量大,并且已淘汰。油断路器是用油作灭弧绝缘介质,而油在电弧高温作用下会分解出碳,使油中的含碳量增高,从而降低了油的灭弧和绝缘性能。因此,油断路器在运行时要经常注意监视油色,分析油样,必要时需更换新油。少油断路器由于灭弧介质为油,不能用于对防火、防爆要求高的场合。

6) 六氟化硫(SF$_6$)断路器

六氟化硫(SF$_6$)断路器是利用 SF$_6$ 气体作为灭弧绝缘介质的一种断路器。SF$_6$ 气体是一种无色、无味、无毒且不易燃的惰性气体,在 150℃ 以下时,化学性能相当稳定。SF$_6$ 气体具有比较理想的灭弧绝缘能力。但它在电弧高温作用下会分解出氟(F$_2$),而氟具有较强的腐蚀性和毒性,能与触头的金属蒸气化合为一种具有绝缘性能的白色粉末状的氟化物。因此,这种断路器的触头一般都设计成具有自动净化的功能。SF$_6$ 气体的分解和化合作用所产生的活性杂质大部分能在电弧熄灭后极短的几微秒时间内自动还原,且残余杂质可以用特殊的吸附剂清除,因此对人身及设备不会有什么危害。SF$_6$ 也不含氧元素(O),不存在触头氧化问题,其触头磨损较少,使用寿命增长。另外,SF$_6$ 在电流过零、电弧暂时熄灭后,具有迅速恢复绝缘强度的能力,从而使电弧难以复燃而很快熄灭。

SF$_6$ 断路器具有体积小,可靠性高,断流能力强,灭弧速度快,电绝缘性能好,检修间隔长,无燃烧爆炸危险,适用于频繁操作。但要求加工的精度高,密封性能好,所以制造成本高,价格昂贵。目前,SF$_6$断路器主要用于 35kV 供配电系统中需频繁操作及有易燃易爆危险的场所,特别适用于全封闭式组合电器中。

2. 高压隔离开关

隔离开关主要用来将高压配电装置中需要停电检修的部分与带电部分可靠隔离,以保证检修工作的安全。隔离开关的触头全部敞露在空气中,具有明显的可见断开点,隔离开关没有灭弧装置,因此不能用来切断负荷电流或短路电流。

隔离开关还可以用来进行某些电路的切换操作,以改变系统的运行方式。由于隔离开关无灭弧装置,所以不允许切断负荷电流和短路电流,否则会在隔离开关的触头间形成很强的电弧,这不仅能损坏隔离开关,而且能引起相间闪络、造成相间短路。同时电弧也会对工作人员造成危险。因此,在运行中必须严格遵守"倒闸操作"的规定。隔离开关多与断路器配合使用。合闸送电时,应首先合上隔离开关,然后合上断路器;分闸断电时,应首先断开断路器,然后再拉开隔离开关。

隔离开关也可通断一定的小电流,如励磁电流不超过 2A 的空载变压器、电容不超过 5A 的空载线路以及电压互感器、避雷器线路等。

隔离开关按其装置可分为户内式和户外式两种;按极数可分为单极和三极两种。目前中国生产的户内型有 GN2,GN6,GN8 系列,户外型有 GW 系列。户内隔离开关大多采用CS$_6$型手力操作机构。

3. 高压负荷开关

高压负荷开关设有简单的灭弧装置,能够接通和断开正常的负荷电流或规定范围内的过负荷电流,但不能切断短路电流。负荷开关常与熔断器串联组合使用,利用熔断器来切断短路故障。负荷开关有明显可见的断开点,也具有隔离电源、保证安全检修的作用。

常见的高压负荷开关有固体产气式、压气式、压缩空气式、SF$_6$式、油浸式和真空式。固体产气式和压气式负荷开关相当于隔离开关和简单的产气式或压气式灭弧装置的组合。

图 5-8 为 FN3 型户内压气式负荷开关及操作机构外形图。分闸时,通过曲柄滑块机构使活塞向上移动,将气体压缩;传动系统将主闸刀先打开,然后使气缸中的压缩空气通过喷口吹灭电弧。合闸时,通过主轴及传动系统,使主闸刀和灭弧闸刀同时顺时针旋转,闭合触头。负荷开关一般采用 CS 型手动操作机构。负荷开关结构简单,外形尺寸较小,价格较低,广泛应用于供配电系统。

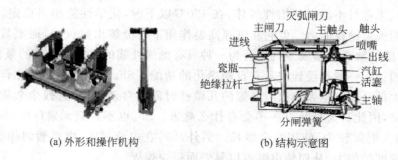

(a) 外形和操作机构　　　　　(b) 结构示意图

图 5-8　FN 型高压负荷开关及操作机构外形

4. 高压熔断器

高压熔断器由金属熔体、支持熔体的触头、灭弧装置(熔管)、支持绝缘子和绝缘底座等组成,主要用于线路及电力变压器等电气设备的过负荷或短路保护。当电力系统发生短路事故时,短路电流在规定时间内将熔体熔断,切断线路中的短路电流,保证正常部分免遭短路事故的破坏。

高压熔断器的技术参数如下。

(1) 熔断器的额定电压。它既是绝缘所允许的电压等级,又是熔断器允许的灭弧电压等级。对于限流式熔断器,不允许降低电压等级使用,以免出现大的过电压。

(2) 熔断器的额定电流。指一般环境温度(≤40℃)下熔断器壳体载流部分和接触部分允许通过的长期最大工作电流。

(3) 熔体的额定电流。熔体允许长期通过而不致发生熔断的最大有效电流。该电流可以小于或等于熔断器的额定电流,但不能超过。

(4) 熔断器的开断电流。熔断器所能正常开断的最大电流。若被断开的电流大于此电流时,有可能导致熔断器损坏,导致电弧不能熄灭引起相间短路。

高压熔断器具有结构简单,体积小,动作直接,不需继电保护与二次回路配合等优点。但熔体熔断后,需更换,增加停电时间;保护特性不稳定,可靠性低,保护选择性不容易配合等缺点。

中国目前生产的用于户内的高压熔断器有 RN1、RN2 系列等,用于户外的有 RW4、RW10(F)系列等。

1) RN1 与 RN2 型户内高压熔断器

如图 5-9 为 RN1 型熔断器结构示意图。RN2 型与 RN1 型的结构基本相同,都是瓷质熔管内填充石英砂填料的密闭管式熔断器。RN1 型主要用作高压设备和线路的短路保护,也可以用作过负荷保护。其熔体要通过主电路的电流,故其结构尺寸较大,额定电流可达100A。RN2 型只用作电压互感器一次侧的短路保护。由于电压互感器二次侧全部接阻抗很大的电压线圈,致使它接近于空载工作,其一次侧电流很小,故 RN2 型的结构尺寸较小,其熔体额定电流一般为 0.5A。

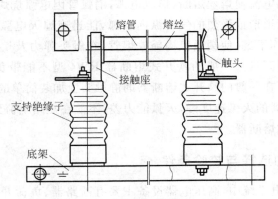

图 5-9　RN1 型熔断器的结构示意图

RN2、RN4 型等熔断器的工作熔体(铜熔丝)上焊有小锡球。锡的熔点比较低,过负荷时锡球受热先熔化,然后使铜熔丝能在较低的温度下熔断。因此,这类熔断器能在不太大的过负荷电流或较小的短路电流时动作,提高了保护的灵敏度。熔断器的熔管内填充石英砂填料,熔丝熔断时产生的电弧完全在石英砂内燃烧,利用石英砂的冷却作用灭弧,提高了灭弧能力,能在短路后不到半个周期(0.01s)即短路电流未达到冲击值之前完全熄灭电弧,切断短路电流,而且不会有强大气流冲出灭弧室。这种熔断器称为"限流"式熔断器。限流式熔断器本身及其所保护的电压互感器不必考虑短路冲击电流的影响。

2) RW11、RW10(F)型等户外高压跌开式熔断器

如图 5-10 所示为 RW11-10 型跌开式熔断器的基本结构。跌开式熔断器又称为跌落式熔断器,广泛应用于 6～10kV 及变压器进线侧作短路和过负荷保护的室外场所。可直接用高压绝缘钩棒来操作熔管的分合。

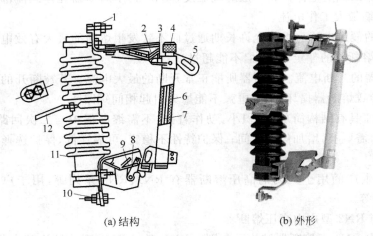

(a) 结构　　　　　　　　　　(b) 外形

图 5-10　RW11-10 型跌开式熔断器

1—上接线端子;2—上静触头;3—上动触头;4—管帽(带薄膜);5—操作环;6—熔管;
7—铜熔丝;8—下动触头;9—下静触头;10—下接线端子;11—绝缘瓷瓶;12—固定安装板

跌开式熔断器一般串联在线路中,正常运行时,其熔管上端的动触头借熔丝张力拉紧后,被钩棒推入上静触头内锁紧,同时下动触头与下静触头也相互压紧,使电路接通。当线路上发生短路时,短路电流使熔丝熔断,形成电弧,消弧管因电弧烧灼而分解出大量气体,使管内压力剧增,并沿管道形成强烈的气流纵向吹弧,能迅速熄灭电弧。熔丝熔断后,熔管的上动触头因失去张力而下翻,使锁紧机构释放熔管,在触头弹力及熔管自重作用下,回转跌开,造成明显可见的断开点。一般的跌开式熔断器 RW4 型不能带负荷操作。负荷型跌开式熔断器 RW10(F)型在一般的跌开式熔断器的静触头上加装简单的灭弧装置,所以能带负荷操作。跌开式熔断器的灭弧速度慢,灭弧能力差,不能在短路电流到达冲击值之前将电弧熄灭,称为"非限流"式熔断器。

5.3.2　高压电器的选择与校验条件

在智能建筑供配电系统中,高压电器设备主要有断路器、负荷开关、熔断器、隔离开关、电流互感器、电压互感器、母排、电缆等。高压电器的选择应满足正常环境下的电压、电流及频率等正常工作要求,保证正常运行时的可靠性。还应满足在切除短路故障前的承受能力,保证不造成机械损伤,以及承受短路电流产生的热效应而不造成绝缘老化。开关类电器还

需保证有足够的分断能力等。合理选择电器设备是系统安全、经济运行的重要条件。

1. 按正常工作条件选择高压电器

1) 额定电压 U_r

高压电器的额定电压 U_r 应符合所在回路的系统标称电压 U_N（即额定电压）。其最高电压 U_m 应不小于所在回路的系统最高运行电压 U_w，即

$$\left.\begin{array}{l} U_r = U_N \\ U_m \geqslant U_w \end{array}\right\} \tag{5-10}$$

高压电器最高电压与供配电系统的最高运行电压如表 5-3 所示。

表 5-3　高压电器的最高电压

项　　目				穿墙套管	支柱绝缘子	隔离开关	断路器	负荷开关	熔断器	电流互感器	限流电抗器
系统标称电压/kV	3	系统最高运行电压/kV	3.6	设备最高电压/kV			3.6	3.6	3.5	3.6	3.6
	6		7.2		6.9	7.2	7.2	7.2	7.2	6.9	7.2	7.2
	10		12		11.5	12	12	12	12	12	12	12
	35		40.5		40.5	40.5	40.5	40.5	40.5	40.5	40.5	40.5

2) 额定电流 I_r

高压电器的额定电流 I_r 应不小于正常工作时的最大负荷电流 I_C，即

$$I_r \geqslant I_C \tag{5-11}$$

3) 额定频率

高压电器设备的额定频率应与所在回路的系统的工作频率相适应。

4) 选择电器设备的型号

高压电器设备的型号选择应根据设备的安装地点、环境及工作条件，合理地选择设备的型号类型，如户内户外、海拔高度、环境温度、防尘、防腐、防爆等。

5) 环境条件

高压电器设备的选择还需考虑电气装置的安装地点（户内或户外）、环境温度、海拔高度以及有无防尘、防腐、防火、防爆等要求，选择适合的型号规格。

高压电器正常使用条件的环境温度（额定环境温度）应不高于 40℃。当周围环境温度与实际环境温度不同时，高压电器的最大工作电流应进行修正，如表 5-4 所示。

表 5-4　高压一次设备最高工作电压即在不同环境温度下的允许最大工作电流

项　　目		支持绝缘子	套管绝缘子	隔离开关	断路器	电流互感器	电抗器	负荷开关	熔断器	电压互感器	并联电容器
最高工作电压		$1.15U_r$								$1.1U_r$	$1.05U_r$
最大工作电流	$\theta < \theta_N$	—	环境温度每降低 1℃，可增加 0.5%I_r，但最多不得超过 20% I_r					I_r			
	$\theta_N < \theta \leqslant 60℃$	—	环境温度每增高 1℃，应减少 1.8%I_r								

注：U_r 为额定电压（kV）；I_r 为额定电流（A）；θ 为周围实际环境温度（℃）；θ_N 为额定环境温度（℃），普通型、湿热型为 +40℃，热带型为 +45℃。

高压电器设备正常使用环境的海拔不超过1000m。当海拔增加时,由于大气压力,空气密度和湿度相应减少,空气绝缘强度减弱,使高压电器对外绝缘水平降低而对内绝缘水平没有影响。一般当海拔在1000~4000m范围内的高压电器外绝缘,海拔每升高100m,其外绝缘强度约下降1%。在不超过海拔4000m的地区,高压电器的额定电流可以保持不变。

当最高工作电压不能满足要求时,应采用高原型电气设备,或采用外绝缘提高一级的产品。

2. 按短路情况进行校验

校验动热稳定性时应按通过电气设备的最大短路电流考虑。短路电流的计算条件应考虑工程的最终规模及最大的运行方式。短路点的选择,应考虑通过设备的最大短路电流。短路电流通过电气设备的时间,等于继电保护动作时间(取后备保护动作时间)和开关电器断开电路的时间之和。对于地方配变电所和工业企业变电所,断路器全部分闸时间可取0.2s。

1)电气设备动稳定校验

当短路电流通过电器设备时,短路电流产生的电动力不应超过设备允许的应力,即满足动稳定的校验条件为

$$I_{max} \geqslant I_{sh} \quad 或 \quad i_{max} \geqslant i_{sh} \tag{5-12}$$

式中:I_{max}、i_{max}——开关电器动稳定电流的有效值、峰值,kA;

I_{sh}、i_{sh}——开关电器安装处最大三相短路全电流的有效值、冲击值,kA。

2)电气设备热稳定校验

当短路电流通过电气设备时,导体和电器各部件的温度不应超过允许值,即满足热稳定校验条件为

$$I_t^2 \cdot t \geqslant I_k^2 \cdot t_{ima} \tag{5-13}$$

式中:I_t——电气设备在 t 秒时间内的热稳定电流,kA;

I_k——电气设备安装处的最大三相短路电流有效值,kA;

t_{ima}——假想时间,s。

3. 高压电器选择与校验的项目及条件

高压电器选择与校验项目如表5-5所示。

表5-5 高压电器选择校验的项目及条件

设备名称	电压/kV	电流/kA	环境条件	短路校验		开断能力/kA
				动稳定	热稳定	
断路器	√	√	√	√	√	√
负荷开关	√	√	√	√	√	√
隔离开关	√	√	√	√	√	
熔断器	√	√	√			√
电流互感器	√	√	√	√	√	
电压互感器	√		√			
并联电容器	√	√				
母线		√	√	√	√	

续表

设备名称	电压/kV	电流/kA	环境条件	短路校验		开断能力/kA
				动稳定	热稳定	
电缆	√	√	√		√	
支柱绝缘子	√		√	√		
套管绝缘子	√	√	√			√
选择与校验的条件	设备的额定电压 U_r 应与安装地点的标称电压 U_N 相符合: $U_r = U_N, U_m \geqslant U_w$	设备的额定电流 I_r 应不小于通过设备的计算电流 I_C: $I_r \geqslant I_C$	设备应符合装置地点的环境条件	按三相短路冲击电流校验		按三相短路稳态电流校验

说明:① 表中"√"表示必须校验。

② 选择配变电所高压侧的电气设备和导体时,其计算电流取主变压器高压侧额定电流。

5.3.3　高压断路器的选择

高压断路器的选择除满足表 5-3 中的项目及条件外,还应考虑型号类型、开断能力和额定关合电流的选择。

1. 断路器类型

常用断路器的类型主要有少油断路器、真空断路器、SF_6 断路器。由于真空断路器和 SF_6 断路器的技术性能优良,已逐渐代替少油断路器。真空断路器在高压配电柜中应用广泛。

2. 开断能力的校验

高压断路器的开断能力有极限开断电流能力和额定开断电流能力。极限开断电流能力是指断开短路电流后,不考虑断路器是否还能正常使用。额定开断能力是指断开短路电流后,断路器还能正常使用,并能反复开断该条件下的电流。断路器应能分断安装地点的最大短路电流,即

$$I_{br} \geqslant I_{k \cdot max}$$

或

$$S_{br} \geqslant S_{k \cdot max} \tag{5-14}$$

式中:I_{br}——断路器额定开断电流,kA;

$I_{k \cdot max}$——断路器安装处最大运行方式下三相短路电流的有效值,kA;

S_{br}——断路器额定开断容量;

$S_{k \cdot max}$——断路器安装处最大运行方式下的短路容量。

3. 短路关合电流的选择

在断路器准备合闸时,若线路上已存在短路故障,则在合闸过程中触头间将通过巨大的短路电流,触头容易发生熔焊和因为巨大的电动力破坏而变形。断路器在关合短路电流后,将不可避免地接通后又自动跳闸,故要求断路器切断能安全地短路电流。断路器额定关合电流选择需满足

$$i_{\mathrm{mc}} \geqslant i_{\mathrm{sh}} \qquad\qquad (5-15)$$

式中：i_{mc}——断路器额定关合电流，kA。

一般断路器的额定关合电流不会大于断路器动稳定电流。

例 5-2　电力系统短路容量为 500MV·A，10kV 高压侧电缆进线距离为 2km，两台变压器型号均为 SCB9-1000/10，$u_{\mathrm{k}} = 6\%$。进线断路器采用 ZN22 系列，继电器保护时间为 0.27s。配变电所环境温度为 30℃。试选择进线断路器 QF1 的型号规格。

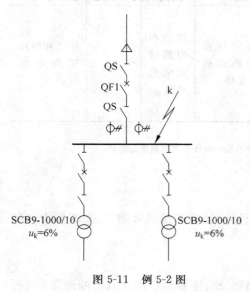

图 5-11　例 5-2 图

解：（1）计算通过断路器 QF1 的计算电流 I_{C}

如图 5-11 所示，计算电流为两台变压器同时满负荷运行的工作电流，即

$$I_{\mathrm{C}} = \frac{2S_{\mathrm{r}}}{\sqrt{3}\,U_{\mathrm{r}}} = \frac{2 \times 1000}{\sqrt{3} \times 10} = 115.47(\mathrm{A})$$

（2）确定短路点的最大三相短路电流

查附录表 A-5，短路点最大三相短路电流的稳态值为 $I_{\mathrm{k\cdot max}} = 16.17\mathrm{kA}$，冲击值为 $i_{\mathrm{sh}} = 29.75\mathrm{kA}$。

（3）按正常工作条件选择断路器 QF1

① 选择额定电压。安装地点的工作电压（系统标称电压）$U_{\mathrm{N}} = 10\mathrm{kV}$，根据

$$U_{\mathrm{r}} = U_{\mathrm{N}}$$

查附录表 A-6，选择型号为 ZN22 的额定电压为 $U_{\mathrm{r}} = 10\mathrm{kV}$。

② 选择额定电流。根据

$$I_{\mathrm{r}} \geqslant I_{\mathrm{C}}$$

查表，选择型号为 ZN22 的额定电流为 $I_{\mathrm{r}} = 1250\mathrm{A}$。故选择 ZN22-10/1250 型断路器。

③ 环境条件。由于配变电所环境温度为 30℃，属于正常工作环境条件，故通过断路器的工作电流 $I_{\mathrm{C}} = 115.47\mathrm{A}$ 不需要修正。

（4）开断能力校验

根据断路器应能分断安装地点的最大短路电流，即

$$I_{\mathrm{br}} \geqslant I_{\mathrm{k\cdot max}}$$

查附录得，选择 $I_{\mathrm{br}} = 25\mathrm{kA} > 16.17\mathrm{kA}$，故选择 ZN28-10/1250-25kA 型断路器。

（5）动稳定校验

查附录表 A-6，ZN22-10/1250-25kA 型断路器的动稳定电流峰值 $i_{\mathrm{max}} = 63\mathrm{kA} > 29.75\mathrm{kA}$，故满足动稳定要求。即

$$i_{\mathrm{max}} \geqslant i_{\mathrm{sh}}$$

（6）热稳定校验

确定假想时间 t_{ima}。因为 $t_{\mathrm{k}} = t_{\mathrm{op}} + t_{\mathrm{QF}} = 0.27 + 0.06 = 0.33\mathrm{s}$，故取 $t_{\mathrm{k}} < 1\mathrm{s}$ 时，短路点远离电源，可近似认为

$$t_{\mathrm{ima}} = t_{\mathrm{k}} + 0.05 = 0.33 + 0.05 = 0.38\mathrm{s}$$

查附录表 A-6 得，ZN22-10/1250-25kA 型断路器的热稳定电流和时间为 25kA（4s），故断路器的热稳定性效应为

$$I_t^2 \cdot t = 25^2 \times 4 = 2500 \times 10^3 (\text{A}^2 \cdot \text{s})$$

短路电流的热稳定性效应为

$$I_k^2 \cdot t_{\text{ima}} = 16.17^2 \times 0.38 = 99.36 \times 10^3 (\text{A}^2 \cdot \text{s})$$

满足热稳定 $I_t^2 \cdot t > I_k^2 \cdot t_{\text{ima}}$ 要求。

故选择型号为 ZN22-10/1250-25kA 的断路器能满足要求。计算结果如表 5-6 所示。

表 5-6　例 5-2 高压断路器选择校验结果表

序 号	安装地点电气条件		ZN22-10/1250-25kA			
	项目	计算数据	项目	技术数据	比较关系	结论
1	工作电压 U_N	10kV	额定电压 U_r	10kV	$U_r = U_N$	合格
2	最大工作电流 I_C	115.47A	额定电流 I_r	1250A	$I_r > I_C$	合格
3	三相短路电流 I_k	16.17kA	额定开断电流 I_{br}	25kA	$I_{br} > I_k$	合格
4	短路电流冲击值 i_{sh}	29.75kA	动稳定电流峰值 i_{max}	63kA	$i_{max} > i_{sh}$	合格
5	热稳定性校验 $I_k^2 \cdot t_{\text{ima}}$	99.36×10^3 A²·s	热稳定性效应 $I_t^2 \cdot t$	2500×10^3 A²·s	$I_t^2 \cdot t > I_k^2 \cdot t_{\text{ima}}$	合格

5.3.4　高压熔断器的选择

高压熔断器应根据主要依据负荷的大小、保护特性、短路电流、使用环境及安装条件等综合考虑选择。高压熔断器的选择项目及条件应满足表 5-3 中的要求。

1. 熔断器的安秒特性

熔断器的熔体熔断时间与通过电流的关系称为熔断器的安秒特性,即保护特性。如图 5-12 所示,通过熔体的电流越大,熔断的时间越短。因此,对熔体来说,其动作电流和动作时间的安秒特性,为反时限特性。

图 5-12 中,I_r 为熔体额定电流。其含义为当通过熔体的电流不大于熔体的额定电流时,熔体不会熔断。I_{min} 为最小熔断电流。一般定义熔体的最小熔断电流与熔体的额定电流之比为最小熔化系数。常用熔体的熔化系数大于 1.25,也就是说额定电流为 100A 的熔体在电流 125A 以下时不会熔断。当通过熔体的电流超过最小溶化系数的倍数时,熔体会在一定时间内熔断。如用于保护线路和变压器的 RN1 型

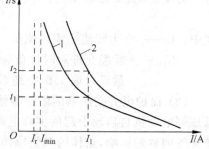

图 5-12　熔断器的安秒特性
1—熔体截面小；2—熔体截面大

户内高压限流熔断器,当通过熔断器的电流为其额定电流的 1.3 倍时 1 小时内不熔断;当通过熔断器的电流为其额定电流的 2 倍时 1 小时内熔断。用于电压互感器的 RN2 型户内高压限流熔断器,额定电流为 0.5A,1 分钟内熔断电流应在 0.6～1.8A 范围内。

熔体截面不同,其安秒特性也不同。熔体截面越大,其额定电流越大,当通过统一电流 I_1 时,截面较小的熔体熔断时间 t_1 短,先熔断来切断线路,实现保护作用。因此,可以根据熔体的保护特性实现有选择地切断故障电路。

2. 熔断器的额定电流

熔断器的额定电流是指熔断器载流部分和接触部分设计所依据的电流值。熔体的额定电流由材料和截面积能允许通过的最大电流决定。熔体的规格不同，其额定电流大小也不同。如 RN1-10 型室内高压熔断器熔体的额定电流有 2A、3A、5A、7.5A、10A、15A、20A、25A、30A、40A、50A 等。在同一个熔断器内，可以分别装入不同额定电流的熔体，截面积最大的熔体的额定电流即为熔断器的额定电流。如 RN1-10/50-200MVA 型熔断器的额定电流为 50A，额定断流容量为 200MVA。

3. 高压熔断器的选择与校验

1）类型选择

熔断器的类型选择应符合保护设备的要求以及安装要求。被保护对象有线路、变压器、电动机、电压互感器等，安装要求有户内和户外。如户外高压熔断器用 RW 型，户内用 RN型。户内保护变压器用 RN1 型，保护高压互感器则选用 RN2 型。

2）熔断器额定电流的选择

熔断器的额定电流应不小于所安装熔体的额定电流，即

$$I_{r \cdot FU} \geqslant I_{r \cdot FE} \tag{5-16}$$

式中：$I_{r \cdot FU}$——熔断器的额定电流，A；

　　　$I_{r \cdot FE}$——熔体的额定电流，A。

3）熔体的额定电流选择

（1）保护电力线路的熔断器熔体的额定电流应满足条件

$$I_{r \cdot FE} \geqslant I_{C \cdot WL} \tag{5-17}$$

式中：$I_{C \cdot WL}$——被保护线路的计算电流，A。

为保证线路短路时线缆不至于过热而损坏，一般要求熔体额定电流和线缆载流量满足条件

$$I_{r \cdot FE} \leqslant K_{OL} I_{al} \tag{5-18}$$

式中：I_{al}——电力线路线缆载流量，A；

　　　K_{OL}——线缆允许短时过负荷系数。一般情况下熔断器仅作为短路保护且导线为明敷设时取 1.5，电缆敷设时取 2.5。

（2）保护电力变压器的熔断器熔体的额定电流应考虑电力变压器可能的过负荷运行，低压侧电动机自启动引起的尖峰电流，变压器空载投入或突然恢复电压时产生的合闸励磁涌流等因素的影响，熔体的电流应满足条件

$$I_{r \cdot FE} \geqslant (1.5 \sim 2) I_{1r \cdot T} \tag{5-19}$$

式中：$I_{1r \cdot T}$——被保护电力变压器一次侧额定电流，A。

（3）保护电压互感器的熔断器熔体的额定电流需要按额定电压和开断能力以及额定电流选择。应采用专用 RN2 等型号，其熔体额定电流为 0.5A。

（4）保护并联电容器的熔断器熔体的额定电流应满足条件

$$I_{r \cdot FE} \geqslant K I_{r \cdot C} \tag{5-20}$$

式中：$I_{r \cdot C}$——电容器的额定电流，A；

　　　K——计算系数，一般取 1.5。对单台电容器保护时，取 1.5～2.0；对电容器组保护时取 1.3～1.8。

4）按断流能力校验

（1）对有限流能力的熔断器，由于熔体能在短路冲击电流到达之前切断电流，故校验条件为

$$I_{br} \geqslant I_k$$

或

$$S_{br} \geqslant S_k \tag{5-21}$$

式中：I_{br}、S_{br}——熔断器最大开断电流和容量；

　　　　I_k、S_k——熔断器安装处三相短路次暂态电流的有效值和容量。

（2）对非限流式熔断器，由于熔体能在短路冲击电流到达之后切断电流，故校验条件为

$$I_{br} \geqslant I_{sh}$$

或

$$S_{br} \geqslant S_{sh} \tag{5-22}$$

式中：I_{sh}、S_{sh}——熔断器安装处三相短路冲击电流的有效值和容量。

（3）对于具有断流能力上、下限的熔断器，其断流能力的上限应满足式（5-21）的条件；其断流能力的下限，在小接地电流系统中应满足条件

$$I_{br \cdot min} \leqslant I_{k \cdot min}^{(2)}$$

或

$$S_{br \cdot min} \leqslant S_{k \cdot min}^{(2)} \tag{5-23}$$

式中：$I_{br \cdot min}$、$S_{br \cdot min}$——熔断器开断电流和开断容量的下限值；

　　　　$I_{k \cdot min}^{(2)}$、$S_{k \cdot min}^{(2)}$——最小运行方式下熔断器所保护线路末端两相短路电流的有效值和短路容量。

如果三相短路电流计算值小于熔断器开断容量的下限值，则所产生的气体有可能不足以灭弧。

5）熔断器保护灵敏度的校验

为保证熔断器在保护范围内发生短路故障电流时能可靠熔断，熔断器的保护灵敏度应满足条件

$$S_{FU} = \frac{I_{k \cdot min}^{(2)}}{I_{r \cdot FE}} \tag{5-24}$$

式中：S_{FU}——熔断器保护灵敏度系数，一般取 4～7；

　　　　$I_{k \cdot min}^{(2)}$——最小运行方式下熔断器所保护线路末端最小短路电流。对于保护配变压器的高压熔断器来说，最小短路电流是低压侧母线的两相短路电流折算到高压侧的值。

5.4　低压电气设备的选择

5.4.1　常用的低压开关电器

1. 低压断路器

低压断路器为自动空气断路器，又称空气开关或自动开关。它是一种既有手动开关作用又能自动进行欠电压、失电压、过载和短路保护的电器，具有保护和控制功能。

1）结构原理及分类

低压断路器的结构原理如图 5-13 所示。当电路发生短路或严重过载时,过电流脱扣器的衔铁吸合,使自由脱扣机构动作,主触点断开主电路。当电路过载时,热脱扣器的热元件发热使双金属片上弯曲,推动自由脱扣机构动作。当电路欠电压时,欠电压脱扣器的衔铁释放。也使自由脱扣机构动作。分励脱扣器则作为远距离控制用,在正常工作时,其线圈是断电的,在需要距离控制时,按下起动按钮,使线圈通电,衔铁带动自由脱扣机构动作,使主触点断开。

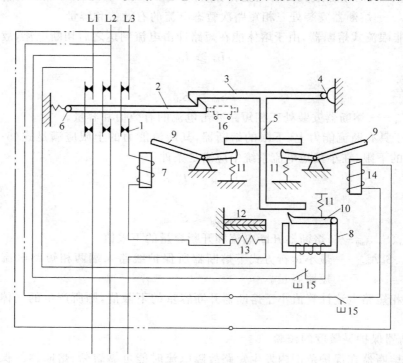

图 5-13　低压断路器结构原理示意图

1—主触点;2—锁键;3—搭沟钩;4—转轴;5—杠杆;6、11—恢复弹簧;7—过电流脱扣器;8—欠电压脱扣器;
9、10—衔铁;12—热脱扣器双金属片;13—加热电阻丝;14—分励脱扣器;15—按钮;16—合闸线圈

低压断路器按结构型式可分为塑壳式、万能式、限流式、直流快速式、灭磁式、漏电保护式、模块化小型断路器等。按极数可分为单极、双极、三极、四极式。按断路器用途可分为配电型、电动机保护型、照明型和剩余电流保护型等。

国产低压断路器的型号含义如图 5-14 所示。

框架式低压断路器的结构是敞开式装设在塑料或金属的框架上的。因为它的保护方案和操作方式较多,装设地点也很灵活,因此也称为万能式低压断路器。万能式断路器具有功能强大,保护灵敏度高,使用寿命长等特点。具有过流、过压、欠压、通信等功能。万能式断路器是一种智能化控制性断路器。一般应用于电流需求较大保护要求高的场所。如低压进线总开关,电流大的电机等场合。一般万能式断路器最小额定电流为 630A,最大额定电流为 6300A。

塑料外壳式断路器的全部结构和导电部分都装设在一个塑料外壳内,仅在壳盖中央露出操作手柄,供手动操作使用。塑料外壳式断路器具有短路保护、短路分断、限流分断、远程脱扣和漏电保护等作用。一般应用于电机的分断控制及照明、动力的分支控制或电流大的

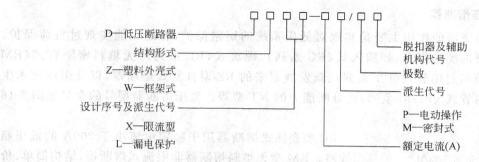

图 5-14　国产低压断路器的型号含义

场合（最大 800A）。

模块化小型断路器结构简单，具有隔离、漏电保护、限流分断、短路保护等作用。适用于照明线路、小电流型电动机以及二次控制回路的控制。一般最大额定电流为 125A。

目前，常用型号有国产 DZ15、DZ20、DW15、DW16 等，引进进口技术产品有 C45N、ME、AH 等，还有智能型断路器 DZ40、DW48、CW1 等。

2）主要技术参数

（1）额定电压。它是指与安装处电源电压相符合的工作电压，一般不小于电网的额定电压等级，即交流 220V、380V 等。

（2）额定电流。额定电流分为断路器正常工作的额定电流和断路器壳架等级额定电流。壳架等级额定电流是指同规格的框架或外壳中能装的最大脱扣器额定电流。

（3）额定短路分断能力。它是指断路器在规定的使用条件下，能分断的预期短路电流。可分为额定极限短路分断能力和额定运行短路分断能力。前者是指在规定的条件下，能分断的短路电流的极限值，不考虑能否正常使用；后者则是指分断短路电流后，仍能正常使用。

（4）额定短路接通能力。指断路器在额定频率和给定功率因数的条件下，额定工作电压提高 5％时能接通的短路电流。

2. 低压刀开关

低压刀开关是一种用来接通或断开电路的手动开关，常用于不经常操作的小电流电路中。低压刀开关按极数可分为单极、双极、三极。按灭弧结构可分为带灭弧罩和不带灭弧罩。

按用途可分为单投和双投。低压刀开关型号的含义如图 5-15 所示。

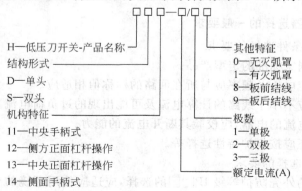

图 5-15　低压刀开关型号的含义

3. 低压熔断器

低压熔断器的作用主要是实现对低压系统的短路保护,有的也能实现过负荷保护。低压熔断器的类型很多,如插入式(RC 系列)、螺旋式(RL 系列)、无填料密闭管式(RM系列)、有填料封闭管式(RT 系列)、新发展起来的 RZ 型自复式熔断器,以及引进技术生产的有填料管式 gF、aM 系列,高分断能力的 NT 型等。低压熔断器型号的含义如图 5-16所示。

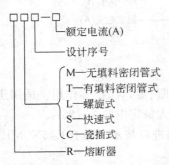

图 5-16　低压熔断器型号的含义

RC 型瓷插式熔断器用于额定电流小于 200A 的低压照明线路。RM 型无填料熔断器非限流式熔断器,结构简单、价廉、更换熔体方便。RT 型有填料封闭管式熔断器灭弧断流能力很强,保护性能好、断流能力大,属"限流"式熔断器。熔体熔断后,有红色的熔断指示器弹出,方便运行人员的监视。一般熔断器熔体熔断后,必须更换新的熔体才能恢复供电。RZ1 型自复式熔断器采用金属钠作为熔体,在常温下,钠的电阻率很小,可以顺畅地通过正常的负荷电流。但在短路时,钠受热迅速气化,其电阻率变得很大,因而可以限制短路电流。在限流动作结束后,钠蒸气冷却,又恢复为固态钠,恢复到正常的工作状态。

4. 低压负荷开关

低压负荷开关是一种由带灭弧罩的低压刀开关与低压熔断器组合而成的外装封闭式铁壳或开启式胶盖的开关电器。它能有效地通断负荷电流,并能进行短路保护,具有操作方便、安全经济的优点。

5. 剩余电流保护装置

剩余电流保护装置(RCD)是一种检测被保护电网内发生的相线对地漏电大小或触电电流的大小,并作为跳闸信号使保护装置跳闸的切断线路。剩余电流保护装置俗称为漏电保护开关,它能用来防止人身触电和接地漏电引起的电气事故。当电路或用电设备漏电电流大于装置的整定值,或人、动物发生触电危险时,它能迅速动作,切断事故电源,避免事故扩大,保障人身和设备的安全。

5.4.2　低压开关电器的选择与校验项目

1. 低压开关电器选择的一般要求

1) 按正常工作条件选择的要求

(1) 选用符合国家标准的定型产品。

(2) 电器的额定电压及频率应与所在回路的标称值相适应。

(3) 额定电流应不小于线路的计算电流及可能出现的过负荷电流。

(4) 切断负荷电流的电器,应校验其断开电流的能力。

(5) 保护电器还应按保护特性选择等。

2) 按环境条件选择的要求

(1) 开关电器的外壳防护等级 IP□□的选择,应适应使用环境的要求。如多尘环境宜选防尘型(IP5X)等。

（2）高原地区采用高原型电器(海拔超过 1000m 的地区)。

（3）高温(环境温度大于 40℃)、高湿(相对湿度大于 90%)地区应选择湿热型电器。

（4）对于爆炸和火灾场所的电器,应满足相应规范规定。

3) 按短路工作条件选择的要求

（1）通过短路电流的电器,应满足短路条件的动稳定和热稳定要求。

（2）要求断开短路电流的电器,应满足短路条件的分断能力。

2. 低压开关电器的选择和校验项目

低压开关电器的选择与校验项目如表 5-7 所示。

表 5-7　低压开关电器选择校验的项目及条件

名　称	电压/kV	电流/kA	断流能力/kA	环境条件	短路校验	
					动稳定	热稳定
断路器	√	√	√	√	✗	✗
负荷开关	√	√	√	√	✗	✗
隔离开关	√	√		√	✗	✗
刀开关	√	√		√	✗	✗
熔断器	√	√	√	√		
选择与校验的条件	开关电器的额定电压 U_r 应大于等于被保护线路的额定电压 U_N: $U_r \geqslant U_N$	开关电器的额定电流 I_r 应大于等于通过设备的计算电流 I_C: $I_r \geqslant I_C$	开关电器的最大开断电流 I_d 应不小于它可能开断的最大短路电流 $I_k^{(3)}$ 或最大负荷电流 I_{max}: $I_d \geqslant I_k^{(3)}$ 或 $I_d \geqslant I_{max}$	开关电器应符合装置地点的环境条件	按三相短路冲击电流校验	按三相短路稳态电流校验

注:表中"√"表示必须校验,"✗"表示一般不必校验。

由于低压断路器和低压熔断器是保护电器,实现保护功能的脱扣器的选择和熔体额定电流的选择与保护方式有关,其选择方法将在后续章节介绍。

5.4.3　低压开关柜的选择

1. 低压配电柜的类型

低压配电柜(屏)是按一定的主接线方案,将一、二次设备组装在金属柜体内的低压成套配电装置,广泛应用于低压配电系统中。低压配电柜从结构上可分为固定式和抽出式。固定式是将各电器元件可靠地固定于柜体中确定的位置。抽出式是将开关、电流互感器等主要电器元件装入可移动的抽屉内,可方便更换维修。固定式开关柜相对出线回路少,占地较多。抽出式开关柜占地较少,维护方便,出线回路多,但价格较高。

低压开关柜常用型号含义如表 5-8 所示。

表 5-8　部分低压开关柜型号含义

型　　号	型 号 含 义	适 用 范 围
GGD	G—封闭式柜体，G—固定式，D—电力用	适用于交流频率为 50Hz，额定电压 380V，额定电流为 3150A 以下的配电系统，作为动力、照明及发配电设备的电能转换、分配与控制
GCK	G—封闭式柜体，C—抽出式，K—控制用	(1) 适用于交流 50Hz、额定电压小于等于 660V、额定电流 4000A 及以下的控配电系统作为动力配电、电动机控制及照明等配电设备 (2) 通常安装模数 $E=20mm$
GCS	G—封闭式柜体，C—抽出式，S—森源电气系统	(1) 适用于交流 50Hz，额定电压为 400V（690V），额定电流为 4000A 及以下的发、供电系统中的作为动力、配电和电动机集中控制、电容补偿 (2) 通常安装模数 $E=20mm$
MNS	M—标准间模式，N—低压，S—开关配电设备	(1) 参考国外低压开关柜设计并加以改进开发的高级低压开关柜，广泛用于各种低压配电系统 (2) 通常安装模数 $E=25mm$

2. 选择因素

低压开关柜是成套配电装置，其中主要的断路器、开关电器、电流互感器等由设计者选择，其他的测量仪表、控制回路的电器元件等均由厂家配套提供。通常根据用户的使用条件和经济状况选择开关柜的型号类型。每种型号的低压开关柜均有多种组合形式的主接线方案，应根据使用场所的供配电系统主接线回路，选出每个回路中的开关电器、电流互感器的型号规格，结合产品样本，再选择开关柜的回路方案号，如进线柜、馈电柜、补偿柜、动力配电柜、照明配电柜、联络柜等。如果选择抽出式开关柜，还需根据开关柜的安装模数，结合主接线方案以及开关的型号规格，计算抽屉的小室高度。在确定出每个柜体中抽屉出线的最多回路数，并考虑备用回路的预留，确定出开关柜的数量。

低压开关柜的选择还应充分考虑开关柜的基本电气参数与安装地点的电气环境相符合。开关柜的回路方案号应与低压配电系统主接线方案保持一致。

5.5　互感器及其选择

互感器是一种特殊的小型变压器，能将线路中的大电流或高电压变换为能够进行测量、计量、继电保护用的小电流或低电压，并能正确反映电气设备的正常运行及故障情况。互感器分为电流互感器和电压互感器两种。将一次回路中的大电流变换为小电流的互感器称为电流互感器，简称 CT。将一次回路中的高电压降为低电压的互感器称为电压互感器，简称 PT。

互感器的主要作用为可将二次侧的测量或保护用的继电器和仪表与一次系统隔离，保证了二次设备和人身的安全；可将一次侧的大电压统一变为 100V 或 $100/\sqrt{3}$ V 的低电压，将一次回路中的大电流统一变为 5A 的小电流，使二次侧的测量、计量仪表和继电器等装置能够标准化、小型化，并降低了对二次设备的绝缘要求。

5.5.1　电流互感器的使用和选择

1. 电流互感器的使用

将电流互感器匝数少的一次侧串联在被测量或保护的线路中,匝数多的二次侧接仪表和继电器线圈使用。正常情况下,电流互感器二次侧处于接近短路状态。二次绕组的额定电流一般为 5A,少数也有 1A。根据变压器变流原理,通过不同变流比 K_i 的电流互感器就可测量任意大的电流。即

$$I_1 \approx \frac{N_2}{N_1} \cdot I_2 \approx K_i \cdot I_2 \tag{5-25}$$

式中:I_1——被测量的一次侧线路电流值,A;

I_2——电流互感器二次侧电流值,A;

N_1、N_2——电流互感器一次侧和二次侧绕组匝数;

K_i——电流互感器的变流比,表示为额定一次电流和二次电流之比,即 $K_i = I_{1r}/I_{2r}$。

1)电流互感器的接线方式

在三相供配电系统中,可根据需要使用 1～3 个单相电流互感器构成不同的接线方式进行测量和继电保护。为保证设备及人员安全,防止一次侧过电流等原因引起一、二次侧绕组绝缘破坏致使二次侧带高电压。电流互感器的二次侧必须有一点可靠接地,严禁多点接地。

(1)单相接线

如图 5-17 所示,由一台单相电流互感器构成,主要用于测量三相对称负载系统中的一相电流。

(2)两相不完全星形接线

如图 5-18 所示,由两台单相电流互感器构成,可测量装有互感器的 L1 相和 L3 相两相电流。对于一次侧中性点不接地三相对称系统还可以通过二次侧中性线上的电流表,测出 L2 相上的电流大小。这是因为测出的 L1 相和 L3 相的电流之和与 L2 相上流过的电流大小相等,方向相反。

(3)三相星形接法方式

如图 5-19 所示,由三台电流互感器构成,可分别测量三相电流。

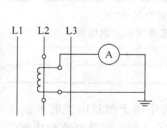
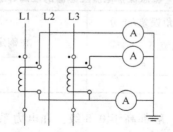
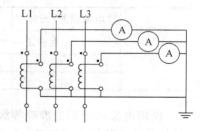

图 5-17　单相接线　　　　　　　图 5-18　两相不完全星形接线　　　　　图 5-19　三相星形接线

2)电流互感器的误差、准确度等级及额定容量

(1)误差

由于铁芯和线圈存在损耗,二次回路侧的电流 $K_i I_2$ 与一次线路电流 I_1 在数值大小和相位上都有差值。由二次回路所测读数 $K_i I_2$ 与一次线路实际电流 I_1 之间的差值对实际电流 I_1 的百分数来表示电流误差,即

$$\Delta I = \frac{K_i I_2 - I_1}{I_1} \times 100(\%) \tag{5-26}$$

由二次回路电流向量 $\dot{I}_2$ 旋转 $180°$ 后与一次线路电流向量 $\dot{I}_1$ 之间的夹角 δ_i 称为角误差或称相位误差。当二次回路电流向量 $-\dot{I}_2$ 超前一次线路电流向量 $\dot{I}_1$ 时,角误差 δ_i 为正角误差,反之为负角误差。

（2）准确度等级

电流互感器的准确度是指二次负荷在规定范围内对一次电流测量所产生的最大误差。根据测量时产生误差的大小,常用电流互感器准确度等级有 0.1、0.2、1、3、10 和保护级 3P、10P 等,"P"表示保护用。各准确等级的误差值如表 5-9 和表 5-10 所示。

表 5-9　电流互感器的准确等级和误差限值

准确等级	一次电流为额定电流的百分数/%	误差限值		二次负荷变化范围
		电流误差/±%	角误差/±分	
0.1	10	0.25	10	
	20	0.2	8	
	100~120	0.1	5	
0.2	10	0.5	20	
	20	0.35	15	
	100~120	0.2	10	
0.5	10	1	60	
	20	0.75	45	$(0.25 \sim 1)S_{2n}$
	100~120	0.5	30	
1	10	2	120	
	20	1.5	90	
	100~120	1	60	
3	50~120	3	不规定	$(0.5 \sim 1)S_{2n}$
10	50~120	10		

表 5-10　稳态保护电流互感器的准确等级

准确等级	电流误差/±%	角误差/±分	复合误差/%
	在额定一次电流下		在额定准确限值一次电流下
5P	1.0	60	5.0
10P	3.0		10.0

仪用电流互感器的准确等级一般都高于 0.5 级。在电力系统中用于测量电能的电流互感器,其准确等级应不低于 0.5 级,电能很大时,要求采用 0.2 级或 0.1 级;测量电流和功率的电流互感器,其准确等级一般用 1 级;3 级和 5 级只用来监视电流,即大致观察电流的大小。

在选用电流互感器的电流比时,应该使被测电流等于或略小于电流互感器的额定一次电流,使互感器在额定电流附近运行,测量更准确。

表 5-10 中的复合误差是指包括基波和谐波在内的励磁电流安匝（有效值）与额定准确限值一次电流安匝（有效值）的比值,并以百分数表示。保护用电流互感器的准确等级用 5P 和 10P 表示,其允许复合误差为 5% 和 10%。

（3）额定容量

电流互感器的额定容量是指在某一准确等级下，二次侧回路中负荷电流为额定值 I_{2r}，且二次侧回路在允许额定阻抗为 Z_{2r} 下运行时，二次线圈输出的容量 S_{2n}，即

$$S_{2r} = I_{2r}^2 Z_{2r} \tag{5-27}$$

因为电流互感器二次侧电流已标准化，即 $I_{2r} = 5A$，所以有

$$S_{2r} = 25 Z_{2r} \tag{5-28}$$

故电力互感器每相的额定容量通常又可以用二次额定阻抗 Z_{2r} 表示。

因为电流互感器的误差与二次负荷大小有关，所以同一台电流互感器的准确级不同时，额定容量也不同。如 LA-10 型穿墙式电流互感器在准确级为 0.5 级时，$Z_{2r} = 0.4\Omega$，准确等级为 3 级时，$Z_{2r} = 0.6\Omega$。在选用电流互感器时，必须使二次负荷小于或等于该准确级下的额定容量。

根据相关标准规定，电流互感器的二次负荷必须在额定负荷和下限负荷的范围内，各级电流互感器的误差才能不超过允许值。对于 0.1 级至 1 级电流互感器，下限负荷一般规定为 25% 的额定负荷。对于 3 级和 5 级电流互感器，下限负荷一般规定为 50% 的额定负荷。对于保护用电流互感器 5P 和 10P 级，互感器负荷越小，误差越小。

例 5-3　额定容量为 20VA，二次电流为 5A 的电流互感器，准确等级为 0.5。求其额定负荷和下限负荷。

解：额定负荷阻抗为

$$Z_{2r} = \frac{S_{2r}}{25} = \frac{20}{25} = 0.8\Omega$$

下限负荷为

$$Z_x = 25\% \times Z_{2r} = 25\% \times 0.8 = 0.2\Omega$$

所以，此电流互感器的额定负荷为 0.8Ω，下限负荷为 0.2Ω。

2. 电流互感器的选用

电流互感器的选择应根据安装地点和安装方式选择型号类型，根据一次回路所测量的电压和电流值选择其额定电压、额定电流、额定容量以及准确等级，并进行短路电流下的动稳定和热稳定校验。

1）电流互感器的类型

电流互感器的类型很多，按一次电压分为高压和低压两大类。按一次绕组的匝数分为单匝式（包括母线式、芯柱式、套管式）和多匝式（包括线圈式、线环式、串级式）。按用途分为测量用和保护用两大类。按绝缘方式可分为干式、浇注式、油浸式等。

电流互感器型号的含义如图 5-20 所示。

如图 5-21 所示为户内低压 LMZ1-0.5 0.2-300 型电流互感器的外形图。它不含一次绕组，中间窗口供母线穿绕使用，一次绕组相当于 1 匝。该种电流互感器为不饱和树脂绝缘浇注穿心母线型电流互感器，供额定频率为 50Hz，电压为 500V 及以下交流线路中测量电流、电能及继电保护使用。

如图 5-22 所示为户内高压 LZZB10-10 型电流互感器的外形图。它有两个铁芯和两个二次绕组，分别为 0.2 级和 10P 级，其中 0.2 级用于测量，10P 级用于继电保护。高压电流互感器多制成不同准确级的两个铁芯和两个绕组，分别接测量仪表和继电器，以满足测量和保护不同准确等级要求。

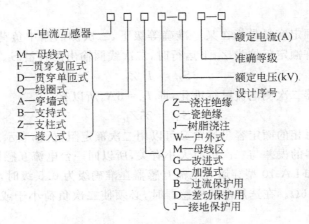

图 5-20　电流互感器型号的含义

图 5-21　LMZ1-0.5 型电流互感器
1—铭牌；2——次母线穿孔；
3—二次绕组及外壳(不饱和树脂浇注)；
4—安装板；5—二次接线端子

图 5-22　LZZB10-10-0.2/10P 型电流互感器
1——次绕组接线端子；2—二次绕组及外壳；
3—二次绕组接线端子；4—安装底座

2) 额定电压与额定电流的选择

(1) 电流互感器的额定电压,是指一次绕组所接线路上的线电压。电流互感器的额定电压和额定电流应满足式(5-10)和式(5-11)的要求,二次侧额定电流 I_{2r} 一般为 5A 或 1A等。一般弱电系统用 1A,强电系统用 5A。

(2) 额定电流的选择一般是按长期通过电流互感器的最大工作电流 I_C 来选择,故在正常运行中的实际负荷电流应达到额定电流值的 60% 左右,至少应不小于 30%。而且额定二次电流必须与电能表的额定电流值相吻合。因此,一般为

$$I_{1r} = (1.25 \sim 1.5)I_C$$

3) 准确等级的选择

电流互感器的准确度等级应根据二次回路所接测量仪表和保护电器对准确等级的要求而定。电流互感器的准确等级应不低于所接测量仪表等要求的准确等级。如计费用电度表一般要求为 0.5 级准确等级,相应的电流互感器的准确等级亦应选择 0.5 级。当同一回路所供测量仪表要求多个不同准确等级时,电流互感器应按准确等级最高的仪表确定准确等级。

4) 额定容量的选择

为了保证电流互感器的准确等级,互感器二次侧所接负荷 S_2 应不大于该准确等级所规

定的额定容量 S_{2r}，即

$$S_{2r} \geqslant S_2 \tag{5-29}$$

或

$$Z_{2r} \geqslant Z_2 \tag{5-30}$$

二次负荷 S_2 由二次回路的负荷阻抗 $|Z_2|$ 决定。$|Z_2|$ 是二次回路中所有串联的仪表、继电器电流线圈阻抗 $\sum|Z_i|$ 和连接导 线阻抗 $|Z_{WL}|$ 及接头接触电阻 R_{XC} 之和，即

$$|Z_2| \approx \sum|Z_i| + |Z_{WL}| + R_{XC} \tag{5-31}$$

$|Z_i|$ 可由仪表、继电器的产品样本中查得，R_{XC} 一般取 0.1Ω，忽略了电抗值，$|Z_{WL}|$ 可近似地认为

$$|Z_{WL}| \approx R_{WL} = l/(\gamma A)$$

式中：γ——导线的电导率，铝线 $\gamma = 32\mathrm{m}/\Omega \cdot \mathrm{mm}^2$，铜线 $\gamma = 53\mathrm{m}/\Omega \cdot \mathrm{mm}^2$；

　　　A——导线截面积，mm^2；

　　　L——对应于导线阻抗的计算长度，m。

若从互感器到仪表，继电器的单向长度为 l_1，则当互感器为一相式接线时，$l = 2l_1$，为三相星形接线时，$l = l_1$，为两相不完全星形接线时，$l = \sqrt{3}\, l_1$。则

$$S_2 = I_{2r}^2 \cdot |Z_2| \approx I_{2r}^2\left(\sum|Z_i| + R_{WL} + R_{XC}\right) \tag{5-32}$$

对于保护用电流互感器来说，通常采用 10P 准确级，也就是说电流互感器的复合误差为 10%。由式(5-32)得知，在电流互感器准确等级允许的二次负荷 S_2 值一定时，一次电流越大，变比后二次侧电流也就越大，允许的二次负荷阻抗值就越小。因此，电流互感器误差为 10% 时的一次电流倍数 K_1(即 $I_{1.\,max}/I_{1r}$) 与最大允许的二次负荷阻抗 $|Z_{2.\,al}|$ 的关系曲线，称为电流互感器的 10% 误差曲线。可以使用厂家提供的电流互感器的 10% 误差曲线确定二次侧负荷的阻抗值 $|Z_2|$。若 $|Z_2| \leqslant |Z_{2.\,al}|$ 则说明所选用的电流互感器满足准确等级要求。

若电流互感器不满足准确等级要求，则必须改选变流比较大的互感器，或者二次额定容量 S_{2r} 或二次最大负荷阻抗 $|Z_{2.\,al}|$ 较大的互感器，或者加大二次接线的截面，减小线路的阻抗值。按有关规定，电流互感器二次接线的铜芯线截面不得小于 $1.5\mathrm{mm}^2$，铝芯线截面不得小于 $2.5\mathrm{mm}^2$。

5) 热稳定校验

电流互感器厂家提供的热稳定倍数 K_t 是指在规定的时间(通常取 1s)内所允许通过电流互感器的热稳定电流与其一次侧额定电流的比值，即

$$K_t = \frac{I_t}{I_{1r}}$$

因此，热稳定校验应满足的条件为

$$I_t^2 \cdot t \geqslant I_k^2 t_{ima} \tag{5-33}$$

或

$$(K_t \cdot I_{1r})^2 \cdot t \geqslant I_k^2 \cdot t_{ima} \tag{5-34}$$

6) 动稳定校验

因断路电流会流过电流互感器一次绕组，故其动稳定校验条件应满足式(5-12)。

3. 电流互感器的使用注意事项

（1）电流互感器在工作时其二次侧不得开路。在安装时，电流互感器二次侧的接线一定要牢靠、接触良好，并且不允许串接熔断器和开关。

（2）电流互感器的二次线圈一端和外壳均应接地。互感器二次侧一端接地是为了防止其一、二次绕组间绝缘击穿时，一次侧的高电压窜入二次侧，危及人身和设备的安全。

（3）电流互感器在连接时，需注意其端子的极性。中国的互感器和变压器一样，其绕组端子都采用"减极性"标号法。所谓"减极性"就是互感器一次绕组接上电压 U_1，二次绕组感应出电压 U_2。即在同一瞬间，两个同名端同为高电位或同为低电位。在安装和使用电流互感器时，一定要注意其端子的极性，否则其二次侧所接仪表、继电器中流过的电流就不是预期的电流，严重的还可能引发事故。

5.5.2　电压互感器的使用和选择

1. 电压互感器的使用

使用时将匝数多的一次侧绕组并联在线路中，匝数少的二次绕组并联于仪表、继电器的电压线圈。由于这些电压线圈的阻抗非常大，正常工作时，电压互感器二次绕组接近于空载状态。二次绕组的额定电压一般为100V，可以用一只量程为100V的电压表通过电压互感器测量出一次侧任意高的电压。

电压互感器的一次侧电压 U_1 与二次侧电压 U_2 之间的关系为

$$\frac{U_1}{U_2} \approx \frac{N_1}{N_2}$$

$$U_1 \approx (N_1/N_2)U_2 = K_u \cdot U_2 \tag{5-35}$$

式中：N_1、N_2——电压互感器的一次侧和二次侧绕组匝数；

　　　K_u——电压互感器的额定电压比，简称为变压比。K_u 表示为额定一、二次电压比，即

　　　$K_u = U_{1N}/U_{2N}$。

在二次侧电压（100V）一定的情况下，二次侧回路阻抗越小则电流越大。当电压互感器二次回路短路时，二次侧回路的阻抗接近为零，二次侧电流 I_2 将变得非常大，如果没有保护措施，将会烧坏电压互感器。所以电压互感器的二次回路不能短路。

1）电压互感器的接线方式

（1）单相接线

如图 5-23（a）所示，用一个单相电压互感器来测量线路的线电压。适用于对称的三相电路，二次侧可接仪表和继电器。

（2）两相不完全星形接法

如图 5-23（b）所示，将两个单相的电压互感器接成 V/V 形，可测量线电压，但不能测相电压。这种接法广泛应用在 20kV 以下中性点不接地或经消弧线圈接地的电网中。

（3）三相星形接线

如图 5-23（c）所示，用三个单相电压互感器接成 Y_n/y_n 形，可测量线电压的仪表和继电器，以及要求供给相电压的绝缘监察电压表。由于小电流接地系统在一次侧发生单相接地时，另两相的对地相电压要升高到线电压，即为原来的 $\sqrt{3}$ 倍，所以绝缘监察电压表不能接入

按相电压选择的电压表,而要按线电压选择,否则在发生单相接地时,电压表可能被烧坏。

(4) Y_n,y_n,△(开口三角形)接线

如图 5-23(d)所示,用三个单相三绕组电压互感器或一个三相五芯柱三绕组电压互感器接成 $Y_n/y_n/$△(开口三角形)。接成 y_n 的二次绕组,可测量线电压或对地相电压,接成△(开口三角形)的辅助二次绕组可测出三相系统的零序电压。当用于中性点不接地系统时,一次侧电压正常工作时,由于三个相电压对称,开口三角形两端的电压接近于零。当某一相发生接地故障时,开口三角形两端将出现很高的零序电压,可使电压继电器动作而发出信号,故可以用来监视电网中的单相接地故障。

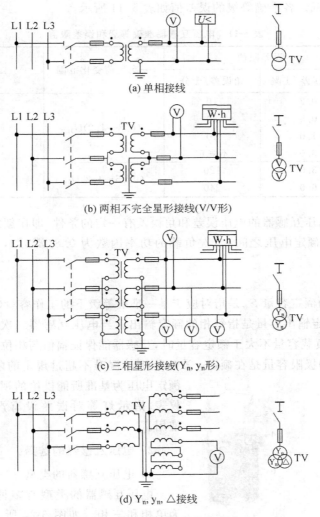

(a) 单相接线

(b) 两相不完全星形接线(V/V形)

(c) 三相星形接线(Y_n, y_n形)

(d) Y_n, y_n, △接线

图 5-23　电压互感器接线方式

2) 电压互感器的误差、准确度等级及额定容量

(1) 误差

由二次回路侧的电压近似值 $K_u U_2$ 与一次线路实际电压 U_1 之间的差值对实际电压 U_1 的百分数来表示电压误差,即

$$\Delta U = \frac{K_u U_2 - U_1}{U_1} \times 100\% \tag{5-36}$$

二次电压向量 $\dot{U}_2$ 旋转 $180°$ 后与一次电压向量 $\dot{U}_1$ 之间的夹角 δ_u 称为角误差。当二次电流 $-\dot{U}_2$ 向量超前一次电压向量 $\dot{U}_1$ 时,角误差 δ_u 为正角误差。

（2）准确等级

电压互感器的准确等级是指在规定的一次电压和二次负荷变换范围内,二次负荷功率因数为额定值时,电压误差的最大值百分数。电压互感器准确等级的使用与电流互感器相同,分为测量用准确等级 0.2、0.5、1、3 等,以及保护用准确等级 3P、6P。准确等级越大,误差等越大,精度越低。各准确等级的误差值如表 5-11 所示。

表 5-11　电压互感器准确等级和误差限值

准确等级	误差限值		一次负荷变化范围	二次负荷变化范围
	电流误差/±%	角误差/±分		
0.2	0.2	10		
0.5	0.5	20	$(0.8 \sim 1.2) U_{1r}$	$(0.25 \sim 1) S_{2r}$
1	1.0	40		$\cos\varphi = 0.8$
3	3.0	不规定		$f = f_N$
3P	3.0	120	$(0.05 \sim 1.2) U_{1r}$	
6P	6.0	240		

满足测量用电压互感器的电压误差和角误差有一定的条件,即在额定频率下,其一次电压在 80%～120%额定电压之间,二次负载的功率因数为 0.8（滞后）,二次负载的容量在 25%～100%之间。

（3）额定容量

电压互感器的额定容量 S_{2r} 是指对应于某一准确等级下的工作容量（VA）。对于三相式电压互感器,其额定输出容量是指每相的额定输出。当电压互感器二次侧承受负载功率因数为 0.8（滞后）,负载容量不大于额定容量时,互感器能保证幅值与相位的精度。

电压互感器的极限容量是在额定一次电压下的温升不超过规定的限值时,二次绕组以额定电压为基准所能供给的视在功率值。只有当仪表、指示灯等对误差没有严格要求时才允许使用。

2. 电压互感器的选择

1）电压互感器的类型

电压互感器的类型有多种,通常按相数可分为单相和三相。如图 5-24 所示为单相油浸式绝缘 JDJ-10 型电压互感器。按绝缘及其冷却方式可分为干式、浇注式、充气式、油浸式等几种。按绕组数可分为双绕组和三绕组。

电压互感器型号的含义如图 5-25 所示。

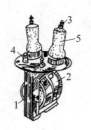

(a) 结构　　　　(b) 外形

图 5-24　JDJ-10 单相电压互感器
1—铁芯；2—二次绕组（油浸式绝缘）；
3—一次接线端子；4—二次接线端子；
5—高压绝缘套管；6—外壳

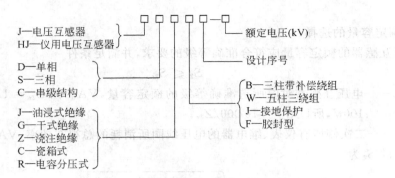

图 5-25　电压互感器型号的含义

2) 额定电压的选择

(1) 额定一次电压

电压互感器额定一次电压应满足条件

$$U_{1r} = U_N$$
$$U_{1m} \geqslant U_W \qquad\qquad (5\text{-}37)$$

式中：U_{1r}——电压互感器的额定电压，V；

U_N——系统标称电压，V；

U_{1m}——电压互感器的最高工作电压，V；

U_W——电压互感器安装处的最高工作电压，V。

(2) 额定二次电压

选择电压互感器额定二次电压应满足仪表、继电器线圈等额定电压为 100V 的要求。

① 单相接线时，$U_{2r} = 100V$。

② 两相不完全星形接线时，$U_{2r} = 100V$。

③ 三相星形接线绕组相电压额定值为 $U_{2r} = 100/\sqrt{3}(V)$，以满足接于二次侧线电压的仪表在 100V 额定电压下工作。

④ $Y_n, y_n, \triangle$（开口三角形）接线时，二次侧接 y_n（星）形的绕组相电压额定值为 $U_{2r} = 100/\sqrt{3}(V)$。

当一次侧为中性点不接地系统发生单相接地故障（如一次侧 L2 相接地）时，另两相对地相电压会升高为线电压 $\sqrt{3}U_\varphi$，如图 5-26 所示，通过变压比为 K_u 的电压互感器后，三角形开口处两端的电压为

$$U_2' = 3\,U_\varphi/K_u$$

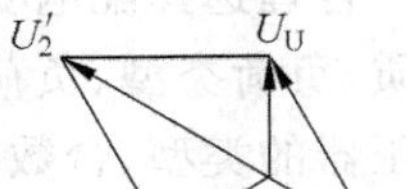

如果额定电压为 100V 的仪表、线圈能正常工作，则电压互感器开口三角形辅助绕组每相额定电压应为

$$U_{2r}' = 100/3(V)$$

图 5-26　单相接地三角形
开口处电压

3) 准确等级的选择

电压互感器的准确度等级应根据二次回路所接测量仪表和保护电器对准确等级的要求而定。如二次侧接入计费电度表准确等级为 0.5 级时，则电压互感器的准确等级应选

0.5 级。

4) 额定容量的选择

电压互感器的额定容量应符合准确等级的要求,并满足条件

$$S_2 \leqslant S_{2r} \tag{5-38}$$

式中: S_{2r} ——电压互感器对应所选准确等级的额定容量,VA。因 $S_{2r} = U_{2r}^2 / Z_{2r}$,而 $U_{2r} = 100V$,所以 $S_{2r} = 10\,000/Z_{2r}$;

S_2 ——二次侧所有仪表、继电器的电压线圈所消耗的总视在功率,VA。

这里的 S_2 为

$$S_2 = \sqrt{\left(\sum P_U\right)^2 + \left(\sum Q_U\right)^2} \tag{5-39}$$

式中, $\sum P_U = \sum (S_U \cos\varphi_U)$ 项表示仪表、继电器电压线圈消耗的总有功功率;

$\sum Q_U = \sum (S_U \sin\varphi_U)$ 项表示仪表、继电器电压线圈消耗的总无功功率。

5) 短路校验

因电压互感器的一、二次侧均有熔断器保护,所以不需要校验短路动稳定和热稳定。

3. 电压互感器的使用注意事项

(1) 电压互感器在工作时其二次侧不允许短路。因为电压互感器一、二次侧都是在并联状态下工作的,如发生短路,将产生很大的短路电流,有可能烧毁互感器,甚至影响一次电路的安全运行。所以电压互感器的一、二次侧都必须装设熔断器或断路器作为短路保护。

(2) 电压互感器的二次侧线圈的一端和外壳应接地,以防止一次侧高压串入二次侧,危及人身和仪表等设备的安全。

(3) 电压互感器在连接时,必须注意一、二次线圈接线端子的极性,保证测量的正确性。

5.6　配电变压器的选择

合理选择配电变压器在智能建筑供配电系统中具有重要意义。选择时应考虑建筑物的性质、负荷类型、负荷大小、分布特点、供电半径、经济运行以及环境等因素,综合确定出配电变压器的类型、台数和容量。配电变压器的电压等级通常选为 10/0.4kV。

5.6.1　变压器的类型和连接组别的选择

1. 配电变压器的类型选择

1) 常用类型

(1) 油浸式变压器

普通油浸式配电变压器主要是采用矿物变压器油作为绕组和铁芯绝缘并进行散热。油浸式变压器成本低、热工和电气性能显著,但其燃点较低,防火性能差。

全充油密封式变压器是油浸式变压器的系列新产品。由于全密封变压器隔绝了变压器油和外界空气的接触途径,使绝缘油不能吸收外界的氧气和潮气,从而延缓了变压器油和绝缘材料的老化,提高了油浸式变压器的可靠性和使用寿命。

高燃点油变压器又称难燃油变压器,具有燃点高(300℃)的特点,能降低火灾风险,适用于室内及人员稠密的建筑物附近等场所。

（2）干式变压器

干式变压器的铁芯和绕组有两种绝缘形式。一种是环氧树脂浇注的固体包封式,在变压器的型号中用"C"表示。另一种是将绕好的绕组放到绝缘漆中浸渍,外面不再包固体绝缘,称为敞开通风式或浸渍式。在变压器的型号中用"G"表示。

（3）非晶合金变压器

非晶合金铁芯变压器,简称为非晶变压器,有油浸式和干式两种。非晶合金是一种新型节能材料,采用快速急冷凝固生产工艺,其物理状态表现为金属原子呈无序非晶体排列,它与硅钢的晶体结构完全不同,更利于被磁化过程,从而大幅度降低变压器的空载损耗。非晶合金变压器空载损耗低,节能环保优势明显。若用于油浸变压器还可减排 CO、SO、NOx 等有害气体,被称为 21 世纪的"绿色材料"。

（4）预装箱式变电站

预装箱式变电站种类繁多,按安装场所可分为户内型和户外型,按箱体结构分为整体式和分体式。预装箱体具有防触电、防外物和水浸入、防火、防机械应力冲击、耐腐蚀和散热性能好等性能。高压环网供电单元的绝缘方式有空气绝缘式和 SF_6 绝缘式。

预装箱内的变压器有油浸式和干式两类。安装方式有两种,一种是将变压器外露,不设置在封闭的变压器室内,另一种是将变压器封闭在室内。低压配电室有带操作走廊和不带操作走廊两种形式。操作走廊一般宽 1000mm。不带操作走廊的低压配电室可将门板做成翼门上翻式,翻上的面板在操作时遮阳挡雨。

2）型号含义

中国常用部分电力配电变压器的型号含义如图 5-27 所示。配电变压器应选用节能型变压器,如表 5-12 所示。

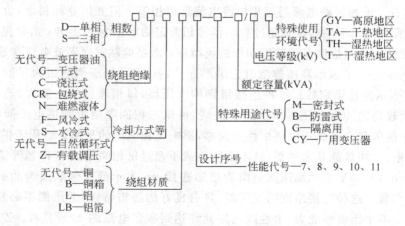

图 5-27　电力配电变压器型号的含义

表 5-12　配电变压器类型的选择

变压器类型	适用场所	型号选择参考
普通油浸式	室外变电所和防火要求一般的场所	普通矿物油变压器选用 S9、S10、S11 节能低损耗系列变压器
高燃点油变压器	室内变电所和有防火要求的场所	SR9、E93 等 β 油变压器和硅油变压器
干式	多层或高层主体建筑内的变电所、地下工程、城市地铁等对消防有较高要求的场所	选用浇注式(SCB8、SCB9、SCB10)和浸渍式(SG9、SG10)节能低损耗系列产品
防尘型或防腐型	在多尘或有腐蚀性气体,严重影响变压器安全运行的场所	S9-M 系列等
防雷式	用于多雷地区及土壤电阻率较高的山区	S9-B 系列等
预装箱式	城市公共配电、高层建筑、城市住宅小区、公园、油田、工矿企业及施工场所	ZBW(N)系列、XBW(N)系列、YBW(N)系列等
有载调压式	用于电力系统供电电压偏低或电压波动严重而用电设备对电压质量要求较高的场所。主变压器不少于两台	SZ9、SZ11 系列等

2. 连接组别的选择

1) 连接组别

对于常用的双绕组变压器来说,其连接组别是指变压器一、二次绕组因采用不同的连接方式而产生的变压器一、二侧对应线电压之间的相位关系。通常采用"时钟法"表示,以一次侧线电压的相位放在时钟 12 点的位置,二次侧线电压的相位与 12 点之间的位置关系来表示连接组别数。如连接组别为 Y,yn11 中的数字 11,表示二次侧线电压超前一次侧线电压的相位 30°,二者之间的相位关系如同时钟 11 点的位置关系。

2) 常用三相变压器绕组的连接组别

(1) D,yn11——D 表示高压侧绕组为三角形连接,yn 表示低压侧绕组为星形连接并有中性线引出,11 表示连接组别数。这种连接组别能抑制输出高次(3n)谐波电流。yn 连接的中性点可引出中性线。允许三相负载不平衡程度较大,中性线上的电流允许达到额定电流的 75% 左右。单相短路电流与三相短路电流近似相等。但变压器耗材多,价格较高。主要的适用场所有三相不平衡负载超过变压器每相额定功率 15% 以上者;需要提高单相短路电流值,确保低压单相接地保护装置动作的灵敏度;需要抑制三次谐波电流含量等。

(2) Y,yn0——Y 表示高压侧绕组为星形连接,yn 表示低压侧绕组为星形连接并有中性线引出,0 表示连接组别数。这种连接组别的变压器,每相通过的电流大,选用导线的截面大,能承受较高的冲击电压。引出的中性线,可供三相四限制负载供电。抑制谐波能力差,三相不平衡负载会使低压电网中性点位移,影响三相电压的平衡。适用于供电系统中谐波干扰不严重,三相负载基本平衡,且不平衡负载不超过每相额定功率 15% 等场所。

(3) Y,zn11——Y 表示高压侧绕组为星形连接,zn 表示低压侧绕组为曲折形连接,11 表示连接组别数。这种连接组别的变压器,具有良好的防雷特性,低压侧不必装设避雷器。有较强的承受不平衡负载能力,中性线电流允许达到额定电流的 40% 左右。Z 连接相电压中无三次谐波分量。该系列变压器的零序阻抗小,过电流保护灵敏,简单可靠。但成本偏高。适用于土质较差的地区,允许有较大的接地电阻值,对防雷要求程度较高的场所。

5.6.2　配变压器的台数和容量的选择

1. 配变压器台数的选择

配变压器台数的选择应根据负荷大小、供电的可靠性和电能质量的要求等方面来决定，并兼顾电能节约、经济适用、运行维护方便等因素。

1）设置普通变压器应考虑的因素

（1）设置一台变压器

变压器带有一、二、三级负荷，其中只有少量一、二级负荷，并能从邻近变电所取得低压备用电源，或变压器仅带较少的三级负荷时，宜选择一台变压器。单台变压器（低压为 0.4kV）的容量不宜大于 1250kVA。单台预装式变电所变压器单台容量不宜大于 800kVA。应选用节能型变压器。

（2）设置两台及以上变压器

变压器带有一、二、三级负荷，其中一、二级负荷较多，且有一定数量的消防设备、保安设备等，或变压器所带的三级负荷量较大，一台变压器不能满足要求，或负荷比较集中，季节性负荷变化较大时，选用一台变压器在技术经济上不合理，应考虑选择两台变压器。装有两台及以上变压器的配变电所，当其中任一台变压器断开时，其余变压器的容量应满足一级负荷及二级负荷的供电要求。季节性变动较大的负荷，可在淡季整台切除变压器负荷，以利于节能。

当设有两台及以上变压器时，应将计费相同、消防控制要求一致的负荷集中在一台变压器上，以便集中管理。可以考虑将照明负荷和动力负荷分别放在两台变压器上供电，尽量避免动力负荷启动时的尖峰电流对照明负荷正常工作的影响。

2）设置专用变压器应考虑的因素

（1）设置照明专用变压器

照明负荷较大，动力和照明采用共用变压器会严重影响照明质量及灯泡寿命，如 IT 系统低压电网中的照明系统。

（2）设置单相变压器

只有单相负荷，且容量不是很大。单相负荷容量较大，且不平衡负荷引起中性导体电流超过变压器低压绕组额定电流的 25% 的情况。

（3）设置其他专用变压器

出于功能需求的某些特殊设备。如 X 光机设备容量超过 100kVA 时等。

2. 变压器容量的选择

1）按变压器的负荷率确定容量

按变压器的负荷率来确定配电变压器的总装机容量为

$$S_{r \cdot T} = \frac{P_C}{\beta \cos \varphi_{av}} \tag{5-40}$$

式中：P_C——建筑物的有功计算负荷，kW；

$\cos \varphi_{av}$——补偿后高压侧的平均功率因数，不小于 0.9；

β——变压器的负荷率，一般取 0.75~0.85；

$S_{r·T}$——变压器的总装机容量，kVA。

2）按计算负荷确定变压器容量

（1）装设一台变压器

变压器的额定容量 $S_{r·T}$ 应满足全部用电设备总的计算负荷 S_C 的需要，即

$$S_{r·T} \geqslant S_C \tag{5-41}$$

（2）装设两台变压器

① 明备用。明备用是指两台变压器正常运行时，其中一台工作，另一台备用。变压器故障或检修时，备用变压器投入运行，并要求带全部负荷。每台变压器的额定容量均按 100% 的负荷选择，即

$$S_{r·T} \geqslant S_C$$

② 暗备用。暗备用是指正常运行时，两台变压器同时工作。当两台变压器容量相同时，每台变压器应满足不小于总计算负荷 70% 的需要。任意一台变压器单独运行时，应满足全部一、二级负荷的需求。

$$\left. \begin{array}{l} S_{r·T} \geqslant (0.6 \sim 0.7)S_C \\ S_{r·T} \geqslant S_{C1} + S_{C2} \end{array} \right\} \tag{5-42}$$

式中：$S_{r·T}$——每台变压器的额定容量，kVA；

S_C——系统总计算负荷，kVA；

S_{C1}——系统中一级计算负荷，kVA；

S_{C2}——系统中二级计算负荷，kVA。

例 5-4 某 10/0.4kV 配变电所中，总计算有功负荷容量为 1330kW，其中三级动力有功负荷为 580kW，三级照明有功负荷为 450kW，动力一级、二级有功负荷为 200kW，照明及其他一级、二级有功负荷为 100kW，取平均功率因数为 0.8。试初步选择变压器的型号、容量和台数？

解： 该配变电所总视在容量为

$$S_{\Sigma} = \frac{P_{\Sigma}}{\cos\varphi} = \frac{1330}{0.8} = 1662.5(\text{kVA})$$

根据建筑物内动力负荷和照明负荷的特点，拟选择两台变压器 T1 和 T2，T1 为动力负荷供电，T2 为照明负荷供电，并互为暗备用。

T1 变压器的容量为

$$S_{r·T1} = \frac{P_{C·T1}}{\beta\cos\varphi_{av}} = \frac{580 + 200}{0.75 \times 0.8} = 1300(\text{kVA})$$

且应满足条件

$$S_{r·T1} \geqslant 0.7S_{\Sigma} = 0.7 \times 1662.5 = 1163.8(\text{kVA})$$

$$S_{r·T1} \geqslant S_{C1} + S_{C2} = \frac{200 + 100}{0.8} = 375(\text{kVA})$$

故变压器 T1 拟选择型号为 SCB9 干式变压器，额定容量取为 1600kVA，满足使用要求。

T2 变压器的容量为

$$S_{r·T2} = \frac{P_{C·T2}}{\beta\cos\varphi_{av}} = \frac{450 + 100}{0.75 \times 0.8} = 916.7(\text{kVA})$$

且应满足条件

$$S_{r \cdot T1} \geqslant 0.7 S_{\Sigma} = 0.7 \times 1662.5 = 1163.8 (\text{kVA})$$

$$S_{r \cdot T1} \geqslant S_{C1} + S_{C2} = \frac{200 + 100}{0.8} = 375 (\text{kVA})$$

故变压器 T1 拟选择型号为 SCB9 干式变压器,额定容量取为 1250kVA,满足使用要求。

3. 变压器的短时过载能力

当变压器故障或检修时,另一台变压器尽量带全部负荷,此时变压器会出现短时过负荷现象。

变压器的额定容量是指在设计标准规定的环境温度下(最高气温 40℃,年平均气温 20℃)和使用年限(一般为 20 年)内,能连续输出的最大视在功率。

在实际运行中,由于负荷在不断变化,且中国绝大多数地区的环境温度低于设计标准所规定的温度,因而变压器具有一定的过负荷能力。变压器在事故时短时过负荷运行的时间不得超过表 5-13 中规定的时间,否则会产生严重的后果。

表 5-13　变压器短时过负荷运行数据

油浸式变压器		干式变压器	
过负荷倍数	允许运行时间/min	过负荷倍数	允许运行时间/min
1.3	120	1.2	60
1.45	80	1.3	45
1.60	45	1.4	32
1.75	20	1.5	18
2.00	10	1.6	5

中国规定变压器容量采用 R10 系列,即容量按 $\sqrt[10]{10}$ 的倍数增加,近似取 1.26 倍递增。变压器容量等级范围基本上在 10～63 000kVA 之间。如 250kVA、315kVA、400kVA、500kVA、630kVA、800kVA、1000kVA、1250kVA、1600kVA、2000kVA 等。

通常情况下电力变压器运行的负载在额定视在容量的 60%～70% 时损耗较小,运行费用较低,比较理想。提高电网的功率因数,有利于变压器经济运行。电力变压器的温升每超过 8℃,寿命将减少一半。如果运行温度超过变压器绕组绝缘允许的范围,绝缘迅速老化,甚至会使绕组击穿,烧毁变压器。对高峰负载要下削,低谷负载要上调。电力变压器三相不平衡时的负序电流最大不能超过正序电流的 5%。

5.7　自备应急电源的选择

5.7.1　柴油发电机组的选择

柴油发电机组是一种小型独立的发电设备,使用柴油等为燃料,以内燃机作动力,驱动同步交流发电机发电。整套机组通常由柴油发动机、交流发电机、控制屏以及燃油箱、起动和控制用蓄电瓶、保护装置、应急柜等部件组成。机组输出的额定电压常为 230/400V,采用中性点直接接地系统的运行方式,单机容量常为 2000kW 及以下。

目前中国柴油发电机组种类有拖车式、移动式(或称滑动式)和固定式三种。冷却方式有风冷式和水冷式。起动方式有电起动和压缩空气起动等。柴油发电机组具有起动迅速、结构紧凑、燃料储存方便、维护操作简单等特点。适用于允许中断供电时间为15s以上的应急负荷供电。

当智能建筑物内有重要极以上负荷,取得第二电源有困难或不经济合理时,为保证重要极以上负荷用电应设置柴油发电机组。

柴油发电机组型号的表示方法较多,中国常用柴油发电机组型号的含义如图5-28所示。

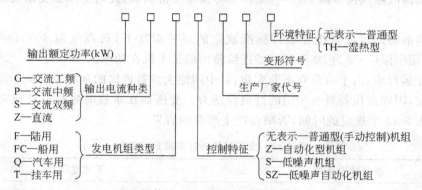

图5-28　常用的柴油发电机组型号的含义

1. 柴油发电机组容量的选择计算

在正常环境条件下,柴油发电机组的额定功率是指保证连续运行12h的功率。它包括超负荷110%运行1h。这个功率常称为持续功率或主功率。柴油发电机组的容量通常用机组的主功率或其视在功率表示。

选择柴油发电机的容量应根据消防应急负荷和其他重要负荷的大小,动力负荷的投入顺序以及单台电动机最大启动容量等因素综合考虑确定。在施工图设计阶段的各种计算方法所确定的机组容量中,取其最大值为柴油发电机组容量以满足各种需要。

1) 按建筑面积估算

利用负荷密度法进行估算。在建筑面积在 10 000m² 以上的大型建筑物中,柴油发电机组容量按 15~20W/m² 负荷密度估算;在建筑面积在 10 000m² 及以下的建筑物中,柴油发电机组容量按 10~15W/m² 负荷密度估算。计算公式为

$$S_C = \rho A$$

式中:S_C——柴油发电机组容量,kVA;

　　　ρ——建筑物内重要负荷密度指标,W/m²;

　　　A——建筑物总建筑面积,m²。

2) 按配电变压器容量估算

这种计算方法适用于方案初步设计阶段,以变压器容量为基础估算柴油发电机的容量。计算公式为

$$S_C = (10\% \sim 20\%)S_{r \cdot T}$$

式中:S_C——柴油发电机组容量,kVA;

　　　$S_{r \cdot T}$——配电变压器总容量,kVA。

3）按稳定重要计算负荷计算

这种计算方法适用于施工图设计阶段，以系统总稳定重要计算负荷为基础进行计算。计算公式为

$$S_C = \frac{P_\Sigma}{\eta_\Sigma \cos\varphi}$$

或

$$S_C = \frac{\alpha}{\cos\varphi} \sum_{k=1}^{n} \frac{P_k}{\eta_k}$$

式中：α——总负荷率；

　　　P_Σ——稳定重要负荷的计算功率，kW；

　　　η_Σ——稳定重要负荷的综合效率，一般取 0.82～0.88；

　　　$\cos\varphi$——发电机组的额定功率因素，可取 0.8；

　　　P_k——每个或每组重要负荷的设备容量，kW；

　　　η_k——每个或每组重要负荷的设备效率。

4）按单台最大电动机或成组电动机起动时计算

这种方法适用于重要负荷中动力负荷较大，起动电流影响较大时的计算。计算公式为

$$S_C = \left(\frac{P_\Sigma - P_m}{\eta_\Sigma} + P_m \cdot K \cdot C \cdot \cos\varphi_m \right) \frac{1}{\cos\varphi}$$

式中：P_m——起动容量最大的电动机或成组电动机的容量，kW；

　　　K——电动机起动倍数；

　　　C——按电动机起动方式确定的系数，全压起动时，$C=1.0$；Y-Δ 起动时，$C=0.67$；自
　　　　　耦变压器起动时，50% 抽头 $C=0.25$，65% 抽头 $C=0.42$，80% 抽头 $C=0.64$；

　　　$\cos\varphi_m$——起动容量最大的电动机额定功率因素，或最大机组电动机的平均功率因数。

5）按电动机起动时母线允许电压降计算

电动机在起动时，会引起发电机组低压母线上的电压出现下降的现象。在重要负荷中的动力负荷起动时，应考虑发电机组低压母线上允许的电压偏差，能够保证电动机有足够的起动转矩，不至于影响其他设备的正常工作，保证接触器等开关设备的线圈能可靠工作。满足条件的计算公式为

$$S_C = P_\Sigma KCX_d'' \left(\frac{1}{\Delta U\%} - 1 \right)$$

式中：X_d''——发电机的暂态电抗，一般取 0.25；

　　　$\Delta U\%$——发电机母线允许的电压偏差，一般取 0.25～0.3，有电梯时取 0.2。

为简化计算，柴油发电机组功率和被起动电动机功率之间的关系如表 5-14 所示。

表 5-14　柴油发电机组功率与被起动电动机功率的最小倍数

电动机起动方式		全压起动	Y-Δ 降压起动	自耦变压器降压起动	
				$0.65U_N$	$0.8U_N$
母线允许的 电压偏差	20%	5.5	1.9	2.4	3.6
	15%	7.0	2.3	3.0	4.5
	10%	7.8	2.6	3.3	5.0

上述计算公式中的重要负荷应根据建筑物的性质和使用功能确定。重要负荷应包括消防负荷和非消防负荷。消防负荷应考虑火灾发生时防火分区的使用情况。如考虑所有的防火分区是否能同时发生火灾,发生火灾时最多的防火分区以及使用的最大消防负荷等。

如果自备电源仅为消防系统设备、应急照明、自动化监控等弱电设备电源以及特别重要负荷供电,则应以这些负荷的计算容量作为选择依据。

如果自备电源的设置既要满足火灾时的救急性负荷使用,又要满足平时停电后维持性负荷使用,如商场、娱乐场所、酒店等场所的照明负荷等,则自备电源的容量应取两种情况中负荷最大者作为选择依据。

柴油发电机组的容量应选择满足建筑物内各类重要负荷使用的最大值,还应考虑其安全性和经济运行性。

2. 柴油发电机组起动方式的选择

为保证允许中断供电时间 15s 以上的应急负荷供电,柴油发电机组应装有快速自动起动及电源自动切换装置。一般采用 24V 蓄电池组作为起动电源,并应具有连续 3 次自动起动的容量。不宜采用压缩空气起动装置。

3. 柴油发电机组台数的选择

柴油发电机组台数一般不宜超过两台。当应急负荷较大时,可采用多机并列运行,机组台数宜为 2~4 台。多台机组应选择型号、规格和特性相同的成套设备,所用燃油性质应一致。当用电负荷谐波较大时应考虑其对发电机的影响。

4. 柴油发电机组使用的条件及降容

柴油发电机组的额定功率是指在标准环境下,额定转速下的有效功率。标准环境条件为外界大气压力为 100kPa(760mmHg)、环境温度为 20℃、空气相对湿度为 50% 的情形。如果安装地点的外界气压、温度、湿度等条件不符合标准环境时,柴油发电机组的额定功率应进行修正,降低容量使用。

5.7.2　不间断电源装置(UPS)的选择

当建筑物内有不允许中断供电的重要负荷(如计算机数据处理、CT 诊断机、绘图仪等),或允许中断供电时间为毫秒级,并需要高质量电源的场所,需要选用不间断电源装置 UPS。

UPS 装置的选择应按负荷性质、负荷容量、电压及频率波动范围、允许中断供电时间等要求来确定。UPS 装置宜用于电容性和电阻性负载,对周围的环境要求较高。

1. 对电子计算机类负荷供电的使用场所

UPS 额定输出容量应大于计算机各设备额定功率总和的 1.2 倍。

2. 对其他用电设备类负荷供电的使用场所

UPS 额定输出容量应为最大计算负荷的 1.3~1.5 倍。

3. UPS 对输入电源的要求

(1) 宜采用两路低压交流电源供电,交流输入电源的总相对谐波含量不宜超过 10%。

(2) 供电电源不宜与其他冲击性负荷由同一变压器及母线供电。

（3）在 TN-S 供电系统中，UPS 装置的交流输入端宜设置隔离变压器或专用变压器。当 UPS 输出端的隔离变压器为 TN-S、TT 接地形式时，中性点应接地。

4. 其他要求

（1）当 UPS 装置容量较大时，宜在电源侧采取高次谐波的治理措施。UPS 配电系统各级保护装置之间应有选择性配合。

（2）为保证用电设备按操作顺序停机，UPS 装置蓄电池供电时间一般至少需要 8～15min。为保证用电设备连续供电，并等待备用电源投入，一般需要 10～30min 的供电时间。在供配电系统中设有应急发电机组的 UPS 应急供电时间可以短一些，否则应长一些。

5.7.3　应急电源装置（EPS）的选择

应急电源装置（EPS）主要为重要的照明负荷和消防动力负荷供电。应急电源装置（EPS）的选择应根据负荷的性质、负荷容量、备用电池容量和保证备用供电时间等要求确定。

1. 应急电源装置（EPS）选择要求

1）对应急照明负荷供电

EPS 的额定输出功率不应小于应急照明负荷总容量的 1.3 倍。用于安全照明时，切换时间不应大于 0.25s。用于疏散照明时，切换时间不应大于 5s。用于备用照明时，切换时间不应大于 5s。用于金融、商业交易场所时，切换时间不应大于 1.5s。

2）对消防动力负荷供电

（1）直接起动时，EPS 的额定输出功率宜为电动机功率总和的 7 倍。

（2）星三角起动时，EPS 的额定输出功率宜为电动机功率总和的 5 倍。

（3）软起动时，EPS 的额定输出功率宜为电动机功率总和的 3 倍。

（4）变频起动时，EPS 的额定输出功率宜为电动机功率总和的 1 倍。

EPS 的额定容量必须大于所供负荷同时工作总容量的 1.1 倍。电动机同时起动总功率应为上述各项之和。

3）EPS 对输入电源的要求

应急电源装置（EPS）宜采用两路低压交流电源供电，交流输入电源的总相对谐波含量不宜超过 10%。供电电源不宜与其他冲击性负荷由同一变压器及母线供电。当 EPS 容量较大时，宜在电源侧采取高次谐波的治理措施。EPS 配电系统各级保护装置之间应有选择性配合。

4）EPS 供电时间的要求

EPS 的蓄电池初装容量应保证应急照明备用时间不小于 90min。EPS 中的蓄电池供电时间应大于消防用电设备的最小工作时间。

2. EPS 与 UPS 比较

EPS 与 UPS 主要特点比较如表 5-15 所示。

表 5-15　EPS 与 UPS 主要特点比较

序号	指标	EPS	UPS
1	节约电能	在电网供电正常时处于休眠状态,耗电不足0.1%;无电网供电时,其效率为85%~92%	在电网供电正常时其效率为80%~90%
2	噪声	在电网供电正常时处于休眠状态,静止无噪声;无电网供电时,其噪声小于55dB	UPS的工作噪声一般为55~65dB
3	价格	约为同容量UPS主机价格的60%	UPS价格较贵
4	寿命	只有在电网无电时才进行逆变工作,主机使用寿命相对长,一般为20年以上	UPS连续不间断工作,使用寿命相对较短,一般为8年
5	负荷适应性	适用于电感性、电阻性和混合性负荷(电动机类和应急照明类负荷)	适用于电容性和电阻性负荷(计算机类)
6	对环境的要求	能适应恶劣环境,可放置在地下室或配电室内,可以靠近应急负荷中心,减少供电线路	需要放置在计算机房或空调机房

习　题

5-1　交流电路中,开关触头间产生电弧的原因是什么?

5-2　开关电器中有哪些常用的灭弧方法? 主要依据是什么?

5-3　高压开关电器和低压开关电器选择校验项目有哪些不同?

5-4　高压断路器和高压负荷开关在功能上有哪些不同? 其短路保护措施有哪些不同?

5-5　高压隔离开关有哪些功能? 能否带负荷操作?

5-6　高压熔断器有哪些功能? "限流"及"非限流"式熔断器是何意义?

5-7　高压开关柜和低压开关柜各有哪些功能? 常有哪些结构类型?

5-8　低压断路器有哪些功能? 有几种结构型类型?

5-9　电流互感器、电压互感器按哪些条件选择? 变比如何选择? 准确等级如何选择?

5-10　互感器使用时有哪些注意事项?

5-11　柴油发电机组容量选择有哪几种计算方法? 如何使用?

5-12　某 10/0.4kV 降压变电所,总计算负荷为 1400kVA,其中一、二级负荷为 660kVA。试初步选择变电所主变压器台数、容量及柴油发电机容量。

5-13　某建筑物内设有中央空调机房,机房内设备容量为:冷水机组 1×800kW,$\cos\varphi = 0.8$;冷冻水泵 2×55kW,$\cos\varphi = 0.8$;冷却水泵为 2×75kW,$\cos\varphi = 0.8$;冷却塔风机为 2×15kW,$\cos\varphi = 0.8$。低压侧采用电容器集中补偿无功功率,补偿后变压器低压干线上的功率因数为 0.93。试选择电压等级为 10/0.4kV 的变压器容量和型号。

5-14　某 10/0.4kV 变压器一次侧装设负荷开关和限流型熔断器,变压器容量为 800kV·A,一次侧短路容量为 150MV·A。试选择负荷开关和熔断器。

5-15　某 10kV 高压配电所进线上负荷电流为 300A,拟装一台 ZN28-10 型高压断路器,其主保护动作时间为 0.9s,断路器的断路时间为 0.2s。该配电所的电力系统容量为 500MV·A,电缆进线距离为 1km。试选高压断路器、高压隔离开关及电流互感器的型号规格。

5-16　某建筑物内消防及重要负荷有：消防泵 $3\times45kW$（二用一备）,$\cos\varphi=0.8$；喷淋泵 $3\times55kW$（二用一备）,$\cos\varphi=0.8$；水幕泵 $3\times90kW$（二用一备）,$\cos\varphi=0.8$；防火卷帘门 $144kW$,$\cos\varphi=0.7$；防排烟风机 $6\times14kW$,$\cos\varphi=0.8$；消防电梯 $3\times24kW$,$\cos\varphi=0.5$；消防及安全监控等电源为 $36kW$,$\cos\varphi=0.8$；计算机负荷 $58kW$,$\cos\varphi=0.8$,$10kV$ 操作电源 $10kW$,$\cos\varphi=0.8$；应急疏散照明负荷 $120kW$,$\cos\varphi=0.9$。其他重要负荷有：高层生活水泵 $2\times18.5kW$,$\cos\varphi=0.8$；维持对外营业照明 $300kW$,$\cos\varphi=0.92$；厨房必要电力 $180kW$,$\cos\varphi=0.7$。试求：(1)分析哪些负荷属于火灾发生时必须供电的负荷？哪些负荷属于正常电源停电后必须使用的负荷？(2)合理选择柴油发电机组的容量？

第6章　供配电系统线缆的选择方法

6.0　内容简介及学习策略

1. 学习内容简介

本章主要从电缆的基本组成、额定电压的选择、电缆材料的选择等方面介绍电力线路正常运行应满足的基本条件。还介绍了电力线缆的工作特性及选择原则。

2. 学习策略

本章建议使用的学习策略为了解供配电线缆选择的方法应考虑的要素。高压供配电系统侧重经济选型原则,低压供配电系统侧重实用性和安全性等原则。学完本章后,读者将能够实现如下目标。

- ⌒ 了解线缆的基本组成。
- ⌒ 理解线缆额定电压和材料选择依据。
- ⌒ 掌握耐火电线电缆和母线的选择。
- ⌒ 理解线缆选择的基本原则。
- ⌒ 掌握相线、中性线及保护线的导体截面选择方法。

6.1　常用线缆类型及选择

在智能建筑供配电系统中常用的线缆类型主要由载流导体材质和绝缘材料两方面构成。载流导体主要承受流通的电流来进行电能的分配与传输,绝缘材料有承受一定电压的绝缘能力,起到安全保护作用。线缆通常分母线、导线和电缆线。母线起汇聚及分配电能的作用,导线及电缆起配送电能的作用。按绝缘性能分类,母线一般可分为裸母线和绝缘母线,导线可分为架空裸导线和绝缘导线。电缆可分为高压绝缘电缆和低压绝缘电缆。在低压线路中,为提高线路安全性,应使用低压电缆和绝缘导线。

常用线缆类型的选择应根据使用环境条件、电气条件和敷设方式等因素来确定,主要包括线缆的额定电压、导体材料、绝缘材料和电缆内外护层等内容。

6.1.1　常用线缆的基本组成

1. 架空线

1) 架空裸线

如图 6-1 所示为架空裸导线结构示意图。架空裸导线通常采用铝、铝合金和钢材料制成。以铝和铝合金作为载流导体的裸导线用于远距离传输电能,钢的机械强度很高而且价廉,但其导电性差,功率损耗大,并且容易锈蚀,一般用作避雷线或用作铝绞线的芯线,取钢的机械强度大及铝的导电性好。因为交流电流通过导线时,有趋表效应,所以电流只从铝线上通过。

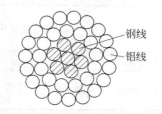

图 6-1　钢芯铝绞线的截面

常用的硬导体截面有矩形、槽形、管形和圆形。常用的软导线有铜绞线、铝绞线、钢芯铝绞线、组合导线、分裂导线和扩径导线,后者多用于 330kV 及以上的配电装置。国产架空裸线的型号有:铜线(T)、钢线(G)、铝线(L)、铜绞线(TJ)、铝绞线(LJ)、钢芯铝绞线(LGJ)等。

在设计施工低压架空线路时,导线与地面的距离,应根据最高气温情况或覆冰情况求得的最大弧垂和最大风速情况计算。计算上述距离,不应考虑由于电流、太阳辐射以及覆冰不均匀等引起的弧垂增大,但应计算导线初伸长的影响和设计施工的误差。

2) 架空绝缘线路

为提高供电可靠性,避免发生短路接地以及雷击线路情况的发生,一般 10kV 以下架空线路都采用绝缘导线,即架空绝缘线路。

10kV 及以下架空配电线路采用绝缘导线代替裸导线是城市配电网建设与改造中的一项新技术。它具有地埋电缆的一系列优点,又能克服架空裸线的许多缺点,能解决常规裸导线在运行过程中遇到的一些难题,且价格较地埋电缆便宜得多。

2. 绝缘导线

低压配电线路采用绝缘导线或电缆,当负荷电流很大时可采用封闭式母线槽(内置母排)。绝缘导线按芯线材料分类有铝芯和铜芯两种,按绝缘材料分类常用有橡皮绝缘和塑料绝缘等。绝缘导线的敷设方式有明敷设和暗敷设,为保证敷设时具有足够的机械强度而不至于断裂,选择时应满足如表 6-1 所示的要求。

表 6-1　绝缘导线按机械强度要求的最小截面(芯线)

导线种类及使用场所		导线芯线最小允许截面/mm²		
		铜芯软线	铜线	铝线
照明用灯头线	民用建筑户内	0.4	0.5	2.5
	工业建筑户内	0.5	0.8	2.5
	户外	—	1.0	2.5
移动式用电设备	生活用	0.2	—	—
	生产用	1.0	—	—
敷设在绝缘支件上的绝缘导线的支持间距 L 为	室内　$L \leqslant 2m$	—	1.0	2.5
	室外　$L \leqslant 2m$		1.5	2.5
	$2m < L \leqslant 6m$		2.5	4
	$6m < L \leqslant 15m$		4	6
	$15m < L \leqslant 25m$		6	10

导线种类及使用场所		导线芯线最小允许截面/mm²		
		铜芯软线	铜线	铝线
穿管敷设	—	—	1.0	2.5
PE 线和 PEN 线	有机械保护	—	1.5	2.5
	无机械保护		2.5	4

3. 电缆线

电缆是一种特殊的导线,电缆的结构主要由导体、绝缘层和保护层三部分组成。导体通常采用多股铜绞线或铝绞线,按电缆中导体数目的不同可分为单芯、三芯、四芯和五芯电缆。单芯电缆的导体截面是圆形的,而三芯和四芯电缆导体的截面通常是扇形的。绝缘层的作用是使电缆中导体之间、导体与保护层之间保持绝缘。绝缘材料的种类很多,通常有橡胶、沥青、绝缘油、气体、聚氯乙烯、交联聚乙烯、绦麻、油浸纸绝缘等。保护层用来保护绝缘层,使其在运输、敷设过程中免受机械损伤、防止水分浸入以及绝缘油外流等。外护层还可包有钢带铠甲和黄麻保护层等。

6.1.2 线缆额定电压的选择

线缆的额定电压代表其绝缘水平,正确选择线缆的额定电压是确保线路长期安全运行的必要条件。

1. 选择要求

根据有关规定,供配电系统中的线缆额定电压的选择应符合如下要求。

(1) 绝缘导线和电缆的额定电压应不低于使用地点的系统额定电压。

(2) 在交流系统中电力电缆缆芯的相间额定电压线电压 U 不得小于使用回路的工作线电压。

(3) 电缆缆芯与绝缘层、屏蔽层或金属套之间的额定电压 U_0,一般不小于使用回路相电压的133%。对安全性要求较高的发电机回路可取使用回路工作相电压的173%。

(4) 线芯之间工频最高电压 U_{max} 应为工作系统标称电压的1.2倍。

(5) 交流系统中电缆的冲击耐压水平,应满足操作过电压和雷电过电压的要求。

2. 高压电缆电压选择

高压电缆电压选择如表 6-2 所示。

表 6-2 高压电缆的绝缘水平选择

系统标称电压 U_N/kV	3	6	10	35
电缆的额定电压 U_0/U/kV	3/3	6/6	8.7/10	26/35
线芯之间工频最高电压 U_{max}/kV	3.6	7.2	12	42
缆芯对地的雷电冲击耐受电压峰值 U_{PI}/kV	—	75	95	250

3. 低压绝缘线缆电压选择

低压绝缘导线的绝缘水平选择如表 6-3 所示。控制电缆额定电压的选择,不应低于该回路的工作电压,一般宜选用 0.45/0.75kV。

表 6-3　220/380V 系统低压线缆的绝缘水平选择

使用场所	架空进户线	室内配线	灯头软线	IT 系统配线
绝缘导线的额定电压/kV	0.45/0.75	0.45/0.75	0.25	0.45/0.75
电力电缆的额定电压/kV	0.6/1.0	0.6/1.0	—	0.6/1.0

6.1.3　线缆材料的选择

线缆材料的选择主要包括载流导体和绝缘两部分的材料选择。载流导体简称为导体。

1. 导体材料选择

常用的导体材料有铜、铝、铝合金及钢。铜的导电性最好,机械强度较高,抗腐蚀性强,但价格较高。铝以及铝合金的导电性比铜略差,机械强度较差,但重量轻、价格便宜。钢的导电性能较差,但机械强度高,因此钢导线通常用于避雷线和接地保护线使用。铜线的导电性能比铝线好,铜线传输电能时引起的电能损耗比铝线少。控制电缆应采用铜芯。

2. 绝缘材料选择

1) 聚氯乙烯绝缘线(BV、BLV)

聚氯乙烯绝缘导线俗称塑料绝缘线。其绝缘性能良好,制造工艺简单,价格较低,但对气温适应性较差,高温容易老化,低温容易发脆,故适用于室内,而不适用于室外。

2) 氯丁橡胶绝缘线(BXF、BLXF)

这种电缆具有绝缘性能良好,耐油性能好,对气候适应性好,不易霉变,不延燃等特点,适用于室外敷设。

3) 聚氯乙烯绝缘及护套电力电缆(VV、VLV)

这种电缆具有重量轻,弯曲性能好,接头制作简便,耐油、耐酸碱腐蚀,不延燃,有内铠装结构,没有敷设高差限制,价格较便宜等优点。对气候适应性差,低温时变脆发硬。其绝缘电阻较油浸纸绝缘电缆低,介质损耗大。这种电缆有 1kV 及 6kV 两级。

4) 交联聚乙烯绝缘、聚氯乙烯护套电力电缆(YJV、YJLV)

这种电缆具有优良的电气性能,结构简单,制作方便,外径小,重量轻,载流量大,敷设不受高差限制,耐腐蚀,接头较简便等特性。有延燃性,价格较贵。交联聚乙烯材料对紫外线照射较敏感,通常采用聚氯乙烯作外护材料。这种电缆有 1kV、6kV、10kV、35kV 等电压等级。

5) 橡皮绝缘聚氯乙烯护套电力电缆(XV、XLV)

这种电缆具有弯曲性能好,能在严寒地区敷设,特别适用于水平高差较大或垂直敷设的场所。耐油、耐热性能差,线芯允许温升低,相应载流量也较低。高温环境宜选用乙丙橡胶绝缘电缆。

6) 矿物绝缘电缆

矿物绝缘电缆简称 MI 电缆。矿物绝缘材料为氧化镁粉。矿物电缆由铜导体、氧化镁、铜护套三种材料组成,铜护套可以作接地线。具有防火、不燃、防爆、防腐、防水、防磁、防机械损伤(包括动物啮咬)、载流量大、过载能力强、无卤无毒等优点。造价比较高,安装需要专用配件。矿物电缆的各项性能均远优于塑料电缆。

3. 电缆外护层选择与电缆芯数的选择

电缆外护层的选择,应根据环境条件及敷设方式选择,如表 6-4 所示。电缆芯数的选择如表 6-5 所示。

表 6-4　常用电缆外护层使用敷设环境选择

护套类别	铠装	代号	敷设方式								环境条件						备注
			室内	电缆沟	电缆桥架	隧道	竖井	管道	埋地	水下	易燃	移动	多砾石	一般腐蚀	严重腐蚀	潮湿	
一般橡套	无		√	√	√	√		√				√		√		√	耐热性能差
不延燃橡套(耐油)	无	F	√	√	√	√		√			√	√		√			
铜芯矿物电缆	无		√		√	√	√							√	√	√	无卤无毒
聚氯乙烯绝缘聚氯乙烯护套	无	V	√	√	√	√		√	√			√		√		√	不宜用于低温环境
	钢带	22	√	√	√	√		√	√					√		√	
	细钢丝	32			√	√	√	√	√	√		√		√		√	
	粗钢丝	42			√	√		√	√	√				√		√	
聚氯乙烯绝缘聚乙烯护套	无	Y	√	√	√	√		√				√		√			不吸水
	钢带	23	√	√	√	√								√			
	细钢丝	33				√	√		√	√		√		√			
	粗钢丝	43			√	√		√	√	√		√		√			
交联聚乙烯绝缘聚氯乙烯护套	无	V	√	√	√	√		√	√			√		√		√	载流量较大
	钢带	22	√	√	√	√		√	√				√	√	√	√	
	细钢丝	32			√	√	√	√	√	√		√		√	√	√	
	粗钢丝	42			√	√		√	√	√		√		√	√	√	

注:√表示适用。

表 6-5　电缆芯数的选择

电压	系统制式	电缆芯数	
		单芯	多芯
35kV	三相	3×1	
6～10kV	三相	采用单芯电缆组成电缆束替代多芯电缆的条件: (1)为避免或减少中间接头,水下、隧道或特殊较长距离线路; (2)为减少弯曲半径,延电缆桥架敷设; (3)采用两根电缆并联仍难满足很大的负荷电流; (4)采用矿物绝缘电缆	3 芯
<1kV 交流	三相四线制		4 或 5 芯
	三相三线制		3 或 4 芯
	单相两线制	—	3 芯
≤50V 交流	单相 SELV	—	2 芯
≤1500V	直流	—	2 芯

6.1.4　阻燃电缆的选择

1. 阻燃电缆的型号含义

阻燃电缆是指在规定试验条件下被燃烧,具有使火焰蔓延在限定范围内。撤去火源后,残焰和残灼能在规定时间内自行熄灭的电缆。阻燃电缆型号的含义如图 6-2 所示。

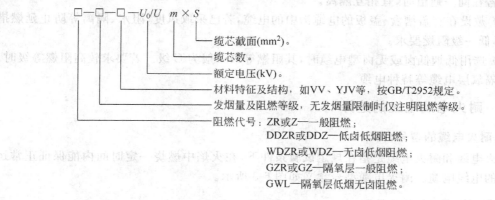

图 6-2　阻燃电缆型号的含义

阻燃电缆的阻燃等级和发烟量及烟气毒性分级如表 6-6 和表 6-7 所示。

表 6-6　阻燃电缆的阻燃等级

级别	供火温度/℃	供火时间/min	成束敷设电缆在非金属材料体积/(L/m)	焦化高度/m	自熄时间/h
A		40	≥7		
B	≥815		≥3.5	≤2.5	≤1
C		20	≥1.5		
D			≥0.5		

表 6-7　电缆电线发烟量及烟气毒性分级

级别	严密度（透光率,%）	允许烟性毒性浓度/(mL/L)	级别	严密度（透光率,%）	允许烟性毒性浓度/(mL/L)
Ⅰ	≥80	≥12.4	Ⅲ	≥20	≥6.15
Ⅱ	≥60		Ⅳ	—	—

2. 阻燃电缆的特点

按燃烧烟气特性分类,阻燃电缆可分为一般阻燃电缆(ZR)、低烟低卤阻燃电缆(DDZR 或 DDZ)和无卤阻燃电缆(WDZR 或 WDZ)。

一般阻燃电缆(ZR)含有卤素,虽然阻燃性能好,价格低廉,但燃烧时有浓烟雾、酸雾及毒气,燃烧时产生的 HCl 气体及发烟量不做要求。低烟低卤阻燃电缆(DDZR 或 DDZ) 燃烧时气体酸度较低,酸气较少,主要性能介于一般阻燃电缆和无卤阻燃电缆之间,燃烧时酸气逸出量在 5%～10%之间,酸气 PH<4.3,电导率≤4.3,烟气透光率>30% 为低卤电缆。无卤阻燃电缆(WDZR 或 WDZ) 烟少、毒低、无酸雾,但阻燃性能较差,价格较贵,一般只能做到 0.6/1kV 电压等级。

3. 阻燃电缆选择要求

（1）电线电缆成束敷设时，应采用阻燃电线电缆。应计算出非金属材料体积总量，按表 6-6 确定阻燃等级。

（2）阻燃电缆不注明等级者，一律视为 C 级。

（3）在同一通道中敷设的电缆，应选用同一阻燃等级的电缆。非同一设备的电力与控制电缆若在同一通道时，宜相互隔离。

（4）敷设在有盖槽盒、盖板的电缆沟中的电缆，若已采取风度、阻水、隔离等防止延燃措施，可降低一级阻燃要求。

（5）选用低烟低卤或无卤型电缆时，其阻燃等级一般为 C 级。若要求较高阻燃等级时，应选用隔氧层电缆等特种电缆。

6.1.5 耐火电线电缆的选择

1. 耐火电缆的型号含义

耐火电线和耐火电缆是指在规定试验条件下，在火焰中燃烧一定时间内能保证正常运行特性的电线电缆。耐火电缆型号含义如图 6-3 所示。

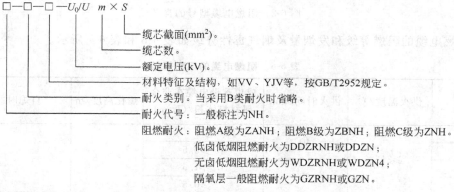

$$\square-\square-\square-U_0/U \quad m \times S$$

缆芯截面(mm^2)。
缆芯数。
额定电压(kV)。
材料特征及结构，如 VV、YJV等，按GB/T2952规定。
耐火类别。当采用B类耐火时省略。
耐火代号：一般标注为NH。
阻燃耐火：阻燃A级为ZANH；阻燃B级为ZBNH；阻燃C级为ZNH。
低卤低烟阻燃耐火为DDZRNH或DDZN；
无卤低烟阻燃耐火为WDZRNH或WDZN4；
隔氧层一般阻燃耐火为GZRNH或GZN。

图 6-3 耐火电缆型号的含义

耐火类别的含义如表 6-8 所示。

表 6-8 耐火电缆按耐火特性分类及应用场所

类别	耐 火 特 性			应 用 场 所
	受火温度/℃	供火时间/min	技术指标	
A	900~1000			电缆密集的隧道及电缆夹层内，油库和炼钢炉等场所
		90	3A 熔丝不熔断	当难以确定火焰温度时，可根据建筑物的重要性确定等级，特别重要的建筑物选 A 级
B	750~800			
				一般重要的建筑物选 B 级

2. 耐火电缆按绝缘材质分类

耐火电缆按绝缘材质分类通常有有机型和无机型。有机型绝缘材质采用耐高温 800℃的云母带，以 50% 重叠搭盖率包覆两层作为耐火层，外部采用聚氯乙烯或交联聚乙烯为绝缘,并可选用阻燃性材料。耐火性能达到 B 级,加入隔氧层后可达到 A 级。有机型绝缘材质主要应用于工业与民用建筑的消防系统、应急照明系统、报警极重要的监控系统等场所。无机型绝缘材质采用氧化镁作为绝缘材料,铜管作为护套的电缆。耐火温度可达 1000℃ 的 A 级,耐腐蚀性、喷淋及机械撞击性能好。无机型绝缘材质适用于一、二类建筑消防负荷的干线及控制线路,各种高温环境、有防水冲击以及防重物坠落损伤的场所中使用等。

3. 常见线缆类型

在建筑供配电系统中,常见线缆型号及用途选择如表 6-9 所示。

表 6-9　常见线缆型号及用途选择

型　　号	名　　称	主　要　用　途
BV、BLV	铜芯、铝芯聚氯乙烯绝缘电线	用于交流 500V 及直流 1000V 及以下的线路,供穿钢管或 PVC 管明敷设或暗敷设
BVV、BLVV	铜芯、铝芯聚氯乙烯绝缘聚氯乙烯护套电线	用于交流 500V 及直流 1000V 及以下的线路明敷设
BV-105、BLV-105	铜芯、铝芯耐 105℃ 聚氯乙烯绝缘电线	用于交流 500V 及直流 1000V 及以下温度较高的场所使用
RV RVS	铜芯聚氯乙烯绝缘软线 铜芯聚氯乙烯绝缘绞型软线	用于交流 250V 及以下各种移动设备的电气接线
RV-105	铜芯耐 105℃ 聚氯乙烯绝缘软线	用于交流 250V 及以下温度较高场所各种移动设备的电气接线
BXF、BLXF	铜芯、铝芯氯丁橡胶绝缘电线	具有良好的耐老化性和不延燃性,并具有一定的耐油、耐腐蚀性,适用于户外
VV、VLV	铜芯、铝芯聚氯乙烯绝缘聚氯乙烯护套电力电缆	敷设在室内、隧道及管道中,电缆不能承受压力和机械外力作用
VV$_{20}$、VLV$_{20}$	铜芯、铝芯聚氯乙烯绝缘聚氯乙烯护套裸钢带铠装电力电缆	敷设在室内、隧道管道中,电缆不能承受拉力作用
VV$_{22}$、VLV$_{22}$	铜芯、铝芯聚氯乙烯绝缘内钢带铠装聚氯乙烯护套电力电缆	敷设在室内、隧道及直埋土壤中,电缆能承受正压力,但不能承受拉力作用
VV$_{23}$、VLV$_{23}$	铜芯、铝芯聚氯乙烯绝缘内钢带铠装聚乙烯护套电力电缆	
VV$_{32}$、VLV$_{32}$	铜芯、铝芯聚氯乙烯绝缘及护套内细钢丝铠装电力电缆	敷设在室内、矿井中、水中,电缆能承受一定的拉力
ZR-VV ZR-VLV	铜芯、铝芯聚氯乙烯绝缘聚氯乙烯护套阻燃电力电缆	敷设在室内、隧道及管道中,电缆不能承受压力和机械外力作用
ZR-VV$_{22}$ ZR-VLV$_{22}$	铜芯、铝芯聚氯乙烯绝缘钢带铠装聚氯乙烯护套阻燃电力电缆	
YJV、YJLV	铜芯、铝芯交联聚乙烯绝缘聚氯乙烯护套电力电缆	敷设在室内、隧道及管道中,电缆不能承受机械外力作用
YJV$_{22}$、YJLV$_{22}$	铜芯、铝芯交联聚乙烯绝缘钢带铠装聚氯乙烯护套电力电缆	敷设在地下,不能承受大的拉力

6.1.6　母线的选择

母线是用于传输大电流的导体。母线的导电材料有铜、铝、铝合金及复合导体,其截面形状有矩形、圆形、管形等。按绝缘性能分类有裸母线和绝缘母线等两大类。裸母线可以达到任何电压等级。

1. 裸母线的选择

裸母线没有绝缘层,常用的有铜母线、铝母线和钢母线。铜母线和铝母线因导电性能好,常用作变电所高低压母线。钢母线在交流电路中将产生涡流和磁滞损耗,电压损失大,常用在工作电流不大于 200～300A 的电路中,以及接地装置中的接地母线等场所。

2. 绝缘母线的选择

绝缘母线是一种有相间绝缘层、对地绝缘层的母线。可分为低压母线槽 380V、660V 和高压母线槽 3.6～35kV。母线的分类简述如下。

1) 按绝缘方式选择分类

母线按绝缘方式选择分类的类型有密集绝缘型、空气绝缘型、空气附加绝缘型等。密集绝缘型的母线导体放在线槽壳体内,裸母线用绝缘材料覆盖后,相间接触紧密,中间没有气隙,热传导和动稳定性较好。但加工较复杂,外壳零件较多,成本较高。适用于传输大负荷电流的一般场所。空气绝缘型的母线导体也放在线槽壳体内,母线靠空气绝缘,绝缘不存在老化问题。加工较简便,外形美观,外壳零件较少,但动稳定性较差,阻抗值较大。空气附加绝缘型的裸母线用绝缘材料覆盖后,再用绝缘垫块支撑在壳体内,其性能优于空气绝缘母线型。空气绝缘型和空气附加绝缘型母线适用于传输较大负荷电流的干燥场所。

2) 按功能分类

母线按功能分类有馈电式、插接式和滑线式。馈电式母线不带分接装置的母线干线单元,直接将电能从供电电源处传输到配电中心,主要应用于发电机或变压器与配电屏之间或配电屏之间的连接线路。插接式母线带有分接装置的母线干线单元和插接式分线箱,能传输电能并可引出电源支线,具有施工简化,维护方便的特点,用于需要从干线分支处支线的较大负荷电流线路。滑线式母线带有滑轮或滑触型母线干线分接单元,能任意选择取电位置,适用于移动设备的供电线路。

3) 按外壳形式及防护等级分类

母线按外壳形式及防护等级分类有喷漆钢板、喷漆塑料、喷漆铝合金等。喷漆钢板型母线容易加工,成本较低。单组母线载流量最大为 2500A,需要更大电流时,采用两组并联。外壳防护等级可达 IP54～IP63。适用于室内干燥环境。喷漆塑料型母线采用注塑成型,属于空气绝缘式。耐腐蚀性好,外壳防护等级可达 IP56。适用于相对湿度 98% 的环境。喷漆铝合金型母线内部结构属于密集绝缘式,铝合金外壳上有散热板,散热性能好,外形尺寸小,质量轻,单组母线的载流量达 5000A,外壳防护等级可达 IP66,适合在室外使用,外壳可作为 PE 线使用。

4) 按防火要求分类

母线按防火要求分类有普通型和耐火型。普通型母线只能在正常环境条件下运行,没有耐火功能。耐火型母线能在火灾情况下的一定时间内,保持正常运行,适用于有耐火要求的环境场所。

6.2　线缆的选择要求和选择项目

电线电缆的规格选择主要是根据电线电缆架设时所需要的机械强度、架设长度、发热条件、电压损失和经济电流密度等因素综合考虑。

6.2.1　线缆选择的基本要求

线缆选择的主要内容是导体截面选择和绝缘材料选择。高压线缆选择侧重经济性,低压配电线缆选择的基本要求简要介绍如下。

1. 绝缘类型

导体的绝缘类型应按敷设方式及环境条件选择。

2. 工作电压

绝缘导体应符合工作电压的要求,室内敷设塑料绝缘电线不应低于 0.45/0.75V,电力电缆不应低于 0.6/1kV。

3. 低压配电导体截面积

(1) 按敷设方式、环境条件确定的导体截面,其导体载流量不应小于预期负荷的最大计算电流和按保护条件所确定的电流。

(2) 线路电压损失不应超过允许值。

(3) 导体应满足动稳定和热稳定要求。

(4) 导体最小截面积应满足机械强度的要求。

低压配电导体截面积应同时符合上述各项要求。在采用各种计算方法求出的导体截面积中,选择最大导体截面积,就能满足各种要求。

4. 载流量的修正

当导体载流量与环境温度不相符合,或敷设方式不同,或线路中存在高次谐波时,应修正导体载流量。

6.2.2　电力线缆截面选择项目

通常选择低压配电系统中的线缆应同时满足允许发热条件(也就是按允许载流量选择)、允许电压损失、允许机械强度和符合短路电流校验等要求的导体截面积。35kV 高压配电系统按经济电流密度选择导线和电缆截面。电力线缆截面积选择项目如表 6-10 所示。

表 6-10　电力线路导体截面的选择和校验项目

电力线路的类型	允许载流量	允许电压损失	经济电流密度	机械强度
35kV 及以上电源进线	△	△	★	△
无调压设备的 6～10kV 较长线路	△	★		△

续表

电力线路的类型		允许载流量	允许电压损失	经济电流密度	机械强度
6～10kV 较短线路		★	△		△
低压线路	照明线路	△	★		△
	动力线路	★	△		△

注：△——校验的项目，★——选择的依据，—表示不考虑项目。

6.3　线缆截面的选择方法

6.3.1　按发热条件选择线缆截面

1. 导体的发热条件与载流量

1) 导体的发热条件

电流通过导线(或电缆、包括母线)时，由于导线电阻的存在，会产生损耗而使导线发热。裸导线的温度过高时，会使接头处的氧化加剧，增大接触电阻，进一步氧化可发展到断线。而绝缘导线和电缆的温度过高，可使绝缘加速老化甚至烧毁，或引起火灾。

因此，导体的发热条件为导线在长期正常工作时通过的电流允许值所引起的发热温度不得超过额定负荷时的最高允许温度。

2) 导体的载流量

导体的载流量是指导线或电缆在某一特定的环境条件下，其稳定工作温度不超过其绝缘允许的最高持续工作温度的最大负荷电流值。

3) 环境温度

敷设地点的环境温度一般取持续出现的最高温度。敷设在空气中时，应取一年中最热月份每天出现的最高温度的平均值。埋地敷设的环境温度常取地面下 0.8m 处最热月份的平均地温。同时还应考虑是否有机械通风等条件选取不同的环境温度。

室外电缆埋地敷设时，通常电缆外皮至地面的深度不小于 0.7m。凡是有人经过的地方，若没有作特殊处理，埋深应在 1.0m 以下。在寒冷地区电缆宜埋设于冻土层以下。

2. 按发热条件选择导体截面积的方法

按发热条件选择导体截面时，应使其允许载流量 I_{al} 大于等于线路正常工作时最大负荷电流即计算电流 I_C，即

$$I_{al} \geqslant I_C \tag{6-1}$$

式中：I_{al}——导体载流量，A；

I_C——通过导体的计算电流，A。

导体的截面积可以根据敷设方式、敷设地点的环境温度和导体允许工作温度等条件，通过查阅国家导体允许载流量数据表，得到与载流量相对应的导体截面积。

3. 载流量的修正

1) 温度修正

如果导体敷设地点的环境温度与导体允许载流量所采用的环境温度不同时，则导体的

允许载流量应乘以温度较正系数 K_θ。

$$K_\theta = \sqrt{(\theta_{al} - \theta_0')/(\theta_{al} - \theta_0)} \tag{6-2}$$

式中：θ_{al}——导体额定负荷时的最高允许温度，℃；

　　　θ_0'——导线敷设地点的实际环境温度，℃；

　　　θ_0——导体的允许载流量所采用的环境温度，℃。

考虑温度修正后，按发热条件选择导体截面应满足式(6-3)。

$$K_\theta I_{al} \geqslant I_C \tag{6-3}$$

2）不同敷设方式下的修正

（1）绝缘导线穿管敷设于空气中

多根绝缘导线穿入同一管中，不计中性线及保护线，只计通过负荷电流的发热导体根数，所有导线占管内截面积不应超过 40%。即便如此，考虑到相互加热，散热条件不够理想，多根绝缘导线穿管敷设时的载流量应乘以修正系数，如表 6-11 所示。

表 6-11　在空气中敷设多根绝缘导线穿同一根管的载流量修正系数

穿 管 根 数	修 正 系 数	穿 管 根 数	修 正 系 数
2～4	0.80	9～12	0.50
5～8	0.60	12 以上	0.45

穿了多根绝缘导线的管子并列敷设时，还应再乘以 0.95 的并列系数来修正载流量。

（2）电缆敷设

直埋电缆应计入土壤热阻系数、多根并列系数和埋入不同深度系数三部分修正系数，根据情况电缆载流量应乘以不同的修正系数。

电缆在空气中单层并列安装时，按不同的并列间距、不同的并列根数，其载流量应乘以修正系数。

例 6-1　有一条埋地 0.8m 敷设的进户线为 VV$_{22}$-1kV-4×35，线路上的计算负荷电流为 120A。埋地深度为 0.8m 时，1kV 四芯电缆的载流量修正系数 $K_L = 0.97$。当土壤热阻系数为 1.5℃·m/W 时，1kV 四芯电缆载流量的修正系数为 $K_\rho = 0.89$。试求：(1)土壤热阻系数为 1.2℃·m/W，地温取 25℃时，能否满足发热条件？(2)土壤热阻系数为 1.5℃·m/W，地温取 28℃时，能否满足发热条件？否则应如何处理？

解：（1）查附录表 A-19，土壤热阻系数为 1.2℃·m/W，环境温度取地温 25℃时，VV$_{22}$-1kV-4×35 四芯电缆导体载流量为 $I_{al} = 135$A，根据式(6-1)，得

$$I_{al} > I_C = 120\text{A}$$

满足发热条件要求。

（2）当环境温度取地温 28℃时，查附录表 A-19，VV$_{22}$-1kV-4×35 四芯电缆工作允许温度 $\theta_{al} = 70$℃。根据式(6-2)，温度修正系数为

$$K_\theta = \sqrt{\frac{\theta_{al} - \theta_0'}{\theta_{al} - \theta_0}} = \sqrt{\frac{70 - 28}{70 - 25}} = 0.97$$

各种修正后的电缆载流量为

$$I_{al}' = K_\theta K_\rho K_L I_{al} = 0.97 \times 0.89 \times 0.97 \times 135 = 113.0(\text{A})$$

则有

$$I'_{al} < I_C = 120A$$

不能满足发热条件要求。

采取增大电缆截面积进行处理，取 VV_{22}-1kV-4×50，载流量为 $I_{al} = 166A$，修正后电缆的载流量为

$$I'_{al} = K_\theta K_\rho K_L I_{al} = 0.97 \times 0.89 \times 0.97 \times 166 = 139.0(A)$$

则有

$$I'_{al} > I_C = 120A$$

选用 VV_{22}-1kV-4×50 能满足发热条件要求。

6.3.2　按允许线路电压损失选择导线截面

1. 线路电压损失与允许值

电压损失是指线路始端电压与末端电压的代数差。它的大小与线路导线截面、负荷功率、配电线路等因素有关。

电压降是指线路始端电压与末端电压的几何差。电压降有大小和相位差两个要素。

电压偏差是指供配电系统各点的实际电压与系统标称电压的差值。如果线路始端电压一定，当线路中的电压损失越大，在供配电系统末端的各点用电设备的端子获得的电压偏差就越大。

线路电压损失不能超过所规定的允许值。当线路的电压损失越大，线路末端电压偏移额定值就越大。无其他特殊要求时，用电设备端子电压偏差允许值为±5%。从配电变压器二次侧母线算起的低压线路电压损失允许值为5%。

2. 线路电压损失计算

1）带有一个集中负荷的放射式线路电压损失计算

如图 6-4 所示为单相电压向量图。线路末端带一个集中三相平衡负荷，线路上通过的电流为 I，线路上的电阻为 r，电抗为 x，线路始末端的相电压为 $u_{\varphi1}$ 和 $u_{\varphi2}$，负荷的功率因数为 $\cos\varphi_2$。

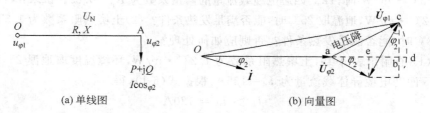

(a) 单线图　　　　　　　　　　(b) 向量图

图 6-4　带有一集中负荷的放射线路电压损失计算

（1）线路电压降

线路始、末两端电压降为 ac 线段，即

$$ac = \dot{U}_{\varphi1} - \dot{U}_{\varphi2} = \dot{I}Z \qquad (6-4)$$

（2）线路电压损失

由于线段 oc=od，因此线路始、末两端的电压损失为 ad 线段，即

$$\Delta U_\varphi = ad = U_{\varphi1} - U_{\varphi2}$$

ad 线段计算比较复杂,在工程上计算时,常忽略 bd 线段,用 ab 线段来表示每相线路始、末两端的电压损失,即

$$\Delta U_{\varphi} \approx ab = ae + eb \tag{6-5}$$

忽略线路功率损耗,每相线路通过的电流为

$$I = \frac{P}{\sqrt{3}\, U_{N}\cos\varphi_{2}} \tag{6-6}$$

则始、末两端线路的相电压损失为

$$\Delta U_{\varphi} = IR\cos\varphi_{2} + IX\sin\varphi_{2} \tag{6-7}$$

始、末两端线路线电压损失(简称为电压损失)为

$$\Delta U = \sqrt{3}\,(IR\cos\varphi_{2} + IX\sin\varphi_{2}) \tag{6-8}$$

若以功率表示线路的线电压损失,则为

$$\begin{aligned}
\Delta U &= \sqrt{3}\,I(R\cos\varphi_{2} + X\sin\varphi_{2})\\
&= \frac{P}{U_{N}\cos\varphi_{2}}(R\cos\varphi_{2} + X\sin\varphi_{2})\\
&= \frac{1}{U_{N}}(PR + QX)
\end{aligned} \tag{6-9}$$

电压损失占电网标称电压的百分数表示为

$$\Delta U\% = \frac{1}{10U_{N}^{2}}(PR + QX) \tag{6-10}$$

式中：$\Delta U\%$——线路电压损失百分比;

　　　U_{N}——供配电系统标称电压,kV;

　　　P——线路末端负荷的有功功率,kW;

　　　Q——线路末端负荷的无功功率,kVar;

　　　R——线路导体的电阻,$R = rl$,Ω;

　　　X——线路导体的电抗,$X = xl$,Ω。

2) 沿途带有多个负荷的树干式线路电压损失计算

如图 6-5 所示为带两个集中三相负荷的线路。负荷电流用 $\dot{I}_{1}$ 和 $\dot{I}_{2}$ 表示,各负荷点的有功和无功功率为 p_{1}、q_{1},p_{2}、q_{2},线路始端到各负荷点之间的线路电阻和电抗为 R_{1}、X_{1},R_{2}、X_{2}。各段线路的负荷为 P_{1}、Q_{1},P_{2}、Q_{2},各段线路的电阻和电抗为各 r_{1}、x_{1},r_{2}、x_{2}。

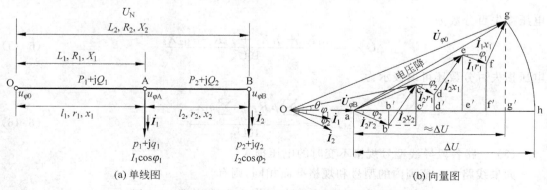

(a) 单线图　　　　　　　　　　　　　　　　(b) 向量图

图 6-5　带有两个集中负荷的树干式线路电压损失计算

以末端$\dot{U}_{\varphi B}$为参考轴绘制一相线路的电压、电流向量图如图 6-5(b)所示。

（1）用线路上的负荷计算电压损失

假设线路上的功率损耗忽略不计，以终端 B 电压为参考，并令其等于电网的标称电压U_N，每段线路上的负荷情况为

线路 l_1 段中 $\qquad\qquad\qquad P_1 = p_1 + p_2 , \quad Q_1 = q_1 + q_2$

线路 l_2 段中 $\qquad\qquad\qquad P_2 = p_2 , \quad Q_2 = q_2$

根据式(6-9)得，线路 l_1 段线路上的电压损失为

$$\Delta U_1 = \frac{1}{U_N}(P_1 r_1 + Q_1 x_1)$$

$$\Delta U_2 = \frac{1}{U_N}(P_2 r_2 + Q_2 x_2)$$

根据叠加原理，各段线路产生总的电压损失为

$$\Delta U = \sum_{i=1}^{n} \Delta U_i = \frac{1}{U_N}\sum_{i=1}^{n}(P_i r_i + Q_i x_i) \qquad (6\text{-}11)$$

若将功率表示电压损失转换为电流表示电压损失，则有

$$\Delta U = \frac{1}{U_N}\sum_{i=1}^{n}(P_i r_i + Q_i x_i) = \sqrt{3}\sum_{i=1}^{n}(I_i r_i \cos\varphi_i + I_i x_i \sin\varphi_i) \qquad (6\text{-}12)$$

电压损失百分数为

$$\Delta U\% = \frac{1}{10 U_N^2}\sum_{i=1}^{n}(P_i r_i + Q_i x_i) = \frac{\sqrt{3}}{U_N}\sum_{i=1}^{n}(I_i r_i \cos\varphi_i + I_i x_i \sin\varphi_i) \qquad (6\text{-}13)$$

（2）用负荷点的功率或电流计算电压损失

在图 6-5(b)中，各负荷点电流通过线路时产生的电压损失近似等于线段 ag′，每相线路的相电压损失为

$$\Delta U_\varphi = ah \approx ag' = ab' + b'c' + c'd' + d'e' + e'f' + f'g'$$
$$= i_2 r_2 \cos\varphi_2 + i_2 x_2 \sin\varphi_2 + i_2 r_1 \cos\varphi_2 + i_2 x_1 \sin\varphi_2 + i_1 r_1 \cos\varphi_1 + i_1 x_1 \sin\varphi_1$$
$$= i_2(r_2 + r_1)\cos\varphi_2 + i_2(x_2 + x_1)\sin\varphi_2 + i_1 r_1 \cos\varphi_1 + i_1 x_1 \sin\varphi_1$$
$$= i_2 R_2 \cos\varphi_2 + i_2 X_2 \sin\varphi_2 + i_1 R_1 \cos\varphi_1 + i_1 X_1 \sin\varphi_1$$

将相电压损失换算为线电压损失为

$$\Delta U = \sqrt{3}\,\Delta U_\varphi = \frac{p_1 R_1 + q_1 X_1 + p_2 R_2 + q_2 X_2}{U_N} \qquad (6\text{-}14)$$

电压损失百分数为

$$\Delta U\% = \frac{p_1 R_1 + q_1 X_1 + p_2 R_2 + q_2 X_2}{10 U_N^2} \qquad (6\text{-}15)$$

电压损失百分数还可以表示为

$$\Delta U\% = \frac{\displaystyle\sum_{i=1}^{n} p_i R_i + \sum_{i=1}^{n} q_i X_i}{10 U_N^2} \qquad (6\text{-}16)$$

（3）线路各段导线型号规格不变时的电压损失

如果线路全长范围内的型号和规格截面相同，则有

$$R_i = r_0 L_i , \quad r_i = r_0 l_i , \quad X_i = x_0 L_i , \quad x_i = x_0 l_i$$

电压损失可以写成负荷矩形式,即

$$\Delta U\% = \frac{r_0 \sum_{i=1}^{n} p_i L_i + x_0 \sum_{i=1}^{n} q_i L_i}{10 U_N^2} \tag{6-17}$$

简化计算式为

$$\Delta U\% = \frac{r_0 + x_0 \tan\varphi}{10 U_N^2} P_{ce} L \tag{6-18}$$

$$\Delta U\% = (\Delta U\%)_{p0} P_{ce} L$$

式中:r_0——每公里线路电阻值,Ω/km;

$\quad\quad x_0$——每公里线路电抗值,Ω/km;

$\quad\quad P_{ce}$——通过线路的计算有功功率,kW;

$\quad\quad L$——线路长度,km;

$\quad\quad U_N$——系统的标称电压,kV;

$\quad\quad (\Delta U\%)_{p0}$——线路 1kW·km 的电压损失百分数,可查相关专业资料获得。

电压损失可以写成电流矩形式,即

$$\Delta U\% = \frac{\sqrt{3}}{U_N} \sum_{i=1}^{n} (I_i r_i \cos\varphi_i + I_i x_i \sin\varphi_i) = \frac{\sqrt{3}}{U_N} \sum_{i=1}^{n} I_i (r_0 L_i \cos\varphi + x_0 L_i \sin\varphi_i)$$

简化计算式为

$$\left. \begin{array}{l} \Delta U\% = \frac{\sqrt{3}}{10 U_N^2} (r_0 \cos\varphi + x_0 \sin\varphi) I_{ce} L \\[3mm] \Delta U\% = (\Delta U\%)_{i0} I_{ce} L \end{array} \right\} \tag{6-19}$$

式中:$(\Delta U\%)_{i0}$——1A·km 的电压损失百分数,可查相关专业资料获得。

3. 按允许电压损失选择(或校验)导线截面方法

从电压损失计算式可知,电压损失由有功功率引起的电阻部分和无功功率引起电抗部分两部分电压损失构成,即

$$\Delta U_r\% = \frac{r_0 \sum_{i=1}^{n} p_i L_i}{10 U_N^2} \tag{6-20}$$

$$\Delta U_x\% = \frac{x_0 \sum_{i=1}^{n} q_i L_i}{10 U_N^2} \tag{6-21}$$

因为线路上单位长度电抗 x_0 随导线截面变化较小,而且其变化范围约为 $0.35 \sim 0.4\Omega$/km,所以,当线路允许的电压损失已知时,线路电抗引起的电压损失 $\Delta U_x\%$ 部分可按 $x_0 = 0.35 \sim 0.4\Omega$/km 中的某值求得,而另一部分电压损失则为

$$\Delta U_r\% = \Delta U_{al}\% - \Delta U_x\% \tag{6-22}$$

$$\Delta U_r\% = \Delta U_{al}\% - \frac{x_0 \sum_{i=1}^{n} q_i L_i}{10 U_N^2} \tag{6-23}$$

将 $r_0 = \rho \dfrac{1}{S} = \dfrac{1}{\gamma A}$ 代入后,得

$$\Delta U_r\% = \frac{r_0 \sum\limits_{i=1}^{n} p_i L_i}{10\gamma S \cdot U_N^2} = \Delta U_{al}\% - \frac{x_0 \sum\limits_{i=1}^{n} q_i L_i}{10U_N^2} \tag{6-24}$$

满足电压损失的导体截面积为

$$S = \frac{\sum\limits_{i=1}^{n} p_i L_i}{10\gamma U_N^2 \cdot \left(\Delta U_{al}\% - \dfrac{x_0 \sum\limits_{i=1}^{n} q_i L_i}{10U_N^2} \right)} \tag{6-25}$$

式中：$\Delta U\%$——线路允许的电压损失百分数，如 5%；

γ——导线的电导率，铜线为 $0.053 \text{km}/\Omega \cdot \text{mm}^2$，铝线为 $0.032 \text{km}/\Omega \cdot \text{mm}^2$；

U_N——线路额定电压，与系统标称电压相等，kV；

x_0——线路单位长度的电抗值，可在 $0.35 \sim 0.4 \Omega/\text{km}$ 取值；

p_i、q_i、L_i——沿线路各集中负荷点的有功负荷、无功负荷、首端到负荷点的距离，kW、kVar、km。

对于同一型号截面的无感线路，即忽略无功功率通过线路产生的电压损失，式(6-22)可近似简化为

$$S = \frac{\sum\limits_{i=1}^{n} M_i}{10\gamma U_N^2 \Delta U_{al}\%} \tag{6-26}$$

式中：M_i——负荷点的负荷矩(kW $\cdot$ km)，$M_i = p_i L_i$。

例 6-2 在图 6-2 中，低压配电系统线路电压等级为 380/220V，负荷点的参数为 $P_c = 70 \text{kW}$，$Q_c = 5 \text{kVar}$，$\cos\varphi = 0.99$，线路允许电压损失为 5%，采用 VV 四芯电缆穿钢管明敷设，环境温度为 30℃，线路长度为 100m。试求：(1)满足电压损失的导体截面积。(2)满足发热条件的导体截面积。(3)符合两项要求的电缆所穿钢管规格。

解：(1)负荷点无功负荷较少忽略不计，线路可近似为无感线路。满足电压损失的导体截面积为

$$S_1 = \frac{\sum\limits_{i=1}^{n} M_i}{10\gamma U_N^2 \Delta U_{al}\%} = \frac{PL}{10\gamma U_N^2 \Delta U_{al}\%} = \frac{70 \times 0.1}{10 \times 0.053 \times 0.38^2 \times 5} = 18.3(\text{mm}^2)$$

查附录表 A-21 得，VV-4×25 的四芯电缆的电压损失率为 $\Delta U\% = 0.371\%/(\text{A} \cdot \text{km})$。当负荷电流通过 100m 时，产生的电压损失为

$$\Delta U = 0.371 \times 106.4 \times 0.1 = 3.95\%$$

故选择 VV-4×25 的四芯电缆的电压损失小于线路电压损失 5%，能满足电压损失的要求。

(2)负荷点计算电流为

$$I_c = \frac{P_c}{\sqrt{3} U_N \cos\varphi} = \frac{70 \times 10^3}{\sqrt{3} \times 380 \times 1} = 106.4(\text{A})$$

查附录表 A-18，环境温度为 30℃，选择 VV-4×50 的四芯电缆，$S_2 = 50 \text{mm}^2$，载流量为 $I_{al} = 118\text{A} > I_c$，能满足发热条件要求。

（3）根据线缆选择基本要求，应选择 $S_2 = 50\text{mm}^2$ 的 VV-4×50 四芯电缆，能同时满足线路电压损失和发热条件要求。

查附录表 A-18，VV-4×50 的四芯电缆应穿钢管管径规格为 SC65。这条线路选择的结果为 VV-4×50-SC65。

6.3.3　按机械强度校验导线截面

1. 架空线路的最小截面

导线应有足够的机械强度来满足线路敷设条件的要求。架空线路要经受风雪、覆冰和气温变化等多种因素的影响，所以必须要有足够的机械强度来保证线路的安全运行。电力线路应按机械强度要求的最小导线截面进行校验。绝缘导线按机械强度要求的最小截面如表 6-1 所示，架空线路按机械强度要求的最小允许导线截面如表 6-12 所示。

表 6-12　架空线路按机械强度要求的最小允许导线截面积

导线种类	35kV 线路	6～10kV 线路		1kV 以下线路
		居民区	非居民区	
铝及铝合金线	35	35	25	16
钢芯铝绞线	25	25	16	16（与铁路交叉跨越时为 35）
铜线	16	16	16	16

据经验，35kV 及以上高压架空线路按经济电流密度选择，然后校验发热条件、电压损失及机械强度。6～10kV 线路多以允许电压损失选择，再校验发热条件和机械强度。对于低压线路，因为距离较短，电压损失不是主要问题，多以发热条件选择并校验机械强度。对于电压质量要求较高的照明线路，也可按电压损失选择，然后校验发热条件和机械强度。

另外，选择电缆线和绝缘线必须满足电压等级要求，电缆线还要校验短路电流热稳定性，但不必校验机械强度。

例 6-3　某 10kV 架空线路向两个集中负荷供电，各负荷点的距离和负荷大小如图 6-6 所示。架空线路相间距离为 0.8m，水平排列，全线同截面，要求电压损失不得超过 5%。当地最热月平均最高温度为 32℃。试选铝绞线截面大小。

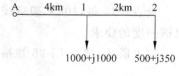

图 6-6　例 6-3 图

解：（1）先按允许电压损失选择导体截面积

取 $x_0 = 0.35\Omega/\text{km}$。铝绞线电导率 $\gamma = 0.032\text{km}/\Omega \cdot \text{mm}^2$，线路上无功功率产生的电压损失为

$$\Delta U_x\% = x_0 \sum_{i=1}^{2} q_i L_i / 10 U_N^2$$

$$= \frac{0.35 \times (1000 \times 4 + 350 \times 6)}{10 \times 10^2} = 2.135$$

根据式（6-22）得，$\Delta U_r\% = \Delta U_{al}\% - \Delta U_x\% = 5 - 2.135 = 2.865(\%)$，则线路满足电压损失的导体截面积为

$$S_1 = \frac{\sum\limits_{i=1}^{2} p_i L_i}{\gamma \cdot 10 U_N^2 \Delta U_r \%} = \frac{1000 \times 4 + 500 \times 6}{0.032 \times 10 \times 10^2 \times 2.865} = 76.35(\text{mm}^2)$$

（2）校验实际选取导体截面积的电压损失

选择 LJ-95mm² 钢芯铝绞线，线间几何均距 $a_{av} = 1.26a = 1.26 \times 800 = 1008(\text{mm})$，取 1000mm，查附录表 A-23 得，$x_0 = 0.34\Omega/\text{km}$，$r_0 = 0.36\Omega/\text{km}$，校验电压损失为

$$\Delta U\% = \frac{r_0 \sum\limits_{i=1}^{2} p_i L_i + x_0 \sum\limits_{i=1}^{2} q_i L_i}{10 U_N^2}$$

$$= \frac{0.36 \times (1000 \times 4 + 500 \times 6) + 0.34 \times (1000 \times 4 + 350 \times 6)}{10 \times 10^2}$$

$$= 4.59 < 5$$

LJ-95mm² 钢芯铝绞线能满足电压损失的要求。

（3）校验满足发热条件

温度修正系数为

$$K_\theta = \sqrt{\frac{\theta_{al} - \theta_0'}{\theta_{al} - \theta_0}} = \sqrt{\frac{70 - 32}{70 - 30}} = 0.97$$

查附录表 A-24 得，室外 LJ-95mm² 钢芯铝绞线在环境温度为 30℃ 时，载流量为 $I_{al} = 305A$，修正后载流量为 $I_{al}' = K_\theta I_{al} = 0.97 \times 305 = 296(\text{A})$。通过线路第一段的最大计算负荷电流为

$$I_C = \frac{S_C}{\sqrt{3} U_N} = \frac{\sqrt{(1000 + 500)^2 + (1000 + 350)^2}}{\sqrt{3} \times 10} = 116.52(\text{A})$$

根据式(6-3)得，$I_{al}' > I_C$，选择 LJ-95 导线能满足发热条件要求。

（4）校验机械强度

查表 6-12 得，10kV 架空线路最小截面积 LJ-35mm²，选择导线为 LJ-95>LJ-35，能满足机械强度的要求。

综上所述，选择 LJ-95 规格的架空导线能满足各项要求。

6.3.4 按短路条件选择导线截面积

1. 线缆的动稳定

架空线、绝缘导线、电缆等均有可绕性，短路电流的力效应不明显，一般不进行动稳定校验。选择硬母线时，应根据母线的跨距进行短路电流动稳定校验。硬母线满足短路电流动稳定要求的条件为

$$\sigma_{al} \geqslant \sigma_C \tag{6-27}$$

式中：σ_{al}——硬母线材料允许最大机械应力，Pa；

$\quad \sigma_C$——硬母线通过短路电流承受的机械应力，Pa。

2. 线缆的热稳定

架空线路的散热性能好，可不作热稳定校验。绝缘导线、电缆则应进行热稳定校验。满

足热稳定要求的条件为

$$S \geqslant \frac{I_k}{K} \sqrt{t_{im}}$$ (6-28)

式中：S——热稳定允许的最小导线截面积，mm^2；

I_k——三相短路电流稳态值，kA；

K——导体热稳定系数，$A\sqrt{s}/mm^2$；

t_{im}——短路假想时间，s，断路器开断速度为高速、中速、低速时，分别取 0.1s、0.15s、0.2s。

短路电流的短路点的确定，应遵循如下原则。

(1) 不超过制造长度的单根电缆，短路点取在线缆的末端。

(2) 中间有接头的多段线缆组成的线路，短路点取在本段线路的末端。

(3) 无中间接头的并联连接的线缆，短路点取在末端并联点处。

3. 相线导体最小截面选择

一般规定铜芯导线截面最小值还应符合如下要求。

(1) 进户线不小于 $10mm^2$。

(2) 动力、照明配电箱的进线不小于 $6mm^2$。

(3) 控制箱进线不小于 $6mm^2$。

(4) 照明及动力分支线不小于 $2.5mm^2$。

例 6-4　区域变电站出线开关的遮断容量为 500MV·A，采用 YJV-10kV 铜芯电缆送到建筑物内，输电距离为 2km，电缆热稳定系数为 $K=137(A\sqrt{s}/mm^2)$，高压出线断路器固有开断时间为 0.06s，继电保护时限为 0.27s。试求进户线电缆线路的最小热稳定截面积？

解：根据 $S_d=500MV·A$，10.5kV 输电距离为 2km，查附录表 A-5 得，用户处的三相短路电流为 $I_k=16.17kA$，假想时间 $t_{im}=t_k+0.05=0.06+0.27+0.05=0.38(s)$。

根据式(6-28)热稳定允许的最小导线截面积为

$$S \geqslant \frac{I_k}{K} \sqrt{t_{im}} = \frac{16.17 \times 10^3}{137} \sqrt{0.38} = 72.8(mm^2)$$

附录表 A-20 得，满足热稳定允许的最小导线截面积应选择 $95mm^2$。

在民用建筑中，10kV 输电距离比较短，电压损失不是主要问题，线路导体截面积的选择主要取决于热稳定要求。

6.4　中性线及保护线的导体截面选择方法

6.4.1　中性导体选择

在 TN 系统和 TT 系统中，中性导体 N 与电力系统中性点连接，并起传输电能的作用。在某些特定情况下，中性导体和保护导体的功能可合二为一，称为保护中性导体 PEN。

1．中性导体和相导体截面相同

中性导体和相导体截面相同时，应符合下列规定之一。

（1）任何截面的单相两线线路。也就是说使用 220V 单相电压，只有相线和保护线的两线线路。

（2）三相四线和单相三线线路中，相导体截面不大于 16mm²（铜）或 25mm²（铝）。

2．中性导体小于相导体截面

中性导体小于相导体截面时，应在相导体截面大于 16mm²（铜）或 25mm²（铝），且满足下列全部条件。

（1）中性线导体截面不小于 16mm²（铜）或 25mm²（铝）。

（2）在正常工作时，中性导体预期最大电流不大于减小了的中性导体截面的允许载流量。

（3）对 TT 或 TN 系统，在中性导体截面小于相导体截面的地方，中性导体需装设相应于该导体截面的过电流保护，该保护应使相导体断电，但不必断开中性导体。

3．中性导体截面大于相导体截面

如果中性导体通过的电流中谐波电流较大，中性导体截面应大于相导体截面。如采用可控硅调光的配电线路，或大面积采用电子整流器的荧光灯供电线路，由于三次谐波大量增加，则 N 线的导体截面应为相线导体截面的 2 倍以上，否则中性线会因过热而使线路故障增加。

4．中性线谐波电流的修正

在三相平衡系统中有可能存在谐波的影响，影响最严重的是三次谐波电流。在中性导体中，三次谐波电流值等于相线谐波电流的 3 倍。因此，选择中性导体截面积时，应计入谐波电流的影响。

1）按相线电流选择中性导体截面积

当谐波电流较小时，中性导体的截面积可按相线电流选择，并进行修正。根据谐波分析理论，含有谐波电流的有效值为

$$I'_C = \sqrt{I_0^2 + I_1^2 + I_2^2 + I_3^2 + \cdots} \tag{6-29}$$

式中：I'_C——含有谐波电流的计算电流，A；

　　　I_0——非正弦交流电中的直流分量，A；

　　　I_1——非正弦交流电中的频率为 50Hz 的基波电流分量，A；

　　　I_2——非正弦交流电中的频率为 2×50Hz 的二次谐波电流分量，A；

　　　I_3——非正弦交流电中的频率为 3×50Hz 的三次谐波电流分量，A。

计入谐波电流修正系数后，选择中线导体截面积的计算电流为

$$I_C = \frac{I'_C}{K_x} \tag{6-30}$$

式中：I_C——计入谐波修正系数后的计算电流，A；

　　　K_x——谐波修正系数，如表 6-13 所示。

载流量与计算电流符合式（6-1）的关系，即为满足发热条件所选择的中性导体截面积。

2) 按中性线电流选择中性导体截面积

当预计中性导体电流高于相导体电流时,电缆截面应按中性导体电流来选择。当三次谐波电流超过中性线电流的 33% 时,它所引起的中性线电流超过基波的相电流,中性线电流为三次谐波电流的 3 倍,即

$$I_N = \frac{3I_3}{K_x} \tag{6-31}$$

式中:I_N——通过中性线上的计算电流,A。

当谐波电流大于中性线电流的 10% 时,中性线导体截面积不应小于相线。如以气体放电灯为主的照明线路,以及计算机及直流电源设备的供电线路等。

当中性导体电流大于相导体电流的 135%,且按中性导体电流选择电缆截面时,电缆的载流量可不修正。修正系数如表 6-13 所示。

表 6-13　4 芯和 5 芯电缆存在高次谐波的修正系数 K_x

相电流中三次谐波分量/%	降低系数	
	按相电流选择导体截面	按中性线电流选择导体截面
0~15	1.00	—
15~33	0.86	—
33~45	—	0.86
>45	—	1.00

注:表中数据仅适用于中性线与相线等截面的 4 芯或 5 芯电缆及穿管导线。

例 6-5　三相平衡系统中的负荷电流为 42A,采用 4 根 BV 塑料绝缘导线,穿管埋墙暗敷设,环境温度为 35℃。试对以下几种情况选择线缆截面积。(1)无谐波;(2)仅有负荷电流的 20% 三次谐波;(3)仅有负荷电流的 40% 三次谐波;(4)仅有负荷电流的 50% 三次谐波。

解:根据式(6-30)和式(6-31),不同谐波电流下的计算电流和选择结果如表 6-14 所示。4 根 BV 塑料绝缘导线的载流量查附录表 A-17。

表 6-14　谐波对线缆截面积选择的影响示例

负荷电流情况	选择截面积的计算电流/A		选择结果	
	按相线电流	按中性线电流	线缆截面积/mm²	导体载流量/A
无谐波	42		16	45
20%谐波	$\frac{\sqrt{42^2+(42\times0.2)^2}}{0.86}=49.8$		25	60
40%谐波		$\frac{42\times0.4\times3}{0.86}=58.6$	25	60
50%谐波		$\frac{42\times0.5\times3}{1.00}=63$	35	74

6.4.2 保护线(PE)导体选择

保护线导体是指 PE 线、PEN 线及与其相连接的不通过正常负荷电流,只通过短路故障电流回路的导体。保护线导体包括接零线、接地线、接地体等。PE 线是专用的保护导体、PEN 线是与工作零线共用的保护导体。

1. 保护线导体与相导体材料相同

保护导体必须有足够的截面通过短路电流,保护导体截面不应小于表 6-15 的规定值。

表 6-15　保护导体最小截面　　　　　　　　　mm²

相导体截面 S	PE 线导体最小截面
$S \leqslant 16$	S
$16 < S \leqslant 35$	16
$S > 35$	$S/2$

2. 保护线导体与相导体材料不同

保护线为满足故障电流通过时的热稳定要求,应满足式(6-28)的要求。

3. 保护中性线(PEN)导体选择

PEN 线具有保护线(PE)和中性线(N)的双重功能,因此其导体截面按其中的最大值选择,并需要符合下列要求。

(1) 必须有耐受最高电压的绝缘。

(2) TN-C-S 系统中 PEN 导体从某点分为中性导体和保护导体后,不得再将这些导体相互连接。

(3) 外露可导电部分严禁用作 PEN 导体。

在任何情况下,供电电缆外护物或电缆组成部分以外的每根保护导体的截面,均应符合下列规定。

(1) 有机械防护时,铜导体截面不得小于 2.5mm²,铝导体截面不得小于 16mm²。

(2) 无机械防护时,铜导体截面不得小于 4mm²,铝导体截面不得小于 16mm²。

例 6-6　有一条低压配电线路,采用 BV-500 型铝芯塑料绝缘导线穿塑料管埋墙暗敷设,接地形式为 TN-S 系统,计算电流为 57A,有 35%的三次谐波电流,当地最热月平均最高气温为 33℃。试选择这条线路的相线、中性线 N 和保护线 PE,并进行校验。

解:(1) 相线截面的选择

查附录表 A-17 得,环境温度为 35℃时,穿塑料管埋墙暗敷设时,选择 BV-500V-25mm² 的铝芯塑料绝缘导线的载流量为 $I'_{al} = 60A$。根据式(6-2)得温度修正系数为

$$K_\theta = \sqrt{\frac{\theta_{al} - \theta'_0}{\theta_{al} - \theta_0}} = \sqrt{\frac{70 - 33}{70 - 35}} = 1.03$$

修正后导体的载流量为 $I_{al} = K_\theta I_{al} = 1.03 \times 60 = 61.8(A)$,$I_C = 57A$,满足 $I_{al} > I_C$ 的要求。

(2) 中性线 N 的选择

谐波电流超过 33%,中性线电流为

$$I_N = \frac{3I_3}{K_x} = \frac{3 \times 57 \times 35\%}{0.86} = 69.6(A)$$

选择 BV-500V-35mm² 铝芯塑料绝缘导线的载流量为 $I'_{al} = 74A$,温度修正系数为修正后导体载流量为 $I_{al} = K_0 I_{al} = 1.03 \times 74 = 76(A)$,满足 $I_{al} > I_N$ 的要求。

（3）保护线 PE 的选择

根据表 6-15 的要求,保护线 PE 的导体截面积应取 16mm²。

考虑满足谐波电流的影响,相线和中性线选择相同截面积为 35mm² 的导线,所选线路导线型号规格为 BV-500-(4×35+1×16)。

6.5　按经济电流密度选择导线截面

导线的截面越大,电能损耗就越小,但是线路投资、维修管理费用和有色金属消耗量都要增加。从全面的经济效益考虑,既能使线路的年运行费用接近最小,又适当考虑节约有色金属的导线截面,称为经济截面用 S_{ec} 表示。

如图 6-7 所示为 VV-1kV 电缆线芯截面与总费用的关系曲线。曲线 2 代表初始费用,它包括电缆及附件与敷设费用之和。当截面增大时,投资费用随之增大。曲线 3 代表损耗费用,当截面增大时,损耗减少,损耗费用随之减少。曲线 1 代表总费用,是曲线 1、曲线 2 的叠加。曲线 1 的最低点就是总费用最少的一个截面 80mm²。显然,选择 70～95mm² 它的总费用 TOC 都非常接近最经济截面 80mm²。因此,经济截面是一个区间。在经济截面的范围内,可选择较小截面。

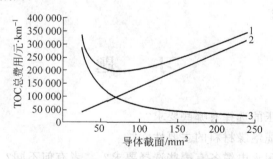

图 6-7　年运行费用与导线截面的关系曲线

经济电流密度与年最大负荷利用小时数有关,各国根据其具体的国情,特别是有色金属资源的情况,规定了导线和电缆的经济电流密度,中国现行的经济电流密度规定如表 6-16 所示。

表 6-16　输电线路经济电流密度 j_{ec}　　　　A/mm²

	年最大负荷利用小时/(h/a)	<3000（一班制）	3000～5000（二班制）	>5000（三班制）
架空线	裸铝绞线及钢芯铝绞线	1.65	1.15	0.9
	裸铜绞线	3.0	2.25	1.75
电缆线	铝芯	1.92	1.73	1.54
	铜芯	2.5	2.25	2.0

按经济电流密度计算 S_{ec} 的公式为

$$S_{ec} = \frac{I_C}{j_{ec}} \qquad\qquad (6\text{-}32)$$

式中：I_C——线路计算电流，A；

　　　j_{ec}——经济电流密度，A/mm²；

　　　S_{ec}——经济截面，mm²。

例 6-7　从某区域变电站架设一条 35kV 线路向负荷为 5000kW，$\cos\varphi = 0.85$ 的企业供电。已知导线采用 LJ 型铝绞线，环境温度为 35℃，年最大负荷利用小时数为 4500h。试按经济电流密度选择导线截面积，并进行允许载流量和机械强度校验。

解：（1）选择经济截面

线路上的计算电流为

$$I_C = \frac{P}{\sqrt{3} U_N \cos\varphi} = \frac{5000}{\sqrt{3} \times 35 \times 0.85} = 97(\text{A})$$

查表 6-16 得 $j_{ec} = 1.15\text{A/mm}^2$，选择经济截面积为

$$S_{ec} = \frac{I_C}{j_{ec}} = \frac{97}{1.15} = 84.4(\text{mm}^2)$$

（2）校验允许载流量

查附录表 A-24，选择 LJ-95 型铝绞线，在环境温度为 35℃时允许载流量为 $I_{al} = 286\text{A} > 97\text{A}$，满足允许载流量要求。

（3）校验机械强度

查表 6-12，35kV 架空铝绞线线路最小允许截面积为 35mm²，故所选择 LJ-95 型铝绞线能满足机械强度的要求。

习　　题

6-1　线缆额定电压的选择有哪些要求？

6-2　简述常用线缆绝缘材料的主要性能？

6-3　阻燃电缆和耐火电缆各有哪些选择要求？二者有何不同？

6-4　VV$_{22}$ 和 ZR-VV$_{22}$ 各表示什么含义？适用于哪些场所？

6-5　绝缘母线按功能分类有哪几种？

6-6　导线截面选择需满足哪些基本条件？

6-7　按发热条件选择线缆应注意哪些问题？

6-8　如何选择中性线导体截面积？

6-9　导体载流修正有几种情况？如何修正？

6-10　什么叫"经济面积"？什么情况下按经济面积选择线缆截面积？

6-11　有一条采用 BV-500 型铜芯塑料绝缘导线穿塑料管敷设，低压配电系统的接地形式为 TN-S 系统，通过线路的计算电流为 70A，环境温度为 28℃。试按发热条件选择导线截面及穿管管径。

6-12 如图 6-8 所示线路,低压配电系统线路电压等级为 380/220V,负荷点的参数为 $P_c=80\text{kW},Q_c=10\text{kVar}$,线路允许电压损失为 5%,采用 VV 四芯电缆穿钢管明敷设,环境温度为 35℃,线路长度为 50m。试求:按电压损失选择相导体截面积,并进行发热条件和机械强度校验。

图 6-8 习题 6-12 图

6-13 如图 6-9 所示为 TN-S 系统,380/220V 低压配电系统干线采用 VV 电缆,线路末端三相短路电流为 13kA,QF 总断开短路电流的时间为 60ms,环境温度为 30℃,采用电气竖井穿钢管垂直明敷设,线路允许总电压损失为 5%。试按发热条件选择相线、中性线和保护线截面积,并进行电压损失、机械强度和短路热稳定校验。

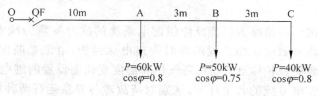

图 6-9 习题 6-13 图

6-14 某区域变电站出线开关的遮断容量为 500MV·A,采用 VV-10kV 铜芯电缆送到建筑物内,输电距离为 1km,电缆热稳定系数为 $K=137(\text{A}\sqrt{\text{s}}/\text{mm}^2)$,高压出线断路器固有开断时间为 0.06s,继电保护时限为 0.27s。试求进户线电缆线路的最小热稳定截面积。

6-15 某低压配电线路采用 BV-500 型铜芯塑料绝缘导线穿钢管埋墙暗敷设,接地形式为 TN-S 系统,计算电流为 76A,有 38% 的三次谐波电流,当地最热月平均最高气温为 32℃。试选择这条线路的相线、中性线 N 和保护线 PE,并进行校验。

6-16 有一条 35kV 架空线路采用 LJ 型裸导线,线路向负荷为 4000kW,$\cos\varphi=0.9$ 的建筑群供电。环境温度为 30℃,年最大负荷利用小时数为 2700h。试按经济电流密度选择导线截面积,并进行允许载流量和机械强度校验。

第 7 章 高压供配电系统的继电保护

7.0 内容简介及学习策略

1. 学习内容简介

由于短路电流会给供配电系统造成严重危害,因此本章主要介绍供配电系统中常用的继电保护的工作原理。重点讲述了电力系统、配电变压器、母线、高压电动机的继电保护配置及整定计算。简要介绍了配电系统的微机保护装置,为智能化管理奠定基础。

2. 学习策略

本章建议使用的学习策略为以能反应供配电系统的故障参数为线索,学习各种短路故障保护原理。以电流参数变化而设置的带时限过电流保护、电流速断保护等基本原理;以电压参数变化而设置的保护原理;以瓦斯气体和温度变化而设置的继电保护原理。将这些保护原理应用到供配电系统的各个环节,区别对待故障与异常运行两种状态。学完本章后,读者将能够实现如下目标。

- ☞ 了解继电保护装置的主要作用和基本要求。
- ☞ 掌握继电保护的接线形式及其特点。
- ☞ 理解带时限过电流保护、电流速断保护、单相短路保护的基本原理和整定方法。
- ☞ 掌握线路保护的配置与整定计算。
- ☞ 了解母线保护的基本原则。
- ☞ 理解配电变压器保护原理。

7.1 继电保护的基本原理

电力系统在正常运行过程中常出现异常和故障状态。异常状态也称为不正常状态,其表现形式有线路过负荷、绝缘老化引起的漏电、频率下降、电压降低以及中性点不接地系统中的单相接地等现象。常见的故障形式为各种形式的短路现象等。这些状态如果不及时处理会引发停电、损坏设备、危及人身安全等严重的后果。为避免系统运行时不正常状态和故障状态对供配电系统造成的威胁,提高系统安全运行水平,应采取有效措施,及时发现并切除故障部分,保证无故障部分正常运行,缩小事故范围。继电保护装置就是解决这类问题的有效措施之一。

7.1.1 继电保护的作用和原理

继电保护装置是指能及时反映供配电系统中电气设备发生故障或不正常工作状态,并能动作于断路器跳闸线圈或起动信号装置发出预警信号的一种自动保护装置。通常它是由不同类型的继电器和其他辅助元件根据保护的对象按不同的原理而构成的自动保护系统装置。

1. 继电保护装置的作用

继电保护装置的主要作用如下。

(1) 正确识别出短路故障状态。

(2) 出现不正常状态时,保护装置能发生报警信号,以便值班运行人员采取措施恢复正常运行,或自动减负荷运行,或跳闸切断供电。

(3) 出现故障状态时,保护装置能自动、迅速、有选择地切除故障元件,恢复系统正常运行。

2. 继电保护装置的基本原理

继电保护装置的基本动作原理为检测供配电系统发生故障时,所出现的一些不同于正常运行的参数变化而动作。对电流变化进行检测,构成电流保护。对电压变化进行检测,构成电压保护。若对其他参数进行检测,也可构成其他保护。

继电保护装置种类较多,尽管它们在结构上各不相同,但基本上都由测量比较部分、逻辑部分、执行部分等三个部分构成。原理结构的方框图如图 7-1 所示。

图 7-1　继电保护装置原理结构图

1) 测量比较部分

测量一次线路被保护设备的电流、电压、温度等相关输入信号,并和已给定的整流值进行比较,判断是否属于不正常工作信号或故障信号而进行起动保护装置。

2) 逻辑部分

根据测量比较部分各输出量的大小、性质、出现的顺序以及组合形式,使保护装置按照一定的逻辑程序工作,并将信号传输给执行部分。

3) 执行部分

根据逻辑部分传输的信号,完成保护装置所承担的任务。如故障时跳闸、不正常时发出信号等。

如图 7-2 所示为线路过电流保护装置的基本原理示意图。测量部分为电流互感器 TA 和电流继电器 KA,它们将检测保护线路的运行状态,测量线路中电流 I_1 的大小。正常情况下,线路中的电流不超过最大负荷电流时,KA 不会动作。当被保护线路的 K 点发生短路时,线路上的电流 I_1 突然增大,监测部分将检测到一个很大的电流信号 I_2,当 I_2 大于整定值时,KA 立即动作,输出 KA 触点闭合信号。逻辑部分为时间继电器 KT 的线圈回路,它将因 KA 触点闭合而接通,并根据短路电流持续的时间,做出保护动作的逻辑判断,并输出 KT 触点闭合信号。执行部分为信号继电器 KS 和断路器 QF 跳闸线圈 YR 回路,执行部分将根据逻辑部分输出的 KA 触点闭合信号,使断路器跳闸,同时发出信号。

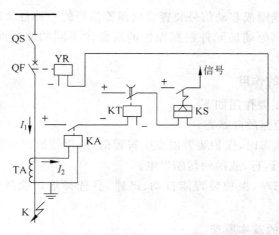

图 7-2　线路过电流保护的基本原理示意图

7.1.2　继电保护要求及保护分类

1. 继电保护装置和基本要求

对于动作与跳闸的继电保护装置在技术上应满足选择性、速动性、可靠性和灵敏性的要求。对于作用于信号的继电保护装置保护要求略有不同。

1）选择性

当供配电系统故障时,继电保护应当有选择地将故障部分切除,让非故障部分继续运行,防止不应该停电的部分出现停电现象,尽量减小故障停电所造成的损失。保护装置这种能挑选故障元件的能力称为选择性。

如图 7-3 所示,当 K 点发生短路时,线路电流突然增大,流过电流继电器 KA1、KA3、KA4 的电流因增大而动作,而离短路点最近的过电流继电器 KA4 先动作于跳闸,切断故障线路,保证其他部分的正常运行。

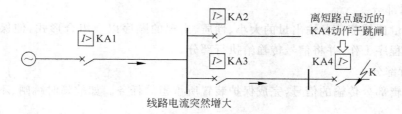

图 7-3　继电保护装置的选择性示意

2）速动性

继电保护应尽快切除短路故障,提高系统的稳定性,减小损失。在满足选择性的前提下,继电保护装置应力求快速动作,切断故障线路。故障切除时间等于保护装置动作时间和断路器动作时间之和。一般的快速保护动作时间为 0.06～0.12s,断路器的动作时间为0.06～0.15s。

3）可靠性

可靠性是指在继电保护装置的保护范围内发生属于它应该保护的故障或不正常运行状

态时,应可靠动作,不应拒动;发生不属于其保护的故障或不正常运行状态,应可靠不动作,不应误动。

4) 灵敏性

继电保护装置在其保护范围内对发生的金属性短路故障或不正常的工作状态的反应能力称为灵敏性。高灵敏性的保护装置对各种类型的故障反应敏锐,从而可以减小故障对系统的影响程度,但有可能降低工作的可靠性。

2. 保护分类与灵敏系数

1) 保护分类

按保护装置的作用和性能要求,继电保护装置可分为主保护、后备保护、辅助保护和异常运行保护。如图 7-4 所示为主保护和后备保护范围示意图。

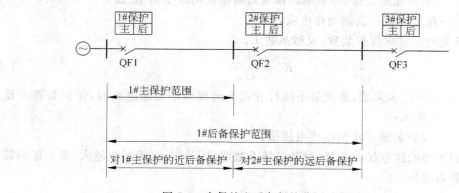

图 7-4　主保护和后备保护范围示意图

(1) 主保护

为满足系统稳定和设备安全的要求,能以最快速度有选择地切除被保护设备和线路故障的保护。在电力设备和线路的保护中必须采用。

(2) 后备保护

后备保护又分为远后备保护和近后备保护。远后备保护是指当主保护或断路器拒动时,由相邻电力设备或线路保护实现保护动作;近后备保护是指当主保护拒动时,由本电力设备或线路的另一套保护实现后备保护动作。当断路器拒动时,则由断路器失灵保护实现后备保护。在 3~10kV 线路中,一般都采用远后备保护。

在后备保护装置设计时,应优先采用远后备保护。即当保护装置或断路器拒动时,由相邻元件的保护实现后备保护。因此,每个元件的保护装置除作为本身的主保护以外,还应作为相邻元件的后备保护。

(3) 辅助保护

为补充主保护和后备保护的性能,或当主保护和后备保护退出运行而增设的简单保护。可根据情况有选择地使用。为了加速切除故障或消除方向元件的死区,可以采用电流速断作为辅助保护。电流速断的最小保护范围为被保护线路的 15%~20%。

(4) 异常运行保护

反映被保护电力设备或线路异常运行状态的保护。可根据情况选用。

2) 灵敏系数

灵敏性通常用灵敏系数 K_s 表示,灵敏系数 K_s 越大,表示保护装置的灵敏性越高,反之亦此。灵敏系数的大小通常根据最小的运行方式和故障类型来确定。

(1) 对于过电流继电保护装置,灵敏系数 K_s 为

$$K_s = \frac{I_{k \cdot min}}{I_{op \cdot 1}}$$

(7-1)

式中: K_s——保护装置的灵敏度系数;

$I_{k \cdot min}$——保护装置安装处的最小短路电流,kA。对多相短路保护时,$I_{k \cdot min}$ 取两相短路电流的最小值 $I_{k \cdot min}^{(2)}$;对 $3 \sim 10kV$ 中性点不接地系统的单相短路保护,取单相接地电容电流的最小值 $I_{c \cdot min}$;对 $380/220V$ 中性点直接接地系统的单相短路保护,取单相接地短路电流的最小值 $I_{k \cdot min}^{(1)}$;

$I_{op \cdot 1}$——保护装置一次侧动作电流,kA。

(2) 对于欠电压继电保护装置,灵敏系数 K_s 为

$$K_s = \frac{U_{op \cdot 1}}{U_{min}}$$

(7-2)

式中: U_{min}——保护范围末端,系统最小运行方式下出现最小短路电流时,保护装置安装处的电压;

$U_{op \cdot 1}$——保护装置一次侧动作电压值。

各种保护类型的继电保护装置,对其灵敏系数要求不同。灵敏系数越大,表示保护装置反应故障的能力越强。

7.2　常用保护继电器及接线方式

在高压系统中,通常使用继电器构成继电保护装置来实现保护功能。继电器接于互感器的二次绕组中,与高压隔离。因此,继电保护装置属于供配电系统的二次回路设备。

7.2.1　常用的保护继电器

1. 继电器及其表示方法

1) 继电器分类

继电器是一种传递信号的电器,它能根据特定形式的输入信号转变为其触点开合状态的电器元件。只要在它的输入端输入一个物理量或施加的物理量达到规定值时,其输出端就会动作,并改变原来的状态这种动作称为继电特性。按其用途可分为控制继电器和保护继电器两大类,前者用于自动控制电路中,后者用于继电保护电路中。

(1) 按组成元件分类有电磁型、感应型、晶体管型、集成电路型、数字型等。电磁型和感应型属于有触点机电类型,使用时间最早,一直沿用至今。晶体管型、集成电路型和数字型属于软触点静止类型,在现代微机继电保护中应用广泛。

(2) 按输入的物理量分类有电流继电器、电压继电器、温度继电器、功率继电器、气体继电器等。

（3）按输入量的大小分类有过量继电器和欠量继电器，如过电流继电器、欠电压继电器等。

（4）按其在保护装置中的作用分类有起动继电器、时间继电器、信号继电器、中间继电器等。

软触点静止类型电子继电器具有灵敏度高、动作速度快、耐冲击、抗震动、体积小、重量轻、功耗少，容易构成复杂的继电器及综合保护装置等优点，但其抗干扰能力相对较差，对环境有一定要求。中国大多数供配电系统仍普遍使用运行经验成熟的机电类继电器，下面主要介绍几种机电式继电器。

2）继电器型号的含义

国内部分继电器型号的含义如图 7-5 所示。

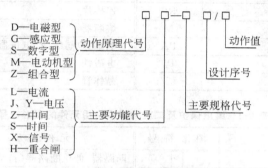

图 7-5　继电器型号的含义

继电器主要规格代号常用来表示触点的形式及数量，例如 DL-11/10 表示电磁型电流继电器，第一个数字"1"表示设计序号为 10 系列，第二个数字"1"表示有一对动合触点，"10"表示最大动作电流为 10A。

3）常用继电器的符号

在继电保护电路图中，采用国家规定的文字符号和图形符号来表示继电器及元件。常用继电器保护元件的文字符号和图形符号如表 7-1 和表 7-2 所示。

表 7-1　继电保护及二次回路中常用元件的文字符号

设备及元件名称	符号	设备及元件名称	符号
电流继电器	KA	闪光信号小母线	WF
电压继电器	KV	预报信号小母线	WFS
热继电器	KH	灯光信号小母线	WL
气体（瓦斯）继电器	KG	合闸电路电源小母线	WO
中间继电器、接触器	KM	信号电路电源小母线	WS
温度继电器	KR	电压小母线	WV
中性线	N	时间继电器	KT
保护线	PE	信号继电器	KS
保护中性线	PEN	合闸接触器	KO
导线	W	电磁铁	YR
母线	WB	合闸线圈	YO
控制电路电源小母线	WC	跳闸线圈、脱扣器	YR

设备及元件名称	符号	设备及元件名称	符号
备用电源自动投入装置	APD	绿色指示灯	GN
自动重合闸装置	ARD	红色指示灯	RD
断路器、低压断路器（自动开关）	QF	指示灯、信号灯	HL
刀开关	QK	变压器	T
负荷开关	QL	电流互感器	TA
隔离开关	QS	电压互感器	TV
控制开关、选择开关	SA	零序电流互感器	TVN
按钮	SB	变流器、整流器	U
电阻	R	端子板、电抗	X
电位器	RP	连接片	XB
电动机	M	熔断器	FU
电流表	PA	电感、电感线圈、电抗器	L
电压表	PJ	电磁铁	YA
电度表	PV	晶体管	V

表 7-2　继电保护及二次回路中常用元件的图形符号

元件名称	图形符号	元件名称	图形符号
电磁型电流继电器		断路器、低压断路器（自动开关）	
感应型电流继电器		刀开关	
低（欠）电压继电器		负荷开关	
热继电器		隔离开关	
气体（瓦斯）继电器		常开（动合）按钮	
一般继电器和接触器线圈		常闭（动断）按钮	
中间继电器		电流互感器	
时间继电器		电压互感器	
信号继电器		常开（动断）触点	
合闸线圈、跳闸线圈、脱扣器		常闭（动合）触点	
电流表		延时闭合的常开触点	
电压表		延时断开的常闭触点	
电度表		非自动复位的常开触点	
电阻		先合后断的转换触点	
熔断器		跌落式熔断器	
电容、电容器		刀熔开关	
指示灯、信号灯		切换片	
连接片		电位器、可变电阻	

2. 电磁式电流继电器

电磁式电流继电器在继电保护装置中为起动元件，属于起动继电器。如图 7-6 所示为 DL 型电磁继电器结构示意图，如图 7-7 所示为 DL 型继电器内部接线示意图。当继电器线圈 1 通过电流时，电磁铁 2 中产生磁通，Z 形钢舌片 3 产生转矩而偏转，轴 10 上的反作用弹簧 9 将会阻止钢舌片偏转。当继电器线圈中的电流增大到使钢舌片所受的转矩大于弹簧的反作用力矩时，钢舌片便被吸近磁极，使触点系统动作，常开触点闭合，常闭触点断开，实现接通或断开电路的目的。

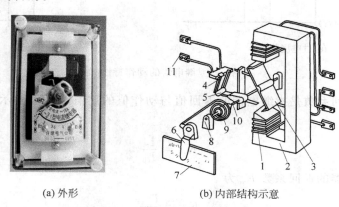

(a) 外形　　　　　(b) 内部结构示意

图 7-6　DL 型电磁式电流继电器

1—线圈；2—电磁铁；3—钢舌片；4—静触点；5—动触点；6—电流调节螺杆；
7—标度盘；8—轴承；9—反作用弹簧；10—轴；11—触点接线端子

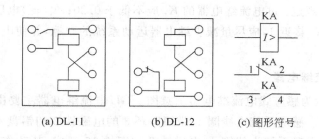

(a) DL-11　　　　(b) DL-12　　　　(c) 图形符号

图 7-7　DL 系列部分内部接线示意

KA—继电器线圈；KA1、2—继电器动断（常闭）触点；KA3、4—继电器动合（常开）触点

调整继电器动作电流的方法有改变继电器线圈匝数进行级进调节；调节反作用弹簧的松紧进行平滑调节；调整衔铁与电磁铁之间的气隙长度等。DL 型继电器的动作时间短一般为 0.01～0.05s。其触接点容量较小，不能直接作用于断路器跳闸，必须通过其他继电器转换。

如图 7-8 所示电磁式电流继电器的电流时间特性是定时限特性。当通入继电器的电流超过整定值 I_{op} 时，触点系统会立即发出动作。动作的时限 t_0 与动作电流的大小无关。也就是说，只要线路中的故障电流等于或大于整定电流 I_{op}，继电器的动作时间是相同的。

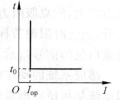

图 7-8　DL 型继电器的电流
时间关系特性

如图 7-9 所示为电磁继电器的动作特性。在图 7-9(a)中,能使继电器产生动作的最小电流,称为继电器的动作电流,用 I_{op} 表示。能使继电器返回到原始位置的最大电流,称为继电器的返回电流,用 I_{re} 表示。

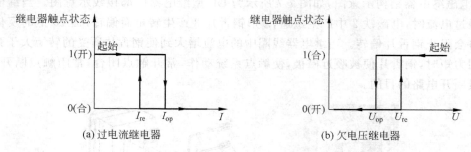

图 7-9　继电器的动作特性

继电器的返回系数是指继电器的返回值与动作值的比值,用 K_{re} 表示。过电流继电器的返回系数为

$$K_{re} = \frac{I_{re}}{I_{op}} \qquad (7-3)$$

欠电压继电器的返回系数 K_{re} 为

$$K_{re} = \frac{U_{re}}{U_{op}} \qquad (7-4)$$

对于过量继电器,如过电流继电器,K_{re} 总小于 1,一般要求 K_{re} 的取值范围为 $0.8 \sim 0.9$。对于欠量继电器,其返回系数总大于 1,继电器的返回系数 K_{re} 越接近于 1,表示动作性能越好。继电保护规程规定:过电流继电器的 K_{re} 应不低于 0.80;欠(低)电压继电器的 K_{re} 应不大于 1.25。为使 K_{re} 接近 1,应尽量减少继电器运动系统的摩擦,并使电磁力矩与反作用力矩适当配合。

3. 感应式电流继电器

如图 7-10 所示为感应式电流继电器示意图。GL 电流继电器主要由感应系统、电磁系统和触点系统构成。感应系统由线圈 1、带短路环 3 的电磁铁 2 和铝盘 4 组成,其他的动作特性是反时限型。电磁系统由线圈 1、电磁铁 2 和衔铁 15 组成,其动作特性是定时限的瞬时型。

1) 感应系统与反时限特性

在感应系统中,根据电磁感应原理,当线圈通过电流达到一定值时,铝盘受到的电磁作用力增大,能克服阻力产生转动,并使蜗杆 10 与扇形齿轮 9 啮合,使扇形齿轮沿着蜗杆逐步上升,到达时限调节杆 13 时,触点系统 12 动作。同时使信号牌掉下,从观察孔内可看到红色或白色的信号指示,表示继电器已经动作。

感应系统的动作电流是指蜗杆与扇形齿轮相咬合时,线圈所需要通入的最小电流。返回电流是指使扇形齿轮脱离蜗杆返回到原来位置时的最大电流。动作时限是指从蜗杆与扇形齿片相咬合起到触点动作的时间,也就是从继电器动作到触点闭合这段时间。

继电器线圈中的电流越大,铝盘就转得越快,扇形齿轮沿蜗杆上的速度也越快,动作时间也就越短。这种动作电流和动作时间的关系称为"反时限"性。反时限特性表示动作时间

(a) 外形

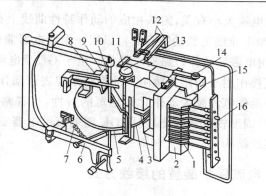
(b) 内部结构示意

图 7-10　GL 型感应式电流继电器

1—线圈；2—电磁铁；3—短路环；4—铝盘；5—钢片；6—铝框架；7—调节弹簧；8—制动永久磁铁；9—扇形齿轮；10—蜗杆；11—扁杆；12—继电器触点；13—时限调节螺杆；14—速断电流调节螺钉；15—衔铁；16—动作电流调节插销

与电流成反比关系。

2) 电磁系统与定时限特性

当继电器线圈电流进一步增大到速断电流 I_{qb} 时，电磁铁 2 将产生很大的作用力瞬时将衔铁 15 吸下，使触点系统 12 动作，同时信号牌掉下。

电磁系统的速断电流是指当通入继电器线圈的电流大到整定值的某个倍数 n_{qb} 时，未等感应系统动作，衔铁右端被瞬时吸下，触点系统立即动作。

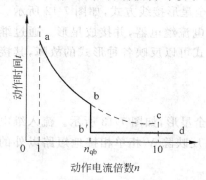

图 7-11　GL 型电流继电器动作特性曲线

电磁系统的作用使感应式电流继电器具有"电流速断"特性。如图 7-11 所示为感应式电流继电器的动作特性曲线。ab 段为感应系统的反时限特性，bb'd 段为电磁系统的定时限特性。由于动作时间很短，定时限特性又称为瞬时"速断特性"。电磁系统的动作时间一般为 0.05～0.1s。

速断电流倍数是速断电流与感应元件动作电流之比，即

$$n_{qb} = \frac{I_{qb}}{I_{op}} \tag{7-5}$$

速断电流 I_{qb} 是指继电器线圈中的使电流速断系统动作的最小电流。GL-10、20 系列电流继电器的速断电流倍数 n_{qb} 的取值范围为 2～8。

GL 型继电器的动作电流（即整定电流）I_{op}，可利用插销 16 来改变线圈匝数进行级进调节，也可利用调节弹簧 7 的拉力来进行平滑调节。

继电器的速断电流倍数 n_{qb}，可利用螺钉 14 改变衔铁 15 与电磁铁 2 之间的气隙来调节。气隙越大，n_{qb} 越大。

继电器感应元件的动作时间（即动作时限），可利用螺杆 13 来改变扇形齿轮顶杆行程的起点，使动作特性曲线上下移动进行调解。注意，继电器动作时限调节螺杆的标度尺是以 10 倍动作电流的动作时间来刻度的。也就是说，标度尺上的动作时间是继电器线圈通过电流为其整定动作电流 10 倍时的动作时间。因此，继电器实际的动作时间，与实际通过继电

器线圈的电流大小有关,需从相应的动作特性曲线上查得。

GL 型电流继电器的特点是可以用一个继电器兼作两种保护。利用感应系统作过电流保护,利用电磁系统作短路速断保护。由于 GL 型电流继电器具有接点容量大,可省去中间继电器直接作用于断路器跳闸。动作信号牌表示动作信号,可省去信号继电器。反时限特性能反映动作电流越大动作时间越短的特性,可省略时间继电器。GL 型电流继电器的结构复杂,精确度较低。因此,使用 GL 型电流继电器实现过电流保护和电流速断保护,能简化保护接线结构。

7.2.2 电流保护装置的接线方式

电流保护装置的接线方式是指电流继电器与电流互感器二次绕组的连接方式。当线路发生故障时,继电器发出动作。

常用的接线方式有三相三继电器的完全星形接线、两相两继电器的不完全星形接线、两相一继电器的两相电流差式接线、两相三继电器不完全星形接线等。在不同的接线方式中,流入继电器的电流和流入电流互感器的电流并不一定相等。引入接线系数 K_W 表示两者之间的关系。

接线系数为流过继电器的电流 I_{KA} 与电流互感器二次电流 I_{TA2} 的比值,即

$$K_W = \frac{I_{KA}}{I_{TA2}} \tag{7-6}$$

1. 三相三继电器的完全星形接线

三相三继电器的完全星形接线方式又称为三相完全星形接线方式,如图 7-12 所示。这种接线方式的特点是每相都有一个电流互感器和一个电流继电器,并接成星形。通过继电器的电流就是电流互感器二次侧的电流。这种接线方式可以反映各种形式的故障,其接线系数 $K_W=1$。

2. 两相两继电器的不完全星形接线

采用两个电流互感器和两个电流继电器接成不完全星形,如图 7-13 所示。流入继电器的电流就是电流互感器的二次侧电流。这种接线可以反映除 V 相单相接地短路以外的所有故障,其接线系数 $K_W=1$。

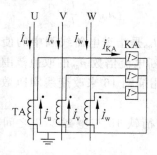

图 7-12   三相完全星形接线

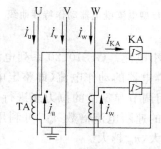

图 7-13   两相不完全星形接线

当线路发生三相短路时,两个继电器内均流过故障电流,因此两个继电器均起动,保护装置动作。

　　当装有电流互感器的两相（U、W 相）之间发生短路时，故障电流流过两个继电器，从而使保护装置动作。

　　当装有电流互感器的一相（U 相或 W 相）与中间相（V 相）之间发生短路时，故障电流只流过一个继电器，只有一个继电器起动。

　　在未装电流互感器的中间相发生单相接地时，故障电流不流过电流互感器和继电器，因而保护装置不起作用。这种接线方式适用于中性点不接地的 6~10kV 供配电系统中，作为相间短路保护装置接线。

3. 两相一继电器的两相电流差式接线

　　这种接线方式采用两个电流互感器和一个电流继电器，如图 7-14(a)所示。两个电流互感器接成电流差式，然后与继电器相连接。

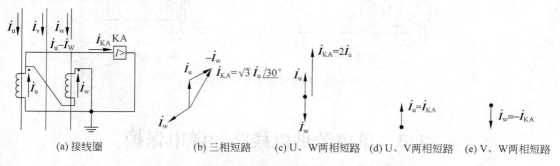

(a) 接线圈　　　　　(b) 三相短路　(c) U、W 两相短路　(d) U、V 两相短路　(e) V、W 两相短路

图 7-14　两相电流差接线及不同相间短路电流相量图

　　(1) 在正常运行和三相短路时，因为三相对称，各相电流的相量关系如图 7-14(b)所示，流入继电器的电流为

$$I_{KA} = |\dot{I}_U - \dot{I}_W| = \sqrt{3}\,I_U$$

流入继电器的电流为电流互感器二次电流的 $\sqrt{3}$ 倍，接线系数 $K_w = \sqrt{3}$。

　　(2) 当 U、W 两相短路时，因为 V 相没有电流互感器，流入继电器的电流相量如图 7-14(c)所示，则有

$$I_{KA} = |\dot{I}_U - \dot{I}_W| = 2I_U$$

流入继电器的电流为电流互感器二次电流的 2 倍，接线系数 $K_w = 2$。

　　(3) 当 U、V 两相短路时，电流相量图如图 7-14(d)所示，流入继电器的电流为

$$I_{KA} = I_U$$

流入继电器的电流为电流互感器二次电流，接线系数 $K_w = 1$。

　　(4) 当 V、W 两相短路时，电流相量图如图 7-14(e)所示，流入继电器的电流为

$$I_{KA} = I_W$$

流入继电器的电流为电流互感器二次电流，接线系数 $K_w = 1$。

　　因为两相电流差式接线的 K_w 不同，故在发生不同形式故障的情况下，保护装置的灵敏度也不同。保护整定时取 $K_w = \sqrt{3}$，灵敏度校验时取 $K_w = 1$。这种接线方式只用在 10kV 及以下中性点不接地系统，作为小容量设备或高压电动机保护接线。

4. 测零序电流的接线

　　在小接地电流系统中，当出现单相接地断路故障时，将会产生零序电流。测零序电流的

接线如图 7-15(a)、图 7-15(b)所示。在图 7-15(a)架空线路中,各相均装设一台电流互感器与 KA 组成零序电流检测装置。在图 7-15(b)电缆线路中,用一台零序电流互感器将二次侧套在电缆及电缆接地保护线的外面,一次侧即为电缆三相线路。在三相对称运行以及三相和两相短路时,二次侧三相电路电流的向量和为零,没有零序电流,继电器不会发出动作。当发生单相接地时,将有零序电流通过保护装置,继电器 KA 会发出动作。

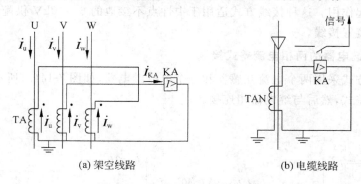

(a) 架空线路　　　　　　　(b) 电缆线路

图 7-15　测零序电流的接线方式

7.3　单电源供电线路的继电保护

　　在智能建筑单电源供电线路中,常见的故障形式有相间短路和单相接地短路。不正常运行状态主要为线路过负荷运行。相间短路的重要特征是电流增加和电压降低,根据这两个特征可以构成电流保护和电压保护。电流保护装置的原理是电流增大时能使电流继电器动作,电压保护装置的原理是短路发生时,保护装置安装处母线残余电压低于低(欠)电压保护装置的整定值而使电压继电器发出动作。在中性点不接地系统中,单相接地短路时会出现零序电流和零序电压增加的现象,可以测量零序电流是电流继电器动作构成的保护装置,或使用零序电压保护装置,即绝缘检测装置。

7.3.1　相间短路保护

　　作为线路的相间短路保护,主要采用带时限的过电流保护和瞬时动作的电流速断保护。当流过被保护元件中的电流超过预先整定的数值时,经过一小段时间使断路器跳闸或给出报警信号的为带时限的过电流保护,能瞬间使断路器跳闸的为电流速断保护。

1. 带时限过电流保护

1) 定时限过电流保护

　　如图 7-16 所示为定时限过电流保护原理电路图。定时限过电流保护就是保护装置的动作时间是按整定的动作时间固定不变的,与故障电流大小无关。定时限过电流保护装置主要使用电磁型继电器组成。

　　定时限过电流保护的原理为:正常运行时,断路器 QF 闭合,线路中流过正常电流负荷,此时继电器 KA 不会起动。当一次侧线路发生相间短路时,线路电流突然增大,电磁型电流继电器线圈 KA 得电而瞬时动作,闭合其触点,时间继电器 KT 动作,经延时后,其延时触点闭合,使串联的信号继电器(电流型)KS 和中间继电器 KM 动作,KS 接通信号回路,给出灯光信号和音响信号。KM 接通跳闸线圈 YR 回路,使断路器 QF 跳闸,切除短路故障。QF 跳闸后,其辅助触点 QF1-2 随之切断跳闸回路,以避免跳闸线圈长时间带电而烧坏。在短路故障被切除后,继电保护装置除 KS 外的其他所有继电器均自动返回起始状态。故障处理完后,KS 可手动复位。

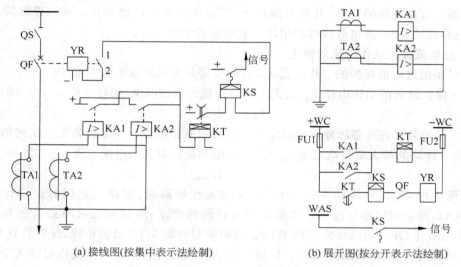

(a) 接线图(按集中表示法绘制)　　　　　(b) 展开图(按分开表示法绘制)

图 7-16　定时限过电流保护装置的原理电路图

2) 反时限过电流保护

如图 7-17 所示为反时限过电流保护原理电路图。反时限过电流保护就是保护装置的动作时间与故障电流大小有反比关系,即故障电流越大,动作时间越短。反时限过电流保护装置主要由 GL 型电流继电器组成。

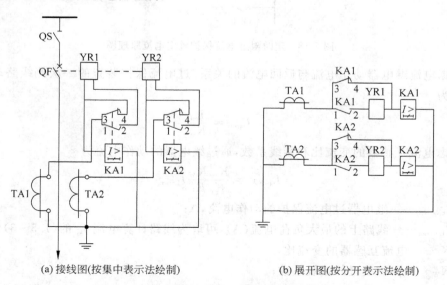

(a) 接线图(按集中表示法绘制)　　　　　(b) 展开图(按分开表示法绘制)

图 7-17　反时限过电流保护装置的原理电路图

反时限过电流保护的原理为：感应型电流继电器通过正常负荷电流时，其动断触点3、4闭合，动合触点1、2闭合，断路器跳闸线圈不会动作。当一次线路发生相间短路时，感应型电流继电器 KA 动作，经过一定延时后，其动合触点1、2先闭合，随后其动断触点3、4断开，即采用先合后断的转换触点。否则，如常闭触点先断开，将造成电流互感器二次侧带负荷开路，这是不允许的（会使电流互感器的二次侧产生高电压而影响安全），同时将使继电器失电返回，不起保护作用。这时断路器因其跳闸线圈 YR 去分流而跳闸，切除短路故障。在 GL 型继电器去分流跳闸的同时，其信号牌掉下，指示保护装置已经动作。在短路故障被切除后，继电器自动返回，其信号牌可利用外壳上的旋钮手动复位。

3）过电流保护动作电流的整定

带时限的过电流保护的动作电流 $I_{op\cdot KA}$ 的整定必须满足以下两个条件。

（1）保护装置的动作电流 $I_{op\cdot KA}$ 大于线路的最大负荷电流（尖峰电流）$I_{L\cdot max}$，即

$$I_{op\cdot 1} > I_{L\cdot max}$$

（2）保护装置在外部故障切除后应可靠返回到原始位置。即保护装置一次侧的返回电流 I_{re1} 大于线路的最大负荷电流 $I_{L\cdot max}$（应包含电动机的自起动电流），即

$$I_{re\cdot 1} > I_{L\cdot max}$$

如图 7-18 所示，当线路 WL2 的首端 k 点发生短路时，短路电流同时流过保护装置 KA1、KA2，两套保护都会起动。按照保护选择性的要求，应是靠近故障点 k 的保护装置 KA2 首先断开 QF2，切除故障线路 WL2。这时故障线路 WL2 已被切除，保护装置 KA1 应立即返回起始状态，不致断开 QF1。欲使 KA1 能可靠返回，其返回电流也必须大于线路的最大负荷电流，即电动机起动时的尖峰电流 $I_{L\cdot max}$。

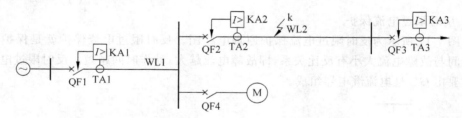

图 7-18　定时限过电流保护整定电流原理图

根据电流继电器动作电流与返回电流的关系，过电流保护装置的一次侧线路动作电流 $I_{op\cdot 1}$ 应为

$$I_{op\cdot 1} = \frac{I_{re1}}{K_{re}}$$

考虑电流互感器的变流比和接线系数，通过继电器的动作电流为

$$I_{op\cdot KA} = \frac{K_{rel}K_W}{K_{re}K_i}I_{L\cdot max} \tag{7-7}$$

式中：$I_{op\cdot KA}$——继电器过电流保护的动作电流，A；

　　　$I_{L\cdot max}$——线路上的最大负荷电流（A），可取为线路计算电流 I_C 的（1.5～3）倍；

　　　K_i——电流互感器的变流比；

　　　K_W——保护装置的接线系数；

　　　K_{re}——保护装置的返回系数，对 DL 型继电器取 0.85，对 GL 型继电器取 0.8；

K_{rel}——可靠系数,对 DL 型继电器取 1.2,对 GL 型继电器取 1.3。

4）过电流保护动作时间的整定

（1）定时限过电流保护装置动作时限的整定与配合

如图 7-19 所示,定时限过电流保护装置的动作时限由时间继电器来整定。为了保证前后两级保护装置动作的选择性,过电流保护装置的动作时间应按"时限阶梯原则"进行配合。即在后一级 WL3 保护装置所保护的线路首端发生三相短路 k 点为配合点时,前一级 WL2 保护的动作时间 t_2 应比后一级 WL3 保护的动作时间 t_3 大一个时间级差 Δt。

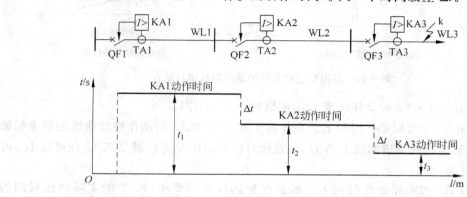

图 7-19　定时限过电流保护动作时间的整定与配合

定时限过电流保护装置的时间级差 Δt 可取为

$$\Delta t = 0.5\text{s}$$

从用户到电源逐渐增大,离电源越近,电流保护的动作时间越长,即

$$t_1 > t_2 > t_3$$
$$t_2 = t_3 + \Delta t$$
$$t_1 = t_2 + \Delta t = t_3 + 2\Delta t$$

（2）反时限过电流保护装置动作时限的整定与配合

反时限过电流保护的动作时限是由 GL 型电流继电器的时限调节机构按 10 倍动作电流的动作时间的标度来整定。为满足前后两级保护的选择性,在时限上实现上下级间的配合,应首先选择配合点。在配合点上前后两套保护装置的工作时限级差最小。因此,要根据前后两级保护的 GL 型继电器的动作特性曲线来整定与配合。

如图 7-20 所示,保护装置 1、2 级的配合点应选择在线路 WL2 的首端。因为这个点短路时短路电流最大,动作时限的级差最小。若此时保护装置的动作时间能满足选择性的配合,则线路 WL2 段内其他点发生短路时,前后两级保护装置在时限上都能满足选择性的配合要求。

反时限过电流保护装置的时间级差 Δt 可取为

$$\Delta t = 0.7\text{s}$$

整定时限计算方法如下。

已知 KA1、KA1 动作特性曲线,选择配合点为线路 WL2 首端短路 A 点。先确定 KA2 的动作时限 t_2,后计算 KA2 的动作时限 t_1,再根据 10 倍动作电流的动作时间点调节 GL 型继电器的时间杆的确切位置。

① 计算 WL2 首端的三相短路电流 I_k 反映到 KA2 中的电流值,$I_{KA2} = I_k K_{w(2)} / K_{i(2)}$。

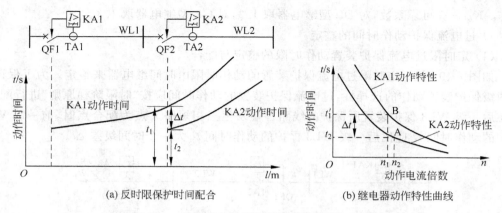

(a) 反时限保护时间配合　　　　　(b) 继电器动作特性曲线

图 7-20　反时限过电流保护的时限整定与配合

② 计算 I_{KA2} 对 KA2 的动作电流 $I_{op(2)}$ 的倍数，$n_2 = I_{KA2} / I_{op(2)}$。

③ 确定 KA2 的实际动作时间 t_2。在如图 7-20 所示 KA2 的动作特性曲线的横坐标轴上找出 n_2，然后向上找到该曲线上 A 点，该点所对应的动作时间 t_2 就是 KA2 在通过 I_{KA2} 时的实际动作时间。

④ 计算 KA1 的实际动作时间 t_1。根据保护选择性的要求，KA1 的实际动作时间为 $t_1 = t_2 + \Delta t$。取 $\Delta t = 0.7\text{s}$，故 $t_1 = t_2 + 0.7\text{s}$。

⑤ 计算 WL2 首端的三相短路电流 I_k 反映到 KA1 中的电流值，$I_{KA1} = I_k K_{W(1)} / K_{i(1)}$。

⑥ 计算 I_{KA1} 对 KA1 的动作电流 $I_{op(1)}$ 的倍数，$n_1 = I_{KA1} / I_{op(1)}$。

⑦ 确定 KA1 的 10 倍动作电流的动作时间。过 B 点的曲线所对应的 10 倍动作电流的动作时间为 t_1'。再通过调节螺杆定好扇形齿轮顶杆行程的起始点，确定继电器时间杆的位置，此时时间杆的读数为对应的继电器 10 倍动作电流时间。

必须注意：有时 n_1 与 t_1 相交的坐标点不在给出的曲线上，而在两条曲线之间，这时就只能从上下两条曲线来粗略估计其 10 倍动作电流的动作时间。

（3）反时限与定时限过电流保护的动作时限配合

如图 7-21 所示，保护装置 KA2 为定时限过电流保护，保护装置 KA1 为反时限过电流保护。为满足上级 KA1 与下级 KA2 之间的选择性要求，限制越级跳闸，配合点应选在 WL2 线路的首端短路 A 点。保护装置 KA1 的动作时间 t_1 与保护装置 KA2 的动作时间

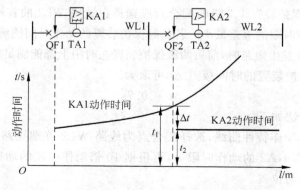

图 7-21　反时限与定时限过电流保护的时间配合

t_2,若在配合点满足 $t_1 = t_2 + \Delta t$,则在 KA1 和 KA2 的保护重叠范围内发生短路时,同一个短路电流通过 KA1 和 KA2 两套保护装置,保护 KA1、KA2 同时起动,但 KA2 动作时间比 KA1 动作时间要短,且时限级差满足 $\Delta t' > \Delta t$。只要在配合点的时限能满足上下级配合选择性,其他各点必然能够配合。

5)过电流保护的灵敏度校验

校验过电流保护的灵敏度是要求在保护范围内流过保护装置的最小短路电流必须大于其动作电流。可以分两种情况校验。

(1)作为本段线路的主保护时,灵敏度校验点设在被保护线路末端,校验条件为

$$K_s = \frac{I_{k \cdot min}^{(2)}}{I_{op \cdot 1}} = \frac{K_W I_{k \cdot min}^{(2)}}{K_i I_{op \cdot KA}} \geqslant 1.5 \qquad (7-8)$$

式中:$I_{k \cdot min}^{(2)}$——系统最小运行方式下本线路末端的两相短路电流;

$I_{op \cdot 1}$——过电流保护装置一次侧动作电流;

$I_{op \cdot KA}$——继电器过电流保护的动作电流;

K_s——过电流保护装置的灵敏系数;

K_W——过电流保护装置的接线系数;

K_i——电流互感器的变流比。

(2)作为本段线路的近后备保护时,灵敏度校验点设在被保护线路末端,校验条件为

$$K_s = \frac{I_{k \cdot min}^{(2)}}{I_{op \cdot 1}} = \frac{K_W I_{k \cdot min}^{(2)}}{K_i I_{op \cdot KA}} \geqslant 1.3 \qquad (7-9)$$

(3)作为下一级线路的远后备保护时,灵敏度校验点设在下一级线路末端,校验条件为

$$K_s = \frac{I_{k \cdot min}^{(2)}}{I_{op \cdot 1}} = \frac{K_W I_{k \cdot min}^{(2)}}{K_i I_{op \cdot KA}} \geqslant 1.2$$

注意,当采用两相电流差接线的保护装置动作电流整定时,接线系数取 $\sqrt{3}$,灵敏度校验时接线系数取 1。

(4)采用带低电压闭锁的过电流保护装置提高灵敏度

如图 7-22 所示。若过电流保护的灵敏度达不到要求,可采用带低电压闭锁的过电流保护装置来提高灵敏度。当线路出现短路故障时,母线上的电压会降低,使用低(欠)电压继电器检测母线电压降低的情况。

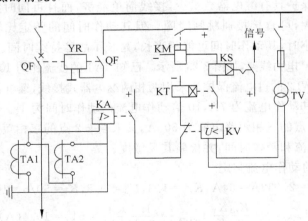

图 7-22　低电压闭锁的过电流保护

正常运行时,线路通过正常负荷电流,母线上的电压基本不变。过电流继电器 KA 不动作,其动合触点 KA 断开;低电压继电器 KV 的衔铁可靠吸合,其动断触点 KV 断开。此时时间继电器 KT 的线圈电路有两个断点无法接通,保护装置不会发出动作,QF 不会跳闸。如果线路出现过负荷情况,过电流保护装置 KA 动作,其触点闭合,由于母线上的电压没有降低,低电压继电器 KV 也不会释放衔铁,其触点不会恢复闭合,QF 也不会跳闸。

当线路出现短路故障时,过电流继电器 KA 动作,其动合触点闭合,与此同时,被保护母线上的电压降至低电压继电器 KV 释放整定值时,衔铁释放,动断触点恢复闭合,时间继电器 KT 的线圈电路接通,保护装置发出信号并使 QF 跳闸。

低电压继电器的释放动作电压 U_{op} 一般取为 $(0.6 \sim 0.7)U_N$,电流继电器的动作电流 $I_{op \cdot KA}$ 可不大于最大负荷电流,而按正常的持续负荷电流 I_C 整定。带低电压闭锁的过电流保护装置可将电流继电器的动作电流减小来提高灵敏度。即

$$I_{op \cdot KA} = \frac{K_{rel}K_W}{K_{re}K_i}I_C$$

低电压继电器释放动作电压的整定值 U_{op} 为

$$U_{op} = \frac{U_{min}}{K_{rel}K_{re}K_u} \approx 0.6\frac{U_N}{K_u} \tag{7-10}$$

式中:U_{min}——母线最低工作电压,取 $(0.85 \sim 0.95)U_N$,U_N 为线路额定电压;

   K_{rel}——保护装置的可靠系数,可取 1.2;

   K_{re}——低电压继电器的返回系数,一般取 1.25;

   K_u——电压互感器的变压比。

6) 定时限过电流保护与反时限过电流保护的比较

定时限过电流保护的动作时间取决于时间继电器预先整定的时间,与短路电流的大小无关;反时限过电流保护的动作时间需要根据前后两级保护的 GL 型电流继电器的动作特性曲线来整定。

定时限过电流保护具有动作时间比较精确,整定简便,不会出现因短路电流小、动作时间长而延长故障时间的问题。但继电器需要数量多,接线复杂,越靠近电源处,保护装置的动作时间越长。

反时限过电流保护具有继电器数量少,接线简单经济,而且可同时实现电流速断保护,且继电器接点容量大,可直接接通跳闸线圈。但其动作时间的整定比较麻烦,而且误差较大。当短路电流较小时,其动作时间可能相当长,延长了故障持续时间。

例 7-1 某 10kV 电力线路,如图 7-23 所示。已知 TA1 的变流比为 100/5A,TA2 的变流比为 50/5A。WL1 和 WL2 的过电流保护均采用两相两继电器式接线,继电器均为 GL-15/10 型。现 KA1 已经整定,其动作电流为 7A,10 倍动作电流的动作时间为 1s。WL2 的计算电流为 32A,WL2 首端 k-1 点的三相短路电流为 500A,其末端 k-2 点的三相短路电流为 200A。试整定 KA2 的动作电流和动作时间,并检验其灵敏度。

解:(1) KA2 的动作电流整定

取 $I_{L \cdot max} = 2I_{30} = 2 \times 32A = 64A$,$K_{rel} = 1.3$,$K_{re} = 0.8$,$K_i = 50/5 = 10$

$$I_{op(KA2)} = \frac{K_{rel}K_W}{K_{re}K_i}I_{L \cdot max} = \frac{1.3 \times 1}{0.8 \times 10} \times 64 = 10.4(A)$$

根据 GL-15/10 型继电器的规格,动作电流整定为 10A。

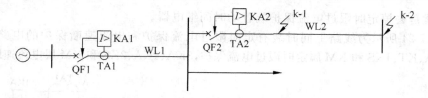

图 7-23　例 7-1 题图

（2）KA2 的动作时间整定

先确定 KA1 的实际动作时间。由于 k-1 点发生三相短路时流过 KA1 中的电流为

$$I'_{\text{k-1(KA1)}} = I_{\text{k-1}} K_{\text{w·KA1}} / K_{\text{i·TA1}} = 500 \times 1/20 = 25(\text{A})$$

故 $I'_{\text{k-1(KA1)}}$ 对 KA1 的动作电流倍数为

$$n_1 = I'_{\text{k-1(KA1)}} / I_{\text{op·KA1}} = 25/7 = 3.6$$

利用 $n_1 = 3.6$ 和 KA1 整定的时限 $t_1 = 1\text{s}$，查附图 A-1 的 GL-15 型继电器的动作特性曲线，得 KA1 的实际动作时间 $t'_1 \approx 1.6\text{s}$。

由此可得 KA2 的实际动作时间为

$$t'_2 = t'_1 - \Delta t = 1.6\text{s} - 0.7\text{s} = 0.9\text{s}$$

现在确定 KA2 的 10 倍动作电流的动作时间。由于 k-1 点发生三相短路时 KA2 中的电流为

$$I'_{\text{k-1(KA2)}} = I_{\text{k-1}} K_{\text{w·KA2}} / K_{\text{i·TA2}} = 500 \times 1/10 = 50(\text{A})$$

故 $I'_{\text{k-1(KA2)}}$ 对 KA2 的动作电流倍数为

$$n_2 = I'_{\text{k-1(KA2)}} / I_{\text{op·KA2}} = 50/10 = 5.0$$

利用 $n_2 = 5.0$ 和 KA2 的实际动作时间 $t'_1 = 0.9\text{s}$，查附图 A-1 的 GL-15 型继电器的动作特性曲线，得 KA2 的 10 倍动作电流的动作时间 $t_1 = 0.7\text{s}$。

（3）KA2 的灵敏度检验

KA2 保护的线路 WL2 末端 k-2 点的两相短路电流为其最小短路电流，即

$$I_{\text{k·min}}^{(2)} = 0.866 \times I_{\text{k-2}}^{(3)} = 0.866 \times 200\text{A} = 173\text{A}$$

因此，KA2 的保护灵敏度为

$$K_{\text{s·KA2}} = \frac{K_{\text{w}} I_{\text{k·min}}^{(2)}}{K_{\text{i}} I_{\text{op(KA2)}}} = \frac{1 \times 173}{10 \times 10} = 1.73 > 1.5$$

符合灵敏度要求。

2. 电流速断保护

带时限的过电流保护，由于上下级保护的时限整定按阶梯原则进行，从负荷端开始向电源侧逐级增加一个级差 Δt，所以短路点越靠近电源处，短路电流越大，而保护的动作时间反而越长，这样会使短路电流的危害加重。因此，按有关规定，当过电流保护动作时间超过 0.5～0.7s 时，应加装电流速断保护。

根据时限不同电流速断保护可分为瞬时（无时限）电流速断保护和限时（有时限）电流速断保护。

1）瞬时速断保护组成与整定

（1）瞬时速断保护组成

瞬时电流速断保护是一种反映电流增大而瞬时动作的电流保护。通常由电流互感器、电流继电器、信号继电器和中间继电器组成。对于采用 DL 系列电流继电器构成的速断保

护来说,就是去掉定时限过电流保护装置的时间继电器。

如图 7-24 所示为线路上同时装有定时限过电流保护和电流速断保护的电路图。图中 1KA、2KA、KT、1KS 和 KM 属定时限过电流保护,3KA、4KA、2KS 和 KM 属电流速断保护。

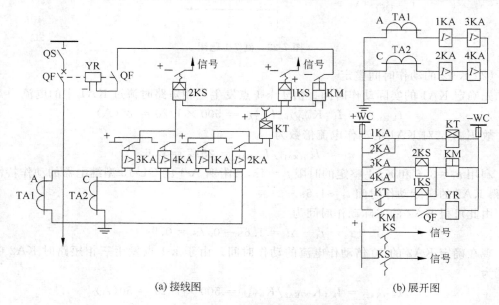

(a) 接线图　　　　　　　　　　　　　　　(b) 展开图

图 7-24　定时限过电流保护和电流速断接线图

瞬时电流速断保护的基本原理为在保护范围内发生短路时,由电流继电器立即动作,发出信号并跳闸。因此,这种保护不能用时间实现选择性,只能用电流实现选择性。

对于采用 GL 系列电流继电器来说,则利用该继电器的电磁元件来实现电流速断保护,而其感应元件用来作反时限过电流保护,非常简单经济。速断动作电流是以感应元件动作电流的倍数来整定的,一般为 2～8 倍。

(2) 瞬时速断保护的整定

瞬时速断保护的整定只能整定动作电流。如图 7-25 所示,在 WL1 线路内短路时,首端发生三相短路的电流最大,因此电流速断保护 KA1 的一次侧的动作电流(即速断电流) $I_{\mathrm{op}\cdot 1}$,应是躲过它所保护线路末端的最大短路电流,即

$$I_{\mathrm{op}\cdot 1} = K_{\mathrm{rel}} I_{\mathrm{k}\cdot \mathrm{max}}$$

继电器 KA1 的动作电流为

$$I_{\mathrm{op}\cdot \mathrm{KA}} = \frac{K_{\mathrm{rel}} K_{\mathrm{W}}}{K_{\mathrm{i}}} I_{\mathrm{k}\cdot \mathrm{max}} \tag{7-11}$$

式中:$I_{\mathrm{op}\cdot \mathrm{KA}}$——继电器瞬时电流速断保护动作电流;

$I_{\mathrm{k}\cdot \mathrm{max}}$——本保护线路末端系统最大运行方式下的三相短路电流;

K_{rel}——可靠系数,通常对电磁型继电器取 1.2～1.3;对感应型继电器取 1.4～1.5。

(3) 瞬时电流速断保护区

如图 7-25 所示,由于电流速断保护的动作电流躲过了线路末端的最大短路电流,并引入大于 1 的可靠系数,因此靠近末端的一段线路上发生的不一定是最大的短路电流(如 k_1 点短路)时,电流速断保护就不可能动作。也就是说,电流速断保护不可能保护线路的全长。这种保护装置不能保护的区域,称为"死区"。

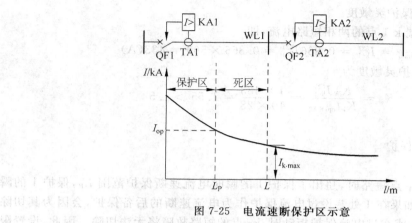

图 7-25 电流速断保护区示意

电流速断的保护范围通常采用保护范围长度 L_P 与被保护线路全长 L 的百分比表示,即

$$L_P \% = \frac{L_P}{L} \times 100\%$$

电流速断的保护范围与短路故障的种类和电力系统的运行方式有关。在正常运行方式下,其最小保护范围应不小于被保护线路全长的 15%~20%。

为了弥补死区得不到保护的缺陷,凡是装设有电流速断保护的线路,必须配备带时限的过电流保护,过电流保护的动作时间比电流速断保护至少长一个时间级差 $\Delta t = 0.5 \sim 0.7 s$,而且前后的过电流保护动作时间又要符合"阶梯原则",以保证选择性。因此得知,电流速断装置简单可靠,动作迅速,不能保护到线路全长,有保护死区,不适宜单独作为线路的主保护,主要是和其他保护配合使用。

在 3~10kV 系统中,一般采用电流速断保护和带时限过电流保护的两段式电流保护装置。在电流速断保护区内,电流速断保护为主保护,过电流保护为辅助保护。在电流速断保护的死区内,过电流保护为主保护。

(4) 瞬时电流速断保护的灵敏度

瞬时电流速断保护的灵敏度按其安装处(即线路首端)在系统最小运行方式下的两相短路电流 $I_{k \cdot min}^{(2)}$ 来检验。因此,电流速断保护的灵敏度必须满足的条件为

$$K_s = \frac{I_{k \cdot min}^{(2)}}{I_{op1}} = \frac{K_W I_{k \cdot min}^{(2)}}{K_i I_{op \cdot KA}} \geqslant 1.5 \sim 2.0 \qquad (7-12)$$

式中:$I_{k \cdot min}^{(2)}$——本保护线路末端系统最小运行方式下的三相短路电流;

$I_{op \cdot 1}$——瞬时电流速断保护的一次侧动作电流。

例 7-2 试整定例 7-1 中 KA2 继电器的速断电流,并检验其灵敏度。

解:(1) 整定 KA2 的速断电流

由例 7-1 知,WL2 末端的 $I_{k \cdot max} = 200A$;取 $K_W = 1$,$K_i = 10$,$K_{rel} = 1.4$。因此,速断电流的整定值为

$$I_{op \cdot KA2} = \frac{K_{rel} \cdot K_W}{K_i} I_{k \cdot max} = \frac{1.4 \times 1}{10} \times 200 = 28(A)$$

而 KA 的 $I_{op(KA2)} = 10A$,故速断电流倍数为

$$n_{qb} = I_{op \cdot KA2} / I_{op(KA2)} = 28/10 = 2.8$$

（2）检验 KA2 的保护灵敏度

$I_{k \cdot max}$ 取 WL2 首端 k-1 点的两相短路电流，即

$$I_{k \cdot min} = I_{k-1}^{(2)} = 0.866 I_{k-1}^{(3)} = 0.866 \times 500 = 433(A)$$

故 KA2 的速断保护灵敏度为

$$K_s = \frac{K_W I_{k-1}^{(2)}}{K_i I_{op \cdot KA2}} = \frac{1 \times 433}{10 \times 28} = 1.55 > 1.5$$

符合灵敏度要求。

2）限时电流速断保护

（1）工作原理

如图 7-26 所示，k_1 点短路时，超出了保护 1 的瞬时电流速断保护范围 L_P，保护 1 的瞬时电流速断不动作。如果在 1 处装设过电流保护作为电流速断的后备保护，会因为其切除 k_1 点短路的时限太长，或在过电流保护拒动时，k_1 点的短路故障将无法切除。因此，设置限时电流速断保护。

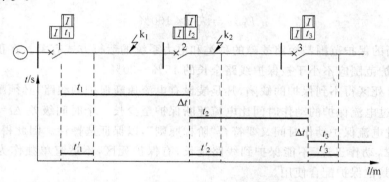

图 7-26　瞬时电流速断保护与定时限过电流保护的时限关系

t_1、t_2、t_3—1、2、3 处定时限过电流保护动作时间；t_1'、t_2'、t_3'—1、2、3 处瞬时电流速断保护动作时间

对限时电流速断保护的要求是以较短的时限来切除电流速断保护以外的故障，保护到线路的末端，作为电流速断保护的后备保护。限时电流速断的保护范围不能超过下一段线路电流速断的保护范围。

（2）整定计算

限时电流速断保护的动作电流应大于下级相邻线路瞬时电流速断的动作电流，一次侧线路动作电流 $I_{op \cdot 1}'$ 的整定计算为

$$I_{op \cdot 1}' = K_{rel} I_{op1 \cdot 2}$$

继电器 KA 的动作电流为

$$I_{op \cdot KA}' = \frac{K_W K_{rel}}{K_i} I_{op1 \cdot 2} \qquad (7-13)$$

式中：$I_{op \cdot KA}'$——本线路继电器限时电流速断动作电流；

　　　$I_{op1 \cdot 2}$——相邻下级线路瞬时电流速断一次侧动作电流；

　　　K_{rel}——可靠系数，取 1.1～1.2。

限时电流速断保护的动作时间整定比下级线路瞬时电流速断保护动作时间大一个时限差 Δt，即

$$t_1'' = t_2' + \Delta t \qquad (7-14)$$

式中：t_1''——线路 WL1 限时电流速断保护动作时间；

　　　t_2'——线路 WL1 的下级线路 WL2 瞬时电流速断保护动作时间；

　　　Δt——时限级差，通常取 0.5s。

如图 7-27 所示，在瞬时速断电流保护范围内就一定会在限时速断保护内。如 k_2 点发生短路故障时，保护 2 的瞬时电流速断保护、限时电流速断保护均起动，由于 $t_2' < t_2''$，保护 2 的瞬时电流速断保护动作将 QF2 跳闸，切除故障，限时速断保护返回。若保护 2 的瞬时电流速断保护拒动，则 t_2'' 延时到达后，由保护 2 的限时电流速断保护动作切除故障，限时电流速断保护作为瞬时电流速断的后备保护。

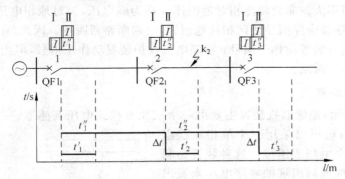

图 7-27　限时电流速断的时间整定示意

（3）灵敏度校验

为保护全长，限时电流速断保护必须在系统最小运行方式下，线路末端两相短路电流为 $I_{k \cdot min}^{(2)}$，灵敏系数不小于 1.25，即

$$K_s = \frac{I_{k \cdot min}^{(2)}}{I_{op1}} = \frac{K_W I_{k \cdot min}^{(2)}}{K_i I_{op \cdot KA}} \geqslant 1.25 \tag{7-15}$$

3. 三段式电流保护

三段式电流保护是将瞬时电流速断保护、限时电流速断保护和定时限过电流保护相配合，构成的一套完整的三段式电流保护装置。瞬时电流速断保护称为第 I 段保护，只能保护线路的一部分，作为主保护。限时电流速断保护称为第 II 段保护，能保护线路的全长，作为近后备保护，但它不能作为下一级线路的后备保护。定时限过电流保护称为第 III 段保护，可以作为本线路主保护的近后备保护和下一段线路的远后备保护。

在一些情况下，可以采用两段式保护，即用第 I 段加上第 III 段或第 II 段加上第 III 段。

7.3.2　线路过负荷保护

线路过负荷保护只对可能出现过负荷的电缆线路才装设，一般延时后发出信号。如图 7-28 所示为线路过负荷保护接线图。

过负荷保护的动作时间一般整定为 $10 \sim 15s$。一次侧动作电流按线路的计算电流 I_C 整定，即

$$I_{op \cdot 1} = K_{erl} I_C$$

继电器的动作电流为

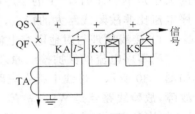

图 7-28　线路过负荷保护接线原理图

$$I_{\text{op·KA}} = \frac{K_{\text{rel}}}{K_{\text{i}}} I_{\text{C}} \qquad (7\text{-}16)$$

式中：K_{rel}——可靠系数，取 $1.2\sim1.3$。

7.3.3 单相接地保护

在 $6\sim10\text{kV}$ 供配电网络中一般都采用中性点不接地或经消弧线圈接地的小接地电流系统。在正常运行时，由于各相对地电容相同，电容电流对称，三相电流、电压相量和都为零。当小接地电流系统发生单相接地后，故障点相对地电压为零，流经故障点的接地电流是电容电流，其数值不大。非故障点相对地电压升高为线电压，为对地相电压的 $\sqrt{3}$ 倍，这可能会使电气设备的绝缘击穿而导致两相接地短路，引起断路器跳闸。因此，在小接地电流系统中，常采用绝缘监视装置动作于信号；零序电流保护装置动作于信号，但当危及人身和设备安全时，则应动作于跳闸。

1. 绝缘监视装置

如图 7-29 所示，绝缘监视装置主要由一个三相五柱式电压互感器、三个电压表和一个电压继电器组成，也可以采用三个单相双绕组电压互感器和三个电压表组成。这种装置是利用系统出现单相接地后出现的零序电压来发出信号，监视电网的对地绝缘。

当一次线路某一相发生接地故障时，电压互感器二次侧对应相的电压表指示为零，其他两相的电压表读数升高为线电压。指示为零的电压表所在相为故障相，但不能判明是哪一条线路发生了故障。因此，这种绝缘监视装置是无选择性的，只适用于出线不多并且可以短时停电的系统。

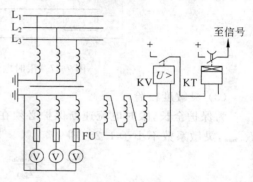

图 7-29　绝缘监视装置的原理接线图

在图 7-29 中，接成开口三角形（△）的电压互感器辅助二次绕组构成零序电压过滤器，与一个过电压继电器 KV 接线，继电器的动作电压一般整定为 15V。在系统正常运行时，开口三角形（△）的开口处电压接近于零，继电器不动作。当一次电路发生单相接地故障时，将在开口三角形（△）的开口处出现近 100V 的零序电压，使电压继电器动作，发出报警的灯光信号和音响信号。

2. 零序电流保护

在小接地电流系统中，当出现单相对地短路时，故障相与非故障相流过的对地电容电流的大小是不一样的，产生的零序电流也不一样。零序电流保护装置就是利用故障线路的零序电流比非故障线路大的特点，实现有选择性地跳闸或发出信号。

1）接线原理与对地电容电流

测零序电流的保护接线原理如图 7-15 所示。故障线路与非故障线路的零序电流分析如图 7-30 所示。母线上接有三路出线 WL1、WL2 和 WL3。若电缆 WL1 的 L3 相发生接地故障，故障线路就是 WL1，故障相就是 L3 相。这时 L3 相的电位为地（零）电位，所有线路的 L3 相均没有对地电容电流，只 L2 相和 L3 相有对地电容电流 $I'_{\text{C1}} \sim I'_{\text{C3}}$。

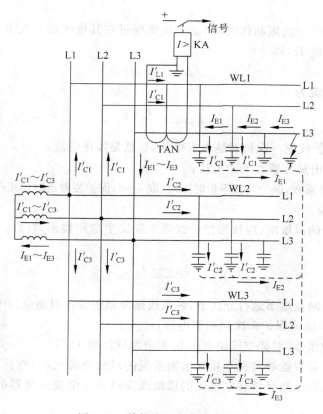

图 7-30　单相接地电容电流分布

　　故障线路 WL1 通过零序电流互感器 TAN 的电容电流 I_E 为 $(I_{E2}+I_{E3})$，非故障线路 WL2 和 WL3 通过的电容电流为 I_{E2} 和 I_{E3}。因此得知，故障线路的电容电流为非故障线路电容电流之和。

　　线路对地电容电流 I_E 一般可由经验公式求得，即

$$I_\mathrm{E} = \frac{U_\mathrm{N}(l_\mathrm{A} + 35 l_\mathrm{B})}{350} \tag{7-17}$$

式中：I_E——线路单相接地电容电流，A；

　　　U_N——系统的额定电压，kV；

　　　l_A——架立线路总长度，km；

　　　l_B——电缆线路的总长度，km。

　　供配电系统中的电力设备对地之间也会出现电容电流，在计算整个电网系统对地电容电流 $I_{\mathrm{E}\cdot\Sigma}$ 时应考虑，即

$$I_{\mathrm{E}\cdot\Sigma} = (1+\alpha)\sum I_\mathrm{E} \tag{7-18}$$

式中：$I_{\mathrm{E}\cdot\Sigma}$——整个电网系统的对地电容电流；

　　　$\sum I_\mathrm{E}$——电网每条线路的单相接地电容电流总和；

　　　α——系统中电力设备与地之间的电容电流增值系数，6kV 电网取 0.18，10kV 电网取 0.16，35kV 电网取 0.13。

2）整定计算

单相接地保护的一次侧动作电流 $I_{op \cdot 1}$，应该躲过在其他线路上发生单相接地时在本线路上引起的电容电流 I_E，即

$$I_{op \cdot 1} = K_{rel} I_E$$

继电器动作电流为

$$I_{op \cdot KA} = \frac{K_{rel}}{K_i} I_E \tag{7-19}$$

式中：I_E——被保护线路一次侧对地电容电流，也就是零序电流；

　　　K_i——零序电流互感器的变流比；

　　　K_{rel}——可靠系数，保护装置不带时限时，取 4~5，保护装置延时(0.5s)动作，取 1.5~2。

3）灵敏度校验

单相接地保护的灵敏度，应按被保护线路末端发生单相接地故障时流过保护的最小零序电流校验，即

$$K_s = \frac{I_{E \cdot \Sigma} - I_E}{I_{op1}} \geqslant 1.5 \tag{7-20}$$

式中：$I_{E \cdot \Sigma}$——电网在最小运行方式下，各条线路及系统设备对地电容电流之和；

　　　I_{op1}——零序电流保护一次侧动作电流；

　　　K_s——灵敏系数，对架空线路取 1.5，对电缆线路取 1.25。

单相接地保护装置能够监视小接地电流系统的对地绝缘状况，而且能具体判断发生故障的线路。对于电缆线路必须将电缆头的接地线穿过零序电流互感器的铁芯，否则接地保护装置不起作用。

7.4　配电变压器的继电保护

配变压器是供配电系统中的主要设备。它的运行较为可靠，故障几率较小。但在运行中，它还是可能发生内部故障、外部故障及不正常工作状态。因此，需要根据变压器的容量大小及其重要程度装设各种专用的保护装置。

7.4.1　配电变压器的故障形式与保护配置

1. 常见的故障形式

在建筑供配电系统中，常用的变压器都是降压变压器，一、二次电压等级多数为 10/0.4kV，绝缘形式有油浸式和干式，绕组连接组别有 D，yn11 和 Y，yn0。常见故障形式分析如下。

1）相间短路

相间短路主要发生在变压器三相绕组，以及外部绝缘套破损致使引出线之间发生相间短路故障。故障时短路相上的电流急剧增加，可以采用过电流保护装置进行保护。

对于油浸式变压器，当油箱内绕组发生相间短路时，短路电流产生的电弧，不仅破坏绕组绝缘，烧坏铁芯，而且因绝缘材料和变压器油分解产生大量气体，压力增大，会使油箱爆

炸,造成严重后果。

2)绕组匝间短路

变压器匝间发生短路时,故障点电流增加,使变压器内部温度增高。当短路匝数不多时,故障电流与正常电流差异不大,过电流保护装置不一定能反映出来。因此,对油浸式变压器可采用瓦斯气体保护,对于干式变压器可采用温度保护。

3)二次侧单相短路

变压器的二次侧为中性点直接接地系统,发生单相短路时,故障相会出现较大的短路电流。可以采用一次侧过电流保护兼作二次侧单相短路保护,若灵敏度不够,再考虑采用零序电流保护。

4)变压器不正常运行状态

变压器不正常运行状态有过负荷、油面过低、温度升高等现象。变压器有一定的过负荷能力,但有时限要求。过负荷会引起过电流,可以根据情况设置过负荷保护。油浸式变压器油箱里面的油量减少时,会威胁变压器绝缘,引发短路故障。

2. 配电变压器继电保护配置

常用额定电压为 10/0.4kV,单台容量为 1600kVA 及以下的电力变压器的继电保护配置如表 7-3 所示。

表 7-3 6～10kV 配电变压器的继电保护配置

变压器容量 /kVA	保护装置名称						备 注
	带时限的过电流保护	电流速断保护	低压侧单相接地保护	过负荷保护	瓦斯保护	温度保护	
400～630	高压侧采用断路器时装设	高压侧采用断路器,且过电流保护时限大于 0.5s 时装设	装设	并联运行的变压器装设,作为其他备用电源的变压器根据过负荷的可能性装设	室内变压器装设	—	过负荷保护,轻瓦斯保护及油温、油面监视等可作用于信号,而其他保护则作用于跳闸
800	装设	过电流保护时限大于 0.5s 时,装设			装设	—	
1000～1600						装设	

当带时限的电流保护不能满足灵敏度要求时,应采用低电压闭锁的带时限过电流保护。当利用高压侧过电流保护及低压侧出线断路器保护不能满足灵敏度要求时,应在变压器二次侧中性线上装设零序过电流保护。当低压为 230/400V 的变压器,低压侧出线断路器带有过负荷保护时,可不装设专用的过负荷保护。干式变压器均应装设温度保护。

7.4.2 变压器相间短路保护

1. 相间短路的过电流保护

变压器相间短路的过电流保护可以采用定时限或反时限过电流保护装置,其组成和原理都与线路过电流保护类似,整定原则也类似。变压器过电流保护主要是对变压器外部故障进行保护,也可作变压器内部故障的后备保护。因此,保护装置应装设在电源侧。保护动作应断开变压器各侧的断路器。

1) 保护装置动作电流的整定

过电路保护装置的一次侧动作电流应按照躲开安装处最大负荷电流来整定,即

$$I_{op\cdot 1} = \frac{K_{rel}}{K_{re}} I_{L\cdot max}$$

继电器的动作电流为

$$I_{op\cdot KA} = \frac{K_{rel}K_W}{K_{re}K_i} I_{L\cdot max} \tag{7-21}$$

式中：$I_{L\cdot max}$——变压器一次侧最大负荷电流,A。当变压器二次侧有电动机自起动可能时,
$I_{L\cdot max} = (2\sim3)I_{r1\cdot T}$；当变压器二次侧无电动机自起动可能时,$I_{L\cdot max} = (1.3\sim1.5)I_{r1\cdot T}$。$I_{r1\cdot T}$为变压器一次侧额定电流；

　　　　$I_{op\cdot KA}$——过电流继电保护装置的动作电流,A；

　　　　K_{rel}——可靠系数,DL 型继电器取 1.2,GL 型继电器取 1.3；

　　　　K_W——接线系数；

　　　　K_{re}——返回系数,取 0.85；

　　　　K_i——电流互感器的变流比。

2) 动作时限整定

过电流保护的动作时限也是按"阶梯原则"整定的。但对于$(6\sim10)/0.4kV$配电变压器,因属电力系统末端变电所,其过流保护的动作时限对于 DL 型继电器可整定为最小 0.5s,对于 GL 型继电器可整定为最小 0.7s。

3) 灵敏度校验

变压器过电流保护的灵敏度校验点应设置在被保护变压器的二次侧。校验条件为

$$K_s = \frac{I_{k\cdot min}^{(2)}}{I_{op\cdot 1}} \geqslant 1.5 \tag{7-22}$$

式中：$I_{k\cdot min}^{(2)}$——最小运行方式下被保护变压器二次侧两相短路时在一次侧的穿越电流；

　　　　$I_{op\cdot 1}$——定时限过电流继电保护的一次侧动作电流；

　　　　K_s——灵敏系数。

2. 变压器相间短路的电流速断保护

变压器电流速断保护装置安装在变压器的一次侧,其组成原理和整定原则与线路保护类似。

1) 动作电流整定

变压器电流速断保护装置的一次侧动作电流,应由变压器二次侧母线最大运行方式下三相短路在一次侧的穿越电流来整定,即

$$I_{op\cdot 1} = K_{rel} I_{k\cdot max}^{(3)}$$

继电器动作电流为

$$I_{op\cdot KA} = \frac{K_{rel}K_W}{K_i} I_{k\cdot max}^{(3)} \tag{7-23}$$

式中：$I_{k\cdot max}^{(3)}$——最大运行方式下,变压器二次母线处三相短路电流在一次侧的穿越电流；

　　　　K_{rel}——可靠系数,DL 型继电器取 1.3,GL 型继电器取 1.5。

变压器的速断保护也有保护"死区",只能保护变压器的一次绕组和部分二次绕组。

当变压器空载投入或突然恢复电压时,会产生很大的励磁涌流。为防止变压器速断保护误动作,根据经验,速断保护动作电流还必须大于(2~3)倍的一次侧额定电流。

2) 灵敏度校验

速断保护的灵敏度按保护安装处(即高压侧)最小的两相短路电流来校验,校验点在变压器的一次侧。校验条件为

$$K_s = \frac{I_{k \cdot min}^{(2)}}{I_{op \cdot 1}} \geqslant 2 \tag{7-24}$$

式中:$I_{k \cdot min}^{(2)}$——最小运行方式下,被保护变压器一次侧两相短路电流;

　　　$I_{op \cdot 1}$——电流速断保护的一次侧动作电流。

7.4.3　二次侧单相短路保护

1. 用一次侧过电流保护兼作二次侧单相短路保护

对 6~10kV 容量在 400kVA 及以上的变压器应装设低压侧单相接地短路保护。通常系统中的变压器二次侧均为中性点直接接地的运行方式。当低压侧发生单相短路时,其短路电流都很大,应装设保护装置动作于跳闸。

装设于一次侧的过电流保护是用于相间短路保护的,如果能兼作二次侧单相短路保护,必须使其灵敏度满足单相短路时的要求,即

$$K_s = \frac{I_{k \cdot min}^{(1)}}{I_{op \cdot 1}} \geqslant 1.5 \tag{7-25}$$

式中:$I_{k \cdot min}^{(1)}$——最小运行方式下,被保护变压器二次侧单相短路电流在一次侧的穿越电流;

　　　$I_{op \cdot 1}$——定时限过电流继电保护的一次侧动作电流;

　　　K_s——二次侧单相短路保护的灵敏系数。

对于 D,yn11 连接组别的变压器,由于结构上的原因,其零序阻抗与正序阻抗接近,单相短路电流很大,用一次侧过电流保护兼作二次侧单相短路保护时,灵敏度一般都能满足要求。

对于 Y,yn0 连接组别的变压器,发生单相短路时,一次侧的穿越电流仅有一相较大。因此,当灵敏度不够时,可采用两相三继电器或三相三继电器的接线方式来提高灵敏度。

2. 二次侧装设零序电流保护

对于 Y,yn0 连接组别的变压器,若灵敏度不满足要求时,可在变压器二次侧中性线上装设零序电流保护,如图 7-31 所示。当变压器二次侧发生单相短路时,零序电流经电流互感器使继电器动作,断路器跳闸,切断故障线路。

1) 动作电流整定

根据变压器运行规程要求,变压器二次侧单相不平衡负荷不得超过额定容量的 25%,因此,零序电流保护的一次侧动作电流应按躲过变压器低压侧最大不平衡电流来整定,即

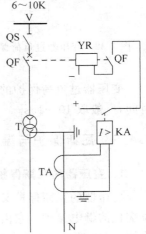

图 7-31　变压器的零序电流保护原理接线图

$$I_{op \cdot 1} = K_{rel} \times 0.25 I_{2r \cdot T}$$

继电器的动作电流为

$$I_{op \cdot KA} = \frac{K_{rel}}{K_i} \times 0.25 I_{2r \cdot T} \tag{7-26}$$

式中：$I_{2r \cdot T}$——变压器二次侧额定电流；

K_{rel}——可靠系数，可取 1.2～1.3；

K_i——零序电流互感器的变流比。

2）动作时限整定

零序电流保护的动作时限一般取 0.5～0.7s。

3）灵敏度校验

保护的灵敏度按低压侧干线末端单相短路电流来校验，即

$$K_s = \frac{I_{k \cdot min}^{(1)}}{I_{op \cdot 1}} \geqslant 1.5 \tag{7-27}$$

式中：$I_{k \cdot min}^{(1)}$——低压干线末端最小单相短路电流；

$I_{op \cdot 1}$——保护装置一次侧的动作电流。

在变压器低压侧装设三相带过电流脱扣器的低压断路器，既作为变压器低压侧的总开关，又可作为低压侧相间短路及单相短路保护，应用比较普遍。

7.4.4　变压器过负荷保护

当变压器有过负荷可能时，才装设过负荷保护。变压器的过负荷电流，大多数情况下是对称的，所以过负荷保护只在高压侧一相上装设，而且只动作于信号，如图 7-32 所示。

一次侧动作电流整定为

$$I_{op \cdot 1} = \frac{K_{rel}}{K_{re}} I_{1r \cdot T}$$

继电器的动作电流为

$$I_{op \cdot KA} = \frac{K_{rel} I_{1r \cdot T}}{K_{re} K_i} \tag{7-28}$$

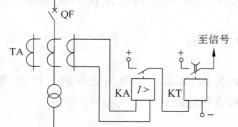

图 7-32　变压器过负荷保护原理接线图

式中：K_{rel}——可靠系数，可取 1.05～1.1；

K_{re}——返回系数，取 0.85。

变压器过负荷保护的动作时限应大于变压器的过电流保护的动作时间和电动机的起动时间，一般取 10～15s。

7.4.5　瓦斯保护与温度保护

1. 变压器的瓦斯保护

变压器的瓦斯保护又称气体继电保护。这种保护主要是反映油箱内部的气体状态和油位变化的继电保护。它由将一个瓦斯（气体）继电器安装在油箱与油枕之间充满油的连通管内构成，如图 7-33 所示。

气体继电器的结构如图 7-34 所示，当油浸式变压器的油箱内部发生故障时，在短路点

将产生电弧,电弧的高温使变压器油及其他绝缘材料分解产生瓦斯气体。瓦斯气体经连通管冲向油枕,使瓦斯继电器动作。瓦斯继电器动作分轻瓦斯动作和重瓦斯动作两种。轻瓦斯动作于信号,重瓦斯动作于跳闸。

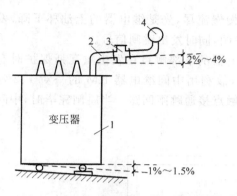

图 7-33　气体继电器在变压器的安装
1—变压器油箱;2—连通管;
3—气体继电器;4—油枕

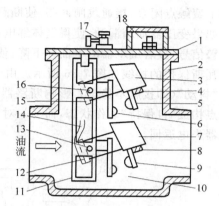

图 7-34　气体继电器的结构示意图
1—盖;2—容器;3—上油杯;4—永久磁铁;
5—上动触点;6—上静触点;7—下油杯;
8—永久磁铁;9—下动触点;10—下静触点;
11—支架;12—下油杯平衡锤;13—下油杯转轴;
14—挡板;15—上油杯平衡锤;16—上油杯转轴;
17—放气阀;18—接线盒

在变压器正常运行时,瓦斯继电器的上、下油杯均浸泡在油中,油杯侧产生的力矩(油杯及其附件在油内的重量产生的力矩)与平衡锤所产生的力矩相平衡,挡板处于垂直位置,上、下两对干簧触点都断开。

1) 轻瓦斯保护动作于信号

如图 7-35 所示,若油箱内发生轻微故障,产生的瓦斯气体较少,气体慢慢上升,并聚积在瓦斯继电器内。当气体积聚到一定程度时,气体的压力使油面下降,油杯侧的力矩(油杯及杯内油的重量和附件在气体中的重量共同产生的力矩)大大超过平衡锤所产生的力矩,(当油箱内油位严重降低也如此)因此油杯绕支点转动,使上部干簧触点闭合,发出轻瓦斯动作信号。

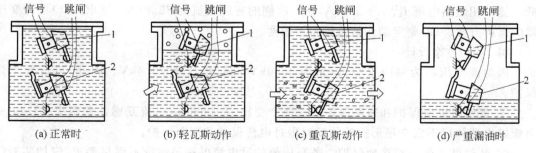

图 7-35　气体继电器动作说明
1—上开口油杯;2—下开口油杯

2）重瓦斯保护动作于跳闸

若油箱内发生严重的故障，会产生大量的瓦斯气体，再加上热油膨胀，使油箱内压力突增，迫使变压器油迅猛地从油箱冲向油枕。在油流的冲击下，继电器下部挡板被掀起，带动下部干簧触点闭合，接通跳闸回路，使断路器跳闸。

如果变压器油箱漏油，使得气体继电器的油也慢慢流尽，先是继电器的上油杯下降，发生报警信号，接着继电器的下油杯下降，使断路器跳闸，同时发出跳闸信号。

瓦斯保护的接线如图7-36所示。由于瓦斯继电器的下部触点在发生重瓦斯保护时有可能"抖动"（即接触不稳定），影响断路器可靠跳闸，故利用中间继电器KM的一对1、2常开触点构成"自保持"动作状态，而另一对3、4常开触点接通跳闸回路。当跳闸完毕时，中间继电器失电返回。

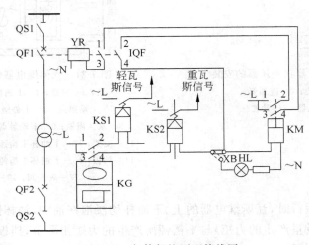

图 7-36　气体保护原理接线图

气体继电器只能反映变压器的内部故障，包括漏油、漏气、油内有气、匝间故障，绕组相间短路。这种保护结构简单，动作迅速，灵敏度高，但不能反映变压器的外部故障。

例 7-3　已知某变电所室内安装一台 S_9-1000/10 的配电变压器。高压侧额定电流为 57.7A，最大负荷电流 $I_{L.max}=3\times36.4A$。在系统最大运行方式下，变压器低压侧母线三相短路电流为 1780A，一次侧穿越电流为 712A；系统最小运行方式下变压器高压侧三相短路电流为 2750A，而低压侧母线三相短路电流为 16 475A。又知系统最小运行方式下变压器低压侧单相短路电流 $I_{k.min}^{(1)}=5540A$，在一次侧的穿越电流为 73.87A。试求：（1）设计变压器的保护方案。（2）整定动作值及校验灵敏度。

解：（1）方案设计

因为该变压器为室内安装，容量为 1000kV·A，电压 10/0.4kV。因此，可设置下列保护。

① 装设过电流保护和速断保护。选两个变比为 100/5 的电流互感器和两个 GL-11 型电流继电器构成不完全星形接线的反时限过电流保护和速断保护。

② 装设低压侧单相接地保护。若高压侧的过电流保护灵敏度不满足要求，应加装专门的零序电流保护。

③ 装设瓦斯保护。

（2）动作电流整定及灵敏度校验

① 过电流保护整定及灵敏度校验

继电器的动作电流为

$$I_{op \cdot KA} = \frac{K_{rel} I_{L \cdot max} K_W}{K_{re} K_i} = \frac{1.3 \times 3 \times 36.4 \times 1}{0.8 \times 20} = 8.87(A)$$

整定值取 9A。

一次侧动作电流为

$$I_{op \cdot 1} = \frac{I_{op \cdot KA} K_i}{K_W} = \frac{9 \times 20}{1} = 180(A)$$

因为是电力系统末端，故保护动作时限取 0.5s。系统最小运行方式下低压侧母线三相短路电流为 16 475A，在变压器一次侧的穿越电流 $I_{1 \cdot min}^{(3)}$ 为

$$I_{1 \cdot min}^{(3)} = \frac{16\ 475 \times 0.4}{10} = 659(A)$$

保护灵敏度校验为

$$K_s = \frac{0.866 I_{1 \cdot min}^{(3)}}{I_{op \cdot 1}} = \frac{0.866 \times 659}{180} = 3.17 > 1.5$$

满足灵敏度要求。

② 速断保护整定及灵敏度校验

电流速断保护继电器的动作电流为

$$I_{op \cdot KA}' = \frac{K_{rel} \cdot I_{k \cdot max}^{(3)} \cdot K_W}{K_i} = \frac{1.5 \times 712 \times 1}{20} = 53.4(A)$$

速断保护电流动作倍数为

$$n_{qb} = \frac{I_{op \cdot KA}'}{I_{op \cdot KA}} = \frac{53.4}{9} = 5.9$$

实取 $n_{qb} = 6$ 倍。

保护灵敏度校验为

$$K_s = \frac{0.866 I_{k \cdot min}^{(3)}}{I_{op \cdot 1} \cdot n_{qb}} = \frac{0.866 \times 2750}{180 \times 6} = 2.2 > 2$$

满足灵敏度要求。

③ 低压侧单相接地保护

因采用两相两继不完全星形接线方式，根据表 4-6，变压器一次侧的穿越电流为

$$I_{1k \cdot min}^{(1)} = \frac{1}{3K_u} I_{1 \cdot min}^{(1)} = \frac{5540}{3 \times \frac{10}{0.4}} = 73.87(A)$$

若高压侧过电流保护兼作低压单相接地保护时，因其灵敏度为

$$K_s = \frac{I_{1 \cdot min}^{(1)}}{I_{op \cdot 1}} = \frac{73.87}{180} = 0.41 < 1.5$$

灵敏度不能满足要求。若高压侧过电流保护采用"两相三继电器式"接线，3 个电流继电器能检测到的最大穿越电流为

$$I_{1l \cdot min}^{(1)} = \frac{2}{3K_u} I_{1 \cdot min}^{(1)} = \frac{2 \times 5540}{3 \times \frac{10}{0.4}} = 147.73(A)$$

则灵敏度提高 2 倍，即

$$K_s = \frac{147.73}{180} = 0.82 < 1.5$$

灵敏度仍不满足要求。

因此，考虑装设专门的零序电流保护装置，选一个变比为 300/5 的零序电流互感器，安装在低压侧中性线上，再接一个 GL-11 型电流继电器。

零序电流保护动作电流的整定为

$$I_{op \cdot KA} = \frac{K_{rel} K_{dsq} I_{2r \cdot T}}{K_i} = \frac{1.2 \times 0.25 \times \dfrac{1000}{\sqrt{3} \times 0.4}}{60} = 7.22 (A)$$

整定动作电流值取 8A。

零序保护灵敏度校验为

$$K_s = \frac{I_{k \cdot min}^{(1)}}{I_{op \cdot 1}} = \frac{I_{k \cdot min}^{(1)}}{I_{op \cdot KA} \cdot K_i} = \frac{5540}{8 \times 60} = 11.5 > 1.5$$

满足灵敏度要求。零序电流保护动作时限取 0.7s。

2. 变压器的温度保护

变压器内部温度过高，会使绕组的绝缘材料老化，缩短变压器的使用寿命，并可能引发变压器内部故障。对于油浸式变压器，上层油温最高允许值为 95℃，正常时不宜超过 85℃。所以必须对运行中的变压器上层油温加以监视。对于干式变压器，散热条件比油浸式差，温度过高时将加速绝缘老化。

1）油浸式变压器温度保护

变压器温度保护的主要元件是温度继电器 KR。它是一种非电量继电器，通常由变压器厂家配套提供。常用的电触点压力式温度继电器是由受热元件（传感器）、温度计、触点系统以及附件组成。将受热元件（传感器）插在变压器顶盖上温度计孔内，充入变压器油后进行密封。当变压器上层油温上升时，传动机构带动温度计指针向顺时针方向转动，当可动指示针与事先定位的指示针接触时，电接点接通，发出信号或起动冷却电风扇。当变压器上层油温下降时，在回复弹簧的作用下，传动机构带动温度计指针向逆时针方向转动，指针离开接点位置，则电接点断开，信号和电风扇停止工作。

如图 7-37 所示为变压器温度控制保护线路。温度计装有上、下限位电接点。当温度指针到达限位指针预先置定的位置时，温度计电接点就动作。如温度计的指针达到 55℃ 上限

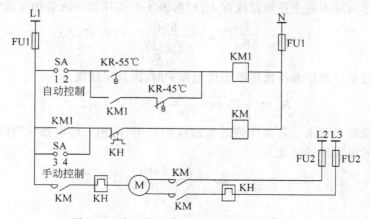

图 7-37　变压器温度控制及风扇起动线路图

位置时,电接点接通开启电风扇冷却降温。当冷却风扇运行了一段时间后,变压器温度回复到 45℃ 下限位置时,电接点断开,切断电风扇控制电路,关闭冷却电风扇。

2) 干式变压器温度保护

如图 7-38 所示为温度显示和温度控制原理框图。温度显示系统通过传感器(Pt100)铂电阻测量出低压绕组中的温度,通过温度显示器显示,还可以通过计算机接口实现远程检测。温度控制系统通过传感器 PTC 热敏电阻侧取低压绕组中的温度信号,并发出信号或起停冷却风机。对于自然风冷变压器,一般只需二温控制。如绕组温度超过 155℃ 时报警,超过 170℃ 发出跳闸信号。对于强迫风冷变压器,一般需要四温控制。如绕组温度大于 110℃ 时,系统自动起动风机冷却;绕组温度低于 90℃ 时,自动停止风机;风机起动后,绕组温度继续上升,超过 155℃ 时报警;超过 170℃ 时发出跳闸信号。

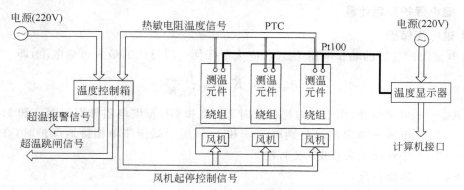

图 7-38　变压器温度显示和控制系统原理图

7.5　母线的继电保护

在 6～10kV 供配电系统中,用户大多数为单电源单母线分段和不分段运行方式。对不并列运行的分段母线的保护,通常设置电流速断和过电流保护。

1. 母线继电保护的配置

单电源单母线不并列运行的分段母线,可在进线断路器上设置带时限的过电流速断和过电流装置进行保护。分段母线常开的母联保护,在分段断路器处设置过电流速断及过电流保护,合闸成功后过电流速断退出运行,仅保留过电流保护。但内桥接线的桥路开关,投入成功后就成为变压器的主保护,因此过电流速断不退出运行。

采用反时限过电流继电器保护时,其瞬动部分应解除。出线不多的二、三级负荷供电的配电所母线分段断路器可不设保护装置。

如图 7-39 所示为 6～10kV 母线分段断路器保护原理。在主接线图中,设置两套电流互感器 1TA 和 2TA,其中一套用于继电保护,另一套用于仪表计量或测量。在过电流保护电流回路中,采用"三相三继"接线方式,接线系数为 1。在过电流保护回路中,信号继电器可以在输出跳闸信号时,输出报警信号。

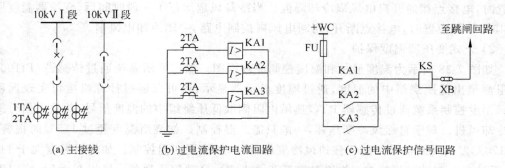

(a) 主接线　　　　　(b) 过电流保护电流回路　　　　　(c) 过电流保护信号回路

图 7-39　10kV 母线分段断路器保护原理

2. 继电保护整定计算

1) 过电流保护

过电流保护装置的动作电流 $I_{op \cdot KA}$，应大于任何一段母线的最大负荷电流，即

$$I_{op \cdot KA} = K_{rel} K_W \frac{I_{L \cdot max}}{K_{re} K_i} \qquad (7-29)$$

式中：K_{rel}——可靠系数，用于过电流保护时 DL 型和 GL 型继电器分别取 1.2 和 1.3，用于电流速断保护时分别取 1.3 和 1.5，用于低压侧单相接地保护时（在变压器中性线上装设的）取 1.2；

K_W——接线系数；

K_{re}——继电器返回系数，取 0.80；

$I_{L \cdot max}$——每段母线最大负荷电流，A，包括电动机自起动引起的电流；

K_i——电流互感器的变流比。

过电流保护装置的动作时限，应较相邻元件的过电流保护大一个时限级差，一般大于 0.5～0.7s。

保护装置的灵敏系数 K_s 应按最小运行方式下母线两相短路时，流过保护安装处的短路电流校验。对后备保护，则按最小运行方式下相邻元件末端两相短路时，流过保护安装处的短路电流校验，即

$$K_s = \frac{I^{(2)}_{k \cdot min}}{I_{op \cdot 1}} \geqslant 1.5 \qquad (7-30)$$

$$K'_s = \frac{I^{(2)}_{k1 \cdot min}}{I_{op \cdot 1}} \geqslant 1.25 \qquad (7-31)$$

式中：K_s——主保护灵敏系数；

K'_s——后备保护灵敏系数；

$I_{op \cdot 1}$——保护装置一次动作电流，A，$I_{op \cdot 1} = I_{op \cdot KA} \frac{K_i}{K_W}$；

$I^{(2)}_{k \cdot min}$——最小运行方式下母线两相短路时，流过保护安装处的稳态电流；

$I^{(2)}_{k1 \cdot min}$——最小运行方式下相邻元件末端两相短路时，流过保护安装处的稳态电流。

2) 电流速断保护

电流速断保护装置的动作电流 $I_{op \cdot KA}$ 应按最小灵敏系数 2 整定，即

$$I_{\text{op·KA}} \leqslant \frac{I''^{(2)}_{\text{k·min}}}{2K_{\text{i}}} \tag{7-32}$$

式中：$I''^{(2)}_{\text{k·min}}$——最小运行方式下母线两相短路时，流过保护安装处的超瞬态电流。三相短路超瞬态电流即为对称短路电流的初始值。

例 7-4　在图 7-39 中，已知某 10kV 配电所中，单母线分两段并列运行，有一段单母线上的最大负荷电流为 350A，最大运行方式下母线三相短路超瞬态电流 $I''^{(3)}_{\text{k·max}}$ 为 5130A，最小运行方式下母线三相短路超瞬态电流 $I''^{(3)}_{\text{k·min}}$ 为 4320A，相邻元件末端三相短路时，流过保护装置的三相短路超瞬态电流为 810A。计算时可假定系统电源为无穷大，稳态短路电流等于超瞬态短路电流。试求母线分段断路器的保护整定。

解：（1）保护配置

设三个 GL-15 型继电器 KA1、KA2、KA3，三个 2TA 变流比为 400/5A 的电流互感器、组成过电流保护装置，过电流继电器的速动部分解除。三个 1TA 电流互感器用于测量仪表使用。

（2）整定计算

过电流保护继电器的动作电流为

$$I_{\text{op·KA}} = K_{\text{rel}} K_{\text{W}} \frac{I_{\text{L·max}}}{K_{\text{re}} K_{\text{i}}} = 1.3 \times 1 \times \frac{350}{0.8 \times 80} = 7.11(\text{A})$$

查附录表 A-16，过电流保护继电器的动作电流取 7A。

保护装置一次侧的动作电流为

$$I_{\text{op·1}} = I_{\text{op·KA}} \frac{K_{\text{i}}}{K_{\text{W}}} = 7 \times \frac{80}{1} = 560(\text{A})$$

保护装置的灵敏系数为

$$K_{\text{s}} = \frac{I^{(2)}_{\text{k·min}}}{I_{\text{op·1}}} = \frac{0.866 \times 4320}{560} = 6.68 > 1.5$$

$$K'_{\text{s}} = \frac{I^{(2)}_{\text{k1·min}}}{I_{\text{op·1}}} = \frac{0.866 \times 810}{560} = 1.26 > 1.25$$

满足主保护和后备保护灵敏度要求。故选用 GL-15/10 型过电流继电器。

保护装置的动作时限应较相邻元件的过电流保护大一个时限级差，取 1.0s。

7.6　微机保护简介

在供配电系统中，继电保护属于模拟式保护，基本上能满足系统的要求。在现有的模拟式保护难以满足系统要求时，应采用数字式的微机保护。

微机保护主要由硬件和软件组成。按功能分类主要有微机线路保护、变压器保护、电容器保护、母线电压保护、电动机保护以及综合保护等类型。微机保护具有很强的综合分析能力、判断能力、自检能力和巡检能力，因此可靠性高。具有实时性特点，在电力系统发生故障的暂态时期内，能正确判断故障，当故障发生演化时，能及时做出判断，因此微机保护的正确率高。微机保护调试方便，使用灵活，通过各种软件可以获取各种附加功能，还能进行远程监控等。因此，微机保护在继电保护领域的运用越来越普遍。

7.6.1 微机保护的功能

微机保护的种类很多,各厂家生产的微机保护的功能和型号也不尽相同。配电系统微机保护的主要功能如下。

1. 保护功能

微机保护装置可以实现机电型继电保护装置的所有电量保护功能。用户可根据需要选择保护方式,并进行数字整定。

2. 测量功能

微机保护可以实时检测系统各种电量运行参数,并具有显示、存储、打印等功能。

3. 人机对话功能

通过显示器和键盘,可以进行人机对话功能,进行各种操作。例如,保护类型的选择和整定值的设定,正常运行时各相电流电压等电量的显示设定,故障性质和参数的显示,自检通过和自检报警等。

4. 事件记录与报警功能

微机保护装置可以记录事件发生的时间,保护动作前后的电流、电压波形,保护动作的类型等,还可以进行自检报警和故障报警。

5. 断路器控制功能

微机保护装置可以控制断路器的自动跳闸和自动重合闸功能。

6. 其他功能

微机保护可以附加很多功能,如与中央控制室的主机进行通信,与监控系统(站控层)一起构成变电站综合自动化系统。

7.6.2 微机保护的硬件结构

微机保护的硬件构成框图如图 7-40 所示。主要由输入信号、数据采集系统、微型计算机系统、输出信号以及外围设备等构成。输入信号有继电保护类型决定,如电压互感器二次侧电压、电流互感器二次侧电流、变压器温度传感器的温度值等。数据采集系统将电压、电流、温度等模拟量转化为计算机能够识别的不失真的数字量。计算机系统将接受各种数字量信息,按照编制的程序进行运算、判断、存储,并输出信号。输出开关量信号用于断路器跳闸以及信号报警等。通过光电隔离,可以提高电磁干扰能力。外围设备是指便于操作、维护、管理等的装置,如键盘、显示器、打印机、硬盘及绘图仪等。

微机保护的软件通常有运行监控程序、调试监控程序和中断微机保护程序等。运行监控程序对系统进行初始化,对数据采集系统进行静态自检和动态自检。调试监控程序对微机保护系统进行检查、校核和设定。中断微机保护程序完成整个继电保护功能,微机以中断方式在每个采样周期执行继电保护程序一次。

如图 7-41(a)所示为 GMP-751 微机变压器保护装置外形图,图 7-41(b)为 GMP-811 微机线路保护测控装置。通过软件开关的投入和退出,实现多种各种保护功能。如三相(或两相)三段电流(速断、限时电流速断、过流)保护、反时限过流保护、负序过流保护、高压侧零序

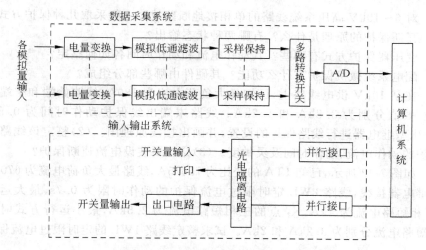

图 7-40　微机继电保护装置硬件系统框图

过流保护、过负荷报警、母线绝缘监视、PT、CT 断线报警等。能进行远动功能,如遥测电压、电流、有功功率、无功功率和功率因数等,遥控本线路跳闸与合闸,遥控断路器位置、弹簧未储能、轻瓦斯报警、重瓦斯跳闸、变压器超温报警和超温跳闸(干式变)等状态信息。

　　GMP 系列微机保护测控装置主要适用于 35kV 及以下电压等级的线路保护和变压器组保护等,可集中组屏,也可分散于开关柜。

(a) GMP-751型

(b) GMP-811型

图 7-41　GMP 型微机保护测控装置

习　　题

7-1　供电系统中保护的作用和基本原理是什么?

7-2　常用过电流继电流保护装置有几种类型? 对保护装置有哪些基本要求?

7-3　什么叫过电流继电器的动作电流、返回电流和返回系数? 如继电器返回系数过低有什么不好?

7-4　过电流继电保护装置的接线方式有哪些?

7-5　电磁式电流继电器、时间继电器、信号继电器和中间继电器在继电保护装置中各起什么作用? 感应式电流继电器又具有哪些功能?

7-6　定时限过电流保护如何整定和调节其动作电流和动作时间? 反时限过电流保护是如何整定和调节动作电流和动作时限的? 说明什么是 10 倍动作电流的动作时间。

7-7　电流保护的整定计算中采用了可靠系数、自起动系数、返回系数和灵敏系数,试说明它们的意义和作用?

7-8　过电流保护灵敏度达不到要求时,为什么采用低电压闭锁可提高其保护灵敏度?

7-9　线路的速断保护能保护整条线路吗? 为何会出现"死区"? 如何弥补?

7-10 对 6~10kV 高压系统线路的单相接地断路故障一般采取几种保护方式?

7-11 瓦斯保护的原理是什么?有哪两种状态输出?

7-12 变压器保护方式有哪些?其动作电流和动作时间各如何整定?

7-13 配电系统微机保护有什么功能?其硬件由哪些部分组成?

7-14 在某 10kV 供电线路上,已知最大负荷电流为 180A,线路始端和末端的三相短路电流的有效值分别为 3.8kA 和 1.2kA。线路末端出线保护动作时间为 0.5s。试求:(1)试用电磁型继电器进行线路保护的设置,并画出接线原理图。(2)整定该线路的定时限过电流保护的动作电流、动作时间及灵敏度。(3)是否要装设电流速断保护?

7-15 如图 7-42 所示,已知 1TA 的变比为 750/5A,线路最大负荷电流为 670A,保护采用两相两继电器接线,线路 2WL 定时限过电流保护的动作时限为 0.7s,最大运行方式时 K_1 点的三相短路电流为 4kA,K_2 点的三相短路电流为 2.5kA,最小运行方式时 K_1 和 K_2 点的三相短路电流分别为 3.2kA 和 2kA。试求整定线路 1WL 的定时限过电流保护。

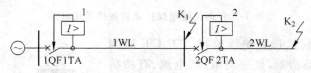

图 7-42 习题 7-14 图

7-16 某配电变电所装有一台 10/0.4kV、800kV·A 的干式变压器,低压母线三相短路电流 $I_k^{(3)}$ 为 28kA。在高压侧拟采用两个感应式电流继电器组成两相不完全星形接线。试求:(1)整定变压器的反时限过电流保护的动作电流、动作时间、灵敏度。(2)电流速断保护的速断电流倍数。

7-17 某 10kV 供电线路为中性点不接地系统,线路中各点的短路电流如图 7-43 所示,线路上的最大负荷电流为 300A。线路 WL2 处的保护为定时限过电流保护,其动作时间为 0.5s。试对 WL1 线路进行相间保护整定,速断保护整定,零序电流保护整定。

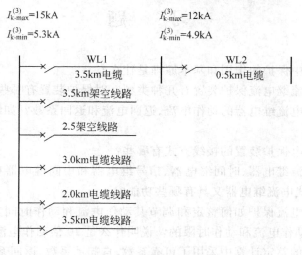

图 7-43 习题 7-16 图

第 8 章　低压配电系统中的保护

8.0　内容简介及学习策略

1. 学习内容简介

本章主要针对低压供配电系统线路上的三相短路故障、过负荷和单相接地故障情况,从保护要求、保护电器、整定方法和安全防护等方面进行系统地介绍,并以示例计算介绍了低压系统保护与导线配合的计算方法。

2. 学习策略

本章建议使用的学习策略是了解系统对保护的要求,了解保护电器的基本特性,根据低压配电系统中用电设备的工作特性以及配电线路的供电要求,学习短路故障和过负荷不正常运行状态的理论处理方法。学完本章后,读者将能够实现如下目标。

- ☞ 了解三种保护电器的工作特性。
- ☞ 掌握配电线路短路保护原理和保护电器的动作电流和动作时间的整定方法。
- ☞ 掌握线路过负荷运行时的保护整定原则。
- ☞ 掌握配电线路上下级保护配合时的选择性要素。
- ☞ 理解 TN 系统、TT 系统和 IT 系统单相接地故障保护原理。
- ☞ 了解电击防护基本方法。

8.1　低压配电系统的保护要求与保护元件

8.1.1　低压配电系统的保护要求

由于低压配电系统常会出现各种形式的短路故障、接地故障和长期过负荷运行等状态,致使线路和用电设备因过热造成损坏,导致电气火灾,还会产生电击事故,危害人身安全。因此,低压配电系统按要求应装设短路保护、过负荷保护和接地故障保护装置进行有效保护。

1. 短路保护的要求

低压配电线路中的短路故障形式有三相短路、两相短路和单相短路。短路故障会使线路中的电流急剧增大,其热效应能使绝缘加速老化,使线路不能承受,难以保证电气设备的正常运行。因此,对短路故障的保护要求如下。

(1) 应在短路电流造成危害之前切断故障线路。

(2) 配电系统的各级保护之间应有选择性配合。

（3）短路保护电器一般宜选择断路器或熔断器，其分断能力应能切断安装出的最大预期电流。

2．过负荷保护的要求

过负荷运行是指超过设备或线路可以承受的额定工作负荷，且超过值不大的情况。长期过负荷运行，会使系统中导体温度升高，引发短路故障。因此，对低压配电系统过负荷保护的要求如下。

（1）过负荷保护应能在过负荷电流引起的温升对导体的绝缘、接头、端子等处造成破坏之前切断电路。

（2）应装设过负荷保护的情况有：民用建筑的照明线路；有可燃性绝缘导线，可能引起火灾的明敷设线路；易燃易爆场所；临时接用的插座线路；有可能长期过负荷的电力线路。

（3）对于运行中不允许断电的负荷，如消防水泵和消防电梯等，突然断电比过负荷造成的损失更大，其过负荷保护不动作于跳闸，可动作于信号。

过负荷现象在系统正常运行中是不可能完全避免的。由于一般电气设备和线路的过负荷能力与时间成反时限关系，因此作为过负荷保护装置的特性也应具有反时限保护特性。也就是说，过负荷保护装置的保护特性应与被保护设备或线路的过负荷能力相匹配。常用的过负荷保护电器有断路器或熔断器。

3．单相接地故障对保护的要求

单相接地故障是指因线路绝缘损坏致使载流导体与 PE 线，或与电气装置的外露可导电部分，或与装置外导电部分，或与大地间的短路现象。由于这种故障容易让人接触到带电部分，易造成人身的触电事故。因此，接地保护的一般要求如下。

（1）接地故障保护装置应能防止人身间接电击以及电气火灾、线路破坏等事故。

（2）接地故障保护装置应能在故障线路引起人身伤亡、火灾事故及线路损坏之前，迅速有效地切断故障线路。

（3）接地故障保护电器的选择，应根据配电系统的接地形式、电器设备防触电的保护要求和环境影响等因素决定。

（4）切断接地故障线路的时间极限值，应根据系统的接地形式和电气设备的使用情况而定，但其最大值不宜超过 5s。

4．其他要求

低压配电系统的保护应满足快速性、选择性、灵敏性和可靠性等要求。

8.1.2 低压配电系统中常用的保护元件

低压配电系统通常属于单端供电系统，一般采用反映因电流过量而动作的保护装置进行保护。常用的保护元件有低压断路器、低压熔断器、剩余电流保护器等。

低压配电系统的保护元件大多数都是直接从一次回路中获得保护所需参数，不需要经过互感器的变换电流或电压。

1．低压断路器的保护特性

1）低压短路器的脱扣器种类

低压断路器的保护功能是由其脱扣器来实现的。短路器内配置脱扣器的形式有多种，有配置单一的脱扣器,实现一种保护功能;多数情况配置两种或两种以上的脱扣器,实现两种或两种以上的保护功能。根据脱扣器的原理,可分为电磁机构脱扣器和双金属片热脱扣器。按脱扣器的功能可分为以下几种。

（1）分离脱扣器

分离脱扣器用于远距离控制断路器跳闸操作。远距离合闸操作可采用电磁铁或电动储能合闸。

（2）欠压或失压脱扣器

欠压或失压脱扣器用于实现线路欠压或失压(零压)保护动作。当电源电压低于定值(零)低时,断开器将自动跳闸,切断线路供电。

（3）热脱扣器

用于线路或设备长时间过负荷保护。当线路电流出现较长时间过载时,双金属片受热变形而发出动作,使断路器跳闸,切断线路供电。

（4）过电流脱扣器

用于短路、过负荷保护。当电流大于动作电流时电磁机构发出动作,自动跳闸断开电路。过电流脱扣器可分为瞬时短路电流脱扣器和过电流脱扣器。

（5）复式脱扣器

一个脱扣器具有过电流脱扣器和热脱扣器两种功能。

2）脱扣器的动作特性

低压断路器的保护特性是由各种脱扣器的特性组合决定的。脱扣器的特性有长延时、短延时和瞬时等三种。

（1）长延时动作特性

脱扣器的长延时特性是指发出切断电路的动作时间与动作电流之间具有反时限动作关系。电流越小,动作时间越长;动作电流越大,则动作时间越短。这种特性与线路或用电设备的过负荷特性相匹配,因此,脱扣器的长延时特性常用于过负荷保护。

（2）短延时动作特性

脱扣器的短延时特性是指当动作电流到来时,脱扣器需要延迟一小段时间才能发出动作作用于跳闸。短延时特性常作为备用保护时,实现断路器短路电流保护上、下级选择性配合动作。

（3）瞬时动作特性

脱扣器的瞬时特性是当动作电流到来时,脱扣器几乎不需要延迟时间就能即刻发出动作作用于跳闸。瞬时特性常用作短路保护。

3）断路器的选择性

在断路器所保护的配电系统中,当发生电气故障时,距故障点最近的断路器动作将故障切除,而其他各级断路器不动作,从而将故障所造成的断电限制在最小范围内,使其他无故障供电回路仍能保持正常供电,这就是断路器的选择性动作要求。断路器的选择性在低压配电系统的设计中占有十分重要的位置,它可以给用户带来便利,并能保证供电回路工作的连续性。

　　在低压配电系统中使用的断路器按其保护特性可分为选择性和非选择性两类。选择性低压断路器通过整定动作时间,具有动作时限选择功能。其瞬时特性和短延时特性适用于短路动作,而长延时特性适用于过载保护。

　　在低压配电系统中,要确保上、下两级断路器之间的选择性动作,需要整定动作电流和整定动作时间来实现。上一级断路器的动作电流和动作时间均应比下级断路器的动作电流和动作时间大一个级别。当在同一条线路上作上下级保护时,由于串联关系,同一个短路电流通过上下级断路器,上级断路器只能整定时间(短延时),实现与下级断路器的选择性动作。通常上级采用选择性动作断路器,下一级断路器采用非选择性动作断路器或选择性断路器。断路器的选择性与非选择性是通过脱扣器的组合形式实现的。

　　4) 脱扣器的组合形式

　　(1) 由脱扣器的瞬时特性构成断路器非选择性保护,只实现短路保护动作。

　　(2) 由脱扣器的长延时特性与瞬时特性组合,可以构成断路器的非选择性保护。非选择性是指短路保护动作是瞬时的,无时限上的选择性。这种组合能实现过负荷保护动作和短路保护动作。

　　(3) 由脱扣器的长延时特性、短延时特性和瞬时特性组合,可以构成短路器的选择性保护。

　　当短路保护有延时要求时,一般采用选择性组合形式。当短路保护无延时要求时,一般采用非选择性组合。

　　5) 低压断路器的脱扣器特性

　　配电用低压断路器过电流脱扣器的特性如表 8-1 所示。

表 8-1　配电用低压断路器过电流脱扣器的反时限动作特性

脱扣器种类	电流整定值/A	约定不脱扣电流	约定脱扣电流	预定时间/h	周围空气温度/℃
无温度补偿	$I_r < 63$	$1.05I_r$	$1.35I_r$	1	20 或 40
	$I_r > 63$	$1.05I_r$	$1.25I_r$	2	20 或 40 制造厂另有规定除外
有温度补偿	$I_r < 63$	$1.05I_r$	$1.30I_r$	1	+20
		$1.05I_r$	$1.40I_r$	1	−5
		$1.05I_r$	$1.30I_r$	1	+40
	$I_r > 63$	$1.05I_r$	$1.25I_r$	2	+20
		$1.05I_r$	$1.30I_r$	2	−5
		$1.05I_r$	$1.25I_r$	2	+40

　　表中约定动作电流是指在约定时间内能使脱扣器动作的规定电流。

　　(1) 小型断路器的保护特性曲线

　　小型断路器一般只具有热脱扣器和电磁脱扣器,分别作为长延时保护动作和瞬时保护动作。通常安装在系统末端配电回路上,实现过负荷保护和短路保护。其保护特性曲线如图 8-1 所示。

　　小型断路器瞬时脱扣器的电流动作值与长延时脱扣器的电流动作值成固定的倍数关系,其倍数值不能调整。

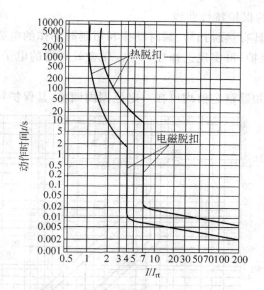

图 8-1　小型断路器的保护特性曲线

（2）塑壳式断路器的保护特性曲线

塑壳式断路器通常也只具有热脱扣器和电磁脱扣器,分别作为长延时保护动作和瞬时保护动作。带微处理器的电子式脱扣器的塑壳式断路器,具有短延时动作特性,可以实现选择性保护功能。塑壳式断路器主要安装在低压配电系统的配电干线或配电支干线上,实现线路上的过负荷和短路保护。其保护特性曲线如图 8-2 所示。

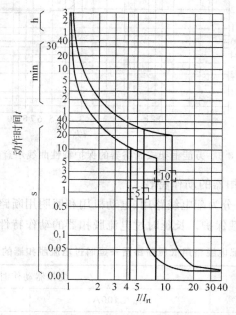

图 8-2　塑壳式断路器的保护特性曲线示意图

塑壳式断路器的长延时脱扣器与瞬时脱扣器动作值也成固定的倍数关系,但长延时脱扣器的动作电流可成级数调整,因此其瞬时脱扣器动作值也会随之变化。

（3）万能式断路器的保护特性曲线

万能式断路器一般具有热脱扣器、瞬时动作和短延时动作的电磁脱扣器，分别作为长延时、短延时和瞬时动作保护，可实现选择性动作。带微处理器的电子式脱扣器也可以实现选择性动作保护功能。

万能式断路器的脱扣器整定值均可在一定范围内调整，其保护特性曲线如图 8-3 所示。

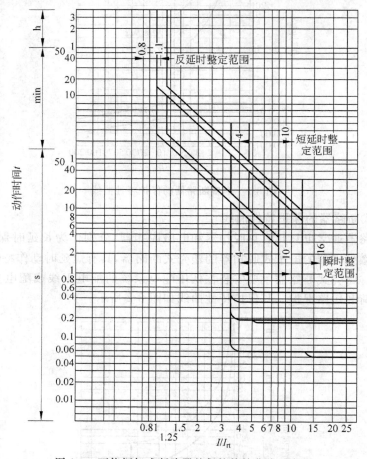

图 8-3　万能框架式断路器的保护特性曲线示意图

（4）断路器长延时脱扣器的动作特性

按用途分类，断路器可分为配电线路用、电动机用和照明用断路器。其长延时过电流脱扣器的动作特性主要用于过载保护。长延时过电流脱扣器的动作特性如表 8-2～表 8-4 所示。

表 8-2　配电线路用低压断路器长延时过电流脱扣器的动作特性

$\dfrac{I}{I_{zd1}}\left(\dfrac{\text{线路电流}}{\text{脱扣器整定电流}}\right)$	脱扣器动作时间	
	$I_{zd1} \leqslant 100\text{A}$	$I_{zd1} > 100\text{A}$
1.0	不动作	不动作
1.3	<1h	<1h
2.0	≤4min	≤10min
3.0	可返回时间>1s 或 3s	可返回时间>1s、3s 或 15s

表 8-3　电动机用低压断路器长延时过电流脱扣器的动作特性

$\dfrac{I}{I_{zd1}}\left(\dfrac{负荷电流}{脱扣器整定电流}\right)$	脱扣器动作时间
1.0	不动作
1.2	小于 20min
1.5	小于 3min
6.0	可返回时间：50A 及以下＞1s 或 3s； 50A 及以上＞3s、5s、15s

表 8-4　照明用空气断路器长延时过电流脱扣器的动作特性

$\dfrac{I}{I_{zd1}}\left(\dfrac{线路电流}{脱扣器整定电流}\right)$	脱扣器动作时间
1.0	不动作
1.3	＜1h
2.0	＜40min
6.0	瞬时动作

低压断路器的保护特性及用途如表 8-5 所示。

表 8-5　低压断路器保护特性及用途

断路器类型	电流范围/A	保护特性		主要用途	备　注
配电保护用	630～4000	选择型	三段式保护　瞬时、短延时、长延时	变压器低压侧出线保护或电源总开关保护等处	瞬时、短延时、长延时的整定电流一般均可调节
			四段式保护　瞬时、短延时、长延时、接地故障		
	100～630	非选择型	限流型二段式保护　瞬时、长延时	低压配电出线保护或配电支路末端开关保护	长延时整定电流有的可调、有的不可调，瞬时动作电流可由厂家调定
			一般型二段式保护		
电动机保护用	63～630	直接起动	一般型二段式保护　瞬时整定电流约为长延时整定电流的(8～15)倍	保护笼式电动机	多数产品不可调，少数产品可调
			限流型二段式保护　瞬时整定电流约为长延时整定电流的 12 倍	靠近变压器近端电动机保护	
		间接起动	二段式保护　瞬时整定电流约为长延时整定电流的(3～8)倍	保护笼式和绕线式电动机	

续表

断路器类型	电流范围/A	保护特性		主要用途	备　注
照明保护用（微型）	6～63	A型	瞬时整定电流约为长延时整定电流的(2～3)倍	半导体保护、带互感器的测量回路保护等	快速无延时脱扣,限制较低的短路电流通过的场所
		B型	瞬时整定电流约为长延时整定电流的(3～5)倍	低电感照明系统保护	较快速脱扣,限制较低的短路电流通过
		C型	二段式保护　瞬时整定电流约为长延时整定电流的(5～10)倍	保护常规负载和配电线缆	较快速脱扣,短时允许较高的短路电流通过
		D型	瞬时整定电流约为长延时整定电流的(10～20)倍	保护起动电流大的冲击性负荷(电动机、变压器、空调、冰箱、排风机)等线路	
漏电保护用	20～200	电磁式集成电路式	动作电流分为 15mA、30mA、50mA、75mA、100mA、300mA、500mA,分断时间为 0.1～0.6s	接地故障保护	确保人身安全和防止引起火灾

2. 低压熔断器的保护特性

低压熔断器的保护特性是根据其熔体的熔断特性实现的。将熔断器的熔体串联在被保护线路中,当通过熔体的电流超过其额定电流一定范围时,其熔体会因电流的热效应而熔断,这就是熔体的熔断特性。熔体的熔断电流和熔断时间具有反时限性,即熔断电流越大,熔断时间就越短,熔断电流越小,熔断时间就越长。

1) 按低压熔断器的分断范围分类

按低压熔断器的分断范围分类,熔断器可分为全范围分断熔断器和部分范围分断熔断器。

(1) 全范围分断(g 类熔断器)

g 类熔断器能连续承载不低于额定电流的电流。可分断最小熔化电流至其额定分断电流之间的各种电流。全范围熔断器一般兼有过负荷保护功能,主要用作配电主干线路及电缆、母线等的短路保护和过负荷保护。

(2) 部分范围分断(a 类熔断器)

a 类熔断器能连续承载不低于额定电流的电流。只能分断低倍数额定电流至其额定分断电流之间的各种电流。部分范围熔断器主要用于照明线路和电动机等设备的短路保护。因为小于低倍数过负荷的电流不能使这种熔断器动作,使用这种熔断器时,应配用热继电器等过电流保护元件作为过负荷保护。

2) 按熔断器的使用类别分类

按熔断器的使用类别分类,熔断器可分为一般用途(G 类)和用于电动机电路(M 类)的熔断器。G 类熔断器主要用于配电线路及电缆、母线等处。M 类熔断器主要用于有冲击性的电动机等动力负荷设备线路。

对于上述两种分类可以有不同组合,如 gG、aM 等。

3) 低压熔断器的约定熔断特性

当有上、下级熔断器选择性配合要求时,应考虑过电流选择比。过电流选择比是指上、下级熔断器之间满足选择性要求的额定电流最小比值。过电流选择比与熔体的极限分断电流、$I_t^2 t$ 值和时间-电流特性等有密切关系。一般需根据制造厂提供的数据或性能曲线进行较详细的计算和整定来确定。

g 类熔断器的过电流选择比有 1.6∶1 和 2∶1 两种。过电流选择比为 1.6∶1 的"g"熔断器熔体的约定熔断电流及约定熔断时间如表 8-6 所示。

表 8-6 "g"熔断器的约定熔断电流及熔断时间

额定电流 $I_{r \cdot FE}$/A	约定时间/h	约定电流/A	
		I_{rt}	I_t
$16 \leqslant I_{r \cdot EF} \leqslant 63$	1	—	
$63 \leqslant I_{r \cdot EF} \leqslant 160$	2	$1.25\, I_{r \cdot EF}$	$1.6\, I_{r \cdot EF}$
$160 \leqslant I_{r \cdot EF} \leqslant 400$	3		
$400 < I_{r \cdot EF}$	4		

约定熔断电流是指在约定时间内能使熔体熔断的规定电流。

3. 剩余电流保护装置(RCD)的保护特性

1) RCD 的工作原理

如图 8-4 所示为剩余电流保护装置的工作原理。电磁型剩余电流保护电器中使用零序电流互感器作为检测器件。根据基尔霍夫电流定律,正常工作时,通过检测器的工作电流向量之和为零,漏电脱扣器不会发出动作。当设备发生单相接地故障时,通过设备外壳向大地泄露一些电流,检测装置中 4 根工作导线上的电流相量和不为零,即检测出有剩余电流。根据检测到的剩余电流的大小,保护电器通过预先设定的程序发出各种命令,或切断电源,或发出信号等。

2) RCD 的保护特性

剩余电流保护装置(Residual Current Device,RCD)是故障电流型防护电器,对接地故障危害的防护有很高的动作灵敏度,能在数十毫秒内有效地切除小至毫安级的故障电流。因此,剩余电流保护装置主要用于保证人身安全,防止触电事故的发生。

触电事故可分为直接触电和间接触电,不同的触电类型对人体所构成的危险性是不同的。触电时通过人体电流的大小和触电时间的长短都直接影响到触电的危险程度。因此,剩余电流保护装置将限制通过人体的电流和其作用时间在规定的允许范围内,即限制通入人体的电量 $Q = I \cdot t$。

电击保护特性是指以不引起心室颤动为条件,来确定触电时允许通过人体的电流 I_{al}(即触电电流)与允许通电时间 t_{al}(即触电时间)之间的关系。这种条件下的 I_{al} 与 t_{al} 的关系又称为安全基值。

如图 8-5 所示,电击保护特性直线 FP 具有反时限特征,因此电击保护装置的动作特性应考虑一定的安全系数,并符合电击保护特性。如在电击保护装置的动作特性直线 KR 上,任何一点的触电电流和触电时间的乘积多将小于安全基值直线 FP 上的电量 $Q = 50\text{mA} \cdot \text{s}$。

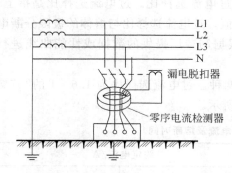

图 8-4 剩余电流保护装置的工作原理

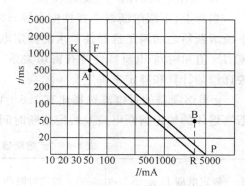

图 8-5 电击保护特性

各国多以 $50\text{mA} \cdot \text{s}$ 作为安全基准值,考虑安全系数后采用 $30\text{mA} \cdot \text{s}$ 作为电击保护装置的动作特性。作为电击保护的剩余电流保护装置,其动作特性应在电击保护特性的直线 KR 下方。在图 8-5 中的 A 点,RCD 的动作电流为 50mA,动作时间为 500ms,则在触电的 500ms 内,通过人体的电量为 $Q = 50\text{mA} \times 500\text{ms} = 25\text{mA} \cdot \text{s}$,小于安全基值 $50\text{mA} \cdot \text{s}$。故 A 点能够满足防电击保护要求。读者可以证明,B 点不能满足防电击保护要求。

剩余电流保护装置除了可以作为电击保护装置以外,还可及时发现因绝缘损坏等造成的火灾隐患。

3) 主要参数

剩余电流保护装置的主要参数如下。

(1) 剩余电流保护装置的额定电流 I_n (A)。主要有 6A、10A、16A、20A、25A、32A、40A、50A、63A、100A、160A、200A、250A 等规格。

(2) 额定剩余电流动作值 $I_{\Delta n}$ (A)。主要有 0.006A、0.01A、0.03A、0.1A、0.3A、0.5A、1A、3A、5A、10A、20A 等规格。

(3) 额定剩余电流不动作值 I_{n0} (A)。一般为 0.5 倍的额定电流 I_n。

(4) 剩余电流保护装置的分断时间,如表 8-7 所示。

表 8-7 剩余电流保护装置的最大分断时间

直接接触补充保护作用	$I_{\Delta n}$/A	I_n/A	最大分断时间/s		
			$I_{\Delta n}$	$2\,I_{\Delta n}$	0.25A
	≤0.03	任何值	0.2	0.1	0.04
间接接触保护作用	$I_{\Delta n}$/A	I_n/A	最大分断时间/s		
			$I_{\Delta n}$	$2I_{\Delta n}$	$5I_{\Delta n}$
	≤0.03	任何值	0.2	0.1	0.04
		≥40[①]	0.2	—	0.15

注:①用于剩余保护组合器。

8.2　低压配电线路的保护

低压配电线路应装设短路保护装置。保护电器应装设在每条回路的电源侧、线路分支处和线路截面减少处。室外配电线路引入室内后宜装设保护电器。

8.2.1　低压断路器作线路保护

低压断路器的过电流脱扣器应装设在不接地的各相上。在 IT 系统中,可仅在两相上装设过电流脱扣器,此后的其他线路均应在相同的两相上装设过电流脱扣器。单相用电设备的 PEN 线及 N 线上可装设过电流脱扣器,但动作后必须同时断开相线,严禁保护设备断开 PE 线。

1. 断路器作线路短路保护

1) 断路器的额定电压和壳架额定电流

(1) 断路器的额定电压

断路器的额定电压应大于被保护线路的额定电压,即

$$U_r \geqslant U_N$$

式中:U_r——断路器的额定电压,V;

　　　U_N——被保护线路的额定电压,V。

(2) 断路器的壳架额定电流

断路器的壳架等级额定电流是指断路器内所能装设的最大过电流脱扣器的额定电流 I_{rQ}。断路器额定反时限电流是指过电流脱扣器的额定电流 I_{rt}。I_{rQ} 与 I_{rt} 确定条件为

$$I_{rQ} \geqslant I_{rt} \tag{8-1}$$

$$I_{rt} \geqslant I_C \tag{8-2}$$

式中:I_{rQ}——断路器壳架等级的额定电流,A;

　　　I_{rt}——反时限过电流脱扣器的额定电流,A;

　　　I_C——线路的计算负载电流,A。

2) 保护配电线路的断路器整定值

(1) 瞬时过电流脱扣器的整定电流值

瞬时过电流脱扣器的整定电流值应躲过配电线路的尖峰电流,即

$$I_{zd3} \geqslant K_{zd3} \left[I'_{qM1} + I_{C(n-1)} \right] \tag{8-3}$$

式中:I_{zd3}——瞬时过电流脱扣器的整定电流值,A;

　　　K_{zd3}——低压断路器瞬时脱扣器可靠系数,取 1.2;

　　　I'_{qM1}——线路中最大一台电动机的起动全电流(A),它包括了周期分量和非周期分量,其值可取电动机起动电流 I_{qM1} 的 2～2.5 倍;

　　　$I_{C(n-1)}$——除起动电流最大的一台电动机以外的线路计算电流,A。

为了满足被保护线路各级间的选择性要求,选择型低压断路器瞬时脱扣器的电流整定值,还需躲过下一级开关所保护线路故障时的短路电流。

非选择型低压断路器瞬时脱扣器的电流整定值,只要躲过回路正常工作时的尖峰电流即可,而且应尽可能整定得小一些。

（2）短延时过电流脱扣器的电流整定值

短延时过电流脱扣器主要用于保证保护装置动作的选择性。短延时过电流脱扣器的整定电流,应躲过短时间出现的负荷尖峰电流,即

$$I_{zd2} \geqslant K_{zd2}[I_{qM1} + I_{C(n-1)}] \tag{8-4}$$

式中：I_{zd2}——短延时过电流脱扣器的整定电流值,A；

　　　　K_{zd2}——低压断路器定时限过电流脱扣器的可靠系数,取 1.2；

　　　　I_{qM1}——线路中最大一台电动机的起动电流,A；

　　　　$I_{C(n-1)}$——除起动电流最大的一台电动机以外的线路计算负载电流,A。

（3）动作时间整定

短延时过电流脱扣器主要用于保证保护装置的动作选择性。短延时过电流脱扣器保护动作的整定时间通常有 0.1s、0.2s、0.4s、0.6s、0.8s 等几种,应根据需要选定。在本线路的保护动作的整定时间要比下级保护装置的动作时间大一个时间级差。上下级时间级差通常取 0.1～0.2s。

3）保护照明线路的低压断路器的整定值

低压断路器的瞬时和长延时过电流脱扣器的整定电流分别为

$$I_{zd3} \leqslant K_{zd3} I_C \tag{8-5}$$

式中：I_{zd3}——瞬时过电流脱扣器的整定电流值,A；

　　　　I_C——照明线路的计算电流,A；

　　　　K_{zd3}——瞬时过电流脱扣器的可靠系数,取决于电光源起动状况和低压断路器特性,其值如表 8-8 所示。

表 8-8　用作照明的断路器瞬时和长延时过电流脱扣器的可靠系数

低压断路器种类	可靠系数	白炽灯、卤钨灯	荧光灯	高压钠灯、金属卤化物灯	荧光高压汞灯
瞬时过电流脱扣器	K_{zd3}	10～12	4～7	4～7	4～7
长延时过电流脱扣器	K_{zd1}	1.0	1.0	1.0	1.1

4）校验低压断路器的分断能力

断路器的额定运行短路分断电流 I_{fzd} 应不小于被保护线路最大三相短路电流的有效值。如有困难,至少应保证断路器的额定极限短路分段能力不小于被保护线路最大三相短路电流的有效值。

当分断时间小于 0.02s 时,分断电流 I_{fzd} 应大于被保护的三相短路冲击电流的有效值,即

$$I_{fzd} \geqslant I_{sh} \tag{8-6}$$

式中：I_{fzd}——断路器的分断电流,kA；

　　　　I_{sh}——断路器出口处三相短路冲击电流的有效值,kA；

　　　　I_k——断路器出口处三相短路电流周期分量的有效值,kA。

当分断时间大于 0.02s 时,分断电流 I_{fzd} 应大于被保护线路三相短路电流周期分量的有

效值,即

$$I_{\mathrm{fzd}} \geqslant I_{\mathrm{k}} \tag{8-7}$$

式中:I_{k}——断路器出口处三相短路电流周期分量的有效值,A。

5)校验低压断路器的灵敏度

为保证断路器可靠切断接地故障电流,断路器的瞬时或短延时脱扣器的整定电流应小于线路末端最小短路电流的 1.3 倍,或最小短路电流宜不小于整定电流的 1.3 倍,即

$$K_{\mathrm{s}} = \frac{I_{\mathrm{k \cdot min}}}{I_{\mathrm{zd}}} \geqslant 1.3 \tag{8-8}$$

式中:$I_{\mathrm{k \cdot min}}$——被保护线路末端最小短路电流,A,对 TN 系统为单相短路(相-中)或单相接地短路电流(相-保),对于 TT 系统为单相短路电流(相-中);

　　　　I_{zd}——断路器瞬时或短延时脱扣器的整定电流,A;

　　　　K_{s}——断路器脱扣器的动作灵敏系数,取 1.3。

6)其他

安装在开关柜中的断路器,其长延时整定值应考虑 15%的降容率。

在导体的载流量减少处(如线芯截面减小和分支处,或导体类型、敷设方式、环境条件改变等处),当越级切断电路,不引起故障线路以外的一、二级负荷中断供电,且符合下列要求之一时,可不装设短路保护。

(1)上级保护电器能有效地保护线路,且线路和其过载保护电器能承受通过的短路容量。

(2)减小截面的长度不超过 3m,并穿不燃或难燃管保护,且减小截面的导线载流量不小于装有保护器导线载流量的 10%。

(3)电源侧装有 20A 及以下的保护电器的线路。

(4)测量仪表的电流回路。

(5)电源侧装有短路保护的架空配电线路。

(6)发电机、变压器、整流器、蓄电池与组合控制盘之间连接的控制线路。

2. 断路器作线路过负荷保护

断路器长延时动作的过电流脱扣器的动作特性与线路过负荷特性相匹配,因此用长延时动作的过电流脱扣器作过负荷保护。

1)用于配电线路的过负荷保护

断路器长延时动作的过电流脱扣器的整定电流为

$$I_{\mathrm{zd1}} \geqslant K_{1} I_{\mathrm{C}} \tag{8-9}$$

式中:I_{zd1}——低压断路器长延时脱扣器的整定动作电流,A;

　　　　I_{C}——配电线路的计算电流,A;

　　　　K_{1}——可靠系数,考虑计算误差及脱扣器的动作误差,取 1.1。

2)用于电动机过负荷保护

断路器长延时动作的过电流脱扣器的整定电流为

$$I_{\mathrm{zd1}} \approx 1.1 I_{\mathrm{C}} \tag{8-10}$$

3)用于照明过负荷保护

$$I_{\mathrm{zd1}} \geqslant K_{\mathrm{zd1}} I_{\mathrm{C}} \tag{8-11}$$

式中:K_{zd1}长延时脱扣器的可靠系数参见表 8-8 所示。

3. 断路器与配电线路导体截面的配合保护

线路过负荷保护由低压断路器的长延时脱扣器来实现,其动作特性应同时满足如下两个条件。

$$I_C \leqslant I_{zd1} \leqslant I_{al} \tag{8-12}$$

$$I_2 \leqslant 1.45 \ I_{al} \tag{8-13}$$

式中: I_{zd1}——低压断路器长延时脱扣器的整定动作电流,A;

$\quad\quad I_C$——线路的计算电流,A;

$\quad\quad I_{al}$——导线的允许持续载流量,A;

$\quad\quad I_2$——低压断路器在约定时间内的约定动作电流,A。

当导体的型号截面、长度和敷设方式均相同,线路全长内无分支线路引出,线路内的布置使并联导体的负荷电流基本相等时,可由同一保护电器作多根导线的过负荷保护。通过保护电器的载流量应为每根并联导体的允许载流量之和。

8.2.2 低压熔断器作线路保护

低压熔断器应装设在不接地的各相上。PEN 线及 N 线上不应装设熔断器。熔断器的额定电流是指其内部熔体的最大额定电流。低压熔断器所保护的线路形式有变压器二次侧出线处、配电线路、照明线路、动力线路和电容器线路等。

1. 熔断器的额定电压和额定电流

熔断器熔体的额定电流的选择应保证正常工作的负荷电流和用电设备起动时的尖峰电流通过时不会产生误动作,并且在发生故障时能适时熔断。

1) 熔断器的额定电压

熔断器的额定电压应大于被保护线路的额定电压,即

$$U_r \geqslant U_N \tag{8-14}$$

式中: U_r——熔断器的额定电压,V;

$\quad\quad U_N$——被保护线路的额定电压,V。

2) 熔断器的额定电流

熔断器的额定电流应大于其内部熔体的额定电流。熔体的额定电流应保证正常工作时通过计算负荷不应动作,即

$$I_r \geqslant I_{rn} \tag{8-15}$$

$$I_{rn} \geqslant I_C \tag{8-16}$$

式中: I_r——熔断器的额定电流,A;

$\quad\quad I_{rn}$——熔断器中熔体的额定电流,A。

2. 熔断器作线路短路保护

1) 变压器二次出线处线路

熔断器保护变压器二次出线处线路时,其熔体的额定电流应大于变压器二次侧计算电流的 $20\% \sim 30\%$,即

$$I_{rn} = (1.2 \sim 1.3)I_{2C \cdot T} \tag{8-17}$$

式中: I_{rn}——熔断器熔体的额定电流,A;

　　$I_{2C \cdot T}$——变压器二次侧的计算电流,A。

　　2) 熔断器保护配电线路线缆

　　熔断器保护配电线路电缆时,其熔体的额定电流应大于变压器二次侧计算电流的 20%～30%,且

$$I_{rn} \leqslant K_{oL} I_{al} \tag{8-18}$$

式中:K_{oL}——熔断器允许短时过负荷系数。熔断器仅作短路保护时,电缆和穿管绝缘导线
　　　　　　取 2.5,明敷设绝缘导线取 1.5;熔断器作短路保护和过负荷保护时取 0.8～
　　　　　　1.0。

　　　　I_{al}——绝缘导线或电力电缆的允许载流量,A。

　　3) 熔断器保护并联电容器线路

　　熔断器保护并联电容器线路时,其熔体的额定电流应考虑电容器正常工作时的冲击性,一般为

$$I_{rn} = 1.5 I_{rC} \tag{8-19}$$

式中:I_{rC}——熔断器的额定电流,A。

　　4) 熔断器保护动力配电线路

　　保护单台电动机线路时,熔体的额定电流应躲过电动机的起动电流,即

$$I_{rn} \geqslant K I_q \tag{8-20}$$

式中:K——熔体选择计算系数。一般可取:单台电动机轻载起动时间为 3s 以下时,取
　　　　　$K = 0.25 \sim 0.35$;重载起动时间为 3～8s 时,取 $K = 0.35 \sim 0.50$;起动时间超
　　　　　过 8s,或频繁起动、反接制动时,取 $K = 0.50 \sim 0.60$;若电动机频繁起动和制
　　　　　动,熔体定电流应加大 1～2 级。

　　　　I_q——单台电动机的起动电流,A。

　　保护多台电动机的配电线路时,熔体的额定电流应按用电设备起动时的尖峰电流选择,即

$$I_{rn} \geqslant K_r \left[I_{qM1} + I_{C(n-1)} \right] \tag{8-21}$$

式中:K_r——配电线路熔体选择计算系数,与最大一台电动机的起动状态有关,如表 8-10
　　　　　所示;

　　　　I_{qM1}——线路中最大一台电动机的起动电流,A;

　　　　$I_{C(n-1)}$——除起动电流最大的一台电动机以外的线路计算负载电流,A。

表 8-10　K_r 值

I_{rM1}/I_C	≤0.25	0.25～0.4	0.4～0.6	0.6～0.8
K_r	1.0	1.0～1.1	1.1～1.2	1.2～1.3

　　5) 熔断器保护照明线路

　　熔断器保护照明线路的熔体额定电流应符合式(8-22)要求。

$$I_r \geqslant K_m I_C \tag{8-22}$$

式中:K_m——照明线路熔体选择计算系数,取决于电光源起动状况和熔断时间-电流特性,
　　　　　其值如表 8-11 所示。

表 8-11 K_m 值

熔断器型号	熔体额定电流/A	K_m		
		白炽灯、卤钨灯、荧光灯	高压钠灯、金属卤化物灯	荧光高压汞灯
RT7、NT	≤63	1.0	1.2	1.1~1.5
RL6	≤63	1.0	1.5	1.3~1.7

当线路发生故障时,熔体应保证在规定的时间内熔断,以切断故障电路。因此,熔体电流值不能选得太大。

3. 熔断器作过载保护

线路过负荷保护应采用 g 类熔断器,其动作特性应同时满足如下两个条件。

$$I_C \leqslant I_{rn} \leqslant I_{al} \tag{8-23}$$

$$I_2 \leqslant 1.45 I_{al} \tag{8-24}$$

式中:I_{rn}——熔断器的熔体额定电流,A;

I_C——线路的计算电流,A;

I_{al}——导线的允许持续载流量,A;

I_2——熔断器在约定时间内的约定动作电流,A。

4. 熔断器的校验

1) 分断能力校验

限流型熔断器和非限流型熔断器的分断能力要求是不同的。限流式熔断器能在约 0.01s 内,即短路电流达到最大值之前熄灭电弧,切断电路。非限流式熔断器需在电流第一次过零点时才能熄灭电弧,切断电路。

限流型熔断器的分断能力应大于安装处的三相短路电流的稳态值,即

$$I_{br} \geqslant I_k^{(3)} \tag{8-25}$$

非限流型应大于安装处的三相短路电流的冲击电流值,即

$$I_{br} \geqslant I_{sh}^{(3)} \tag{8-26}$$

式中:I_{br}——熔断器的额定分断电流,kA;

$I_k^{(3)}$——被保护线路三相短路电流的稳态有效值,kA;

$I_{sh}^{(3)}$——被保护线路三相短路冲击电流的有效值,kA。

2) 熔断器灵敏度校验

$$K_s = \frac{I_{k \cdot min}}{I_{rn}} \tag{8-27}$$

式中:$I_{k \cdot min}$——被保护线路末端最小短路电流,在 TN 系统和 TT 系统中为单相接地短路电流,在 IT 系统中为二相短路电流;

K_s——灵敏系数,应取 4。但在 TN 系统中,单相接地短路故障电流还应满足表 8-12 的要求。

表 8-12 熔断器满足切断单相接地短路电流的时间与电流倍数 K_s

熔体的额定电流/A	4~10	16~32	40~63	80~200	250~500
≤5s	4.5	5		6	7
≤0.4s	8	9	10	11	—

8.3　低压配电系统接地故障的保护

　　低压配电系统中的单相接地短路故障状态最容易发生,若不及时切断电路,在接地故障电流持续的时间内,将会使电气设备的外露可导电部分以及装置外的可导电部分之间存在故障电压,很可能会使人遭受电击,还可能引起火灾或爆炸,造成人身伤害及财产的损失。由于接地故障电流有时不够大,保护方式相对比较复杂。

8.3.1　TN 系统接地故障的保护

1. TN 系统接地故障分析

　　如图 8-6 所示,在 TN 系统中出现单相接地故障时,由于回路阻抗小,短路电流大,能使保护电器可靠动作,切断故障线路。但在保护装置动作之前,故障电流通过 PEN 或 PE 线上时,会产生远大于安全电压 50V 的电位差,致使与 PEN 或 PE 线连接的非故障设备外壳可能带上危险电压。

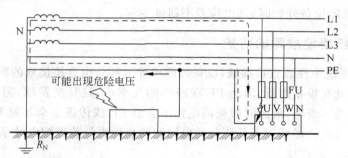

图 8-6　TN-S 系统碰壳故障分析

2. TN 系统接地故障保护电器的动作特性

1) 保护电器的动作时间要求

为避免人体触电事故的发生,要求保护装置快速切断接地短路故障的时间应符合下列规定。

(1) 配电线路或仅供给固定式电气设备用电的末端线路,不宜大于 5s。

(2) 供给手握式电气设备和移动式电气设备的末端线路或插座回路,不应大于 0.4s。

2) 对保护电器的动作特性要求

TN 系统的单相接地故障属于金属性短路,其保护电器的动作特性应符合式(8-28)的要求。

$$Z_s I_{op} \leqslant U_\varphi \tag{8-28}$$

式中:Z_s——接地故障回路阻抗,Ω,包括电源内阻、电源到故障点之间的带电导体及故障点至电源之间的保护导体的阻抗;

　　　I_{op}——保护电器在规定时间内动作的最小电流,A;

　　　U_φ——相导体对地标称交流电压的有效值,220V。

3. TN 系统接地故障的保护措施

1）采用过电流保护器兼作接地故障保护

在满足切断故障回路的时间要求以内，采用断路器或熔断器组成保护电器装置兼作系统接地故障保护。断路器采用单相接地短路电流校核动作灵敏度系数 K_s。对瞬时或短延时（$0.1\sim0.4s$）的空气断路器，若 $K_s\geqslant2$ 时可兼作接地故障保护；对瞬时及长延时 DZ 型空气断路器，若 $K_s\geqslant1.5$ 时可兼作接地故障保护。熔断器应满足切除单相接地短路时间的电流倍数，如表 8-13 所示。

2）采用剩余电流保护器（RCD）

对手持式、移动式、家电线路等线路，常采用剩余电流保护器（RCD）进行接地故障保护。单相线路采用二极 RCD，三相线路采用四极 RCD。带电导体必须穿过 RCD 中的电流互感器。严禁 PE 及 PEN 线穿过 RCD。TN-C 系统只能装设过电流保护电器来防电击，如要装设 RCD，必须改用 TN-C-S 系统。RCD 宜与等电位联结共同使用，阻止 PE 线故障电位的蔓延。

3）采用等电位连接

在不能满足切断故障回路的时间要求时，采用总等电位或局部等电位或辅助等电位连接，使人体触及故障设备外壳时，其电位差不超过 50V。

8.3.2　TT 系统接地故障的防护

TT 系统即系统中性点直接接地，设备外露可导电部分也直接接地的配电系统。TT 系统由于接地装置就在设备附近，因此 PE 线断线的几率小，且易被发现，另外 TT 系统有设备正常运行时外壳不带电，故障时外壳高电位不会沿 PE 线传递至全系统等优点，使 TT 系统在爆炸与火灾危险性场所以及低压公共电网和向户外电气装置配电的系统等处有技术优势，其应用范围也渐趋广泛。

1. TT 系统接地故障分析

TT 系统单相接地故障如图 8-7 所示，当 TT 系统中的用电设备外壳发生单相接地故障时，故障电流 I_E 经过接地电阻 R_N、设备接地电阻 R_E 和故障线路电阻 R_l 形成串联电路。

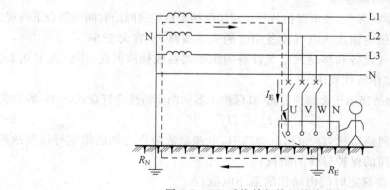

图 8-7　TT 系统单相接地故障分析

在低压配电系统中，故障相电压 $U_\varphi=220V$，TT 系统变压器低压侧中性点的接地电阻 $R_N=4\Omega$，电气设备外壳的接地电阻 $R_E=4\Omega$，故障线路上的电阻 R_l 很小，忽略不计，则故障

电流大小为

$$I_E = \frac{U_\varphi}{R_E + R_N + R_l} = \frac{220}{4 + 4} = 27.5(\text{A})$$

如果用电设备的正常工作电流大于 I_E，则发生接地故障时，I_E 不足以使线路中过电流保护装置（如断路器）动作，来切断故障线路。因此，采用过电流保护装置兼作接地故障保护是不合理的。

故障设备外壳上的对地故障相电压 U_E 将是 R_E 上分得的电压，即

$$U_E = \frac{R_E I_E}{R_E + R_N} = \frac{4 \times 27.5}{4 + 4} = 110(\text{V})$$

当人接触到带电的设备外壳时，由于人体接触电阻 R_t 在 1000Ω 以上，远大于 R_E，人的手和脚之间的预期接触电压 U_t 基本上与故障相电压 U_E 相同。这个电压远大于所允许的安全电压 50V，将使人发生间接触电事故。

2. TT 系统接地故障保护电器的动作特性要求

1）对预期接触电压的安全要求条件

在 TT 系统中为使预期接触电压 U_t 不大于安全电压 50V 为安全条件，即

$$U_t = \frac{R_E U_\varphi}{R_E + R_N} \leqslant 50\text{V} \tag{8-29}$$

将 $U_\varphi = 220\text{V}$，$R_N = 4\Omega$ 带入式（8-29）可得

$$R_E \leqslant 1.17\Omega$$

这时，变压器低压侧中性点的对地电压 U_0 就是串联电阻 R_N 上分得的电压，即 $U_0 = 220 - 50 = 170\text{V}$。这将导致中性线上的对地电位升高，如果有人碰到了中性线，也将发生触电事故。

要满足每个用电设备的接地电阻都小于 1.17Ω 是很难实现的，有时在技术上也是不合理的。因此，为保障人身安全，TT 系统应采用反应灵敏的保护装置。

2）对保护电器的动作特性要求

$$R_E I_{op} \leqslant 50\text{V} \tag{8-30}$$

式中：R_E——设备外露可导电部分的接地极与 PE 线的接地电阻之和；

I_{op}——在保证电击防护安全的规定时间内使保护装置动作的电流。固定设备规定的时间为 5s，手握式或移动式设备规定的时间如表 8-13 所示。

I_{op} 与所采用的保护电器有关，当采用反时限特性过电流保护电器时，I_{op} 应为保证在 5s 内切断故障的动作电流；当采用瞬时动作特性过电流保护电器时，I_{op} 应为保证瞬时动作切断故障的最小电流；当采用剩余电流保护电器（RCD）时，I_{op} 应为额定剩余动作电流。

3）对保护电器的动作时间要求

对固定设备和配电线路，切断接地故障回路的时间不超过 5s。在干燥环境内对手持式和移动式设备，按通过人体的电流时间不超过 $30\text{mA} \cdot \text{s}$ 为限制，人体预期接触电压及允许切断时间如表 8-13 所示。

表 8-13　TT 系统内手持式和移动式设备允许最大切断时间

预期接触电压/V	50	75	90	98	110	150	220
切断故障回路最大时间/s	5	0.6	0.45	0.4	0.36	0.27	0.18

3. TT 系统接地故障的保护措施

1）采用剩余电流保护器（RCD）

在 TT 系统中的单相线路采用二极 RCD，三相线路采用四极 RCD。正常工作的带电导体必须穿过 RCD 中的电流互感器。正常工作不带电，只有接地故障发生时才带电的 PE 线，严禁穿过 RCD。

RCD 宜与等电位连接共同使用，能降低预期接触电压。RCD 不宜超过三级。

2）采用等电位连接

在建筑物内将 TT 系统中的电气装置作总等电位连接，降低预期接触电压。

4. TT 系统应用时应注意的问题

1）TT 系统和 TN 系统严禁混用

TT 系统在正常运行时，中性点为大地零电位。一旦发生了单相接地的碰壳故障时，则中性点对地电位就会发生改变，即中性点对地电位偏移。若满足预期接触电压安全条件 50V 的要求，则与中性点连接的 PEN 线上对地电压也将升高到 170V。

如图 8-8 所示，若系统中有按 TN 方式接线的设备，则设备外露可导电部分的电位也会升高到中性线电位。尤其是在原本为 TN 系统中，若有一台设备错误地采用了直接接地，则当这台设备发生碰壳时，TN 系统中所有非故障设备的外壳都会带上危险电压 170V。因此，在未采取保护措施的情况下，严禁 TT 与 TN 系统混用。

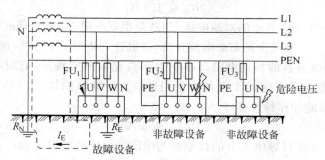

图 8-8　TT 系统与 TN 系统混用的危险

2）TT 系统中的分别接地与共同接地

如图 8-9 所示，在 TT 系统中，分别接地是指每台设备都使用各自独立的接地装置。共同接地是指若干台设备共用一个接地装置。

当采用共同接地方式时，若不同设备发生异相碰壳故障，则可实现由共同接地的 PE 线形成相间短路，故障电流大，可以通过过电流保护电器动作切除故障线路。若有一台设备发生单相接地故障时，由于 R_E 小于 1.17Ω，故障设备外壳电压一般低于安全电压限值 50V，尽管这个电压会沿共同接地的 PE 线传导至所有的非故障设备外壳上，也不会有触电事故的危险。

当采用分别接地时，当有一台设备发生单相接地碰壳故障时，只有这台设备外壳带上 50V 以下的接触电压，其他非故障设备的外壳由于独立的接地关系，不会带上故障电压。但是，当另一台设备又发生异相碰壳故障时，则两台设备的接地电阻对线电压进行分压。如果接地电阻值相等，两台设备均会分得 190V 的电压；如果接地电阻值不相等，接地电阻大的分得的电压大于 190V，接地电阻小的分得的电压小于 190V。由此可见，TT 系统采用分别接地时,若不同设备发生异相接地故障会使设备外壳带上危险电压。

在对 TT 系统中采用共同接地方式优于分别接地方式,为防止故障电压的蔓延,应设置能瞬间切除故障回路的剩余电流保护。

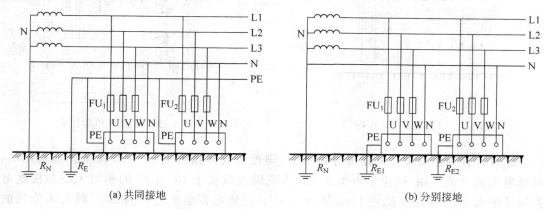

(a) 共同接地　　　　　　　　　　　　　　(b) 分别接地

图 8-9　TT 系统中的共同接地与分别接地

8.3.3　IT 系统接地故障的防护

IT 系统即系统中性点不接地,设备外露可导电部分直接接地。这种系统发生单相接地故障时仍可继续运行,供电连续性较好,因此在矿井等容易发生单相接地故障的场所多有采用。另外,在其他接地形式的低压配电系统中,通过隔离变压器构造局部的 IT 系统,对降低电击危险效果显著。在路灯照明、医院手术室等特殊场所也常有应用。

1. IT 系统的故障分析

1) 正常运行状态

IT 系统正常运行如图 8-10 所示。此时系统由于存在对地分布电容和分布电导,使得各相均有对地的泄漏电流。并将分布电容的效应集中考虑,如图中虚线所示。三相电容电流平衡,各相电容电流互为回路,无电容电流流入大地,因此接地电阻 R_E 上无电流流过。

设备外壳的电位为参考地电位。由于三相电压平衡,系统中性点电位等于地电位,各相线路对地电位等于各相线路对中性点电压,均为相电压。每相对地电容电流值为

$$I_{cu} = I_{cv} = I_{cw} = U_\varphi l\omega C_0 \tag{8-31}$$

式中: U_φ——电源相电压,V;

　　　ω——交流电的交频率,rad/s;

　　　l——单相线路长度,km;

　　　C_0——单相线路每千米对地电容,F/km。

2) 单相接地故障

如图 8-11 所示,若 IT 系统中设备发生 U 相单相接地故障碰壳现象,此时线路 L1 相对地电压大幅降低,因此系统中性点对地电压升高到接近相电压,三相电压不再平衡,三相电流之和也不再为零,因此非故障相线路上有电容电流经过 R_E 流入大地,并回到电源形成回路。

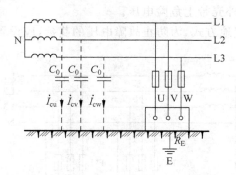

图 8-10　IT 系统正常运行

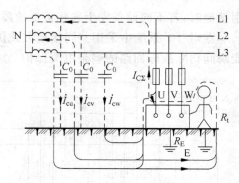

图 8-11　IT 系统单相接地

此时若有人触及设备外露可导电部分,则形成人体接触电阻 R_t 与设备接地电阻 R_E 对电容电流分流作用,产生触电事故。电击危险性取决于 R_E 与 R_t 的相对大小和接地电容电流的大小。例如若 $R_E = 10\Omega$, $R_t \approx 1000\Omega$, 接地电容电流之和为 $I_{E\Sigma}$,则人体分到的电流为

$$I_m = \frac{R_E}{R_E + R_t} I_{E\Sigma} = \frac{10}{10 + 1000} I_{E\Sigma} \approx 0.01 I_{E\Sigma}$$

若设备没有接地,其等效于电阻 $R_E \to \infty$,则通过人体的电流为 $I_{C\Sigma}$。可见通过设备接地,流过人体的电流被大大降低。

2. IT 系统接地故障保护电器的动作特性的条件

1) 第一次发生单相接地故障

发生第一次接地故障时,故障电流 $I_{E\Sigma}$ 为另两相对地电容电流的相量和,故障电流很小,只要限制设备外露可导电部分的故障电压在安全电压 50V 以下,就不会构成对人的电击危险。IT 系统可不中断供电运行,需由绝缘监视装置发出音响或灯光信号。所以第一次发生单相接地故障时保护电器动作特性应符合的安全条件为

$$R_E I_{E\Sigma} \leqslant 50V \tag{8-32}$$

式中：R_E——设备外露可导电部分的接地电阻,Ω;

　　　$I_{E\Sigma}$——系统总的接地故障电容电流,A。

为满足要求,应降低接地电阻 R_E,适当限制系统规模,以减少系统非故障相线路的对地电容电流所形成的故障电流。

2) 第二次发生单相接地故障

当 IT 系统中的用电设备采用分别接地时,在另一相又发生了第二次单相接地故障,故障电流流经两个接地电阻,形成局部的 TT 系统,如图 8-12(a)所示。此时应满足 TT 系统的保护要求。

当 IT 系统中的用电设备采用共用接地时,两台故障设备外壳的对地电压均为 $\frac{\sqrt{3}}{2} U_\varphi$,故障电流将经过 PE 线形成短路回路,其防护电击要求和 TN 系统相同,如图 8-12(b)所示。

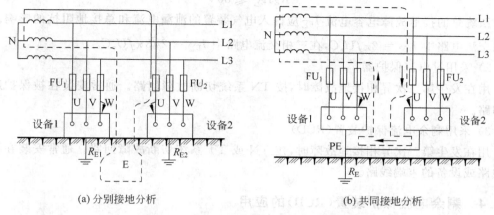

(a) 分别接地分析　　　　　　　　　　(b) 共同接地分析

图 8-12　IT 系统第二次异相接地故障分析

IT 系统不配出中性线时,保护电器的动作特性应满足的要求为

$$Z_s I_{op} \leqslant \frac{\sqrt{3}}{2} U_\varphi \tag{8-33}$$

式中：Z_s——包括相线和 PE 线在内的故障回路阻抗,Ω;

　　　I_{op}——保护电器在规定时间内切断故障回路的动作的电流(A)。在 220/380V 配电系统中,如不配出中性线,切断电流的规定时间为 0.4s 内;如配出中性线,切断电流的规定时间为 0.8s 内;

　　　U_φ——IT 系统对地相电压,V。

IT 系统配出中性线时,保护电器的动作特性应满足的要求为

$$Z'_s I_{E\Sigma} \leqslant \frac{1}{2} U_\varphi \tag{8-34}$$

式中：Z'_s——包括相线、中性线和 PE 线在内的故障回路阻抗,Ω。

3) IT 系统中的相电压

虽然 IT 系统可以设置中性线,可取得照明用 220V 相电压,但配出中性线后,如果中性线绝缘损坏对地短路,绝缘监察器不能检测出故障,中性线接地故障将持续存在,此时的 IT 系统将按 TT 系统运行。系统的接地形式发生了改变,IT 系统运行的连续性将受到影响。所以,一般情况下 IT 系统不宜设置中性线。

在 IT 系统中需要取得相电压 220V,一般有两种方法。一种是用 10/0.23kV 变压器直接从 10kV 电源取得,另一种是通过 380/220V 变压器从 IT 系统的线电压取得。

3. IT 系统防护措施

IT 系统内发生第一次接地故障时,故障电流经相导体对地电容返回电源。因容抗很大,故障电流值很小,不引发电气危害,只报警而不需要切断电源,保证重要设备连续供电。当发生第二次异相接地故障时,由保护电器自动切断故障回路。

1) 采用绝缘监测器

检测第一次接地故障,当电气装置的绝缘水平降至整定值以下时动作,并发出信号。第一次单相接地故障报警条件为

$$R_E I_{E\Sigma} \leqslant 50\text{V} \tag{8-35}$$

式中系统总的接地故障电容电流 $I_{E\Sigma}$ 应计入电气装置的泄漏电流和总接地阻抗的影响。在单相交流电路中 $I_{E\Sigma} = 2\pi f U_\varphi C$，在三相交流电路中 $I_{E\Sigma} = 2\sqrt{3}\pi f U_\varphi C$。

2）采用过电流保护器

用在发生第二次异相接地故障时，按 TN 系统切断故障回路。通常安装在被保护进出线回路。

3）采用剩余电流保护装置（RCD）

用在发生第二次异相接地故障时，按 TN 或 TT 系统切断故障回路。通常安装在被保护线路或设备的末端线路。

8.3.4 剩余电流保护装置（RCD）的应用

1. RCD 动作电流的选择

剩余电流保护装置（RCD）是故障电流型防护电器，对接地故障危害的防护有很高的动作灵敏度，能在数十毫秒内有效地切除小至毫安级的故障电流。配电线路 RCD 动作电流的选择如表 8-14 所示。

表 8-14 配电线路设置 RCD 及其动作电流的选择

用电设备	动作电流/mA	动作效果	动作时间/s	备 注
手持式及移动式	15	自动切断电源	$\leqslant 0.1$	额定动作电流不超过 30mA 的 RCD,可做直接接触电击防护的后备防护
室外工作场所	15～30	自动切断电源	$\leqslant 0.1$	
环境特别恶劣或潮湿场所	6～10	自动切断电源	$\leqslant 0.1$	
家用电器回路或插座回路	30	自动切断电源	$\leqslant 0.1$	
由 TT 系统供电的用电设备	30	自动切断电源	$\leqslant 0.1$	
医疗电气设备	6	急救和手术用电气设备的配电线路的 RCD 宜作用于报警	$\leqslant 0.1$	
成套开关柜和配电盘等电器设备	100～300	自动切断电源	总保护延时为 0.2～0.3s 分支保护延时 0.2s	用于上下级配合。动作电流值时间小于 30mA·时,能防止人体电击事故发生
为防止电气火灾而设置的 RCD	500	自动切断电源	延时 0.4s 及以上	
消防和人防电气设备	30～500	只发出报警信号,不切断电源		

2. RCD 在低压配电系统中的应用

漏电开关主要作用于间接电击和漏电火灾防护,也可用作直接电击防护,但这时只是作为直接电击防护的补充措施,而不能取代绝缘、屏护与间距等基础防护措施。

1）RCD 在 TN 系统中的应用

尽管 TN 系统中的过电流保护在很多情况下都能在规定时间内切除单相接地故障线路，但在 TN 系统中设置剩余电流保护装置（RCD），对补充和完善 TN 系统的电击防护性能及防漏电火灾性能有很大益处。

在 TN-S 系统中 RCD 的典型接法如图 8-13 所示。采用漏电保护后，电击防护对单相接地故障电流的要求大大降低。

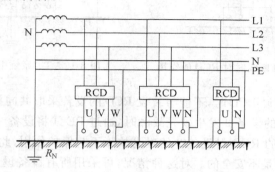

图 8-13　TN-S 系统中 RCD 的典型接线示例

在 TN-S 系统中，根据式（8-14）RCD 动作的安全条件为

$$I_{op} \leqslant \frac{U_\varphi}{Z_s} \qquad (8\text{-}36)$$

以 $U_\varphi = 220\text{V}$，计算 $I_{op} = I_{\Delta n}$ 时对 Z_s 的要求如表 8-15 所示。

表 8-15　TN 系统中 RCD 额定漏电动作电流与故障回路阻抗的关系

额定剩余电流动作值 $I_{\Delta n}/\text{mA}$	30	50	100	200	500	1000
故障回路最大阻抗 Z_s/Ω	7333	4400	2200	1100	440	220

由表 8-15 可知，如此大的短路回路阻抗，即使算上故障点的接触电阻（或阻抗）也是很容易满足的，可见在采用 RCD 后，TN 系统保护动作的灵敏性得到了很大的提高。

2）TN-C-S 系统中 RCD 对重复接地的作用

在 TN-C-S 系统中，剩余电流回路中有一段是 PEN 线，一旦 PEN 线断线，则剩余电流回路出现断路，RCD 不能正常工作。采用重复接地可以构成故障电流的有效通路。重复接地的阻抗值不一定很小，只要故障回路总阻抗满足表 8-15 中的要求，则 RCD 就能可靠动作，如图 8-14 所示。

3）RCD 在 TT 系统中的应用

TT 系统由于靠设备接地电阻将预期接触电压降低到安全电压以下十分困难，而故障电流通常又不能使过电流保护电器可靠动作，因而 RCD 的设置就显得尤为重要。

如图 8-15 所示为 RCD 在 TT 系统中的典型接线。当所有设备都采用了 RCD 时，采用分别接地和共同接地均可。

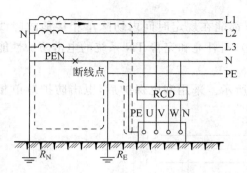

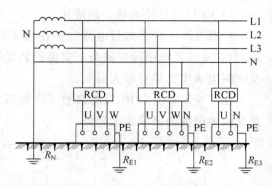

图 8-14　重复接地在 PEN 断线时对 RCD 的作用　　　图 8-15　TT 系统中 RCD 的典型接线示例

当有的设备没有装设 RCD 时,不能与装设 RCD 的设备采取共同接地方式,如图 8-16(a)所示。当未装设 RCD 的设备 2 发生硬壳故障时,通过 PE 线将设备 2 的外壳电压传导至设备 1 的外壳,而设备 1 的 RCD 对设备 2 的碰壳故障不起保护作用,此时,设备 1 的外壳带电而 RCD 并不动作,因而是不安全的。对这种情况,可采用所有设备设置一个共同的 RCD,如图 8-16(b)所示。但这种做法在一台设备发生漏电时,所有设备都将停电,扩大了停电范围。

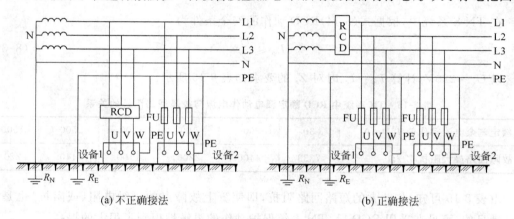

(a) 不正确接法　　　　　　　　　　　　(b) 正确接法

图 8-16　TT 系统采用共同接地时 RCD 的设置

在 TT 系统中采用了 RCD 保护后,对接地电阻阻值的要求大大降低了。按照式(8-16)保护电器动作特性的安全条件要求,式中 I_{op} 为在规定时间内使保护装置动作的电流,当采用 RCD 时,I_{op} 应为额定剩余电流动作值 $I_{\Delta n}$。按此要求,对于瞬时($t \leqslant 0.2s$)的 RCD,$I_{\Delta n}$ 与接地电阻值满足 $R_E I_{op} \leqslant 50V$ 条件时的关系如表 8-16 所示。

表 8-16　TT 系统中 RCD 额定漏电动作电流 $I_{\Delta n}$ 与设备接地电阻的关系

额定剩余电流动作值 $I_{\Delta n}$/mA	30	50	100	200	500	1000
设备最大接地电阻/Ω	1667	1000	500	250	100	50

可见,安装 RCD 对接地电阻阻值要求降低了。

4) RCD 在 IT 系统中的应用

如前所述 IT 系统中发生一次接地故障时一般不要求切断电源,系统仍可继续运行,此时应由绝缘监视装置发出接地故障信号。当二次异相接地（碰壳）故障时，若故障设备本身的过电流保护装置不能在规定时间内动作，则应装设 RCD 切除故障。因此，漏电保护开关参数的选择，应使其额定剩余不动作电流 $I_{\Delta n0}$ 大于设备一次接地时的漏电电流（即电容电流 I_c），而额定剩余动作电流 $I_{\Delta n}$ 应小于二次异相故障时的故障电流。

3. 剩余电流保护器的接线方式

在 TN 系统中，剩余电流保护器的接线方式有两种。一种是被保护的外露导电部分与 PE 线或与剩余电流保护器电源侧的 PEN 线相连接，如图 8-17(a) 所示。另一种是将剩余电流保护器所保护的外露电部分接至专用的接地极上，称做局部 TT 系统，如图 8-17(b) 所示。

采用图 8-17(a) 方式时，应满足式 (8-37) 的要求。

$$I_{\Delta n} Z_s \leqslant 50V \tag{8-37}$$

式中：$I_{\Delta n}$——RCD 的额定剩余动作电流，A；

Z_s——接地故障回路的阻抗，Ω。

采用图 8-17(b) 方式时，应满足式 (8-38) 的要求。

$$I_{\Delta n} R_A \leqslant 50V \tag{8-38}$$

式中：R_A——局部 TT 系统专设的接地极接地电阻，Ω。

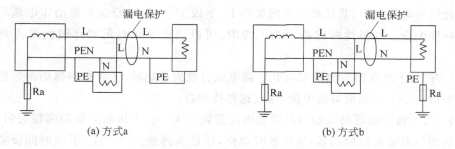

图 8-17　剩余电流保护装置的接线方式

4. 其他

在 TN 和 TT 系统中，剩余电流保护装置所保护的部分，电气装置的泄漏电流应不大于其额定动作电流 $I_{\Delta n}$ 的 30%，以避免保护的误动作。

剩余电流动作保护器作用于切断电源时，为了保证供电的连续性，宜在各分支回路安装剩余电流动作保护装置，代替在总进线上安装剩余电流动作保护器。在一个电气装置内一般可装设两级剩余电流保护器，即在供电给手握式或移动式电气设备末端回路和插座回路上装设一级 $I_{\Delta n}$ 为 30mA 瞬时动作的剩余电流保护器，在电源进线处装设延时不大于 1s 的剩余电流保护器，其 $I_{\Delta n}$ 值不应小于末端回路剩余电流保护器 $I_{\Delta n}$ 值的 3 倍，一般可取为 100～500mA。上级剩余电流保护的动作时限应大于下级剩余电流保护的时限。

8.4　保护电器的级间配合

为保证上下级低压保护电器之间的选择性配合要求，下级线路出现短路故障时，应保证作为主保护的下级保护电器优先动作，切断故障线路。当下级断路器拒动时，作为备用保护的上级保护器再动作切断故障线路。

8.4.1　熔断器与熔断器的级间配合

在低压配电系统中上、下级保护均采用熔断器时,为保证上、下级熔断器动作特性的选择性,应在电流和动作时限上进行配合。级间配合要求按熔断器的时间——电流特性不相交来实现。

(1) 当线路过载和短路电流较小,弧前熔断时间大于 0.01s 时,一般情况下熔断器熔体过电流选择比要求不小于 1.6∶1。简化选择为上、下级熔体额定电流可相差 1～2 级,40A以下差两级,40A 以上差一级。

(2) 当线路的短路电流很大,弧前熔断时间小于 0.01s 时,除满足电流选择比不小于1.6∶1 外,还应满足弧前热稳定要求为

$$(I_t^2 t)_{上} > (I_t^2 t)_{下} \tag{8-39}$$

简化选择上、下级熔体额定电流可相差 2～4 级。

8.4.2　断路器的级间配合

在低压配电系统中,非选择性断路器作上、下级配合时,主要是调整动作电流的大小来实现选择性配合。选择性断路器作为上级时,可以调整短延时的动作时间来实现选择性配合。

(1) 当上、下级断路器出线端与其短路电流有较大差别时,上级断路器的瞬时脱扣器的整定电流应大于下级预期短路电流,保证选择性配合。

(2) 上、下级断路器出线端与其短路电流差别不大,上、下级断路器距离很近时,上级断路器宜选用带有短延时脱扣器,使之延时动作,保证选择性配合。上、下级时间级差一般取0.1～0.2s。

(3) 上、下级断路器均为选择性保护电器时,上级保护器的长延时和短延时整定电流,宜不小于下级断路器长延时和短延时整定电流的 1.3 倍。

(4) 上级断路器为选择性保护电器,下级断路器为非选择性保护电器时,上级短延时整定电流应不小于下级瞬时整定电流的 1.3 倍。上级瞬时整定电流应不小于下级保护电器出线端单相短路电流的 1.2 倍。

(5) 上、下级断路器均为非选择性保护电器时,上级长延时整定电流应不小于下级长延时整定电流的 2 倍。

8.4.3　断路器与熔断器的级间配合

为保证上下级断路器和熔断器在动作上的选择性,应在电流和动作时限上进行配合。

1. 上级熔断器与下级断路器的选择性配合

1) 上、下级保护电器作线路过载保护

下级断路器长延时脱扣器的整定电流特性与上级熔断器熔体的额定电流时间特性不相交,且熔断器的特性曲线在断路器长延时特性曲线的上面。调整时间参数,满足选择性要求

的条件为当同一个过负荷电流流过上、下级保护电器时,下级断路器优先动作,上级熔断器应具有一定的时间差,以保证选择性要求。调整电流参数满足选择性要求的条件为上级熔断器的额定电流与下级断路器长延时脱扣器的整定电流值配合应大于 3,其配合值如表 8-17 所示。

表 8-17 熔断器与断路器上下级配合选择表

上级 分断电流/kA 下级	上级熔断器熔体的额定电流/A								
	20	25	32	50	63	80	100	125	160
6	0.5	0.8	2.0	3.3	5.5	6.0	6.0	6.0	6.0
10	0.4	0.7	0.5	0	3.5	5.0	6.0	6.0	6.0
16			0.3	2.0	2.9	4.1	6.0	6.0	6.0
20				1.8	2.6	3.5	5.0	6.0	6.0
25				1.8	2.6	3.5	5.0	6.0	6.0
32					2.2	3.0	4.0	6.0	6.0
40						2.5	4.0	6.0	6.0
50							3.5	5.0	6.0
63							3.5	5.0	6.0

下级断路器过电流脱扣器的整定电流/A (左侧合并列)

2) 上、下级保护电器作线路短路保护

一般情况下,上级熔断器的电流时间特性,对应短路电路 I_k 熔断器熔体的熔断时间应比断路器瞬时脱扣器的动作时间大 0.1s 以上。

2. 上级断路器与下级熔断器的选择性配合

1) 上、下级保护电器作线路过载保护

当回路中的电流没有达到上级断路器瞬时整定值时,熔断器的电流特性与断路器的长延时脱扣器的动作特性上下不相交,即能满足选择性要求。

2) 上、下级保护电器作线路短路保护

当回路的预期短路电流达到或超过断路器瞬时电流脱扣器的整定电流时,则要求熔断器在电流未达到瞬时脱扣器的整定电流之前,切断电路,即应选用熔断器熔体的整定电流比断路器过电流脱扣器的额定电流小。

3) 上级带接地保护的断路器与下级熔断器配合

一般情况下,零序电流保护的整定值 I_{zd0} 应大于无接地故障时三相不平衡电流的 1.5 倍以上,以保证不会误动。短延时断路器由于短延时整定电流比零序保护整定电流大得多,难以保证选择性,建议采取以下措施。

(1) 尽量加大零序电流保护整定值。

(2) 零序电流保护动作采用延时动作,其延迟时间不小于 5s。

(3) 下级熔断器的额定电流尽量选小。

一般情况下,当零序电流保护延迟时间为 5s 时,零序保护整定电流应不小于下级熔断器熔体额定电流的 5~7 倍。

8.5 低压保护电器计算示例

例 8-1 如图 8-18 所示,系统短路容量为 500MVA,10kV 进户线路为 5km 电缆线路,接一台 SC$_9$-500-10/0.4kV 变压器。低压侧 k_1 点三相短路电流为 $I_{k1}^{(3)}=15.46$kA,低压配电线路及长度如图中所示。L_1、L_2 用电缆托架进出,托架分两层,层间间距 300mm,每层放 8 根电缆,每根中心距 100mm。地面最热月份最高平均温度为 35℃,地下最热月份平均温度为 25℃。低压断路器均安装在防护等级为 IP3X 的配电柜中。试选择图中各低压断路器及线路的选型,并进行校验。

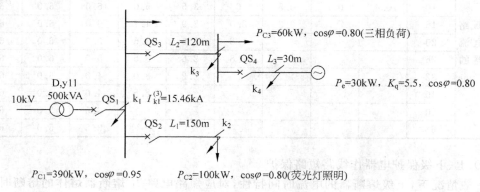

图 8-18 例 8-1 图

解:(1) QS4 及 L_3 段线路的选型

① 电动机的额定电流为计算电流

$$I_{C3} = \frac{P_r}{\sqrt{3}U\cos\varphi} = \frac{30}{\sqrt{3} \times 0.38 \times 0.8} = 57(\text{A})$$

② QS4 长延时动作整定电流条件为

$$I_{zd1} \geqslant I_{C3}$$

查附录表 A-13,选用 DZ20Y-100/3300,取长延时脱扣器的额定电流为 63A>57A。

③ 瞬时过电流脱扣器的整定电流条件为

$$I_{zd3} \geqslant K_{zd3}[I'_{qM1} + I_{C(n-1)}] = 1.2[5.5 \times 57] = 376.2(\text{A})$$

DZ20Y-100/3300 瞬时动作电流为 10 倍于长延时脱扣器的额定电流,则取瞬时脱扣器的额定电流为

$$I_{zd3} = 10 \times 63 = 630(\text{A})$$

I_{zd3} 能躲过电动机的起动电流。

④ L_3 段线路导线截面选择。采用 BV 型导线穿钢管沿墙、沿地明敷设。拟选用 BV-3×35+1×16-SC40,查附录表 A-17 得 $I_{al}=94$A$\geqslant I_{zd1}=63$A 满足负荷电流,又满足了与过负荷保护的相互配合。

(2) QS3 及 L_2 选型

① 通过 QS3 的计算电流为

$$I_{C3} = \frac{P_3}{\sqrt{3}U\cos\varphi} = \frac{50+30}{\sqrt{3} \times 0.38 \times 0.8} = 152(\text{A})$$

② 长延时整定电流取空气断路器的可靠系数的 1.1 倍,则
$$I'_{zd1} = 1.1 \times 152 = 167(A)$$

QS3 安装于防护等级为 IP3X 的开关柜中,应计及 15% 降容,则
$$I_{zd1} = I'_{zd1}/0.85 = 167/0.85 = 197(A)$$

查附录表 A-13,选用 DZ20J-400/3300 型空气断路器,脱扣器的额定电流为 200A。

③ 瞬时动作电流。取配电部分整定在 7 倍脱扣器的额定电流,即
$$I_{zd3} = 7 \times 200 = 1400(A)$$

根据式(8-3)并计及降容,又得
$$I'_{zd3} \geqslant K_{zd3}[I'_{qM1} + I_{C(n-1)}] = 1.2 \times (2 \times 5.5 \times 57 + 171)/0.85 = 1126.6(A)$$

取 $I_{zd3} = 1600A$ 能躲过电动机瞬时起动电流的影响。

④ 初选 L_2 截面。采用电缆托架成组并列敷设,计及并列修正系数 0.8,选用 YJV-1kV-$3 \times 120 + 1 \times 70$,环境温度为 35℃,查附录表 A-20 得
$$I_{al} = 332A$$
$$I'_{al} = 0.8 \times 332 = 265.6(A) > I'_{zd1}$$

I'_{al} 既满足了负荷电流,又满足了与过负荷保护的相互配合。

(3) QS2 及 L_1 选型

① 通过 QS2 的计算电流为
$$I_{C2} = \frac{P_2}{\sqrt{3}U\cos\varphi} = \frac{100}{\sqrt{3} \times 0.38 \times 0.8} = 189.9(A)$$

② 长延时过电流脱扣器的整定电流为
$$I'_{zd1} \geqslant I_{C2} = 189.9(A)$$

QS2 安装在防护等级为 IP3X 的开关柜中,应计及 15% 降容,其整定电流为
$$I_{zd1} = 189.9/0.85 = 223.4(A)$$

查附录表 A-13,选用 DZ20Y-400/3300 型空气断路器,脱扣器的额定电流为 315A。

③ 瞬时脱扣电流取 6 倍于脱扣器的额定电流。
$$I_{zd3} = 6 \times 315 = 1890(A)$$

根据式(8-5)并计及降容,又得
$$I'_{zd3} \leqslant K_{zd3}I_{C2}/0.85 = 7 \times 227.9/0.85 = 1876.8(A)$$

取 $I_{zd3} = 1890A$ 能躲过荧光灯瞬时起动电流的影响。

④ 初选导线截面。选用 YJV-1kV-4×120,计及并列系数 0.8,查附录得
$$I_{al} = 359A$$
$$I'_{al} = 0.8 \times 359 = 287.2(A) > I_{zd1}$$

I'_{al} 既满足了负荷电流,又满足了与过负荷保护的相互配合。

(4) QS1 选型

① 通过 QS1 的计算电流为
$$I_{C1} = \frac{P_{C1}}{\sqrt{3}U\cos\varphi} = \frac{390}{\sqrt{3} \times 0.38 \times 0.8} = 741(A)$$

② 长延时整定电流得
$$I'_{zd1} = 1.1 \times 741 = 815(A)$$

QS1 安装于防护等级为 IP3X 的开关柜中,应计及 15％的降容,其整定电流为

$$I_{zd1} = 815/0.85 = 959(A)$$

查附录表 A-12 选用 NM1-1250H 型空气断路器,脱扣器的额定电流为 1000A。

③ 瞬时动作电流,因其负荷绝大部分为照明,因此可整定为 6 倍脱扣器的额定电流

$$I_{zd3} = 6 \times 1000 = 6000(A)$$

瞬时电流应计及 15％降容,根据式(8-3)得

$$I'_{zd3} \geqslant K_{zd3}[I'_{qM1} + I_{C(n-1)}] = 1.2 \times (2 \times 5.5 \times 57 + 741 - 57)/0.85 = 1851(A)$$

取 I_{zd3}＝6000A 能躲电动机瞬时起动电流的影响。

(5) 三相短路电流计算

① k_2 点三相短路

L_1 段线路为 YJV-1kV-4×120,150m,线路相阻抗查附录表 A-4 取 $r_1 = 0.146\Omega/km$,$x_1 = 0.076\Omega/km$,计入 QS2 为 DZ20Y-400/3300 型空气断路器的开关触头接触电阻和过电流线圈电阻 $R_1 = 0.0006\Omega$,$X_1 = 0.0001\Omega$,则总阻抗为

$$Z = \sqrt{R^2 + X^2} = \sqrt{(0.146 \times 0.15 + 0.0006)^2 + (0.076 \times 0.15 + 0.0001)^2}$$
$$= 0.025(\Omega)$$

$$I_{k2}^{(3)} = \frac{U_\varphi}{Z} = \frac{220 \times 10^{-3}}{0.025} = 8.8(kA)$$

② k_3 点三相短路

L_2 段线路为 YJV-1kV-4×120,120m,线路参数同上,线路的总阻抗为

$$Z_1 = \sqrt{R_1^2 + X_1^2} = \sqrt{(0.146 \times 0.12 + 0.0006)^2 + (0.076 \times 0.12 + 0.0001)^2}$$
$$= 0.020(\Omega)$$

$$I_{k2}^{(3)} = \frac{U_\varphi}{Z_1} = \frac{220 \times 10^{-3}}{0.020} = 11(kA)$$

③ k_4 点三相短路

L_3 段线路为 BV-3×35+1×16-SC40,30m,查附录表 A-4 得,$r_3 = 0.501\Omega/km$,$x_3 = 0.080\Omega/km$,计入开关触头和过电流线圈的电阻,总电阻为

$$Z = \sqrt{\left(\sum R\right)^2 + \left(\sum X\right)^2} = \sqrt{(R_1 + R_2)^2 + (X_1 + X_2)^2}$$
$$= \sqrt{(0.018 + 0.501 \times 0.03 + 0.0006)^2 + (0.009 + 0.08 \times 0.03 + 0.0001)^2}$$
$$= 0.036(\Omega)$$

$$I_{k4}^{(3)} = \frac{U_\varphi}{Z} = \frac{220 \times 10^{-3}}{0.036} = 6.1(kA)$$

(6) 单相短路电流

① k_2 点单相短路

查附录表 A-3 变压器相保阻抗电抗为 $x_{T0} = 0.0125\Omega$,相保电阻为 $r_{T0} = 0.0025\Omega$。查附录表 A-4 L_1 段线路为 YJV-4×120 线路的相保阻抗为 $r_0 = 0.438\Omega/km$,$x_0 = 0.152\Omega/km$,母线上的相保阻抗忽略,则 k_2 点单相短路回路的相保阻抗为

$$Z_{2\varphi} = \sqrt{(R_{T0} + R_{1l0})^2 + (X_{T0} + X_{1l0})^2}$$
$$= \sqrt{(0.0025 + 0.438 \times 0.15)^2 + (0.0125 + 0.152 \times 0.15)^2}$$

$$= \sqrt{0.068^2 + 0.035^2} = 0.076(\Omega)$$

k_2 点单相短路电流为

$$I_{k2}^{(1)} = \frac{U_\varphi}{Z_{2\varphi}} = \frac{220}{0.076} = 2894.7(\text{A})$$

② k_3 点单相短路

L_2 段线路参数与 L_1 段线路相同，则 k_3 点单相短路回路阻抗为

$$\begin{aligned} Z_{3\varphi} &= \sqrt{(R_{T0} + R_{2l0})^2 + (X_{T0} + X_{2l0})^2} \\ &= \sqrt{(0.0025 + 0.438 \times 0.12)^2 + (0.0125 + 0.152 \times 0.12)^2} \\ &= \sqrt{0.055^2 + 0.031^2} = 0.06(\Omega) \end{aligned}$$

k_3 点单相短路电流为

$$I_{k3}^{(1)} = \frac{U_\varphi}{Z_{3\varphi}} = \frac{220}{0.06} = 3667(\text{A})$$

③ k_4 点单相短路

k_4 点单相短路回路阻抗元件有：变压器、L_2 和 L_3 段线路，L_3 段线路为 BV-3×35+1×16，查附录表 A-4 其零相电阻为 $r_{30} = 2.397\Omega/\text{km}$，$x_{30} = 0.25\Omega/\text{km}$，则回路总阻抗为

$$\begin{aligned} Z_{4\varphi} &= \sqrt{(R_{T0} + R_{2l0} + R_{3l0})^2 + (X_{T0} + X_{2l0} + X_{3l0})} \\ &= \sqrt{(0.055 + 2.397 \times 0.03)^2 + (0.086 + 0.25 \times 0.03)^2} \\ &= 0.16(\Omega) \end{aligned}$$

k_4 点单相短路电流为

$$I_{k4}^{(1)} = \frac{U_\varphi}{Z_{4\varphi}} = \frac{220}{0.16} = 1375(\text{A})$$

(7) 校验开关动作灵敏度

① 校验 QS1 断路器

QS1 断路器的瞬时整定电流为 $I_{zd3} = 6000\text{A}$，用两相短路电流校验的灵敏度为

$$K_s = (15.46 \times 0.866 \times 10^3)/6000 = 2.18 > 1.3$$

满足灵敏度要求。

② 校验 QS2 断路器

QS2 断路器的瞬时整定电流为 $I_{zd3} 1890\text{A}$，用单相接地短路电流校验的灵敏度为

$$K_s = 3667/1890 = 1.94 > 1.3$$

满足灵敏度要求。

③ 校验 QS3 断路器

QS3 断路器的瞬时整定电流为 $I_{zd3} = 1400\text{A}$，用单相接地短路电流校验的灵敏度为

$$K_s = 3667/1400 = 2.62 > 1.3$$

满足灵敏度要求。

开关分断能力、动热稳定校验及线路的热稳定校验按三相短路电流进行校验，均应符合要求。读者可自行验证。

(8) 线路电压损失校验

① L_1 和 L_2 段线路

L_1 段线路和 L_2 段线路导线型号规格相同，如果较长的 L_1 段满足电压损失要求，那么

较短的 L_2 段线路也满足电压损失要求。因此,仅校验 L_1 线路。L_1 段线路为 YJV-1kV-4×120,$\cos\varphi=0.8$,查附录表 A-21 得 $\Delta u_1 = 0.081\%(A\cdot km)$,则电压损失为

$$\Delta u\% = (\Delta u\%)_1 I_{C2} L_1 = 0.081 \times 189.9 \times 0.15 = 2.31\% < 5\%$$

满足线路允许 5% 电压损失的要求。

②　L_3 段线路

L_3 段线路为 BV-3×35+1×16 查附录表 A-21 得 $\Delta u_3 = 0.232\%(A\cdot km)$,则电压损失为

$$\Delta u\% = (\Delta u\%)_3 I_{C3} L_1 = 0.232 \times 57 \times 0.03 = 0.40\% < 5\%$$

满足线路允许 5% 电压损失的要求。

经校验,空气断路器及线路的选型合格,过电流保护可兼作单相接地短路保护。上、下级保护级差大,保护具有选择性。

习　　题

8-1　低压配电系统的保护元件主要有哪几种?它们分别具有什么样的保护特性?

8-2　低压配电系统的带电导体系统形式主要有哪几种?

8-3　低压配电系统的系统接地形式主要有哪几种?

8-4　为什么不同的低压配电系统接地形式的接地故障保护方式不同?

8-5　低压配电系统短路保护有哪些要求?过负荷保护有哪些要求?

8-6　低压断路器有哪几种类型?有哪几种脱扣器?

8-7　低压断路器的保护特性是指什么?

8-8　简述低压断路器的选择性。

8-9　哪种类型的低压熔断器可以作短路保护和过负荷保护?为什么?

8-10　RCD 的保护特性是什么?如何使用?

8-11　低压线路保护的主要开关电器有哪些?

8-12　安装在开关柜中的低压断路器其容量是否需要考虑降容?为什么?

8-13　TN 系统防触电保护的主要保护措施有哪几种?

8-14　TT 系统接地故障保护电器的动作特性有哪些要求?

8-15　TN 系统和 TT 系统混合使用有哪些弊端?

8-16　IT 系统有哪些特点?什么场所使用?第一次发生单相接地故障时保护装置应如何动作?

8-17　TN-C-S 系统是否需要做重复接地?为什么?

8-18　剩余电流保护器有几种接线方式?

8-19　在低压配电系统中非选择性断路器怎样实现上下级配合?有哪些要求?

8-20　简述低压保护电器选择的一般要求。

第 9 章　配变电所二次回路与自动装置

9.0　内容简介及学习策略

1. 学习内容简介

本章主要介绍供配电系统中站用电源、操作电源、二次回路等基本概念及接线图原理，包括高压断路器控制回路、中央信号回路、电能测量回路和自动装置。简要介绍了配电网自动化系统和智能配电网的基本概念和主要功能。

2. 学习策略

本章建议使用的学习策略为从二次电路的作用和基本要求入手，理解断路器控制回路和信号回路的功能和原理。学完本章后，读者将能够实现如下目标。

- ☞ 了解二次回路的基本概念，了解操作电源的工作方式。
- ☞ 理解断路器控制回路的原理和功能。
- ☞ 了解电气测量和电能计量的基本内容。
- ☞ 理解自动装置的作用，掌握 APD 两种保护原理。
- ☞ 了解 ARD 的作用。

9.1　配变电所常用操作电源

配变电所的二次回路和自动装置是变电所中的重要组成部分，它们对一次回路的安全可靠运行起着重要作用。

9.1.1　二次回路概述

1. 二次回路组成

1）一次回路

电力系统的电气设备分为一次设备和二次设备。一次设备是指直接生产、输送、分配电能的电气设备。一次设备所组成的回路称为一次回路，又称为主接线。

2）二次回路

二次设备是指对一次设备进行监测、控制、调节和保护的电气设备，如测量仪表、控制及信号器具、继电保护和自动装置等。二次回路是指由二次设备相互连接，构成对一次回路中的设备进行检测、控制、调节和保护的电气回路，又称为二次接线。

按功能二次回路可分为断路器控制回路、信号回路、保护回路、监视和测量回路、自动装置回路、操作电源回路等。按电源性质二次回路可分为直流回路和交流回路。交流回路又可分为交流电流回路和交流电压回路。交流电流回路由电流互感器供电,交流电压回路由电压互感器供电。

2. 二次回路的主要作用

二次回路的主要作用有控制、保护、监视、事故分析和处理以及实现自动化管理等。控制作用是对高压断路器等开关设备实现远距离投入和切断操作。保护作用是利用继电保护装置及时切断一次回路出现的短路故障。监视作用主要通过各种测量仪表和信号装置远距离监视开关位置状态、电气设备运行状态是否正常等。事故分析和处理作用是指二次回路中的智能化设备,将系统故障的电气参数的变化情况记录下来,以便分析事故原因。自动化作用是指通过自动装置来实现供配电系统的运行需求,如自动重合闸装置、备用电源自动投入装置、电容器自动跟踪补偿等。二次回路对一次回路的安全、经济、可靠运行起着十分重要的作用。

9.1.2　站用电源及操作电源

1. 站用电源

站用电源是指配变电站为维持自身的正常运转所需要的电源。主要包括开关操作系统、控制回路、信号回路、保护回路等电源,以及照明、维修等电源。站用电源的负荷等级应与变配电站供电范围的最高等级负荷相同。

通常配变电站的站用电源直接引自该变电站的变压器 380/220V 侧。重要配变电站的站用电源应取自不同电源的两台变压器二次侧。大规模的配变电站,可设置专门的站用变压器为室内照明、生活区用电、事故照明、操作电源使用。

为保证操作电源的用电可靠性,站用变压器一般都接在电源的进线处,即使变电所母线或变压器发生故障时,所用变压器仍能取得电源。一般情况下,采用一台站用变压器。对一些重要的变电所,应设有两台互为备用的站用变压器。

2. 操作电源

为断路器控制回路、继电保护装置、信号回路、监测系统等二次回路提供所需的电源称为操作电源。二次回路的操作电源主要有直流操作电源和交流操作电源两类。直流操作电源有蓄电池供电和硅整流直流电源供电两种。交流操作电源有电压互感器、电流互感器供电和所用变压器供电两种。

1) 直流操作电源

断路器的电磁操动机构、弹簧操动机构,变电站的控制回路、信号回路、继电保护回路等均可以采用直流操作电源。

(1) 蓄电池的直流操作电源

蓄电池主要有铅蓄电池和镉镍蓄电池两种。

① 铅蓄电池。铅蓄电池主要由二氧化铅($Pb0_2$)为正极板、铅为负极板和密度为 $1.2\sim1.3g/cm^3$ 的稀硫酸电解液等组成。

单个铅蓄电池的额定电压为 2V,充电后可达 2.7V,放电后可降到 1.95V。因此,需要计算铅蓄电池的使用数量。为满足 220V 的操作电压,需要 $230/1.95\approx118$ 个,考虑到充电

后端电压升高,为保证直流系统的电压正常,长期接入操作电源母线的蓄电池个数为 230/
2.7≈88 个,而 118-88=30 个蓄电池用于调节电压,接于专门的调节开关上。

蓄电池使用一段时间后,电压下降,需用专门的充电装置来进行充电。由于铅蓄电池具
有一定的危险性和污染性,需要专门的蓄电池室放置。因此,在变电所中现已不予采用。

② 镉镍蓄电池。镉镍蓄电池由正极板、负极板、电解液等组成。正极板为氢氧化镍
[Ni(OH)₃]或三氧化镍(Ni₂O₃),负极板为镉(Cd),电解液为氢氧化钾(KOH)或氢氧化钠
(NaOH)等碱溶液。

单个镉镍蓄电池的端电压额定值为 1.2V,充电后可达 1.75V,其充电可采用浮充电或
强充电方式由硅整流设备进行充电,如图 9-1 所示。镉镍蓄电池的特点是不受供电系统影
响,工作可靠性高,腐蚀性小,大电流放电性能好,功率大,强度高,寿命长,不需要专门的蓄
电池室,可安装于控制室,在变电所(大中型)中应用普遍。

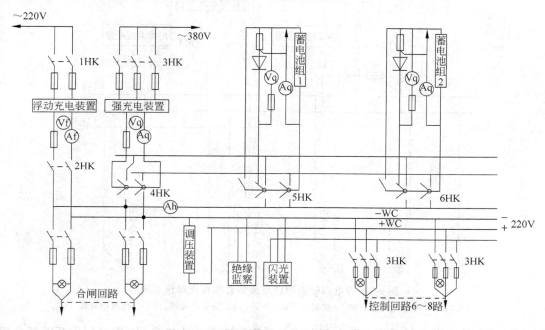

图 9-1　镉镍蓄电池直流操作系统

③ 蓄电池的运行方式。蓄电池的运行方式有两种。一种是充电-放电运行方式和浮充
电运行方式。

在充电-放电运行方式下,系统正常运行时,由蓄电池组向负荷供电,即蓄电池放电,硅
整流设备不工作。当蓄电池组放电到容量的 60%～70%时,蓄电池组停止放电,硅整流设
备向蓄电池进行充电,并向经常性的直流负荷供电。

在浮充电运行方式下,蓄电池和浮充电硅整流设备并联工作。正常运行时,硅整流设备
给负荷供电,同时以很小电流向蓄电池浮充电,用以补偿蓄电池自放电,使蓄电池经常处于
满充电状态,并承担短时的冲击负荷。当交流系统发生故障或浮充电整流器断开的情况下,
蓄电池将转入放电状态运行,承担全部直流负荷,直到交流电压恢复。充电设备给蓄电池充
好电后,再将浮充电整流器投入运行,转入正常的浮充电状态。浮充电运行方式既提高了直
流系统供电的可靠性,又提高了蓄电池的使用寿命,得到了广泛应用。

（2）硅整流直流操作电源

硅整流直流操作电源在变电所应用较广，按断路器操动机构的要求有电容储能（电磁操动）和电动机储能（弹簧操动）等。本节只介绍硅整流电容储能直流操作电源。如图 9-2 所示为硅整流电容储能直流系统原理图。

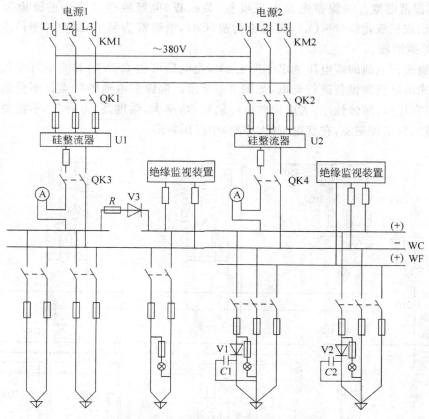

图 9-2　带电容储能的硅整流装置作直流操作系统
$C1$，$C2$—储能电容器；WC—控制小母线；WF—闪光信号小母线；WO—合闸小母线

硅整流的电源一般采用两路电源和两台硅整流装置。硅整流 U1 主要用作断路器合闸电源，并可向控制回路、保护回路、信号回路等供电，其容量较大。硅整流 U2 仅向操作母线供电，容量较小。两组硅整流之间用电阻 R 和二极管 3V 隔开，3V 起到逆止阀的作用，它只允许从合闸母线向控制母线供电而不能反向供电，以防止在断路器合闸或合闸母线侧发生短时时，引起控制母线的电压严重降低，影响控制和保护回路供电的可靠性。电阻 R 用于限制在控制母线侧发生短路时流过硅整流 U1 的电流，起保护 3V 的作用。在硅整流 U1 和 U2 前，也可以用整流变压器实现电压调节。

在直流母线上还接有直流绝缘监察装置和闪光装置。绝缘监察装置监测正负母线或直流回路对地绝缘电阻，当某一母线对地绝缘电阻降低时，检测继电器动作发出信号。闪光装置提供闪光电源，其工作原理图如图 9-2 所示，正常工作时，闪光小母线（＋）WF 不带电，当系统或二次回路发生故障时，继电器 1K 动作（其线圈在其他回路中），使信号灯 HL 接于闪光小母线（＋）WF 上。闪光装置工作，利用与继电器 K 并联的电容器 C 的充放电，使继电器交替动作和释放，从而闪光小母线（＋）WF 上的电压交替升高和降低，信号灯发出闪光信号。

从直流操作电源的母线上可以引出若干回路,分别向合闸回路、信号回路、保护回路等供电。在供电保护回路中,C1 与 C2 为储能电容器组,电容器所储存的电能仅在事故情况下,用作继电保护回路和跳闸回路的操作电源。逆止元件 V1 与 V2 的主要作用是在事故情况下,交流电源电压降低引起操作母线电压降低时,禁止向操作母线供电,只向保护回路放电。

在变电所中,在控制屏、继电保护屏和中央信号屏顶设置(并排放置)操作电源小母线。屏顶小母线的直流电源由直流母线上的各回路提供。

硅整流直流操作电源的优点是价格低,与铅、酸蓄电池比较占地面积小,维护工作量小,体积小,不需充电装置。其缺点是电源独立性差,电源的可靠性受交流电源影响,需加装补偿电容和交流电源自动投切装置。

(3)高频开关直流操作电源

高频开关直流操作电源系统一般由交流输入、充电模块、蓄电池组、直流馈电和监控系统等组成。交流输入是将交流电源引入分配给各个充电模块,并实现互为备用的两路交流输入的自动切换。充电模块完成 AC/DC 变换,再由 DC/DC 高频转换电路把所得的直流电转换成稳定可控的直流电输出,对蓄电池组进行均充或浮充电。直流馈电将直流输出电源分配到每一路输出。监控系统是整个直流系统的控制、管理中心,对交流输入、直流馈电、充电模块、蓄电池组和系统绝缘状况等实施全方位的检测、控制和报警。

交流电正常时,直流负荷由开关电源直接或经降压装置后供电,并对蓄电池组进行均充或浮充电。交流电消失时,由直流系统的蓄电池组提供直流用电。

高频开关电源模块具有体积小、质量轻、稳压精度高、纹波系数小、噪声低和配置灵活的优点,与阀控密封铅、酸蓄电池配套使用,可以增加直流系统的稳定性和可靠性。

2)交流操作电源

交流操作是指直接使用交流电源,不需专门的电流变换装置。当保护回路、控制回路、信号回路的容量不大时,保护装置的操作电源可取自电流互感器的二次侧。控制、信号回路的操作电源可取自电压互感器的二次侧。

当交流操作电源取自电压互感器时,通常在电压互感器二次侧安装 100/100V 的隔离变压器,以保护二次回路与一次回路的电气隔离。交流操作电源适用于对短路保护装置和采用手动或弹簧操作机构的断路器等负荷供电。交流操作系统中,按各回路的功能,也设置相应的操作电源母线,如控制母线、闪光小母线、事故信号和预告信号小母线等。

交流操作电源的优点是接线简单,投资低廉,维修方便。但交流继电器的性能没有直流继电器完善,不能构成复杂的保护。只有采用弹簧操作机构的断路器才能使用交流电源作操作电源。采用交流操作电源的继电保护装置,当电流互感器二次负荷增加时,有时不能满足保护要求。一般用于能满足继电保护要求、出线回路少的小型配变电站,而对保护要求较高的中小型配变电所,采用直流操作电源。

9.2 断路器的控制与信号回路

9.2.1 概述

1. 断路器的控制回路

控制回路是指高压断路器的控制机构和操作机构之间的连接电路及其设备。控制回路通常由控制机构、控制电路和操作机构等组成,如图 9-3 所示。

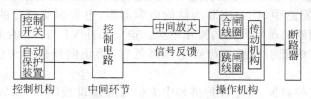

图 9-3　断路器控制回路的组成

操作控制断路器时,需要控制电路在控制元件和断路器的操作机构之间建立电气联系。断路器的控制方式按自动化程度可分为手动控制和自动控制。按控制距离可分为就地控制和远距离控制。按控制方式可分为散控制和集中控制。按操作电源的性质可分为直流操作和交流操作。按操作电源电压和电流的大小可分为强电控制和弱电控制。强电控制采用直流 110V 或 220V 为较高电压和交流 5A 为较大电流。弱电控制采用直流 60V 以下,交流 50V 以下为较低电压和交流 0.5～1A 为较小电流。

1) 控制机构

断路器的控制机构是指采用控制元件控制断路器的分闸与合闸。控制机构主要有控制开关(SA)等手动控制元件,以及继电保护装置和自动装置等相应自动控制元件。

控制开关又称万能转换开关,由运行人员直接操作,发出命令脉冲,使断路器合、跳闸。常用的 LW2 型系列自动复位控制开关的结构如图 9-4(a)所示。

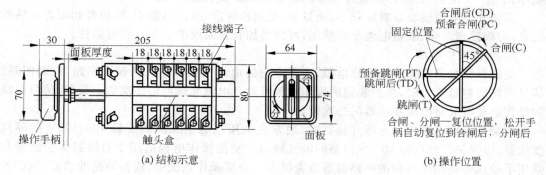

(a) 结构示意　　　　　　　　　　　　(b) 操作位置

图 9-4　LW2 系列控制开关

如图 9-4(b)所示,控制开关手柄的 6 个不同的操作位置为预备合闸 PC、合闸 C、合闸后 CD、预备跳闸 PT、跳闸 T 和跳闸后 TD。其中合闸后和跳闸后为固定位置,其他均为操作时的过渡位置。触点表如表 9-1 所示。

表 9-1　万能转换开关触点表

手柄和触点盒形式	F-S	1a		4		6a			40			20			20		
触点号		1-3	2-4	5-8	6-7	9-10	9-12	10-11	13-14	14-15	13-16	17-19	17-19	18-20	21-23	21-2	22-24
位置　分闸后(TD)	←	•			—	—		•	•		•	—			—	•	
位置　预备合闸(PC)	↑			•			—		•				•				•
位置　合闸(C)	↗		•			—				•		•				•	
位置　合闸后(CD)	↑	•		•		—					•		•		•		
位置　预备分闸(PT)	←				•		•		•					•			•
位置　分闸(T)	↙		•		•			•		•				•		•	

注:"•"表示接通,"—"表示断开。

2）操作机构

断路器的操作机构是断路器自身附带的跳、合闸传动装置。供配电系统中常用的操作机构有手动式（CS）、电磁式（CD）、弹簧式（CT）、液压式（CY）等。除手动操作机构外，其他操作机构都有合闸线圈，但需要的合闸电流相差较大。弹簧式和液压式操作机构的合闸电流一般不大于 5A，电磁式操作机构的合闸电流可达几十安至几百安。当有较大电流流过电磁操作机构中的合闸线圈（YC）时，必须经过中间放大元件进行控制，即用 SA 控制合闸接触器 KM 的线圈，再由 KM 主触头控制电磁操作机构的 YC。所有操作机构的跳闸线圈的跳闸电流一般都不大。

2. 信号回路

信号回路是用于指示一次系统中设备运行状态的二次系统。按用途可分为断路器位置信号、事故信号和预告信号。断路器位置信号用来显示断路器正常工作时的位置状态，一般用红灯亮来表示断路器在合闸位置，用绿灯亮来表示断路器在跳闸位置。事故信号用来显示断路器在事故情况下的工作状态，一般用红灯闪光来表示断路器自动合闸，用绿灯闪光来表示断路器自动跳闸。此外还有事故音响信号和光字牌等。预告信号是在一次设备出现不正常状态时或故障初期发出报警信号。例如变压器过负荷或轻瓦斯动作时，就发出有别于事故音响信号的预告音响信号，同时光字牌亮，指示出故障的性质和地点，值班员可根据预告信号及时处理。

3. 断路器控制回路及信号回路的基本要求

（1）既可用控制开关进行手动跳闸与合闸，又可由继电保护和自动装置自动跳闸与合闸。

（2）应能监视控制回路保护装置（如熔断器）及其分、合闸回路的完好性，以保证断路器的正常工作，通常采用灯光监视的方式。

（3）合闸或跳闸完成后，应能使其命令脉冲解除，切断合闸或跳闸的电源。断路器操作机构中的合、跳闸线圈是按短时通电设计的，故应保证合、跳闸线圈的短时间通电。

（4）应能指示断路器正常合闸和跳闸的位置状态，并在自动合闸和自动跳闸时有明显的指示信号，如前所述，通常用红、绿灯的平光来指示断路器的位置状态，而用其闪光来指示断路器的自动分、合闸。

（5）各断路器均应有事故跳闸信号。断路器的事故跳闸信号回路，应按"不对应原理"接线。当采用电磁操作机构或弹簧操作机构时，利用控制开关的触点与断路器的辅助触点构成不对应关系，即控制开关在合闸位置而断路器已跳闸时，发出事故跳闸信号。

（6）对有可能出现不正常工作状态或故障的设备，应装设预告信号。预告信号应能使控制室或值班室的中央信号装置发出音响和灯光信号，并能指示故障地点和性质。一般预告音响信号用电铃，而事故音响信号用电笛，两者有所区别。

（7）接线应简单可靠，使用电缆芯数应尽量少。

9.2.2　电磁操作机构的断路器控制及信号回路

如图 9-5 所示是电磁操作机构的断路器控制及信号回路。使用直流操作电源。该控制回路采用双向自复式并具有保持触点的 LW2 型万能转换开关。

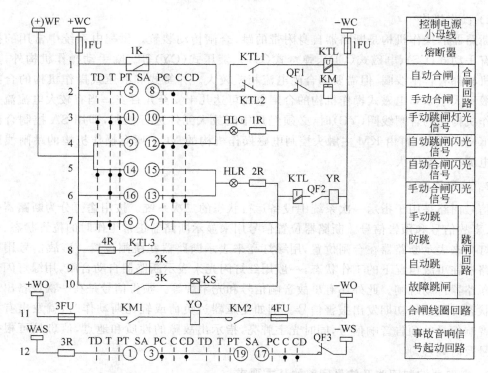

图 9-5 采用电磁操作机构的断路器控制及信号回路

WC—控制小母线；WF—闪光信号小母线；WO—合闸小母线；WAS—事故音响小母线；

KTL—防跳继电器；HLG—绿色信号灯；HLR—红色信号灯；KS—信号继电器；

KM—合闸接触器；YO—合闸线圈；YR—跳闸线圈；SA—控制开关

1. 操作合闸过程

将控制开关 SA 手柄顺时针扳转 90°,处于 PC 挡位。这时其触点 1 和 3、9 和 12 接通,合闸接触器 KM 的线圈通电,但因有电阻 1R 分压而不能起动,绿色信号灯 HLG 由于被接于闪光小母线,发出绿色闪光信号,表示合闸回路完好,可继续操作。

将控制开关 SA 手柄继续顺时针扳转 45°,处于 C 挡位。这时触点 5 和 8、9 和 12、13 和 16、17 和 19 接通,合闸接触器 KM 的线圈直接接于控制小母线,其主触点 KM1、KM2 闭合,使电磁合闸线圈 YO 通电,断路器合闸。同时绿色信号灯 HG 被改接于控制小母线,发出绿色平光信号,表示合闸正在进行。

合闸后,松开控制开关 SA 手柄,控制开关 SA 会自动返回,处于 CD 挡位。这时触点 1 和 3、9 和 12、13 和 16、17 和 19 接通,断路器辅助触点 QF2 闭合,QF1、QF3 断开,合闸电源被切断,绿灯不亮。红色信号灯 HLR 发出红色平光信号,表示断路器处于合闸状态,同时监视着跳闸回路的完好性,断路器合闸操作完成。

2. 操作分闸过程

将控制开关 SA 手柄逆时针扳转 90°,处于 PT 挡位。这时触点 10 和 11、15 和 14 接通,跳闸线圈 YR 通电,但由于 2R 的分压作用而不能起动,红色信号灯 HR 接于闪光小母线,发出红色闪光信号,表示分闸回路完好,可继续操作。

将控制开关 SA 手柄继续逆时针扳转 45°,处于 T 挡位。这时触点 6 和 7、10 和 11、13 和 16 接通,使跳闸线圈直接接于控制小母线上,使断路器跳闸。跳闸后,QF2 断开,QF1 闭合,红色信号灯 HR 熄灭,绿色信号灯 HLG 发出平光信号,表示断路器处于分闸状态。

跳闸后,松开控制开关 SA 手柄,控制开关 SA 会自动返回,处于 TD 挡位。其触点 6 和 7 断开,切断跳闸电源,回到分闸后状态,绿色信号灯 HLG 指示断路器在跳闸位置,同时监视合闸回路的完好性。

3. 故障自动分闸

当一次系统发生短路故障时,保护装置动作,其出口继电器触点 2K 闭合,接通跳闸线圈 YR 回路,使断路器跳闸。然后 QF2 断开,使红色信号灯 HLR 熄灭,并切断跳闸电源。同时 QF1、QF3 闭合,而 SA 还在合闸后位置,其对应的触点 1 和 3、9 和 12、13 和 16、17 和 19 仍然闭合,这时,HLG 发出闪光信号,表示断路器自动跳闸。

由于自动跳闸,SA 在合闸后位置,其触点 1 和 3、9 和 12 闭合,而断路器已跳闸,其触点 QF3 也闭合,因此事故音响信号回路接通,发出音响信号。由于事故音响信号的发出依赖于 SA 位置显示的状态与断路器的实际状态不同,即二者状态不对应,这种现象称为事故音响信号是由不对应原则发出。值班员得知事故信号后,可将控制开关 SA 的操作手柄扳向跳闸后位置,使 SA 的触点与 QF 的辅助触点恢复对应关系,全部事故信号立即消除。

4. "防跳"功能

KTL 称为防跳继电器,由一个电流线圈(作起动线圈)、一个电压线圈(作保持线圈)和相应的辅助接点组成。在没有 KTL 的情况下,合闸后,若出现机械故障使控制开关 SA 的触点 5 和 8 被卡死,同时又遇永久性故障时,继电保护使断路器分闸,断路器的辅助接点 QF1 闭合,合闸回路再次接通,断路器再次合闸,继电保护又使断路器分闸。这个过程循环往复,称为断路器"跳跃"。跳跃现象对断路器和系统的危害很大。

"防跳"功能主要由继电器 KTL 完成。当由 SA 合闸接通触点 5 和 8 时,若遇短路故障,继电保护出口继电器 2K 闭合,KTL 电流线圈通电,KTL1 闭合,KTL2 断开,其 KTL 电压线圈也通电,自保持。断路器分闸后,QF1 闭合,即使触点 5 和 8 被卡死,因为 KTL2 已断开,所以断路器不会合闸。当触点 5 和 8 断开后,KTL 电压线圈失电,KTL2 闭合,为下次合闸作准备。

9.3　电气测量与电能计量

建筑供配电系统的测量是二次回路的重要组成部分,电气测量仪表的配置应符合《电气测量仪表装置设计技术规范》GBJ63—1990 的规定,以满足电气设备安全运行的需要。

9.3.1　电气测量的配置及要求

在电力系统和供配电系统中,进行电气测量的目的为:对用电量的计量付费,如有功电度、无功电度。对供配电系统运行状态参数进行的测量,如测量电压、电流、有功功率、无功功率、有功电能、无功电能等参数。对交、直流系统的绝缘安全状况进行监测,如监测绝缘电阻、三相电压是否平衡等。计量仪表要求准确度要高一些,其他测量仪表的准确度要求要低一些。

1. 变配电装置中测量仪表的配置

(1) 在供配电系统每一条电源进线上,必须装设计费用的有功电度表和无功电度表及反映电流大小的电流表。通常采用标准计量柜,计量柜内有计量专用电流、电压互感器。

(2) 在变配电所的每一段母线上(3~10kV),必须装设电压表,用以测量相应的线电压或相电压。

(3) 35/6~10kV 的配电变压器应在高压侧或低压侧装设电流表、有功功率表、无功功率表、有功电度表和无功电度表各一只,6~10/0.4kV 的配电变压器,应在高压侧或低压侧装设一只电流表和一只有功电度表,如为单独经济核算的单位变压器,还应装设一只无功电度表。

(4) 3~10kV 配电线路应装设电流表,有功电度表,无功电度表各一只。如不是单独经济核算单位时,无功电度表可不装设。当线路负荷大于 5000kVA 时,还应装设一只有功功率表。

(5) 低压动力线路上应装设一只电流表。照明和动力混合供电的线路上,照明负荷占总负荷 15%~20%以上时,应在每相上装设一只电流表,并应装设一只无功电度表。

(6) 并联电容器总回路上,每相应装设一只电流表,并应装设一只无功电度表。

2. 仪表的准确度要求

(1) 交流电流、电压表、功率表可选用 1.5~2.5 级;直流电路中的电流、电压表可选用 1.5 级;频率表可选用 0.5 级。

(2) 电度表及互感器准确度配置如表 9-2 所示。

表 9-2 常用仪表准确度配置

测量要求	互感器准确度	仪表准确度	配置说明
计费计量	0.2 级	0.5 级有功电度表 0.5 级专用电能计量表	月平均电量在 10^6kWh 及以上
	0.5 级	1.0 级有功电度表 1.0 级专用电能计量仪表 2.0 级无功电度表	① 月平均电量在 10^6kWh 以下; ② 315kVA 以上变压器高压侧计量
计费计量及 一般计量	1.0 级	2.0 级有功电度表 3.0 级无功电度表	① 315kVA 以下变压器低压侧计量; ② 75kW 及以上电动机电能计量; ③ 企业内部技术经济考核(不计费)
一般测量	1.0 级	1.5 级和 0.5 级测量仪表	
	3.0 级	2.5 级测量仪表	非重要回路

(3) 仪表的测量范围和电流互感器交流比的选择,宜满足当电力装置回路以额定值运行时,仪表的指示在标度尺的 2/3 处。对有可能过负荷的电力装置回路,仪表的测量范围宜留有适当的过负荷裕度。对重载起动的电动机和运行中有可能出现短时冲击电流的电力装置回路,宜采用具有过负荷标度尺的电流表。对有可能双向运行的电力装置回路,应采用具有双向标度尺的仪表。

9.3.2　电能计量装置

在电力系统中,发电量和用电量都是以电能作为计算标准的,电能表就是用来测量某一段时间内,发电机发出多少电能或负载吸收多少电能的仪表。

电能表(以下称电表)不同于其他电测仪表,它是《计量法》规定的强制检定贸易结算的计量器具。随着中国电力事业的发展,电能计量装置将向电业部门提供发电量、供电量、售电量、线损等重要经济指标。

1. 电能计量装置分类

按照现行有关规程规定,运行中的计量装置按其所计量电能多少和计量对象的重要性分为 5 类。

(1) Ⅰ类:月平均用电量 500 万 kW 及以上,或受电变压器容量为 10MVA 以上的高压计费用户。200MW 及以上发电量的发电机,跨省(市)高压电网经营企业之间的互馈电量交换点,省级电网经营与市(县)供电企业的供电关口计电量点的计量装置。

(2) Ⅱ类:月平均用电量 100 万 kW 及以上,或受电变压器容量为 2MVA 及以上高压计费用户。100MW 及以上发电量的发电机供电企业之间的电量交换点的计量装置。

(3) Ⅲ类:月平均用电量 10 万 kW 及以上,或受电变压器容量为 315kVA 及以上计费用户。100MW 以上发电量的发电机,大型变电所、所用电和供电企业内部用于承包考核的计量点,考核有功电量平衡的 100kV 及以上的送电线路计量装置。

(4) Ⅳ类:用电负荷容量为 315kVA 以下的计费用户,发供电企业内部经济指标分析,考核用的计量装置。

(5) Ⅴ类:单相供电的电力用户计费用的计量装置,如住宅小区照明用电计量。

2. 常用计量方式

中国目前高压输电的电压等级分为 500(330)kV、220kV 和 110kV。配置给大用户的电压等级为 110kV、35kV、10kV,配置给广大中小用户的电压为三相四线 380V、220V,独户居民照明用电为单相 220V。

1) 高压供电 & 高压侧计量

这种计量方式简称高供高计。主要是对 10kV 及以上的高压供配电系统采用。计量时需要经过高压电压互感器(PT)、高压电流互感器(CT)。电表的额定电压为 3×100V(三相三线三元件)或 $3 \times 100/57.7$V(三相四线三元件)。电表的额定电流为 1(2)A、1.5(6)A、3(6)A。计算用电量需乘高压 PT、CT 倍率。

2) 高压供电 & 低压侧计量

这种计量方式简称高供低计。主要对 35kV、10kV 及以上供电系统有专用配电变压器的大用户采用。计量时需经过低压电流互感器(CT)。电表的额定电压为 3×380V(三相三线二元件)或 $3 \times 380/220$V(三相四线三元件)。电表的额定电流为 1.5(6)A、3(6)A、2.5(10)A。计算用电量需乘以低压 CT 倍率。

3) 低压供电 & 低压计量

这种计量方式简称低供低计。主要对需要经过 10kV 公用配电变压器供电的低压电能用户。额定电压为单相 220V 的电表,适用于居民用电。电表的额定电压为三相 $3 \times 380/220$V

的电表,适用于居民小区及中小动力负荷和较大的照明负荷用电。电表的额定电流为 5(20)A、5(30)A、10(40)A、15(60)A、20(80)A 和 30(100)A 等。用电量直接从电表内读出。

3. 电能表的分类

电能表就是电度表。按结构和工作原理可分为电气机械式电能表和数字式电能表两大类。电气机械式电能表又分为电动系和感应系两类。电动系电能表采用多个活动线圈,加上换向装置,让它的活动部分可以连续转动,进行电能测量。感应系电能表是用于交流电能测量的仪表,它的转动力矩较大,结构牢固,价格便宜。数字式电能表由于功能多、精度高、无磨损、寿命长、免维修等优点,受到供电局欢迎,已大规模普遍使用。国产高精度多功能三相电子式电表,已具有正确计量,反相有功、无功电量(1 只表可当 4 只表用),还有最大需量、多费率、测量功率因数等功能。辅助功能有年、月、日、时间,光电隔离数据传输接口(RS-485)和远方抄表脉冲输出接口,三相电压,相序指示等。

电能表按使用电源可分为单相电能表和三相电能表,按测量对象的不同,电能表又可分为有功电能表和无功电能表两类。

4. 电能表容量选择

宽容量电能表是指在计量时电表超过铭牌标定电流数倍仍能正确计量。这种电能表的过载能力强。电流表的容量通常用标定电流和最大电流来表示,括号内为最大电流。最大电流与标定电流通常为倍数关系。如 5(20)A、5(30)A、10(40)A 等。在设计选择中,允许电能表短时过载一定倍数的电流,非宽容量电表允许过载 50%,宽容量电能表允许过载 2倍、4 倍甚至 6 倍的电流。但在配置电表时,不应按最大电流选择配置电能表。如为三相10kW 的用电容量选择配置电能表时,计算电流约为 19A,设计选择时,如果配置三相 20A非宽容量电表,在实际使用中,短时过载超过 50% 负荷时,电表还在设计允许范围内运行。而配置三相 5(20)A 宽容量电表时,其最大负载电流只允许 20A,如再过载或电动机经常起动时就有可能烧表。正确配置应按最大电流的 50% 配表,以防烧表。用户负荷电流为 50A以上时,宜采用经低压 CT 接入式的接线方式配表。

电子式电能表不允许过载运行。用脉冲转换机械计度器计量的各种电子式电表,绝不能允许严重过载运行。否则即使不发生烧表,也会发生少计电量。因为经光电输出的脉冲是一个占空为 50% 的方波,按步进方式推动计度器齿轮计度。严重过载时会造成脉冲重叠,步进乱套,致使计量不准确。

9.4　自动重合闸装置

9.4.1　自动重合闸的作用及要求

1. 自动重合闸的作用

在架空线路上,由于雷电大气过电压或电网操作过电压,会引起线路或设备上产生放电闪络现象。闪络时间约为 $40\mu s$ 左右,闪络时使线路形成短路故障,使断路器分闸,线路停电,并造成损失。

因闪络使电网出现短路故障,断路器分闸后,需要检修线路或设备才能排除的故障,称为永久性故障。在电路切断后能迅速消失的故障称为瞬时临时性故障。因闪络造成的短路,绝大多数属于临时性故障,只有极少数短路故障是永久性的。

自动重合闸装置(Auto-Reclosing Device,ARD)是一种能将保护装置跳闸的断路器自动地再投入接通的装置。对于临时性断路故障,使用 ARD 能迅速将线路重新投入,保证不间断供电,以减少瞬时性故障停电所造成的损失。据统计,一次重合闸成功率为 60%～90%,而二次重合成功率在 15%左右,三次重合成功率仅 3%左右。因此,只有对于超高压(500kV 或 800kV)大电网的重载输电线路,影响几个省、市大面积用电时,才有必要考虑二次自动重合闸问题。在普通供配电系统内,一般只采用一次自动重合闸。

2. 自动重合闸装置分类

按照自动重合闸方式,自动重合闸装置 ARD 可分为机械型和电气型两种。用弹簧的机械储能来驱动断路器自动合闸,称为机械式自动重合闸装置,用于交流操作电源的弹簧操作机构的断路器。采用电磁操作机构驱动断路器合闸称为电气式自动重合闸装置,用于直流操作电源的电磁操作机构的断路器。

机械型 ARD 适用于弹簧操作机构的断路器,使用交流操作电源,免除了直流合闸电源设备。电气型 ARD 适用于电磁操作机构的断路器,而且必须具有直流合闸电源设备。

3. 对自动重合闸装置的基本要求

按照《电力装置的继电保护和自动装置设计规范》(GB 50052—1992)的规定,电压在 3kV 及以上的架空线路和电缆与架空线的混合线路中,当用电设备允许且无备用电源自动投入时,应装设自动重合闸装置。

(1) 在单侧电源供配电系统中,应采用一次自动重合闸装置。当值班人员手控或遥控断路器跳闸时,ARD 装置不应动作。

(2) 当断路器因断路故障跳闸时,ARD 装置均应动作,但需在故障点充分去游离后,再重新合闸。

(3) 自动重合闸装置动作后,应自动复归原位,并为下次动作做好准备。

(4) 对一次式 ARD 装置,应保证只能重合一次,即使 ARD 装置中任何元件发生故障,也应保证不能多次合闸。

(5) 在单侧电源供给几条串联线路段的线路上,为尽快断开线路故障,可采用重合闸前加速或后加速保护动作方式。

(6) 采用自动重合闸装置时,对油断路器需校核开断容量。在切断短路电流到一次重合与故障状态之间的无电流时间很短(约 0.5s)。去游离时间短,介质绝缘性能恢复慢,开断容量下降,但又必须第二次切除短路电流,断路器实际开断容量不够时,会造成事故。因此,必须校核油断路器的开断容量,并应有必要的技术裕量。

9.4.2　自动重合闸装置与保护的配合

1. 自动重合闸前加速保护

1) 保护原理

如图 9-6 所示,ARD 装置设于首段线路上。当各级线路段中任何一级线路短路时,短路点前各段线路上的过电流保护装置的起动继电器均会起动。此时,设有 ARD 装置的线路段 WL1 上的过电流保护时间环节被闭锁,其过电流保护失去选择性,瞬时跳闸。随后

ARD 装置迅速动作进行重合闸操作。若重合成功,则线路继续运行;若重合不成功,则 WL1 上的过电流保护时间环节在 ARD 装置动作后即被释放,其过电流保护应按整定时限动作,并由故障线路上的过电流保护选择性动作,切除故障线路。这种自动重合闸装置与保护的配合方式称为自动重合闸前加速保护。

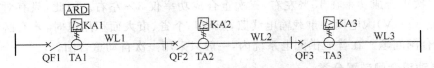

图 9-6　自动重合闸前加速保护示意图

2) 保护特点

自动重合闸前加速保护的特点为能快速切除瞬时故障,使其来不及发展成永久性故障,ARD 装置重合成功率高。多条线路仅用一套 ARD 装置,节省投资。首段线路上的断路器分、合闸操作频繁,尤其是分断短路电流频繁,工作条件恶劣。若 ARD 装置拒动,则事故停电范围将扩大。

2. 自动重合闸后加速保护

1) 保护原理

如图 9-7 所示,每条线路上都装设 ARD 装置。当某条线路短路时,线路上的过电流保护装置按选择性动作跳闸,然后该线路上的 ARD 装置动作进行重合闸操作。若重合成功,则线路继续运行;若重合不成功,则故障线路的过电流保护装置的时间环节会在 ARD 装置动作后被闭锁,此时该过电流保护装置将瞬时动作于跳闸。

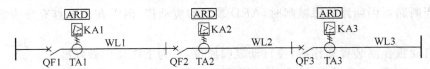

图 9-7　自动重合闸后加速保护示意图

2) 保护特点

自动重合闸后加速保护的特点为不影响非故障线路的运行,即使 ARD 装置拒动也不会使事故停电范围扩大。各条线路上断路器的工作条件均较好。线路故障时,第一次切除的时间较长,ARD 装置重合成功率较前加速保护低。

9.4.3　自动重合闸装置二次图

1. 机械式一次自动重合闸装置

如图 9-8 所示,当自动重合闸装置投入运行时。切换开关 SA1 的 1～3 接点闭合,输电线路正常工作时,线路断路 QF 处于合闸位置,弹簧操作机构已经储能,准备动作。

当断路器因继电保护动作而分闸时,断路器辅助触点 QF 动作,切换开关 SA2 的 9～10 接点仍闭合,使时间继电器 KT1 通电转动,瞬时闭合接点,因 SA2 的接点 17～19 仍闭合,使时间继电器 KT2 转动,延时闭合接点,使合闸线圈 YO 带电重合。如重合成功,所有继电器复归到原来位置,储能电动机又对弹簧储能,做好下次合闸的准备工作。

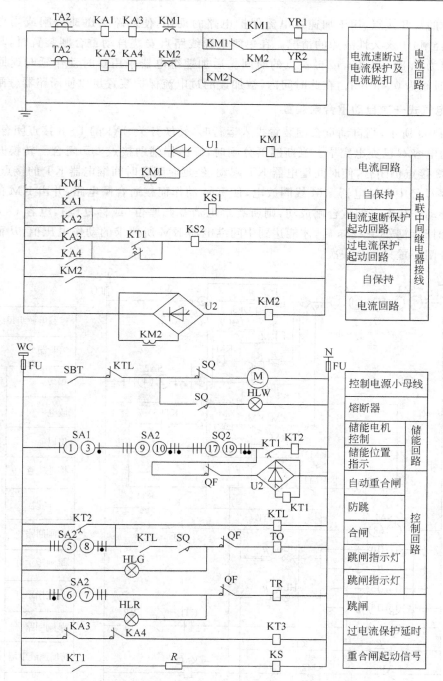

图 9-8　机械式一次自动重合闸装置展开图（后加速）

KA1～KA4—电流继电器；KM1、KM2—中间继电器；KT1～KT3—时间继电器；
KS1～KS3—信号继电器；M—储能电动机；YO—合闸线圈；YR—脱扣器；SA1—切换开关

如果供电线路存在永久性故障,一次重合闸不成功,继电保护动作,将使断路器再分闸。由于防跳继电器动作,将储能回路断开,不会再次重合闸,在手动分闸时,SA2 的 10～9、16～13接点都断开了,时间继电器 KT1 无电不起动,重合闸装置不会动作。时间继电器 KT1

延时断开的常开接点,用于加速过电流保护电路的动作,使断路器迅速分闸或当自动重合(或手动合闸)于永久性故障的情况。在单侧电源线路点安装自动重合闸装置时,其动作时限可整定为 0.81~1.0s,或再长点的时间。后加速继电器采用瞬时动作延时返回的继电器,返回时间为 0.4s 左右,在此时间内,被加速的过电流保护装置足以使断路器分闸。

2. 电气式一次自动重合闸装置

　　如图 9-9 所示,当自动重合闸装置投入运行时,转换开关 SA1 的 1~3 接点闭合,重合闸电路中的电容 C 已充电完毕。当断路器分闸时,断路器辅助接点 QF 闭合。转换开关 SA2 的 21~23 接点仍闭合,使时间继电器 KT 起动,经延时闭合时间继电器 KT 的接点,使已充电的电容 C 经中间继电器 KM 线圈放电,使 KM 动作而接通合闸电路,并由 KM 的电流线圈自保持动作状态。如重合闸成功,则所有继电器复归原位(或称复位),电容 C 又开始充电,充电时间需要 15~25s 后,才能达到中间继电器 KM 所要求的动作电压值,从而保证了自动重合闸装置只重合一次。

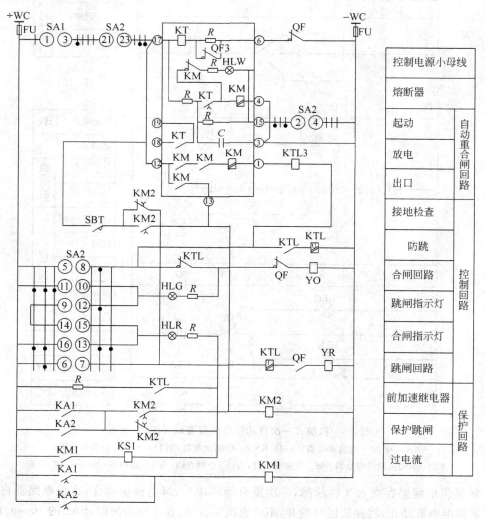

图 9-9　电气式一次自动重合闸装置展开图(前加速)

如重合闸不成功,有永久故障存在时,时间继电器 KT 起动,但由于电容 C 充电时间长,中间继电器 KM 不动作,重合闸电路也不通,因此不可能重合闸,只能一次重合闸。

在手动分闸时,接点 SA2 的 21~23 接点断开、2~4 接点闭合,电容 C 放电使重合闸装置绝不可能重合。中间继电器 KM 的作用是加速继电保护电路动作,迅速使断路器分闸,切断瞬时性故障线路。按钮 SBT 是在配电网络发生单相接地故障时,代替切换开关 SA2 进行一次断路器分合试验,便于寻找接地故障线路。

9.5　备用电源自动投入装置

9.5.1　备用电源自动投入装置的作用及要求

1. 备用电源自动投入装置的作用

在供配电系统中,对于具有一级负荷和重要的二级负荷的配变电站、用电设备和线路等,设有两路及以上的电源进线,其中一路作为工作电源,另一路作为备用电源。通常备用电源的线路上装设备用电源自动投入装置(Auto Put-into Device,APD),以保证工作电源电压消失时,备用电源自动投入工作,恢复系统供电,使用户不至于停电,提高供电的可靠性。

2. APD 的分类

APD 从其电源备用方式上可分成明备用和暗备用两大类。

如图 9-10(a)所示为明备用方式。明备用方式是将 APD 装设专用的备用变压器或备用线路。正常运行时,备用线路断开。当工作线路因故障或者其他原因失去电压后,工作线路断路器跳闸,APD 随机将备用线路自动投入。

如图 9-10(b)所示为暗备用方式。暗备用方式是 APD 装在母线分段断路器 QFB 上。正常运行时,各段母线由各自的工作线路供电,母线分段断路器处在断开位置。当其中一条工作线路因故障或者其他原因失去电压后,失压线路的断路器断开,APD 随机将分段断路器 QFB 自动合上,靠分段断路器 QFB 而取得相互备用。

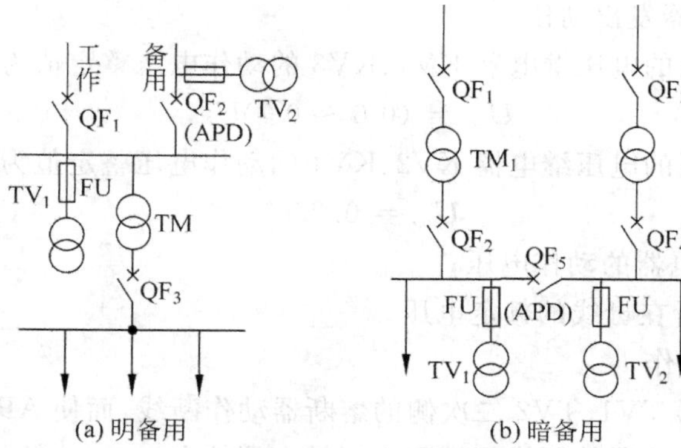

图 9-10　备用电源自动投入装置

3. 对 APD 装置的基本要求

（1）应保证在工作电路断开后，方可投入备用电路。

（2）工作电路的电压消失后，自动投入装置应动作。

（3）保证自动投入装置只动作一次，这是为了避免将备用电源多次投入到永久性故障元件上。

（4）低电压起动电路的接线方式应能避免因电压监视回路熔断器熔断而引起的误动作。

（5）APD 的动作时间应尽可能的短，以减小负荷的停电时间。运行实践证明，APD 装置的动作时间以 1～1.5s 为宜，低电压场合可减小到 0.5s。

（6）工作电源正常停电操作及工作电源、备用电源同时失去电压时，APD 不应动作，以防备用电源投入。

（7）电压互感器两侧熔断器熔断时，APD 不应误动作。

9.5.2 备用电源自动投入装置二次回路

如图 9-11(a)所示，两个工作电源互为暗备用。备用电源自动投入装置 APD 设在母线分段断路器上，控制保护电路展开图如图 9-11(b)所示。其中转换开关 SA1、2、3 的触点表如表 9-1 所示，SA 的触点表如表 9-3 所示。

表 9-3 转换开关触点表

手柄和触点盒形式	F4-x	1		1		1		1		1	
触点号		1～3	2～4	5～7	6～8	9～11	10～12	13～15	14～16	17～19	18～20
位置 断开	←	—	·	—	·	—	·	—	·	—	·
置 接通	↑	·	—	·	—	·	—	·	—	·	—

注："·"表示接通，"—"表示断开。

1）APD 装置采用低电压起动方式

APD 装置投入运行时，切换开关 SA 接点 13～15 闭合，电压继电器 KV1、KV3 监视备用电源电压，KV2、KV4 监视工作电压失压情况。当电源电压降低为额定电压的 25% 的设定极限值时，电压继电器发出动作。

监视备用电源电压的电压继电器 KV1、KV3 的动作电压整定值为

$$U_{op} = (0.6 \sim 0.7)U_N$$

监视工作电源电压的电压继电器 KV2、KV4 的动作电压整定值为

$$U_{op} = 0.25U_N$$

式中：U_{op}——电压继电器的动作电压；

U_N——继电器所在母线的额定电压。

2）防止 APD 误动作

为防止电压互感器 TV1、TV2 二次侧的熔断器动作断线，而使 APD 误动作，在 APD 起动回路中串联了电压互感器的断线闭锁和中间继电器接点。

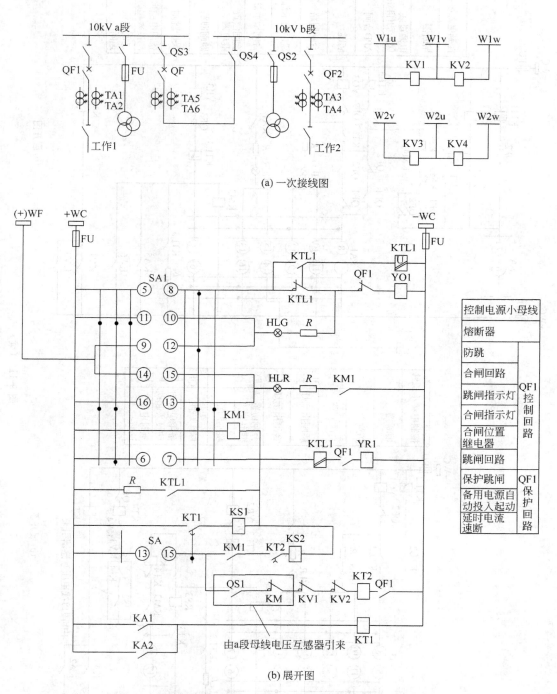

(a) 一次接线图

(b) 展开图

图 9-11　直流操作的备用电源自动投入装置一次接线图及展开图

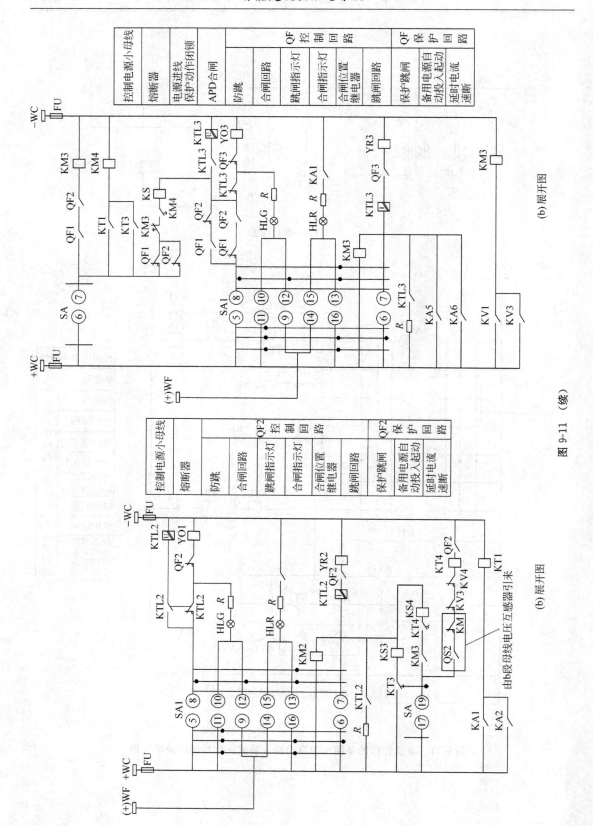

图 9-11　（续）

当备用电源电压正常,中间继电器 KM 常开接点闭合,经时间继电器 KT2、KT4 延时后,使发生故障的工作电源进线断路器分闸。断路器动作时间的整定原则,应避开出线短路而产生 APD 误动作。故电源进线断路器动作时间 t,比出线断路器的动作时限 t_1 多一个时段 $\Delta t(\Delta t \approx 0.5s)$,即 $t = t_1 + \Delta t$。

3) 保证 APD 动作一次

在故障工作电源断路器分闸以后,经断路器辅助接点 QF1、QF2 的常闭接点,接通母线分段断路器的合闸电路。在合闸电路中串联闭锁中间继电器 KM3 的延时释放常闭接点和 KM4 的延时释放常开接点。KM3 触点能防止工作电源进线保护动作时 APD 投入故障母线上。KM4 能保证 APD 只动作一次。

一般 KM4 继电器的延时为 0.5s,中间继电器 KM5 整定为 0.7~0 9s。如果 APD 投到故障母线时,则继电保护动作,使断路器分闸。

9.6 配电网的自动化与智能化

9.6.1 配电网自动化系统

配电网是电力系统电能发、变、送、配中最后一个向用户供电的环节。配电网自动化系统(Distribution Automatic System,DAS)是指利用现代计算机、通信与信息技术,将配电网的实时运行、电网结构、设备、用户以及地理图形等信息进行集成,构成完整的自动化系统,实现配电网运行监控及管理的自动化和信息化。其作用主要是提高供电质量,与用户建立更密切的关系,提高配电网管理效率。

配电网自动化系统是一项系统工程,它大致可分为配电网自动化主站系统、配电网自动化子站系统和配电网自动化终端。

1. 配电网自动化主站系统

主站系统由配电 SCADA 主站系统、配电故障诊断恢复和配电网应用软件子系统 DAS、配电 AM/FM/GIS 应用子系统构成配电网管理信息系统(Distribution Management System,DMS)。

1) SCADA 为配电 SCADA 主站系统

配电监视控制和数据采集(Supervisor Control and Data Acquisition,SCADA)主站系统由前置机服务器(RTU 服务器)、SCADA 服务器、调度员工作站(MMI)、报表工作站、DA 服务器、GIS 服务器等组成。以完成远方现场运行参数、开关状态的采集和监视、远方开关的操作、远方参数的调节等任务,并为采集到的数据提供共享的途径。

前置机服务器有若干台,其中一台为主前置机服务器。当服务器出现故障时,若干从前置机服务器中的一台自动成为主前置机服务器,以保证系统的正常运行。主前置机服务器通过接收子站交换机发送来的数据,并存入当地内存,形成生数据实时共享内存。主前置机服务器向若干从前置机服务器发送生数据,各从前置机服务器接收主前置机服务器发送来的生数据形成自己的生数据实时共享内存。

SCADA 服务器有若干台,其中一台为主 SCADA 服务器。当服务器出现故障时,从 SCADA 服务器中的一台自动成为主 SCADA 服务器,以保证系统的正常运行。主 SCADA

服务器接收主前置机服务器发送来的生数据,经过处理形成熟数据。将形成的熟数据存入内存,形成实时库。同时将形成的熟数据存入硬盘,形成历史库,历史库全系统只有一个。需要历史数据时,从历史库取数据。

2) 配电网故障线路报警和自动隔离及恢复系统

配电网故障诊断和断电管理系统可根据投诉电话和通信信息,实现故障定位与诊断,并自动实现故障隔离、负荷转移、现场故障检修、事故报告存档等功能。

中低压配电网大部分采用树枝状供电系统,这种系统一旦某处发生故障,由于范围广、地理条件复杂,故障点的寻找困难,停电时间长,涉及范围大。配电故障诊断恢复实现故障定位,进行故障隔离处理,恢复非故障段的正常供电。常用故障定位与恢复供电的方法简述如下。

(1) 采用微机故障报警系统,在开关站装设报警装置,或称为远方终端 RTU。当有单相接地故障发生时,该报警装置把故障信号送往调度中心的监控微机,使值班人员在极短的时间内确定故障段,派员抢修,非故障段在极短的时间内恢复供电。整个过程自动进行,无需人工干预,故障定位迅速、准确。

(2) 采用自动隔离恢复系统,一般采用的设备是分段器和自动重合器,有不同的组合。当配电网发生故障后,开关设备逐个自动重合,若为永久故障,则自动闭锁重合。这种系统的优点是能自动隔离故障点,较快地恢复无故障部分的供电,过程自动化,无需通信系统,但必须经过若干次重合,短路电流的冲击较大,且会造成非故障线段的短时间停电。当配置有数据采集和通信功能的柱上开关控制器时,将故障信号通过信道送到变电站,即能实现故障的一次性定位和隔离。

(3) 采用电话热线判断故障定位。当故障发生时,通过用户打来的投诉热线电话,使调度员快速、准确地判定故障发生地点,及时派员维修。电话热线系统由电话交换机和计算机系统组成,并有自动电话录音功能。计算机能分析电话类别,判别是首次打进来的新故障电话,还是已经接到的故障电话,并根据判断的结果采取相应措施。

3) 配电 AM/FM/GIS 应用子系统

配电 AM/FM/GIS 应用子系统是将地理学空间数据处理、计算机技术与电力系统相结合,为获取、存储、检索、分析和显示电力设备的空间定位资料和属性资料,而建立的计算机数据库管理系统。其中 AM 为自动绘图,FM 为设备管理,GIS 是地理信息系统,AM/FM/GIS 是配电管理系统 DMS 的基本平台。该系统可实现在线服务和离线管理。在线服务主要是与 SCADA 系统提供的实时信息有机结合,正确判断故障位置,及时派员维修,提供优质的日常维护服务。离线管理方面的应用包括设备管理系统、用电管理系统及规划管理系统等。

配电网地理信息系统(Geographic Information System,GIS)的任务是在城乡街道地理背景图上按一定比例绘制馈电线的接线图。图上可标注断路器、架空线、电线杆、电缆、配电变压器等所有电气设备的符号、型号、规格。

2. 配电网自动化子站系统

因为配网监控设备点多面广,配电 SCADA 系统的系统测控对象既包含较大容量的开闭所、环网柜,又包含数量较多、分布较广的柱上开关,不可能把所有的站端监控设备直接连接到配电网主站系统,需要增设中间级配电网自动化子站系统,简称配电子站。配电子站管理一定范围内的终端监控设备,完成数据采集、馈线监控、当地监控及馈线重合闸的功能,并将实时数据转送配电主站通信处理器。这样既能避免主干通道信息量的拥挤,又能实施有效的控制管理。

3. 配电网自动化终端

城市配电网自动化终端利用一次智能化开关、二次户外 FTU、TTU 等设备负责对柱上开关、开闭所、环网柜、配电变压器等进行监控，实现对故障的识别和控制功能，从而配合配网自动化主站及子站实现城区配电网运行中的工况检测、网络重构和优化运行，以及故障隔离和非故障区域的恢复供电。如 WPZD-110 型 FTU 终端配套设备，其容量为 9 路遥测量，8 路遥信量，4 路遥控量，具有与上级站通信的 RS-232 接口，也有与下级站通信的 RS-485接口。能实现数据采集和处理，远方控制与就地控制，故障识别、故障隔离和负荷转移。其通信功能为能接收远方控制指令，能发送采集的数据信息等。

4. 配电网管理信息系统（DMS）

通常把从变电、配电到用电各环节的监测、保护、控制和管理的综合自动化系统称为配电网管理信息系统。DMS 的主要内容有配电网自动化系统、网络分析和优化系统、工作管理系统、调度员培训模拟系统等。配电网管理信息系统的功能包含很多，如数据处理功能、辅助决策功能、办公自动化功能、SCADA 系统功能、负荷管理功能（LM）等。

配电网负荷管理（LM）是指供电部门根据电网的运行情况、用户的特点及重要程度，对用户的电力负荷按照预先确定的优先级别、操作程序进行削峰填谷、错峰、改变系统负荷曲线的形状等进行监测与控制，尽量减少低效机组运行，提高设备利用率的目的。在事故或紧急情况下，自动切除非重要负荷，保证重要负荷的连续供电及系统的安全运行。

如图 9-12 所示为负荷管理系统结构拓扑示意。负荷管理系统由主站系统和终端用户装置组成，二者之间通过有线与无线相结合的通信方式实现对负荷的控制、数据抄录、运行管理等功能。

主站系统由两台 NT 服务器、一台远程访问服务器、两台工作站、一个 HUB、一个路由器等设备组成一个 100M 的以太网。其中 NT 服务器一台为主，另一台为热备用。两台工作站中，一台用于进行负荷控制、抄表，并接收天文卫星时钟的时间（GPS）。另一台用于数据查询、打印以及同便携机通信。HUB 提供了多个端口，使微机、便携机可以访问 NT 服务器中的数据，并和工作站通信。远程访问服务器能使远方的便携机、微机可以上网与通信工作站建立通信。路由器则提供了同其他电力系统的网络接口。

位于前端的由虚线相连的便携机上的 Modem，用于在特殊情况下现场对用户装置的参数设置、数据读出以及把数据上载到 NT 服务器或从 NT 服务器下载数据。

终端用户装置完成负荷的控制操作、遥信、遥测、分时电度等的数据采集任务，并和主站系统通信，接收命令，上传数据。该系统实现的主要功能简介如下。

（1）负荷控制。可以按区域分片控制，也可以按负荷容量控制。区域分片的控制模式有功率、电量、功率因数等三种。按负荷容量的控制模式是将用户按容量大小分为 6 个等级，可以选定某一个或几个容量等级的用户进行负荷控制。

（2）远方监控。远方抄表可以定时地对所有用户的负荷进行抄表，或者任意地对选定的用户的负荷进行实时抄表。抄录的内容包括：电表即时电度、即时功率、即时功率因数等。远方跳合闸监控是对选定的单个用户，利用有线或无线方式控制某个负荷开关跳闸或合闸。可以采用图形、曲线、文字、表格、声音等方式远距离监视用户信息，提供即时抄表所得的数据,如开关状态、功率曲线、功率因数曲线、电量累计直方图、功率超标报警、功率因数超标、电量超标报警等。

（3）历史记录。除抄表所得数据形成的记录之外,还可以形成报警记录、人工开关操作记录、负荷侧操作记录、通信失败记录等。

（4）统计和打印。可以对抄表的数据以及历史记录分日、分月、分年进行统计,并以表格或曲线的形式显示、打印。

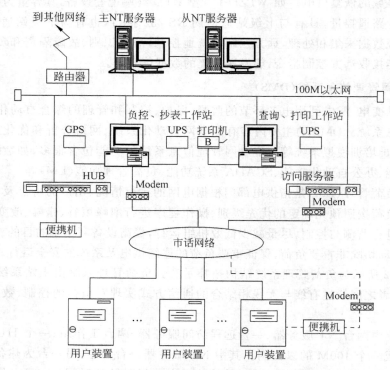

图 9-12　负荷集中控制及分时集成系统结构拓扑图

9.6.2　智能配电网

智能电网包括智能输电网和智能配电网（Smart Distribution Grid,SDG）两方面的内容。智能配电网（SDG）是一个集成了传统的配电工程技术、高级传感和测控技术、现代计算机与通信技术的配电系统。智能配电网（SDG）能支持分布式电源的接入,为用户提供择时用电等互动的服务。

1. 智能配电网（SDG）的主要作用

SDG 将使配电网从传统的供方主导、单向供电、基本依赖人工管理的运营模式向用户参与、潮流双向流动、高度自动化的方向转变。智能配电网（SDG）在经济效益和社会效益方面产生的作用越来越显著。

SDG 能对配电网进行实时监控并优化管理,降低系统容载比提高负荷率,使系统容量能够获得充分利用,实现配电网的最优运行,延缓或减少电网一次设备的投资,产生显著的经济效益。SDG 在保证供电可靠性的同时,还能够为用户提供满足其特定需求的电能质量。不仅可以克服以往故障重合闸、倒闸操作引起的短暂供电中断,而且可以消除电压聚降、谐波、不平衡的影响。

传统的配电网的规划设计、保护控制与运行管理方式基本上不考虑分布式电源的接入。SDG 具有很好的适应性,能够大量地接入分布式电源,极大地推动了可再生能源发电的发展,降低了化石燃料的使用和碳排放量。在促进环保的同时,实现电力生产方式与能源结构的转变。

2. 智能配电网(SDG)与配电网自动化系统(DAS)的比较

SDG 和 DAS 都采用了现代计算机、通信与信息技术等主要技术手段,并应用于配电网中。SDG 完全包含 DAS 的技术内容。与 DAS 相比较,SDG 的技术内容更为丰富,性能更为完善,还能实现与用户的互动。

SDG 的出现给 DAS 的发展提出了新的要求。美国电力科学研究院在"智能电网体系"研究报告中提出了高级 DAS 的概念。高级 DAS 是配电网革命性的管理与控制方法,它能实现接有 DER 的配电系统的全面控制与自动化,使系统的性能得到优化。高级 DAS 的主要特点体现在支持 DER 的大量接入和深度渗透。

高级 DAS 将克服常规 DAS 通信技术存在的问题,使用 IP 通信网络。支持常规 SCADA 的所有功能。此外,还具有能支持子站应用,支持"即插即用"等良好的开放性,支持故障等事件信息与控制命令的快速传输。能够收集网络管理信息,向网管工作站报告网络与终端设备的错误,能够提供安全访问控制等。

习 题

9-1 二次回路包括哪些部分?各部分的功能是什么?

9-2 二次回路的操作电源是如何得到的?

9-3 直流操作电源和交流操作电源有何区别?

9-4 什么是浮充电运行方式?

9-5 继电保护的交流操作方式有哪几种?哪一种比较常用?

9-6 断路器的控制回路应满足哪些基本要求?

9-7 断路器的控制信号回路的主要功能是什么?事故信号按什么原理发出?并说明防跳回路的工作原理。

9-8 电气测量的目的是什么?对仪表的配置有何要求?

9-9 计费计量中,互感器、仪表的准确度有何要求?

9-10 自动重合闸装置的主要作用是什么?与保护配合的前、后加速是指什么?

9-11 备用电源自动投入装置的主要作用是什么?对明备用系统和暗备用系统的要求有何区别?

9-12 配电网自动化包括哪些主要功能?

9-13 配电网自动化系统中 SCADA 系统、配电网故障线路报警和自动隔离及恢复系统、GIS 系统、DMS 系统、LM 系统,各自的主要任务和功能是什么?

9-14 写一篇 500 字的报告,简述配电网自动化系统和智能配电网的发展历史。

第 10 章　供配电系统过电压与防雷保护

10.0　内容简介及学习策略

1. 学习内容简介

本章主要介绍供配电系统中过电压的基本概念,以及雷电过电压对供配电系统和建筑物的危害及其防护方法。介绍了直击雷防护装置及保护范围的计算方法,避雷器和浪涌保护器的保护性能,接地系统与等电位连接等基本知识。

2. 学习策略

本章建议使用的学习策略为在了解供配电系统过电压产生原因,根据雷电过电压的特性,学习运用直击雷防护装置、避雷器、SPD、等电位连接的保护原理,并运用在配变电所和低压配电线路的防雷保护。学完本章后,读者将能够实现如下目标。

- ↻ 了解内部过电压和外部过电压的含义及危害。
- ↻ 掌握直击雷过电压的防护装置的保护原理,理解单只避雷针保护范围的计算方法。
- ↻ 掌握避雷器的基本特性,理解雷电侵入波的特点及防护方法。
- ↻ 理解 SPD 的工作特性,掌握 SPD 防护电子信息系统雷击电磁脉冲的基本方法。
- ↻ 掌握等电位连接的保护方法,理解接地系统的基本概念。

10.1　过电压及其危害

过电压是指供配电系统在特定条件下所出现的超过工作电压的不正常电压升高现象。过电压属于电力系统中的一种电磁扰动现象。过电压分外部过电压和内部过电压两大类。在正常工作时电动机、变压器、输配电线路和开关设备等的对地绝缘能力,只承受相电压,因此比工作电压高得多的过电压的作用会对供配电系统中电气设备的绝缘性能产生十分危险的影响。

10.1.1　内部过电压的产生及分类

由于系统的操作、故障和某些不正常运行状态,使供配电系统电磁能量发生转换而产生的过电压称为内部过电压。

内部过电压的根源在电力系统内部,通常都是因系统内部电磁能量的积聚和转换而引起的。内部过电压的持续时间与过电压的类别有关。如操作过电压的持续时间一般为毫秒级,而谐振过电压可较长时间地持续电压。常见的内部过电压有操作过电压、谐振过电压、工频电压升高等。

1. 操作过电压

操作过电压是指由于开关分合闸操作或事故状态而引起的过电压。在开关操作或事故过程中,系统的运行状态发生改变将引起系统中电容和电感间电磁场能量互相转换的暂态过程。在阻尼不足的电路中,这种过程常常是振荡性的。这时,就有可能在某些设备上、局部或全部电网中出现过电压。常见的操作过电压有切断小电感电流时的过电压,例如切除空载变压器,切除电抗器等。切除电容性负载时的过电压,例如切除空载长线,电容器等。中性点不接地系统的弧光接地过电压。

2. 谐振过电压

谐振过电压产生于系统中电感与电容组合构成的振荡回路之中。其固有自振频率与外加电源频率相等或接近时,出现的一种周期性或准周期性的运行状态,叫谐振。由谐振导致的过电压称为谐振过电压。供配电系统中,谐振过电压主要有线性谐振过电压(发生在恒定电感、电容和电阻组成的回路中)和非线性(铁磁)(由于变压器、电压互感器等的磁路饱和造成)谐振过电压。

3. 工频电压升高

工频电压升高是指因为系统发生故障、不正常运行状态或参数失配造成的电压上升。常见的工频电压升高有长线路电容效应造成的末端电压升高,不对称接地带来的相对地电压升高,突然甩负荷造成的电压升高,低压中性点接地系统中性点位移造成的电压升高,共用接地体的高压接地电压窜入低压系统造成的过电压等。

内部过电压的幅值与电网的额定电压成正相关关系,一般为额定电压的 2.5～4 倍,因此在高压和超高压系统中显得特别严重,在以中压和低压为主要电压等级的供配电系统中,内部过电压对系统自身的运行安全危害相对较轻。但其对环境安全、人身安全或用电设备安全却有较大危害。

外部过电压又称雷电过电压、大气过电压。雷电过电压是由于大气中雷云与雷云,雷云与地面物体间出现的放电现象。雷电过电压的持续时间约为几十微秒,其幅值取决于雷电参数,并具有脉冲的特性,常称为雷电冲击波。

10.1.2　雷电过电压的产生及其特性参数

1. 雷电放电过程

雷电形成的理论较多,一般认为大地表面上的水受到太阳的照射形成蒸气上升,在大气层中遇到冷空气便凝结成小水滴。小水滴在地球重力作用下下沉,悬浮在空中形成了白云。不断上升的热气流与不断下降的小水滴相互摩擦产生大量的静电荷,微细水滴带负电,较大水滴带正电。大气不断流动,使带有不同电荷的云相互分离形成雷云。当异种电性的雷云相互吸引,形成的电场强度增加到约 25～30kV/cm 时,雷云击穿空气绝缘开始放电,形成雷电,发出闪电和隆隆的雷声。云层之间的放电,对地面上的建筑物和人危害不大,但对电子设备影响较大。雷云对地面建筑物放电,危害极大。

据观测统计,雷云约有 85% 带负电,当带负电的雷云飘到高层建筑物的上空时,地面上建筑物的顶端因静电感应产生正电荷。当正负电荷之间形成数兆伏甚至数十兆伏的强大电场时,雷云开始电离空气,下行梯级式先导放电,以逐级推进的方式向下发展,每级长度约25～50m,每级的伸展速度为104km/s,平均发展速度约为100～800km/s,这种预放电称为先导放电。同时建筑物顶端开始上行梯级式先导放电。当它与下行先导相遇两者汇合时,便形成了雷电流的通路,开始主放电过程。主放电时间极短,约为50～100μs之间,放电电流达100～200kA,温度可达二万摄氏度,使周围的空气烧成白炽并猛烈膨胀,发出耀眼的闪光和震耳欲聋的雷声。主放电后云中存在的电荷还会沿主放电通路流向地面,相应的电流减少为100～1000A左右,持续时间为0.03～0.15s,这样就完成了第一次放电。一般情况下,雷电往往要由几次主放电组合成一次放电,并逐渐伸向地面。它的持续时间最长可达1.5s。被雷击中的建筑物,即为雷击事故。

2. 落雷的相关因素

1）地面落雷

地面落雷与地理、地质、地形和地物等因素相关。一般雷电活动随地理纬度的增加而减少,且湿热地区的雷电活动多于干冷地区。对能很快聚集起与雷云相反的电荷地质条件的地面容易落雷。如地下埋有导电矿藏的地区,地下水位高的地方,土壤电阻率突变的地方,土山的山顶或岩石山的山脚等处。能引起局部气候变化,造成有利于雷云形成和相遇的地形条件容易落雷。对于孤立高耸的建筑物、排出导电尘埃的厂房、山区和旷野地区的输电线等地物因素,有利于雷云与大地之间建立良好的放电通道便于落雷。

2）建筑物落雷

建筑物落雷与建筑物的孤立程度、建筑物的结构、建筑物的性质和建筑物的位置和外廓尺寸等因素相关。旷野中孤立的建筑物和建筑群中的高耸建筑物,易受雷击。金属屋顶、金属构架、钢筋混凝土结构的建筑物,易受雷击。常年积水的水库,非常潮湿的牲畜棚,建筑群中特别潮湿的建筑物,容易集聚大量电荷易受雷击。一般认为位于地面落雷较多的地区和外形尺寸较大的建筑物易受雷击,如表10-1所示。

表 10-1　建筑物宜遭雷击的部位

序号	建筑物部位名称	宜遭雷击部位	说　明
1	平屋面	檐角、女儿墙、屋檐等处	"○"为雷击率最高部位 "——"为易受雷击部位 "----"为不易受雷击部位
2	坡度≤1/10 的屋面	檐角、女儿墙、屋檐等处	
3	1/10＜坡度＜1/2 屋面	屋角、屋脊、檐角、屋檐等处	
4	坡度≥1/2 的屋面	屋角、屋脊、檐角等处	

3. 雷电过电压的分类

雷电过电压会对建筑物和供配电系统造成危害。雷电过电压又分为直击雷过电压、感应雷过电压、雷电波浸入和雷击电磁脉冲。

1）直击雷过电压

直击雷过电压是指雷电对电气设备或建筑物直接放电而产生的过电压,放电时雷电流可达几万甚至几十万安培。雷电直接打击在人或建筑物上称为直击雷。直击雷一般作用于建筑物顶部的突出部分或高层建筑的侧面(即侧击雷)。直击雷又分线形雷、片形雷和球形雷等,其中以线形雷占大多数。球形雷是一种发出红光或白光的火球,其直径多在 20cm 左右,个别可达 10m 左右,它质轻、运动速度慢(每秒钟几米)、存在时间短(多为几秒钟,少数可达几分钟),但它能量巨大,随风顺负压飘动,也可能从门、窗、烟囱等通道侵入室内,能造成严重危害。

2) 感应雷过电压

感应雷过电压又称雷电的二次作用或叫感应雷。它可分为静电感应雷和电磁感应雷两种。静电感应雷是雷云接近地面时,在地面凸出物顶部感应大量异性电荷,在雷云与其他部位或其他雷云放电后,凸出物顶部的电荷失去束缚,以雷电波的形式高速传播而形成。电磁感应雷是在雷击后,雷电流在周围空间产生迅速变化的强磁场,处在强磁场范围内的金属导体上会感应出很高的过电压而形成。例如,当雷云出现在架空线路上方时,由于静电感应,在架空线路上积聚大量异性电荷,在雷云对其他地方放电后,线路上原来被约束的电荷被释放形成自由电荷以电磁波速度向线路两侧流动,形成感应过电压,其电压可达几十万伏。

感应雷过电压能在导体上感应出很高的电压及很大的电流。若回路间的导体接触不良,还会产生局部发热。若回路有间隙便会产生火花放电现象。

3) 雷电波侵入

雷电波侵入是指架空线路或金属管道上遭受直接雷或感应雷而产生的雷电波,将沿着这些管线侵入建筑物内部,危及人身或设备安全。这种现象称为雷电波侵入,又称高电位引入。

雷电入侵波可以因为线路结构差异或设备的运行状态不同产生加倍的破坏力。如延电缆到单架空线前行,线路波阻抗由小变大,入侵波幅值就可以升高。到达线路开路处就发生雷电入侵电压波全反射,可使幅值增加两倍。

4) 雷击电磁脉冲

雷击电磁脉冲是指雷电直接击在建筑物防雷装置和建筑物附近所引起的电磁效应。它是一种电磁干扰源,有能量冲击。它对供配电系统中电气设备的绝缘威胁不大,但对电子信息系统中设备的正常工作影响甚大。

这种能量干扰脉冲既可以以过电压形式出现,也可以以过电流或电磁辐射形式出现。因此,雷击电磁脉冲并不完全是过电压问题,而是一种能量冲击,因此又将其称为"电涌"(Surge)或"浪涌",它对供配电系统中电气设备的绝缘威胁不大,但对用电设备中的信息系统设备的正常工作影响甚大。

4. 雷电的特性参数

1) 雷电流的幅值 I_m

从雷云放电过程中的主放电阶段,雷电流急剧升高达到最大值时的电流值称为雷电流幅值,用 I_m 表示,单位为 kA。雷电流由零增加到最大值的时间称为波头。雷电流从开始增加到幅值下降 50% 的时间称为波长,也称为半值时间。

一般用波头/波长($\mu s/\mu s$)表示短时雷击雷电流波形。如图 10-1 所示为三种雷电流波形。

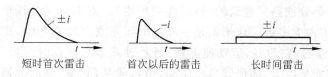

图 10-1　雷电放电波形

　　当雷电流幅值为 50～150kA 时,在计算中取雷电波头时间为 3μs。一般直击雷波形为 10μs/350μs(简写为 10/350μs),感应雷波形为 8μs/20μs(8/20μs)。在防雷保护计算中,据资料建议采用的雷电流波形为 2.6/50μs。

　　防雷设备的耐雷水平是按雷电流大小确定的,雷电流幅值的变化范围很大。平原地区最大雷电流幅值可达 200～230kA,大部分在 50kA 左右,幅值超过 20kA 的雷电流的概率在 65% 左右,超过 120kA 的概率在 7% 以内。

　　2) 雷电流的陡度

　　雷电流的陡度是指雷电流幅值与雷电流波头长度的比值,用 α 表示,单位为 kA/μs。它表示雷电流的变化速度,即 $\alpha = \mathrm{d}i/\mathrm{d}t$。在主放电阶段,雷电流陡度大。在达到幅值时,雷电流陡度为零。在波尾时,雷电流陡度为负值。可见雷电流的幅值与雷电流的最大陡度不在同一时间出现。对电气设备的绝缘而言,雷电流的陡度越大,产生的过电压 $U = L\mathrm{d}i/\mathrm{d}t$ 越高,对绝缘的破坏作用越严重。通常雷电流陡度为 25kA/μs 的概率为 10%。雷电流最大陡度为 50kA/μs,常用来作为感应过电压及防止雷电反击的计算依据。

　　3) 雷云的电位

　　雷云的电位可达 10～100MV,可使雷云内部平均电场为 10kV/m。当雷云接近地面的局部场强达 10～3kV/m 时,就会使空气游离而放电。

　　4) 雷电输入大地的电荷量

　　瞬时雷电流对时间的积分为雷电输入大地的电荷量(简称电量),用 Q 表示,单位为库伦(C)。平均每次雷电输入大地的电荷为 30～50C。建筑物防雷时的雷击电荷计算公式为

　　(1) 首次雷击电荷量

$$Q = (1/0.7) \times I \times T_2 \tag{10-1}$$

式中：Q——雷电输入大地的电荷,C;

　　　I——雷电流幅值,kA;

　　　T_2——半值时间,μs。

　　(2) 长时间雷击电荷量

$$Q_1 = T \times I_1 \tag{10-2}$$

式中：I_1——长时间放电值(一次雷击)的平均电流值,kA。

　　5) 雷电流波阻抗

　　雷电路径中单位长度上的电感与容抗值大约在 300～500Ω 范围内,计算式中常取 300Ω。

　　6) 单位能量

　　雷电流的平方在整个雷闪持续时期内对时间的积分值。它表示雷电流在单位电阻上消耗的能量。用 W/R 表示,单位为 MJ/Ω。

如图 10-2 所示为雷电流幅值等参数示意。建筑物防雷类别中的雷电流参数如表 10-2 所示。

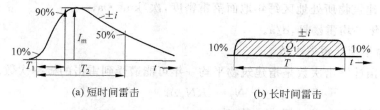

(a) 短时间雷击　　　　　　　　　(b) 长时间雷击

图 10-2　雷电流参数图形

I_m—峰值电流；T_1—波头时间；T_2—半值时间；

T—从波头起自峰值 10% 至波点降至峰值 10% 之间的时间；Q_1—长时间雷击的电荷量

表 10-2　几种雷电流参数

首次雷击的雷电流参数							
雷电流参数	建筑物防雷类别			雷电流参数	建筑物防雷类别		
	一类	二类	三类		一类	二类	三类
I 幅值/kA	200	150	100	Q 电荷量/C	100	75	50
T_1 波头时间/μs	10			W/R 单位能量/(MJ/Ω)	5.6	2.5	
T_2 半值时间/μs	350						

首次以后雷击的雷电流参数							
雷电流参数	建筑物防雷类别			雷电流参数	建筑物防雷类别		
	一类	二类	三类		一类	二类	三类
I 幅值/kA	50	37.5	25	T_2 半值时间/μs	100	100	100
T_1 波头时间/μs	0.25	0.25	0.25	I/T_1 平均陡度/(kA/μs)	200	150	100

长时间雷击的雷电流参数							
雷电流参数	建筑物防雷类别			雷电流参数	建筑物防雷类别		
	一类	二类	三类		一类	二类	三类
Q 电荷量/C	200	150	150	T 放电时间/s	0.5	0.5	0.5

5. 建筑物雷电防护参数

1) 雷暴日

雷暴日是指某地区每年中有雷电放电的天数,一天中只要听到一次雷声就算一个雷暴日。雷暴日的单位为 d/a(天/每年)。

在不同的地区雷电活动的频繁程度不同,目前按行政区域统计雷暴日,雷暴日一般取其统计平均值,即平均雷暴日。中国一些城市的年平均雷暴日可查阅附录表 A-25。

根据雷电活动的频度和雷害的严重程度,中国把年平均雷暴日大于 90d/a 的地区称为强雷区,平均雷暴日不小于 40d/a 的地区为多雷区,平均雷暴日在 15～40d/a 的地区为中雷区,平均雷暴日不大于 15d/a 的地区为少雷区。

2) 地面落雷密度

地面落雷密度是指每平方千米每个雷暴日的对地落雷次数,它表征了雷云对地放电的

频繁程度。计算公式为

$$N_g = 0.024 T_d^{1.3}$$ (10-3)

式中：N_g——建筑物所处地区每年地面落雷密度，次/km²·a；

　　　T_d——年平均雷暴日，d/a。

　3）建筑物年预计雷击次数

　　建筑物年预计雷击次数是指建筑物平均一年可能遭受到雷击的概率次数。计算公式为

$$N_1 = K N_g A_e$$ (10-4)

式中：N_1——建筑物年预计雷击次数，次/a；

　　　K——校正系数，一般情况下取 1。在以下情况取下列值：位于旷野孤立的建筑物取 2；金属屋面的砖土结构建筑物取 1.7；位于河边、湖边山坡下或山地中土壤电阻率较小处、地下水露头处、土山顶部、山谷风口等处的建筑物，以及特别潮湿的建筑物取 1.5；

　　　A_e——与建筑物接收相同雷次数的等效面积，km²。

　4）建筑物等效接收面积

　　如图 10-3 所示，建筑物等效面积应为其实际面积向外扩大后，虚线所围绕的面积。

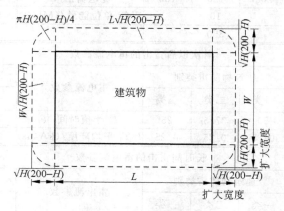

图 10-3　建筑物的等效面积

　　当建筑物的高度 H 小于 100m 时，每边的扩大宽度 D 和等效面积 A_e 为

$$D = \sqrt{H(200-H)}$$ (10-5)

$$A_e = [LW + 2(L+W) \times \sqrt{H(200-H)} + \pi H(200-H)] \times 10^{-6}$$ (10-6)

　　当建筑物的高度 H 等于或大于 100m 时，每边的扩大宽度 D 应等于建筑物的高 H 计算。建筑物的等效面积 A_e 为

$$A_e = [LW + 2H(L+W) + \pi H^2] \times 10^{-6}$$ (10-7)

式中：D——建筑物每边的扩大宽度，m；

　　　$L、W、H$——建筑物的长、宽、高，m。

　　当建筑物各部位的高度不同时，应延建筑物周边逐点计算出最大扩大宽度。其等效面积应按每点最大扩大宽度外端的连接线所包围的面积计算。

10.1.3　过电压的危害作用

1. 过电压对供配电系统的危害作用

过电压的危害主要表现在危及系统和设备安全以及危及人身安全两个方面。在供配电系统中的过电压会引发电气设备击穿绝缘造成短路，还可能因工频电压升高使照明或电热设备发热功率增大而烧坏设备，或使电动机、变压器等设备铁芯磁通密度增大，导致铁损增大而烧坏设备，也可能因短时脉冲电压而使电子元器件及设备损坏。雷电对建筑物的破坏作用极可能危害人身安全。

2. 雷电对建筑物的危害作用

雷电对建筑物的危害作用主要是从强大的雷电流产生到消失的短暂过程中，表现出的静电感应效应、电磁效应、瞬态电涌效应、热效应和机械效应等方面，对建筑物产生的不良影响。它可能导致建筑物本身和内部物体受到损坏，能使人和动物受到损伤，还能使内部系统的功能失效。

雷电对建筑物常用服务设施功能的危害很大。对电信线路的机械损伤，如屏蔽层和导体的熔化等。因电缆和设备绝缘的击穿而导致功能失效，致使公共信息服务功能受到损失。使低压架空电力线路的绝缘子损坏，电缆绝缘层击穿，线路设备和变压器的绝缘击穿，造成电能服务功能丧失。可能使煤气管或燃气管系统中的非金属法兰盘衬垫穿孔，有可能造成火灾或爆炸。雷电在建筑物中产生的不良影响如表 10-3 所示。

表 10-3　雷电对普通建筑物的影响

序号	建筑物类型	雷电的影响
1	住宅	① 电气装置击穿、火灾或材料损坏； ② 损害通常限于暴露于雷击点或暴露于雷电流通道的对象； ③ 装设的电气、电子设备和系统失效，如电视机、计算机、调制解调器、电话等
2	农舍	① 火灾、危险的跨步电压以及材料损坏为主要风险； ② 次要的风险是由于电源断电、通风系统、饲料供应系统电子控制失效等，使牲畜生命受到伤害
3	剧院、宾馆、学校、商店、运动场	① 电气装置(如电灯照明)损坏可能导致的恐慌； ② 火警失效致使消防延误
4	银行、保险公司、商业公司等	① 电气装置(如电灯照明)损坏可能导致的恐慌； ② 火警失效致使消防延误； ③ 通信不畅、计算机失效和数据损失所产生的问题
5	医院、疗养院、监狱	① 电气装置(如电灯照明)损坏可能导致的恐慌； ② 火警失效致使消防延误； ③ 通信不畅、计算机失效和数据损失所产生的问题； ④ 特护人员以及行动不便人员的救援困难等
6	工厂	取决于工厂内部物体，从轻微的损害到不可接受的损害和停产
7	博物馆、古迹、教堂	不可替代的文化遗产的损失
8	电信、电厂	公共服务设施不可接受的损失
9	烟花厂、军火厂	火灾和爆炸危机工厂和四邻
10	化工厂、冶炼厂、核工厂、生化实验室和工厂	工厂发生火灾和故障给当地和全球环境带来不利影响

10.2　直击雷过电压的防护

对直击雷的防护措施是让雷电在人为设置的防护装置上放电,使雷电流沿防护装置泻入地中,以免被保护设备或建筑物受到损坏。

10.2.1　直击雷防护装置的保护原理

1. 直击雷防护装置的组成

如图 10-4 所示,直击雷防护装置由接闪器、引下线和接地装置三个主要的部分组成。

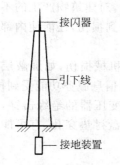

图 10-4　直击雷防护装置

1) 接闪器

接闪器是用来直接接受雷击的金属物体。接闪器装设于容易遭受雷击的部位,并高于被保护物,其作用是将雷电吸引到避雷针本身并安全地将雷电流引入大地,从而保护电气设备免遭雷击。接闪器的形式有避雷针、避雷线、避雷网、避雷带或用作接闪的金属屋面和金属构件。

(1) 避雷针。避雷针的功能实质上是引雷作用。由于避雷针安装高度高于被保护物,因此当雷电先导临近地面时,它能使雷电场畸变,改变雷电先导的通道方向,吸引到避雷针本身,然后经与避雷针相连的引下线和接地装置将雷电流泄放到大地中去,使被保护物免受直接雷击。

避雷针宜采用圆钢或焊接钢管,针长 1m 以下时,圆钢直径不小于 12mm,钢管直径不小于 20mm。针长 1~2m 时,圆钢直径不小于 16mm,钢管直径不小于 25mm。装在烟囱顶端时,圆钢直径不小于 20mm。避雷针通常安装在构架、支柱或建筑物上。它的下端要经引下线与接地装置连接。

(2) 避雷带和避雷网。避雷带和避雷网主要用来保护高层建筑物免遭直击雷和感应雷。避雷带和避雷网宜采用圆钢和扁钢,优先采用圆钢。圆钢直径应不小于 8mm,扁钢截面应不小于 48mm²,其厚度应不小于 4mm。

避雷带一般安装在建筑物顶突出的部位上,如屋脊、女儿墙等。当烟囱上采用避雷环时,其圆钢直径应不小于 12mm,扁钢截面应不小于 100mm²,其厚度应不小于 4mm。接闪器应镀锌或涂漆。在腐蚀性较强的场所,应适当加大截面或采取其他措施。

2) 引下线

引下线是连接接闪器与接地装置的金属导体,它将雷电流传导到接地装置,由接地装置疏散到大地中。引下线宜采用圆钢或扁钢,也可以利用混凝土柱或墙板内钢筋作为防雷引下线。引下线的根数与间距要根据建筑物防雷类别确定。

3) 接地装置

接地体与接地线的总和。可以用钢筋、扁钢和各种类型的钢制成,也可以利用建筑物内的钢筋兼作。接地装置的内容如 10.5.1 节所述。

2. 直击雷防护装置的防护原理

在需要保护的建筑物上设置直击雷防护装置,其防护原理是让雷电在人为设置的防雷装置上放电,使雷电流沿防雷装置泄入大地,以免被保护的设备或建筑物受到损害。也就是说用导体将雷云的电荷导入大地。

雷电先导放电的初始阶段,因先导放电离地面较高,其发展方向不受地面物体的影响。但当先导放电向下伸展至某一高度时,地面上的接闪器将会影响先导的发展方向,使先导放电线路向接闪器定向发展。由于接闪器设置的位置较高,在其上因静电感应而积聚了与先导极性相反的电荷,使其附近的电场强度显著增强,先导放电的途径引向接闪器本身。防护装置中的引下线具有良好的传导雷电流的能力,接地装置又有向大地疏散雷电流的能力,因此,能将接闪器引来的雷电流安全疏散到大地之中,从而达到使被保护建筑物免受雷击的保护目的。

10.2.2　建筑物的防雷分类

根据《建筑物防雷设计规范》GB50057—2010 中规定,建筑物应根据其重要性、使用性质、发生雷电事故的可能性及后果,按防雷要求划分为三类。

1. 第一类防雷建筑物

在可能发生对地闪击的地区,遇下列情况之一时应划为第一类防雷建筑物。

(1)凡制造、使用或贮存火药及其制品的危险建筑物,因电火花而引起爆炸、爆轰,会造成巨大破坏和人身伤亡者。

(2)具有 0 区或 20 区爆炸危险场所的建筑物。

(3)具有 1 区或 21 区爆炸危险场所的建筑物,因电火花而引起爆炸、爆轰,会造成巨大破坏和人身伤亡者。

2. 第二类防雷建筑物

在可能发生对地闪击的地区,遇下列情况之一时应划为第二类防雷建筑物。

(1)国家重点文物保护的建筑物。

(2)国家级的会堂、办公建筑物、大型展览和博览建筑物、大型火车站和飞机场、国宾馆、国际级档案馆、大型城市的重要给水泵房等特别重要的建筑物。

(3)国家级计算中心、国家级通信枢纽等对国民经济有重要意义的建筑物。

(4)国家特级和甲级大型体育馆。

(5)制造、使用或贮存火药及其制品的危险建筑物,且电火花不易引起爆炸或不致造成巨大破坏和人身伤亡者。

(6)具有 1 区或 21 区爆炸危险场所的建筑物,且电火花不易引起爆炸或不致造成巨大破坏和人身伤亡者。

(7)具有 2 区或 22 区爆炸危险场所的建筑物。

(8)有爆炸危险的露天钢制封闭气罐。

(9)预计雷击次数大于 0.05 次/年的部、省级办公建筑物及其他重要或人员密集的公共建筑物,以及火灾危险场所。

(10)预计雷击次数大于 0.25 次/年的住宅、办公楼等一般民用建筑物或一般性工业建筑物。

3. 第三类防雷建筑物

在可能发生对地闪击的地区，遇下列情况之一时应划为第三类防雷建筑物。

（1）省级重点文物保护的建筑物及省级档案馆。

（2）预计雷击次数大于或等于 0.01 次/年且小于或等于 0.05 次/年的部、省级办公建筑物和其他重要或人员密集的公共建筑物，以及火灾危险场所。

（3）预计雷击次数大于或等于 0.05 次/年，且小于或等于 0.25 次/年的住宅、办公楼等一般性民用建筑物或一般性工业建筑物。

（4）在平均雷暴日大于 15d/年的地区，高度在 15m 及以上的烟囱、水塔等孤立的高耸建筑物。在年均雷暴日小于 15d/年的地区，高度在 20m 及以上的烟囱、水塔等孤立的高耸建筑物。

10.2.3　接闪器的保护范围计算

接闪器有一定的保护范围，在保护范围内的物体才能有效防护直击雷的破坏作用。接闪器的保护范围的计算方法都是经验计算法。由于雷击路径的偶然性，一般保护范围是指具有 0.1% 左右雷击概率的空间范围。

常用接闪器保护范围的计算方法有滚球法和折线法。通常在对建筑物的保护范围计算时使用滚球法，而在对供配电设施的保护范围计算时使用折线法。本节只简要介绍避雷针保护范围和单根避雷线的保护范围计算方法。

1. 滚球法计算避雷针保护范围

如图 10-5 所示，滚球法是以 h_r 为半径的一个球体，沿需要防直击雷的部位滚动，当球体只触及接闪器（包括作为接闪器的金属物），或只触及接闪器和地面（包括与大地接触并能承受雷击的金属物），而不触及需要保护的部位时，则该部分就得到接闪器的保护。

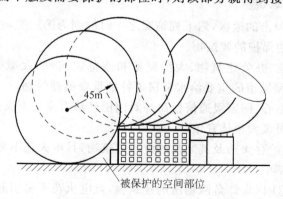

45m

被保护的空间部位

图 10-5　半径为 45m 的滚球在建筑物上的移动轨迹

滚球法中所用的滚球半径与被保护物的重要性和危险性有关，即与该保护物的防雷等级有关。建筑物的重要性或危险性越大，滚球半径要求越小，即越趋于保守。滚球半径所能防护的最小雷电流的峰值如表 10-4 所示。

表 10-4　防雷建筑的滚球半径

参　　数	防雷建筑类别		
	第一类	第二类	第三类
雷电最小峰值电流/kA	5	10	16
滚球半径/m	30	45	60

滚球法中地面无论坡度多大均为绝对平面。避雷针高度 h_r 指针尖竖直至地面的距离，针尖以下部分均视为接闪器。针杆均为竖直安装，即避雷针与竖直轴重合。

可以采用独立的单支避雷针保护，也可以采用多支避雷针进行联合保护。

1) 单支避雷针的保护范围

如图 10-6 所示，单支避雷针的保护范围应按下列方式确定。

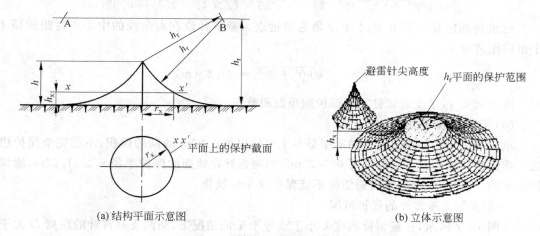

(a) 结构平面示意图　　　　　　　　　(b) 立体示意图

图 10-6　单支避雷针的保护范围

(1) 当避雷针高度 h 小于或等于 h_r 时，计算方法如下。

① 距地面 h_r 处作一平行于地面的平行线。

② 以针尖为圆心，h_r 为半径，作弧线交于平行线的 A、B 两点。

③ 以 A、B 为圆心，h_r 为半径作弧线，该弧线与针尖相交并与地面相切。从此弧线起到地面止就是保护范围。保护范围是一个对称的椎体。

④ 避雷针在 h_x 高度的 xx' 平面上和在地面上的保护半径，按下列计算式确定。

$$r_x = \sqrt{h(2h_r - h)} - \sqrt{h_x(2h_r - h_x)} \tag{10-8}$$

$$r_0 = \sqrt{h(2h_r - h)} \tag{10-9}$$

式中：r_x——避雷针在 h_x 高度的 xx' 平面上的保护半径，m；

　　　h_r——滚球半径，m；

　　　h——避雷针距地面的高度，m；

　　　h_x——被保护物的高度，m；

　　　r_0——避雷针在地面上的保护半径，m。

(2) 当避雷针高度 h 大于 h_r 时，在避雷针上取高度 h_r 的一点代替单支避雷针针尖作为圆心，其余做法与(1)中完全相同。

例 10-1 某写字楼为第二类防雷建筑物,其建筑面积为 $60 \times 20 \mathrm{m}^2$,建筑高度为 25m。若采用设在建筑物中心的单支避雷针进行防直击雷保护,避雷针距地面的高度为 27m。试求:(1)单支避雷针在地面的保护范围半径? (2)单支避雷针能否保护屋顶面积范围? (3)试分析避雷针能否保护这个建筑物?

解:第二类防雷建筑的滚球半径 $h_r = 45 \mathrm{m}$,避雷针距地面的高度 $h = 27 \mathrm{m}$。

(1) 避雷针在地面的保护范围计算

$$r_0 = \sqrt{h(2h_r - h)} = \sqrt{27 \times (2 \times 45 - 27)} = 41.24 (\mathrm{m})$$

(2) 单支避雷针能否保护屋顶面积范围,避雷针设在对角线的中心点时距地面 4 个角的距离为

$$
\begin{aligned}
r_x &= \sqrt{h(2h_r - h)} - \sqrt{h_x(2h_r - h_x)} \\
&= \sqrt{27 \times (2 \times 45 - 27)} - \sqrt{25 \times (2 \times 45 - 25)} = 0.93 (\mathrm{m})
\end{aligned}
$$

建筑物的屋顶为长方形,4 个屋角为最远点。避雷针设在对角线的中心点时距屋顶 4 个角的距离为

$$r = \frac{1}{2} \sqrt{60^2 + 20^2} = 31.62 (\mathrm{m})$$

由于 $r_x < r$,单支避雷针不能保护屋顶面积范围。

(3) 建筑物保护分析

单只避雷针在屋顶上的保护范围是一个半径仅为 0.93m 的圆的面积,不能完全保护建筑。建筑物在地面的占地范围为 $60 \times 20 \mathrm{m}^2$,而避雷针在地面的保护半径 $r_0 > 31.62 \mathrm{m}$,能保护地面的 4 个角。所以,单支避雷针不能保护这个建筑物。

2) 双支等高避雷针的保护范围

如图 10-7 所示,在避雷针高度 h 小于或等于 h_r 的情况下,当两支避雷针的距离 D 大于或等于 $2\sqrt{h(2h_r - h)}$ 时,应各按单支避雷针的方法确定。

当 D 小于 $2\sqrt{h(2h_r - h)}$ 时,按下述方法确定。

(1) AEBC 外侧的保护范围,按照单支避雷针的方法确定。

(2) C、E 点位于两针间的垂直平分线上。在地面每侧的最小保护高度 h_x 按式(10-10)计算。

$$b_0 = \mathrm{CO} = \mathrm{EO} = 2\sqrt{h(2h_r - h) - \left(\frac{D}{2}\right)^2} \tag{10-10}$$

在 AOB 轴线上,距中心线任一距离 x 处,其保护范围上边线上的保护高度 h_x 按式(10-11)确定。

$$h_x = h_r - \sqrt{(h_r - h)^2 + \left(\frac{D}{2}\right)^2 - x^2} \tag{10-11}$$

该保护范围上边线是以中心线距地面 h_r 的一点 O' 为圆心,以 $\sqrt{(h_r - h)^2 + \left(\frac{D}{2}\right)^2}$ 为半径所作的圆弧 AB。

(3) 两针间 AEBC 内的保护范围,ACO 部分的保护范围按以下方法确定:在任一保护高度 h_x 和 C 点所处的垂直平面上,以 h_x 作为假想避雷针,按单支避雷针的方法逐点计算确

定,如图 10-7 中 1-1 剖面所示。确定 BCO、AEO、BEO 部分的保护范围的方法与 ACO 部分的计算方法相同。

(4) 确定 xx' 平面上保护范围截面的方法。以单支避雷针的保护半径 r_x 为半径,以 A、B 为圆心作弧线与四边形 AEBC 相交;以单支避雷针的 (r_0-r_x) 为半径,以 E、C 为圆心作弧线与上述弧线相交,如图 10-7 中的粗虚线所示。

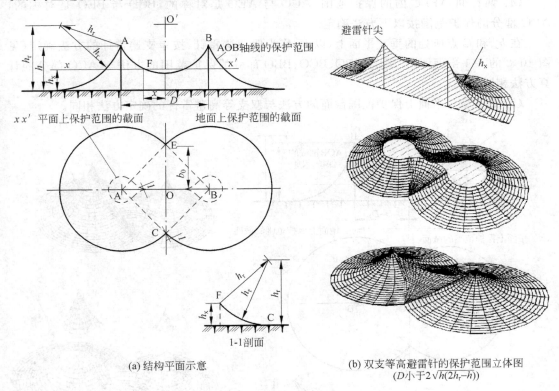

(a) 结构平面示意

(b) 双支等高避雷针的保护范围立体图
(D 小于 $2\sqrt{h(2h_r-h)}$)

图 10-7　双支等高避雷针的保护范围

3) 双支不等高避雷针的保护范围

如图 10-8 所示为双支不等高避雷针的保护范围。在 h_1 小于或等于 h_r 和 h_2 小于或等于 h_r 的情况下,D 大于或等于 $\sqrt{h_1(2h_r-h_1)}+\sqrt{h_2(2h_r-h_2)}$ 时,应各按单支避雷针所规定的方法确定。

当 D 小于 $\sqrt{h_1(2h_r-h_1)}+\sqrt{h_2(2h_r-h_2)}$ 时,应按下列方法确定。

(1) AEBC 外侧的保护范围,按照单支避雷针的方法确定。

(2) CE 线或 HO 线的位置按式(10-12)计算。

$$D_1 = \frac{(h_r-h_2)^2-(h_r-h_1)^2+D^2}{2D} \tag{10-12}$$

(3) 在地面上每侧的最小保护宽度按式(10-13)计算。

$$b_0 = \text{CO} = \text{EO} = \sqrt{h_1(2h_r-h_1)-D_1^2} \tag{10-13}$$

在 AOB 轴线上,A、B 间保护范围的上边线按式(10-14)确定。

$$h_x = h_r - \sqrt{(h_r - h_1)^2 + D_1^2 - x^2}$$ (10-14)

式中：x——距 CE 线或 HO′线的距离。

该保护范围的上边线是以 HO 线上距地面的一点 O 为圆心，以 $\sqrt{h_1(2h_r - h_1) - D_1^2}$ 半径所作的圆弧 AB。

（4）两针间 AEBC 内的保护范围，ACO 与 AEO 是对称的，BCD 与 BEO 是对称的，ACO 部分的保护范围按以下方法确定。

在 h_x 和 C 点所处的垂直平面上，以 h_x 作为假想避雷针，按单支避雷针的方法确定（见图 10-8 的 1-1 剖面图）。确定 ABO、BCO、BBO 部分的保护范围的方法与 ACO 部分的计算方法相同。

（5）确定 xx' 平面上保护范围截面的方法与双支等高避雷针的确定方法相同。

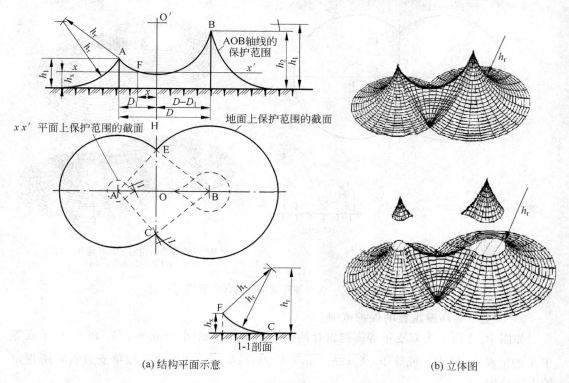

(a) 结构平面示意　　　　　　　　　　　　　　(b) 立体图

图 10-8　双支不等高避雷针的保护范围

4）矩形布置的四支等高避雷针的保护范围

如图 10-9 所示，在 h 小于或等于 h_r 的情况下，当 D_3 大于或等于 $2\sqrt{h(2h_r - h)}$ 时，应各按双支等高避雷针的方法确定。

当 D_3 小于 $2\sqrt{h(2h_r - h)}$ 时，应按下列方法确定。

（1）四支避雷针的外侧各按双支避雷针的方法确定。

（2）B、E 避雷针连线上的保护范围如图 10-9 的 1-1 剖面图所示，外侧部分按单支避雷针的方法确定。

两针间的保护范围按以下方法确定：以 B、E 两针针尖为圆心、以 h_r 为半径作弧相交于

O 点，以 O 点为圆心、以 h_r 为半径作圆弧，与针尖相连的这段圆弧即为针间保护范围。保护范围最低点的高度按式（10-15）计算。

$$h_0 = \sqrt{h_r^2 - \left(\frac{D_3}{2}\right)^2} + h - h_r \qquad (10\text{-}15)$$

（3）图 10-9 的 2-2 剖面的保护范围，以 P 点的垂直线上的 O 点（距地面的高度为 $h_r +$ h_0）为圆心，h_r 为半径作圆弧与 B、C 和 A、E 双支避雷针所作出在该剖面的外侧保护范围延长圆弧相交于 F、H 点。F 点（H 点与此类同）的位置及高度可按式（10-16）和式（10-17）确定。

$$(h_r - h_x)^2 = h_r^2 - (b_0 + x)^2 \qquad (10\text{-}16)$$

$$(h_r + h_0 - h_x)^2 = h_r^2 - \left(\frac{D_1}{2} - x\right)^2 \qquad (10\text{-}17)$$

（4）确定图 10-9 的 3-3 剖面保护范围的方法与（3）中的方法相同。

（5）确定四支等高避雷针中间在 h_0 至 h 之间于 h_y 高度的 yy' 平面上保护范围截面的方法为：以 P 点为圆心、$\sqrt{2h_r(h_y - h_0) - (h_y - h_0)^2}$ 为半径作圆或圆弧，与各双支避雷针在外侧所作的保护范围截面组成该保护范围截面。如图 10-9 中的虚线所示。

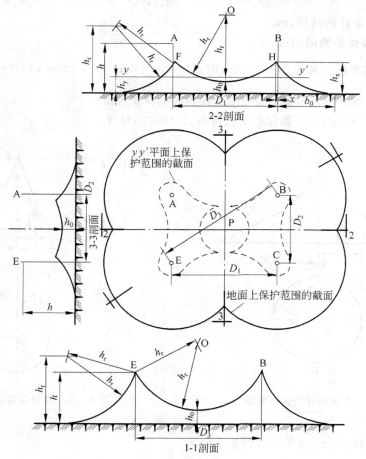

图 10-9　四支等高避雷针的保护范围

5）其他接闪器的保护范围

当建筑群的建筑高度不同，在建筑物上任意两个接闪器之间的保护范围的确定方法如图 10-10 所示。

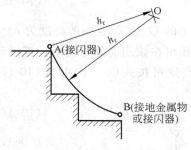

（1）以 A、B 为圆心，h_r 为半径作弧线相交于 O 点；

（2）以 O 为圆心、h_r 为半径作弧线 AB，弧线 AB 就是保护范围的上边线。

2. 折线法计算避雷针的保护范围

1）单支避雷针的保护范围

单支避雷针的保护范围如图 10-11 所示。在被保护物高度 h_x 水平面上，其保护半径 r_x 可按式（10-18）计算。

当 $h_x \geqslant \dfrac{h}{2}$ 时，在 h_x 水平面的保护半径为

图 10-10　确定建筑物上任意两
接闪器的保护范围

$$r_x = (h - h_x)P \qquad (10\text{-}18)$$

当 $h_x < \dfrac{h}{2}$ 时，在 h_x 水平面的保护半径为

$$r_x = (1.5h - 2h_x)P \qquad (10\text{-}19)$$

式中：h——避雷针的高度，m；

h_x——被保护物的高度，m；

P——高度修正系数，当 $h \leqslant 30\text{m}$ 时，$P=1$；当 $30\text{m} < h \leqslant 120\text{m}$ 时，$P = \dfrac{5.5}{\sqrt{h}}$。

2）单根避雷线作为非架空输电线路保护时的保护范围

如图 10-12 所示，其一侧保护半径可按式（10-20）计算。

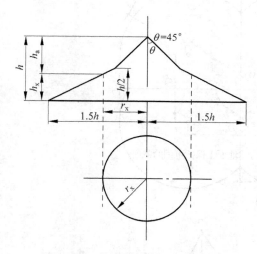

图 10-11　单支避雷针的保护范围

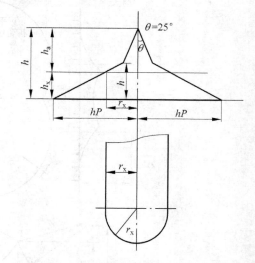

图 10-12　单根避雷线的保护范围

当 $h_x \geqslant \dfrac{h}{2}$ 时，在 h_x 水平面的保护半径为

$$r_x = 0.47(h - h_x)P \qquad (10\text{-}20)$$

当 $h_x < \dfrac{h}{2}$ 时,在 h_x 水平面的保护半径为

$$r_x = (h - 1.53h_x)P \qquad (10\text{-}21)$$

3) 避雷线作为架空电力线路保护时的保护范围计算

如图 10-13 所示,采用保护角的概念进行计算。保护角 α 的取值越小,相导线受雷击(绕击)的概率就越小。保护角 α 的取值一般为 $20°\sim30°$。绕击率 P_a 的计算公式如下。

对平原地区为

$$\lg P_a = \frac{\alpha\sqrt{h}}{86} - 3.9 \qquad (10\text{-}22)$$

对山区为

$$\lg P_a' = \frac{\alpha\sqrt{h}}{86} - 3.35 \qquad (10\text{-}23)$$

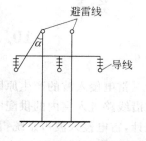

图 10-13　避雷线对导体的保护角

3. 避雷带和避雷网

避雷带和避雷网主要用作防雷建筑物的接闪器,装设在建筑物边缘以及凸出的部位,保护整个建筑物防止直击雷、感应雷的破坏作用。避雷带和避雷网可以防止绕击及降低屋内过电压,是一种有效而经济的防雷方法。

避雷网由避雷带组成,网格规格与防雷建筑物的防雷类别有关。第一类防雷建筑物的避雷网格为 5m×5m 或 6m×4m;第二类防雷建筑物的避雷网格为 10m×10m 或 12m×8m;第三类防雷建筑物的避雷网格为 20m×20m 或 24m×16m。

10.2.4　防护雷电流的反击

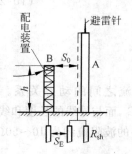

图 10-14　直击雷防护装置与被保护物的距离

如图 10-14 所示,雷击避雷针以后,在雷电流经接闪器,沿引下线流入接地装置的过程中,由于各部分阻抗的作用,接闪器、引下线、接地装置上将产生不同的较高对地电位。若被保护物与直击雷防护装置的间距不够时,会造成两者之间的间隙击穿或闪络等放电现象,这种现象称为反击。

雷电反击可能会击穿杆塔顶部的绝缘子,造成对导线放电。

为了防止雷电反击现象的发生,通常采用的两种防护措施如下:一种是使被保护物与直击雷防护装置保持一定的安全距离 S_0 和 S_E;另一种是将被保护物与直击雷防护装置作等电位连接,使其之间不存在电位差。

当避雷针上落雷时,直击雷防护装置上距被保护物最近的 A 点上的电位 U_A 为

$$U_A = 150R_{sh} + 75h \qquad (10\text{-}24)$$

式中:h——被保护物的高度,m;

R_{sh}——直击雷防护装置的冲击电阻,Ω。

工程上常取直击雷防护装置与被保护物体之间的安全距离 S_0 为

$$S_0 \geqslant 0.3R_{sh} + 0.1h \qquad (10\text{-}25)$$

直击雷防护装置接地体与被保护物的接地体之间的安全距离 S_E 为

$$S_E \geqslant 0.3R_{sh} \tag{10-26}$$

一般情况下，S_0 不允许小于 5m，S_E 不应小于 3m。

10.3 雷电侵入波过电压的防护

雷电侵入波的产生原因是因为架空线路或金属管道上的雷电感应过电压所形成的冲击波沿线路进入室内的供配电系统。它严重威胁了系统绝缘，危及人身安全或损坏设备。据统计，雷电侵入波占系统雷害事故的 50% 以上。因此应通过有效的手段将雷电侵入波产生的能量尽可能地引入到大地。

10.3.1 雷电侵入波过电压的防护原理

根据雷电侵入波的传播规律，采取措施防止进入变电所的架空线路在近区遭受直接雷击，尽量减少雷电侵入波形成的概率。让由远方输入的雷电侵入波通过避雷线或铠装电缆线路、串联电抗器等手段，将其过电压数值限制到一个对电气设备没有危险的较小数值，达到防护的目的。

1. 雷电侵入波沿导线的传播

雷电侵入波又称雷电冲击波。当线路受到雷击后，导线上有雷电冲击波沿导线向两端传播，这种传播的雷电侵入波又称为行波。

若雷电侵入波是沿无损导线传播的，经理论分析可得，电压波和电流波幅值之比的关系为

$$\frac{U_m}{I_m} = \sqrt{\frac{L_0}{C_0}} = Z \tag{10-27}$$

式中：L_0——导线的分布电感，H/m；

C_0——导线的对地分布电容，F/m；

Z——波阻抗，Ω。

波阻抗的物理意义是反映沿导线传播的行波电压和行波电流之间的动态关系。由式(10-27)得知，波阻抗的大小取决于线路导线本身的分布参数 L_0 和 C_0，而与导线的长度和线路终端负载的性质无关。架空线路的波阻抗约为 400～500Ω，电缆线路的波阻抗约为 10～50Ω。

2. 雷电侵入波的折射与反射

如图 10-15(a)所示，当行波沿导线传播遇到结点时，如果结点两侧线路具有不同的波阻抗 Z_1 和 Z_2，就会发生波的折射与反射，形成入射波电压 U_{in} 和电流 i_{in}，反射波电压 U_{ew} 和电流 i_{ew}，折射波电流 U_{rw} 和电流 i_{rw}。对结点 A 而言，根据边界能量守恒原则，任何瞬间在结点上只能呈现一个电压值和电流值，则边界方程为

$$U_{rw} = U_{in} + U_{ew} \tag{10-28}$$

$$i_{rw} = i_{in} - i_{ew} = \frac{U_{in} - U_{ew}}{Z_1} \tag{10-29}$$

式中：U_{in}——侵入结点的入射波电压幅值，$U_{in} = i_{in}Z_1$；

U_{ew}——由结点反射回去的反射波电压幅值，$U_{ew}=-i_{ew}Z_1$，规定入射波电流方向为正方向，则反射波电流方向为负方向；

U_{rw}——侵入结点的折射波电压幅值，$U_{rw}=i_{rw}Z_2$。

将式(10-28)和式(10-29)联立求解，得

$$2U_{in}=U_{rw}+i_{rw}Z_1=i_{rw}Z_2+i_{rw}Z_1=i_{rw}(Z_1+Z_2) \tag{10-30}$$

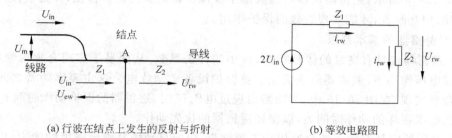

(a) 行波在结点上发生的反射与折射　　　　　(b) 等效电路图

图 10-15　行波的折射与反射

根据式(10-30)可以建立集中参数等效电路图，如图 10-15(b)所示。根据串联阻抗的分压原理，折射波电压为

$$U_{rw}=\frac{2Z_2}{Z_1+Z_2}\times U_{in}=\alpha U_{in} \tag{10-31}$$

式中：α——折射系数，$\alpha=\dfrac{2Z_2}{Z_1+Z_2}$。

将式(10-31)带入式(10-28)得反射波电压为

$$U_{ew}=U_{rw}-U_{in}=\frac{2Z_2}{Z_1+Z_2}\times U_{in}-U_{in}=\frac{Z_2-Z_1}{Z_1+Z_2}\times U_{in}=\beta U_{in} \tag{10-32}$$

式中：β——反射系数，$\beta=\dfrac{Z_2-Z_1}{Z_1+Z_2}$。

3. 雷电侵入波的防护原理

当线路末端开路时，断开点视为结点，结点后面的波阻抗 $Z_2=\infty$，则 $\alpha=2$，$\beta=1$，可得 $U_{rw}=2U_{in}$，$U_{ew}=U_{in}$。此时线路末端断开点出现 $2U_{in}$ 的过电压，将严重威胁系统电气设备的绝缘安全，必须设置防雷装置进行保护。

当线路末端短接时，线路末端短接处视为结点。结点后的波阻抗 $Z_2=0$，则 $\alpha=0$，$\beta=-1$，可得 $U_{rw}=0$，$U_{ew}=-U_{in}$。此时在进线线路上的入射波电压和反射波电压的合成波电压为零，也就是说线路末端短接点的过电压为零。这说明只要线路末端具有良好的接地系统，则侵入线路的冲击波电压能迅速消失，不致造成危害。

因此，雷电侵入波的有效防护措施是在被保护设备前装设防雷保护装置，并进行良好接地。在电力系统中常用避雷器作为雷电侵入波的防雷保护装置。

10.3.2　避雷器的保护特性

避雷器的作用是限制过电压，防止雷电产生的过电压沿线路侵入变配电所，以免危及被保护设备的绝缘。避雷器的种类有保护间隙、管式、阀式和金属氧化物等类型。金属氧化锌避雷器还有吸收操作过电压的功能，通常与真空断路器配合使用。

1. 避雷器的工作特性

1）避雷器与被保护物绝缘的伏秒特性配合

避雷器的工作特性用伏秒特性来描述。伏秒特性是指某一被试绝缘体，在同一波形、不同幅值的冲击电压作用下，击穿电压与放电时间的关系曲线。

如图 10-16 所示，避雷器伏秒特性应低于被保护物绝缘的伏秒特性，并且要留有一定间距，这样的相互配合，才能实现有效的保护作用。

2）对避雷器的基本要求

（1）避雷器应具有良好的伏秒特性，较小的冲击系数，从而易于实现合理的绝缘配合。在冲击过电压作用下，避雷器应该优先于被保护设备主动放电。这主要靠两者之间的伏秒特性配合来实现，在图 10-16 中，当线路出现过电压 U 时，避雷器的保护动作时间 t_1 应小于被保护物绝缘损坏的动作时间 t_2，以保证避雷器的优先动作。

（2）避雷器应具有较强的快速切断工频续流，快速自动恢复绝缘强度的能力，以便在工频续流第一次过零点时就能迅速可靠地切断工频续流，保证电力系统在开关尚未跳闸时能继续正常工作。

避雷器在冲击电压下放电，相当于对地短路。虽然雷电过电压瞬间消失，但持续作用的工频电压却在避雷器中形成工频短路接地电流，即工频续流。其一般以电弧放电的形式存在。对于大接地电流系统，只要有一相存在工频续流，就相当于单相短路故障。对于小接地电流系统，若有两相或三相同时存在工频续流，则相当于相间短路故障。

2. 避雷器的工作原理

如图 10-17 所示，避雷器并联在被保护设备或设施前端，正常时处在断开状态。当线路上出现雷电过电压时，避雷器动作，由高阻变为低阻状态，使过电压对大地放电，限制过电压幅值，从而保护电气设备的绝缘免受破坏。电压值正常后，避雷器又迅速恢复绝缘原状，以保证供配电系统正常供电。避雷器实质上是一个放电器，当雷电侵入波或操作过电压超过某一电压值时，将先于与其并联的被保护设备放电，实施保护作用。

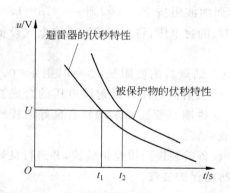

图 10-16　避雷器与被保护物伏秒特性配合

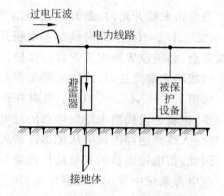

图 10-17　避雷器与被保护设备的装设位置

3. 几种常用避雷器

1）保护间隙

如图 10-18 所示，保护间隙又称角式避雷器。保护间隙主要由主间隙和辅助间隙构成，其作用是限制线路上的雷电过电压。

当过电压行波到来时,保护间隙比被保护设备先击穿放电,间隙中将产生电弧,相当于将相导体对地短路。过电压消失后,在羊角状间隙中仍有工频续流产生的电弧,利用工频电弧在自身电动力和热气流作用下易于向上运动的特性,使电弧伸长,从而达到熄弧的目的。若电弧不能熄灭,则将因短路而造成断路器跳闸。

保护间隙的主要特点为结构简单,价格低廉,维修方便,但有如下明显的缺点。

(1) 保护间隙的伏秒特性比较陡峭,而被保护设备的伏秒特性一般比较平坦,因此保护性绝缘配合比较困难。

(2) 保护间隙动作后会形成截波。避雷器动作后,过电压幅值急剧下降,形成陡峭的下降波形,称为截波。当陡峭的波尾行走至变压器或电动机绕组两匝之间时,会在两匝间产生很高的电压。这对设备的匝间绝缘不利。

(3) 保护间隙熄弧能力较差,只能用于 10kV 及以下配电系统的线路保护。

2) 管式避雷器

管式避雷器,又称排气式避雷器,如图 10-19 所示。管式避雷器实质上是一个有较高熄弧能力的保护间隙。它有两个相互串联的间隙,一个暴露在空气中称为外间隙或火花间隙 S_1;另一个装在灭弧管内称为内间隙或灭弧间隙 S_2。其间隙一端为棒形,另一端为环形。灭弧管内层是由纤维、塑料或橡胶等产气材料制成的产气管,外层为加强机械强度的胶木管。

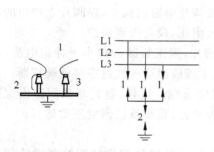

图 10-18　角形保护间隙

1—主间隙;2—辅助间隙;3—瓷瓶

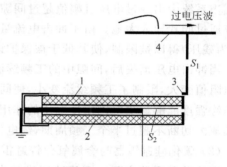

图 10-19　管式避雷器

1—产气管;2—棒形电极;3—环形电极;
4—工作线路;S_1—外间隙;S_2—内间隙

当雷电过电压波侵入时,内、外间隙同时击穿,雷电流经间隙流入大地。过电压消失后,间隙中有工频续流通过,其值为避雷器安装处的短路电流。工频续流电弧所产生的高温使馆内产气材料分解,产生出大量气体,使管内气压迅速升高,高压气体由环形电极的开口孔喷出,形成强烈的纵吹,使工频续流在第一次过零时就熄灭。

火花间隙 S_1 的作用是在正常运行时将灭弧管与工作电压分隔开,以免灭弧管中产气材料老化加速,或在管壁受潮发生沿面放电。管式避雷器的伏秒特性与变压器等电气设备的冲击放电伏秒特性不好配合。管式避雷器动作后也会形成截波,对变压器绝缘不利。管式避雷器特性受雷电条件影响较大。只适用于发电厂、变电所进线段线路保护等。

3) 阀式避雷器

如图 10-20 所示,阀式避雷器由间隙和非线性电阻串联构成。间隙元件本身又是由多个统一规格的单个间隙串联而成，非线性电阻也由多个非线性阀片电阻串联而成。阀片的电阻 $R = f(i)$，且与电流成负相关性，即流过阀片的电流越大阀片电阻值越小。阀型避雷器主要分为碳化硅避雷器和金属氧化物避雷器。

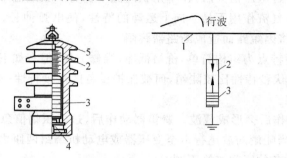

(a) FS-10型阀式避雷器　　　　(b) 阀式避雷器结构示意

图 10-20　阀式避雷器

1—工作母线；2—间隙；3—阀片电阻；4—接地螺丝；5—套管

(1) 阀式避雷器的基本工作原理

当系统正常工作时，避雷器串联间隙承担了全部电压，并将电阻阀片与相导体隔离，火花间隙不击穿，阀片中无电流流过避雷器。

当系统中出现过电压且幅值超过间隙放电电压时，火花间隙被击穿首先放电导通，冲击电流通过阀片导入大地。由于冲击电流量值很大，故阀片电阻值很小，在阀片上产生的电压（称为残压）得以被限制，使其低于被保护设备的冲击耐压，设备得到保护。

当冲击电压消失后，间隙中的工频续流仍流过阀片，因工频续流远小于冲击电流，故阀片电阻值变大，限制了工频续流变小，使间隙电弧在工频续流第一次过零时就被切断。间隙的绝缘强度能够耐受电网恢复电压的作用而不会发生重燃。这样，避雷器从间隙击穿到工频续流的切断不超过半个工频周期，继电保护来不及动作，系统就已恢复正常运行。

(2) 碳化硅避雷器与金属氧化锌避雷器

碳化硅避雷器主要由铜片冲压成的火化间隙和陶料粘接的碳化硅颗粒制成的阀片组成。普通碳化硅避雷器的阀片由碳化硅加结合剂（如水玻璃等）在 $300 \sim 500\,℃$ 的低温下烧结而成的圆饼型电阻片。阀片电阻具有非线性和负电阻特性。

金属氧化物避雷器是用氧化锌或氧化铋等烧结成的多晶半导体陶瓷元件做成的压敏电阻片，并密封在瓷套内制成的阀形避雷器。金属氧化锌避雷器无保护间隙。氧化锌阀片是非线性电阻体，具有比碳化硅好得多的非线性伏安特性，在持续工作电压泄漏电流小，放电动作快、流量大、残压低、没有续流、耐多重雷电过电压、没有灭弧过程（相当于晶闸管），耐污秽性能良好。在大气过电压、内部过电压及操作过电压情况下，可保护电站所有电气设备。

如图 10-21 所示为 HY5WZ-51/134TL 系列氧化锌避雷器。金属氧化锌避雷器具有结构简化、无间隙、无续流、残压低、体积小、重量轻等优点。氧化锌电阻

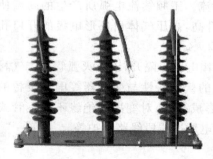

图 10-21　HY5WZ 系列氧化锌避雷器

片单位面积的通流能力是碳化硅电阻片的 4～5 倍,可用于限制操作过电压,也可以耐受一定持续时间的暂时过电压。广泛应用于供配电系统中电气设备的过电压保护,尤其适用于中性点直接接地的 110kV 及以上电网。

(3) 阀式避雷器的主要参数

① 额定电压 U_n:是指避雷器正常工作时的电压。避雷器额定电压应与安装处电力系统标称电压等级相同。

② 灭弧电压:为保证工频续流电弧在第一次过零时可靠熄灭,所允许加在避雷器上的最高工频电压。

避雷器的灭弧电压应大于其安装处相导体上可能出现的最高工频电压。当系统处于正常运行状态下发生过电压使避雷器动作时,避雷器将在相电压下灭弧。若避雷器动作时系统内又发生不对称相间短路,则非故障相的对地电压有可能高于相电压,这使避雷器必须在高于相电压的条件下灭弧。

③ 工频放电电压:是指能使避雷器发生放电的工频电压下限值范围。工频放电电压的取值应有一定的范围。工频放电电压与冲击放电电压正相关,工频放电电压过高,则冲击放电电压也过高,这将使避雷器的保护性能变差。工频放电电压还与灭弧电压正相关,工频放电电压过低,将使避雷器灭弧电压也低,导致不能可靠切断工频续流。另外,普通阀式避雷器不允许在内部过电压下动作,工频放电电压过低意味着避雷器可能在内部过电压下动作,致使避雷器因流过持续的短路电流而发生爆炸,或断流器跳闸。因而在中性点接地系统中,工频放电电压应高于系统最大工作相电压的 3 倍。

④ 冲击放电电压:是指在标准冲击波作用下避雷器的放电电压。冲击放电电压应低于被保护设备绝缘在同样冲击波作用下的冲击击穿电压。中国生产的避雷器,其冲击放电电压与 5kA(330kA 以上时为 10kA)下的残压基本相等。

⑤ 残压:是指冲击放电电流通过避雷器时在阀片电阻上产生的电压降。中国现行标准规定:通过避雷器的额定雷击冲击电流,在 220kV 及以下系统中取为 5kA,在 330kV 及以上系统中取 10kA,其波形统一取为 8/20μs。因此,避雷器的残压都是统一指在上述标准电流作用下阀片电阻上的压降。

残压表示避雷器限制过电压的程度。对被保护设备来说,避雷器在可靠动作时,设备上的承受电压与残压相等。因此,避雷器的残压越低,工作时被保护设备的承受电压越小,对设备的绝缘保护越好。

⑥ 保护比:是指避雷器的残压与灭弧电压的幅值之比。保护比小,说明或者残压低,或者灭弧电压高。

⑦ 切断比:是指避雷器工频放电电压下限值与灭弧电压幅值之比。切断比是表明火花间隙灭弧能力的一个技术指标,该值越趋向于 1,说明火花间隙的灭弧能力越强。

10.4　雷击电磁脉冲的防护

雷电电流及闪电高频电磁场所形成的雷电电磁脉冲,通过接地装置或电气线路导体的传导耦合和空间交变电磁场的感应耦合,所产生的危险瞬间过电压和过电流,称为"浪涌"或

"电涌"。这种雷电"浪涌"释放出数十到数百兆焦耳的能量,并产生数十至数百千伏的高压,对智能建筑物内部的电子信息系统可能产生致命的伤害。

10.4.1 防雷分区与防护分级

1. 防雷区的划分

雷电防护区(Lighting Protection Zone,LPZ)是指雷击时将需要保护和控制雷电电磁脉冲环境的建筑物的内外空间,按规定雷电电磁场强度不同的区域,划分为不同的雷电防护区,简称防雷区,如图 10-22 所示。建筑物内外防雷区划分如图 10-23 所示。

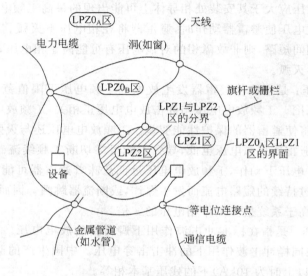

图 10-22 防雷区划分的一般原则

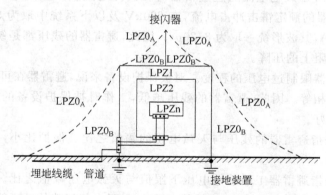

图 10-23 建筑物雷电防护区(LPZ)划分

▭▭▭—不同雷电防护区街面上的等电位接地端子板;

□—起屏蔽作用的建筑物外墙、房间或其他屏蔽体;

虚线—滚球法计算防雷装置的保护范围

不同的防雷区内对雷击电磁脉冲的防护要求不同,采取的措施也就不同。

1) 直击雷非防护区(LPZ0$_A$)

本区内的各物体都可能遭到直接雷击和导走全部雷电流;本区内的电磁场强度没有衰

减。如建筑物屋顶及避雷针保护范围以外的空间区域。

2）直击雷防护区（LPZ0$_B$）

本区内的各物体不可能遭到大于所选滚球半径对应的雷电流直接雷击，但本区内的电磁场强度没有衰减。如避雷针保护范围以内，没有采取屏蔽的室外空间。

3）第一防护区（LPZ1）

本区内的各物体不可能遭到直接雷击，流经各导体的电流比 LPZ0$_B$ 区更小；本区内的电磁场强度可能衰减，这取决于屏蔽措施。如建筑物的内部空间，其外墙可能由钢筋或金属壁板等构成屏蔽层。

4）第二防护区（LPZ2）

本区域是进一步减小所导引的雷电流或电磁场而引入的后续防护区。如建筑物的内部空间，其内墙可能由钢筋或金属壁板等构成屏蔽措施。

5）后续防雷区（LPZn）

本区域需要进一步减小雷电电磁脉冲，以保护敏感度水平高的设备的后续防护区。当需要进一步减小流入的电流和电磁场强度时，应增设后续防雷区，并按照需要保护的对象所要求的环境区选择后续防雷区的要求条件。如设置具有屏蔽外壳的设备内部空间等。

2. 被保护系统雷击次数的计算方法

建筑物内各种信息系统是否需要防雷击电磁脉冲，应根据风险评估或其重要性等因素才能确定。雷击电磁脉冲的危害主要针对于电子信息系统和建筑物入户设备，因此计算一年内被保护设备能够接受的雷击次数是雷击危险度评估的主要依据。

1）电子信息设备可接受最大年平均雷击次数

建筑物内电子信息系统设备因直击雷和雷电电磁脉冲所引起的损坏可接受的最大年平均雷击次数计算公式为

$$N_C = 5.8 \times 10^{-1.5} / C \tag{10-33}$$

$$C = C_1 + C_2 + C_3 + C_4 + C_5 + C_6 \tag{10-34}$$

式中：N_C——电子信息设备可接受的最大年平均预计雷击次数，次/a。

　　　C——各类因子之和。

　　　C_1——信息系统所在建筑物材料结构因子。当建筑物屋顶和主体结构为金属材料时，C_1 取 0.5；当建筑物屋顶和主体结构为钢筋混凝土材料时，C_1 取 1.0；当建筑物为砖混结构时，C_1 取 1.5；当建筑物为砖木结构时，C_1 取 2.0；当建筑物为木结构时，C_1 取 2.5。

　　　C_2——信息系统重要程度因子。等电位连接和接地以及屏蔽措施较完善的设施，C_2 取 2.5；使用架空线缆的设施，C_2 取 1.0；集成化程度较高的低电压微电流的设备，C_2 取 3.0。

　　　C_3——信息系统设备耐冲击类型和抗冲击过电压能力因子。一般情况下，C_3 取 0.5；较弱情况下，C_3 取 1.0；相当弱情况下，C_3 取 3.0。

　　　C_4——信息系统设备所在雷电防护区（LPZ）因子。设备在 LPZ2 或更高层雷击防护区内时，C_4 取 0.5；设备在 LPZ1 区内时，C_4 取 1.0；设备在 LPZ0$_B$ 区内时，C_4 取 1.5～2.0。

　　　C_5——信息系统发生雷击事故的后果因子。信息系统业务中断不会产生不良后果时，C_5 取 0.5；信息系统业务原则上不允许中断，但在中断后无严重后果时，

C_5 取 1.0；信息系统业务不允许中断，中断后有严重后果时，C_5 取 1.5～2.0。

C_6——区域雷暴等级因子。少雷区，C_6 取 0.8；多雷区，C_6 取 0.18；高雷区，C_6 取 1.2；强雷区，C_6 取 1.4。

2）建筑物入户设施年预计雷击次数计算

建筑物入户设施主要有高低压电力线路、各种信号线路等，这些设施年预计雷击次数的计算公式为

$$\left.\begin{array}{l} N_2 = N_g A'_e \\ N_g = 0.24 \times T_d^{1.3} \\ A'_e + A'_{e1} + A'_{e2} \end{array}\right\} \tag{10-35}$$

式中：N_2——建筑物入户设施年预计雷击次数，次/a；

　　　N_g——建筑物所处地区雷击大地的年平均密度，次/km² · a；

　　　T_d——年平均雷暴日，d/a；

　　　A'_{e1}——电源线缆入户设施的截收面积，km²，如表 10-5 所示；

　　　A'_{e2}——信号线缆入户设施的截收面积，km²，如表 10-5 所示。

表 10-5　入户设施的截收面积

线 路 类 型	有效截收面积 A'_e/km²
低压架空电源电缆	$200L \times 10^{-6}$
高压架空电源电缆（至现场变电所）	$500L \times 10^{-6}$
低压埋地电源电缆	$2d_s L \times 10^{-6}$
高压埋地电源电缆（至现场变电所）	$0.1d_s L \times 10^{-6}$
架空信号线	$2000L \times 10^{-6}$
埋地信号线	$2d_s L \times 10^{-6}$
无金属铠装或带金属芯线的光纤光缆	0

注：1. L 是线路从所考虑建筑物至网络的第一个分支点或相邻建筑物的长度，单位为 m，最大值为 1000m，当 L 未知时，应采用 L=1000m。

　　2. d_s 表示埋地引入线缆计算截收面积时的等效宽度，单位为 m，其数值等于土壤电阻率，最大取 500。

3）建筑物及入户设施年预计雷击次数

建筑物以及入户设施年预计雷击次数计算公式为

$$N = N_1 + N_2 \tag{10-36}$$

式中：N_1——建筑物年预计雷击次数，次/a；

　　　N_2——建筑物入户设施年预计雷击次数，次/a。

3. 雷击电磁脉冲的防护分级

建筑物内电子信息系统防雷击电磁脉冲的防护等级划分为 A、B、C、D 四级。确定方法有两种，一种是按雷击风险评估确定雷电防护等级；另一种是按建筑物电子信息系统的重要性和使用性质确定雷电防护等级。当采用上述两种方法确定的防护等级不相同时，宜按较高级别确定。

1）按雷击风险评估确定雷电防护等级

雷击风险评估是考虑建筑物内电子信息系统设备是否能承受可能出现的雷击次数。如果能承受则不需要装设雷电防护装置，如果不能承受则必须装设雷电防护装置。确定条件为：当 $N \leqslant N_c$ 时，可不安装雷电防护装置；当 $N > N_c$ 时，应安装雷电防护装置。

按防雷装置拦截效率 E 的计算式 $E=1-N_c/N$ 确定建筑物电子信息系统的雷电防护等级如下。

(1) 当防雷装置的拦截效率 $E>0.98$ 时,雷击电磁脉冲的防护等级定为 A 级。

(2) 当防雷装置的拦截效率 $0.90<E\leqslant0.98$ 时,雷击电磁脉冲的防护等级定为 B 级。

(3) 当防雷装置的拦截效率 $0.80<E\leqslant0.90$ 时,雷击电磁脉冲的防护等级定为 C 级。

(4) 当防雷装置的拦截效率 $E\leqslant0.80$ 时,雷击电磁脉冲的防护等级定为 D 级。

2) 按建筑物电子信息系统的重要性和使用性质确定雷电防护等级

按建筑物电子信息系统的重要性和使用性质确定雷电防护等级如表 10-6 所示。

表 10-6　建筑物电子信息系统雷电防护等级选择表

雷电防护等级	建筑物电子信息系统
A 级	① 大型计算中心、大型通信枢纽、国家金融中心、银行、机场、大型港口、火车枢纽站等; ② 甲级安全防范系统,如国家文物、档案库的闭路电视监控和报警系统; ③ 大型电子医疗设备、五星级宾馆
B 级	① 中型计算中心、中型通信枢纽、移动通信基站、大型体育场(馆)监控系统、证券中心; ② 乙级安全防范系统,如省级文物、档案库的闭路电视监控和报警系统; ③ 雷达站、微波站、高速公路监控和收费系统; ④ 中型电子医疗设备; ⑤ 四星级宾馆
C 级	① 小型通信枢纽、电信局; ② 大中型有线电视系统; ③ 三星级以下宾馆
D 级	除上述 A、B、C 级以外一般用途的电子信息系统设备

4. 防护雷击电磁脉冲的系统的措施

雷击电磁脉冲的系统的防护措施有屏蔽、接地和等电位连接、设置电涌保护器等。前两者属于主动性(或预防性)措施,其作用在于消除电涌的发生或减轻电涌发生的程度,而后者属于被动性措施,是在电涌已经发生的情况下减轻电涌的危害。

(1) 屏蔽。屏蔽是减少电磁干扰的基本措施。为减少电磁干扰的感应效应,应在需屏蔽的建筑物或房间外部装设屏蔽措施;以合适的路径敷设线路和线路屏蔽。

(2) 接地。每幢建筑物应采用共用接地系统;当互相邻近的建筑物之间有电力和通信电缆连通时,其接地装置互相连接;同时应保证接地电阻符合要求。

(3) 等电位连接。穿过各防雷区界面的金属物和系统,以及在一个防雷区内部的金属物和系统均应在界面处做符合规范要求的等电位连接。

本节着重介绍电涌保护器的特性及防护方法。

10.4.2　SPD 电涌保护器原理及特性

电涌保护器(Surge Protective Device,SPD)又称浪涌保护器。一般由气体放电管、放电间隙、半导体放电管(SAD)、氧化锌压敏电阻(MOV)、齐纳二极管、滤波器、保险丝等元件单独或组合构成,但至少含有一个非线性元件。浪涌保护器是一种限制瞬态过电压并分走电涌电流的器件。在低压配电系统和电子信息系统中,主要用于对雷电过电压、操作过电压、雷击电磁脉冲或电磁干扰(Electro-Magnetic Interference,EMI)脉冲的防护。SPD 与用于高压系统的避雷器有一定的可比性,但不完全相同。

1. 电涌保护器的分类及工作特性

1) 电涌保护器的分类

按用途可分为保护电源系统用 SPD、保护信号系统用 SPD 和保护天馈线系统用 SPD。保护电源用 SPD 用于低压交流电路和直流电路作浪涌保护,一般并联在系统中。保护信号和天馈线的 SPD 通常串联在系统中,其内部有串接限流元件和无限流元件等类型。

按保护形式可分为共模型和差模型。共模型 SPD 将在电源三个相线(L)与地之间接入 3 个 SPD,中性线与地之间接入一个 SPD。相线和中性线上的 SPD 都承担各自的对地电压。差模型 SPD 将在电源相线(L)与中性线之间接入 3 个 SPD,承担相线与中性线之间的电压之后,中性点与地之间接入 1 个 SPD,承担中性线的对地电压。

按功能可分为电压开关 SPD、限压型 SPD 和组合型 SPD 等类型。

2) SPD 的工作特性

电压开关型 SPD 在无电涌出现时为高阻抗,当出现电涌电压时突变为低阻抗。通常采用放电间隙、充气放电管、闸流管和三端双向可控硅元件作这类 SPD 的组件。又称为"短路型 SPD"。电压开关型 SPD 的放电能力强,但残压较高,通常为 $2000\sim4000\mathrm{V}$,测试该器件一般用 $10/350\mu\mathrm{s}$ 的模拟雷电冲击电流波形。一般安装在建筑物 LPZ0 与 LPZ1 区的交界处,可最大限度地消除电网后续电流,疏导 $10/350\mu\mathrm{s}$ 的雷电冲击电流,故常在建筑物屋顶设备的配电线路上装设此类 SPD。

限压型 SPD 在无电涌出现时为高阻抗,随着电涌电流和电压的增加,阻抗连续变小。通常采用压敏电阻、抑制二极管作这类 SPD 的组件。又称为"钳压型 SPD"。限压型 SPD 的残压较低,测试该器件一般采用 $8/20\mu\mathrm{s}$ 的模拟雷电冲击电流波形。它在过电压保护中能逐渐泄放雷电能量,可以影响雷电过电压的发展过程。一般安装在 LPZ1 及后续区域中,建筑物内的大部分 SPD 均采用这类 SPD。

组合型 SPD 是由电压开关型组件和限压型组件组合而成的,具有电压开关型或限压型或这两者都有的特性,这决定于所加电压的特性。

组合型 SPD 利用其限压型组件响应快的特点,对一般雷电过电压进行防护,但它能承受的标称放电电流只能达 $10\sim20\mathrm{kA}$,若遇到较大的雷电过电压,限压型组件可自行退出,由第二级开关型组件泄放大的冲击电流,其承受冲击电流的能力一般不小于 $100\mathrm{kA}$。

2. 电涌保护器的主要参数

电涌保护器是用来限制电压和泄放能量的,它的参数主要和这两者有关。但在工作中它会对系统造成一些负面影响,自身安全也可能受到过电压或过电流的威胁。

1) 最大持续运行电压 U_C

最大持续运行电压是指允许持续加在 SPD 上的最大电压的有效值或直流电压,它等于 SPD 的额定电压。U_C 与产品的使用寿命、电压保护水平有关。U_C 选择偏高,能延长使用寿命,但 SPD 的残压也相应提高,不利于保护设备的绝缘能力。

2) 标称放电电流 I_n

标称放电电流 I_n 是指流过 SPD 的 $8/20\mu\mathrm{s}$ 波形的放电电流峰值。一般用于对 SPD 作

Ⅱ级分类试验,也可用作Ⅰ、Ⅱ级分类试验的预处理。

3）冲击电流 I_{imp}

由电流峰值 I_p 和总电荷 Q 所规定的脉冲电流。一般用于 SPD 的Ⅰ级试验,其波形为 $10/350\mu s$。

4）最大放电电流 I_{max}

通过 SPD 的 $8/20\mu s$ 雷电流波峰值电流。一般用于对 SPD 作Ⅱ级分类试验,其值按Ⅱ级动作负载的试验程序确定,要求 $I_{max} > I_n$。

5）额定负载电流 I_L

能对串联在保护线路中的双端口 SPD 输出端所连接的负载,提供最大持续额定交流电流的有效值或直流电流。

6）电压保护水平 U_p

表征 SPD 限制接线端子间电压的性能参数。对电压开关型 SPD 是指规定陡度下的大放电电压,对电压限制型 SPD 是指对规定电流波形下的最大残压。

7）残压 U_{res}

冲击放电电流通过 SPD 时所呈现的最大电压峰值。其值与冲击电流的波形和峰值电流有关。

8）残流 I_{res}

对 SPD 不带负载,并施加最大持续工作电压 U_C 时,流过 PE 线端子的电流,其值越小则待机功耗越小。

9）参考电压 $U_{re(1mA)}$

指限压型 SPD 通过 1mA 直流参考电流时,其端子上的电压。

10）泄漏电流 I_l

在 $0.75U_{re(1mA)}$ 直流电压作用下,流过限压型 SPD 的漏电流。泄露的能量要在 SPD 中发热,过大的发热不仅影响 SPD 的寿命,还会使 SPD 的特性发生改变,进而影响其保护性能。其值越小则 SPD 的热稳定性越好。一般 SPD 的 I_L 应被控制在 $50\sim100\mu A$。

11）额定断开续流值 I_f

SPD 能在冲击放电电流以后,断开由电源系统流入 SPD 的预期短路电流。

12）响应时间 t

指在标准试验条件下,从电涌激励开始至 SPD 响应结束之间的时间,其值越小越好,一般为 ns 级。

13）冲击通流容量

SPD 不发生实质性破坏而能通过的规定次数、规定波形的最大冲击电流的峰值。

14）使用寿命

指通过标称电流 I_n 而不致损坏的次数 N_1,和通过最大放电电流 I_{max} 而不致损坏的次数 N_2。如某型号 SPD,在通过标称电流时,可使用 20 次,而通过最大放电电流时,可使用 2 次。以上 20 次和 2 次就是其使用寿命。

3. SPD 冲击分类试验级别

SPD 的通流容量不是一个参数,而是一组参数。它是由一系列标准化试验确定出的 SPD 技术参数。这些试验有三个分类试验组成。标称放电电流和最大冲击电流属于 SPD

的通流容量的试验参数。

1) Ⅰ级分类试验

用标称放电电流 I_n、$1.2/50\mu s$ 冲击电压和 $10/350\mu s$ 最大冲击电流 (I_{imp}) 做试验。最大冲击电流在 10ms 内通过的电荷 $Q(A \cdot s)$ 等于幅值 $I_{peak}(kA)$ 电流的 1/2。这是规定用于安装在 LPZ0$_A$ 区与 LPZ1 区界面处的雷电流型 SPD 的试验程序。

2) Ⅱ级分类试验

用标称放电电流 I_n、$1.2/50\mu s$ 冲击电压和 $8/20\mu s$ 最大冲击电流 (I_{max}) 做试验。这是规定用于限压型 SPD 的试验程序。

3) Ⅲ级分类试验

对 SPD 用 $1.2/50\mu s$ 和 $8/20\mu s$ 复合波所作的试验。

不同类型的试验没有等级之分,也没有可比性,每个厂家可任选一类试验。

例如:某型号电源用 SPD 的参数如下。

最大持续工作电压 U_c:350V;

泄漏电流 I_L:$<10\mu A$;

续流:无;

标称放电电流 I_n(15 个 $8/20\mu s$ 脉冲):20kA;

最大放电电流 I_{max}(1 个 $8/20\mu s$ 脉冲):40kA;

冲击电流 I_{imp}(1 个 $10/350\mu s$ 脉冲):715kA;

电压保护水平 $U_p < 600V$;

符合标准:IEC 61643-1,VDE 0675-6。

10.4.3　SPD 的接线方式

1. SPD 在低压配电系统中的接线方式

根据低压配电系统的接地形式及剩余电流保护装置 RCD 的安装位置不同,SPD 的安装位置及个数也不相同。电源线路的各级浪涌保护器(SPD)应分别安装在被保护设备电源线路的前端。所有 SPD 都设置自己的过电流保护电器,如断路器、熔断器等。这是因为 SPD 动作后,如果电流没能及时切断,工频续流会烧坏 SPD,过电流保护电器的作用就是及时切断 SPD 击穿短路电流。

如图 10-24 所示为 SPD 在 TT 系统中的共模接线方式。在相线和中性线上的 SPD 都承担各自的对地电压。在共模接法中,只要保护中性线的 SPD 未被击穿,则相线与中性线的过电压就不会加在保护相线的 SPD 上。安装在 RCD 的负荷侧的 SPD,当它们的泄漏电流相量和不为零时,RCD 将动作进行保护。

如图 10-25 所示为 SPD 在 TT 系统中的差模接线方式。电源相线与中性线之间的 3 个 SPD 承担相线与中性线之间的电压。中性线与地之间的 1 个 SPD 承担中性线的对地电压。在差模接法中,各相与中性点的电压直接反映在各自的 SPD 上,各相与地之间的电压要经过两个 SPD,只要中性线对地电位升高未达到击穿中性线 SPD 的程度,则相对地电压升高的电涌能量只能通过中性线泄放。安装在 RCD 的电源侧的 SPD,它们的泄漏电流只能靠自身的保护或专设的保护动作。一般情况下基本没有对地泄漏电流,也可用漏电断路器代替熔断器。

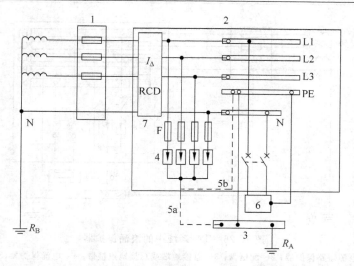

图 10-24　TT 系统中电涌保护器(SPD)安装在剩余电流保护器的负荷侧

1—装置的电源；2—配电盘；3—总接地端或总接地连接带；4—电涌保护器(SPD)；

5—电涌保护器的接地连接,5a 或 5b；6—需要保护的设备；7—剩余电流保护器 RCD；

F—保护电涌保护器推荐的熔丝,断路器或剩余电流保护器；

R_A—本装置的接地电阻；R_B—供电系统的接地电阻

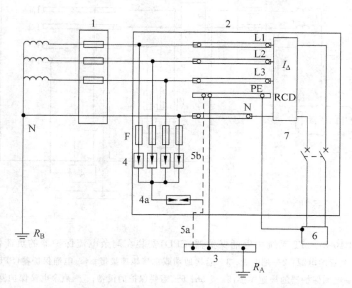

图 10-25　TT 系统中电涌保护器(SPD)安装在剩余电流保护器的电源侧

1—装置的电源；2—配电盘；3—总接地端或总接地连接带；4—电涌保护器(SPD)；

4a—电涌保护器或放电间隙；5—电涌保护器的接地连接,5a 或 5b；6—需要保护的设备；

7—剩余电流保护器,RCD 可位于母线的上方或下方；

F—保护电涌保护器推荐的熔丝,断路器或剩余电流保护器；

R_A—本装置的接地电阻；R_B—供电系统的接地电阻

如图 10-26 和图 10-27 所示为 TN 系统和 IT 系统典型的接线方式。当采用 TN-C-S 或 TN-S 系统时,在 N 与 PE 线连接处电涌保护器用 3 个,在其以后 N 与 PE 线分开处安装电涌保护器时用 4 个,即在 N 与 PE 线间增加一个 SPD。

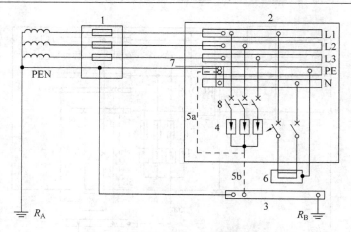

图 10-26   TN 系统中的浪涌保护器

1—电源短路保护器；2—配电盘；3—总接地端或总接地连接带；4—电涌保护器（SPD）；

5—电涌保护器的接地连接，5a 或 5b；6—需要保护的设备；7—PE 与 N 线的连接带；

8—保护电涌保护器推荐的熔丝、断路器或剩余电流保护器；

R_B—本装置的接地电阻；R_A—供电系统的接地电阻

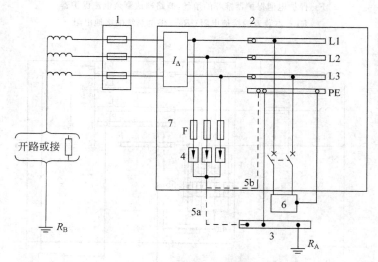

图 10-27   IT 系统中电涌保护器（SPD）安装在剩余电流保护器的负荷侧

1—装置的电源；2—配电盘；3—总接地端或总接地连接带；4—电涌保护器（SPD）；

5—电涌保护器的接地连接，5a 或 5b；6—需要保护的设备；7—剩余电流保护器；

F—保护电涌保护器推荐的熔丝、断路器或剩余电流保护器；

R_A—本装置的接地电阻；R_B—供电系统的接地电阻

除 TT 系统以外，在 TN-S 系统中也可以采用共模或差模接法，但 TN-C-S 系统和 IT 系统只能采用共模接法。

2. SPD 在信号系统中的接线位置

天馈线路浪涌保护器 SPD 应串接于天馈线与被保护设备之间，宜安装在机房内设备附近或机架上，也可以直接连接在设备馈线接口上。

信号线路浪涌保护器 SPD 应连接在被保护设备的信号端口上。浪涌保护器 SPD 输出端与被保护设备的端口相连。浪涌保护器 SPD 也可以安装在机柜内,固定在设备机架上或附近支撑物上。

10.4.4　SPD 的选择与配合

1. SPD 的选择

配电系统用 SPD 应根据工程具体情况对 SPD 的额定电压、电压保护水平、标称放电电流、冲击通流容量、残压等参数进行选择。

信息系统的信号传输线路 SPD 的选择应根据线路的工作频率、传输介质、传输速率、工作电压、接口形式、阻抗特性等参数,选用电压驻波比和插入损耗小的适配产品。

各种计算机网络数据线路上的 SPD 选择,应根据被保护设备的工作电压、接口形式、特性阻抗、信号传输速率或工作频率等参数,选用插入损耗低的适配产品。一般情况下,按性能选择 SPD 的参考项目及要求简述如下。

1) 额定电压 U_N

SPD 的额定电压应与安装处设备的额定电压相一致。

2) 电压保护水平 U_p

SPD 的电压保护水平 U_p 加上其两端引线的感应电压值和,应小于所在系统和设备的绝缘耐冲击电压值 U_{sh},并不宜大于被保护设备耐压水平的 80%。380/220V 低压配电系统各种设备绝缘耐冲击过电压额定值如表 10-7 所示。

表 10-7　220/380V 低压配电系统中各种设备绝缘耐冲击过电压额定值

设备位置	电源处的设备	配电线路和最后分支线路的设备	用电设备	特殊需要保护的设备
耐冲击过电压类别	IV 类	III 类	II 类	I 类
耐冲击电压额定值/kV	6	4	2.5	1.5
设备举例	电气计量仪表、过流保护设备等	配电柜、变压器、电动机、断路器等盒、开关、插座等	洗衣机、电冰箱、电动手提工具等	计算机、电视等

3) 最大持续运行电压 U_C

SPD 的最大持续运行电压 U_C 应不低于系统中可能出现的最大持续运行电压 $U_{s \cdot max}$。220/380V 低压配电系统中 SPD 的最大持续工作电压如表 10-8 所示。

表 10-8　SPD 的最大持续工作电压 $U_{s \cdot max}$

系统特征 SPD安装	TN 系统 TN-S	TT 系统 TN-C	IT 系统 SPD 安装于 RCD 的负荷侧	TN 系统 SPD 安装于 RCD 的负荷侧
L-N	$\geqslant 1.15U_{n1}$	不适用	$\geqslant 1.55U_{n1}$	$\geqslant 1.15U_{n1}$
L-PE	$\geqslant 1.15U_{n1}$	不适用	$\geqslant 1.55U_{n1}$	$\geqslant 1.15U_{n1}$
N-PE	$\geqslant U_{n1}$	不适用	$\geqslant U_{n1}$	$\geqslant U_{n1}$
L-PEN	不适用	$\geqslant 1.15U_{n1}$	不适用	不适用

说明:表中 U_{n1} 为系统标称相电压 220V,U_{n2} 为系统标称线电压 380V。RCD 为剩余电流保护器(漏电保护器)。

电压保护水平 U_p 必须低于被保护设备的冲击耐压 U_{sh},以确定被保护设备的绝缘不受损坏。同时 U_p 应高于系统可能出现的最高运行电压 $U_{s \cdot max}$,即

$$U_{s \cdot max} < U_p < U_{sh} \tag{10-37}$$

为确保 SPD 可靠保护设备的水平,在满足关系式 $U_p < U_{sh}$ 时,应考虑连接 SPD 的两端引线上的电感压降,如图 10-28 所示。

由于电涌的变化速率很快,SPD 两端引线上的电感压降 $L di/dt$ 会达到一定的数值。因此,U_p 加上两端引线电感电压之和,应小于 U_{sh} 才能确保被保护设备不受损失。为使最大电涌电压足够低,SPD 的两端引线应做到最短。SPD 连接导线应平直,其长度不宜超过 0.5m。

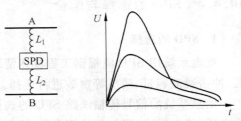

图 10-28　SPD 连接线的影响
L_1、L_2—引线电感

4) 标称放电电流

SPD 的标称放电电流应大于流过被保护设备及线路的最大雷电流分量及电磁感应电流。根据《建筑物电子信息系统防雷技术规范》GB 50343—2004 中的有关规定,配电线路 SPD 标称放电电流如表 10-9 所示。

表 10-9　配电线路 SPD 标称放电电流参数推荐值

防护等级	LPZ0 与 LPZ1 交界处		后续防雷区交界处			直流电源标称放电电流/kA
	第一级标称放电电流/kA		第二级标称放电电流/kA	第三级标称放电电流/kA	第四级标称放电电流/kA	
	$(10/350\mu s)$	$(8/20\mu s)$	$(8/20\mu s)$	$(8/20\mu s)$	$(8/20\mu s)$	$(8/20\mu s)$
A 级	≥20	≥80	≥40	≥20	≥10	≥10
B 级	≥15	≥60	≥40	≥20	—	直流配电系统中根据线路长度和工作电压选用标称放电电流 ≥10kA 适配的 SPD
C 级	≥12.5	≥50	≥20	—	—	
D 级	≥12.5	≥50	≥10	—	—	

说明:配电线路用 SPD 应具有 SPD 损坏告警、热容和过流保护、保险跳闸告警、遥信等功能;SPD 的外封装材料应为阻燃材料。

5) 熄灭工频续流能力

SPD 的额定断开续流值不应小于安装处的预期短路电流。

6) 泄流能力

通过 SPD 的正常泄漏电流要小,且不影响系统的正常运行。

2. 低压配电系统 SPD 的配置与配合

1) SPD 的配置

(1) 入户为低压架空线和电缆线宜安装三相电压开关型 SPD 作为第一级保护。

(2) 分配电柜线路输出端宜安装限压型 SPD 作为第二级保护。

(3) 在电子信息设备电源进线端宜安装限压型 SPD 作为第三级保护,亦可安装限压

型 SPD。

（4）对于使用直流电源的电子信息设备，视其工作电压需要，宜分别选用适配的直流电源 SPD 作为末级保护。

2）SPD 的上下级配合

低压配电系统及电子信息系统信号传输线路在穿过各防雷区界面处，宜采用浪涌保护器（SPD）保护。

在一般情况下，上一级 SPD 的电压保护水平 U_p 和通流容量应大于下一级。为使上级 SPD 泄放更多的能量，必须延迟雷电波到达下级的时间，否则会使下级 SPD 起动过早，因遭受过多的雷电波能量降低保护能力，甚至烧毁自身。因此，上级 SPD 与下级 SPD 在起动时间上需要配合。由于雷电波是行波，上级和下级之间的距离决定了动作时间的先后级差。当上级浪涌保护器为开关型 SPD，下级 SPD 采用限压型 SPD 时，一般电压开关型 SPD 安装在雷电流较大的地方，起动时间应比限压型 SPD 长一些，上下级之间的距离也就长一些。当上级与下级浪涌保护器均采用限压型 SPD 时，因为这种类型 SPD 的性能要求，安装处的雷电流一般不会很大，可允许起动时间较短一些，距离相应也较短。

当在线路上多处安装 SPD 且无准确数据时，电压开关型 SPD 与限压型 SPD 之间的线路长度不宜小于 10m，限压型 SPD 之间的线路长度不宜小于 5m。当上级与下级浪涌保护器之间的线路长度不能满足要求时，应加装退耦装置。退耦元件可采用单独的器件或利用两级 SPD 之间线缆的自然电阻或电感。

10.5　接地系统与等电位连接保护

在智能建筑物中，供配电系统、电子信息系统以及防雷保护系统等都需要作接地系统，接地的作用主要是保障电气系统正常运行，防止人身遭受雷击，以保护人身安全，防止雷击和静电的危害。接地与等电位连接还是一种重要的保护措施。

10.5.1　接地系统

1. 接地与接地装置

1）接地

接地通常是指电力系统或电气装置的某些导电部分与土壤间作良好的电气连接。直接与土壤接触的金属导体称为接地体或接地极。接地体可分为人工接地体和自然接地体。人工接地体是指专门为接地而装设的接地体，有垂直和水平两种形式。自然接地体是指兼作接地体用的直接与大地接触的各种金属构件、金属管道及建筑物的钢筋混凝土基础等。接地极之间的连接导体称为接地干线或接地极引线。

2）接地装置

由接地极、接地干线、总接地端子或接地母线组成的系统称为接地装置或接地极系统。接地装置是指埋设在地下的部分，用来实现电气系统与大地相连接，形成一定范围的疏散电流场，如图 10-29 所示。

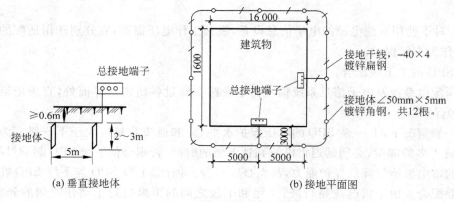

图 10-29　接地装置示意图

电气装置的接地端子与总接地端子或接地母排连接用的导体称为接地线。接地系统就是指接地线和接地极系统的总和。

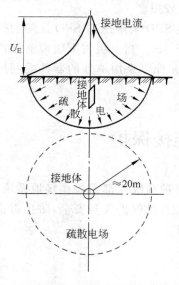

图 10-30　接地装置的疏散电场

3）接地装置的散流场

凡是从接地系统流入地下的电流即属于接地电流。接地电流有正常接地电流和故障接地电流。正常接地电流指正常工作时通过接地装置流入地下，借大地形成工作回路的电流。故障接地电流指系统发生故障时出现的接地电流。接地电流流入地下以后，就通过接地体向大地作半球形散开，接地电流流散的范围称为散流场或疏散电场，如图 10-30 所示。

4）散流电阻和接地电阻

疏散电场中的流散电流在土壤中遇到的全部电阻叫做散流电阻。接地电阻是接地体的散流电阻与接地线的电阻之和。接地线的电阻一般很小，可以忽略不计。因此，可以认为散流电阻就是接地电阻。距接地体越远，散流电阻越小。一般在距离接地体 20m 以上时，散流电阻已小到可以忽略，可以认为远离接地体 20m 以外的地方电位为零，称为电气上的"地"或"大地"。

5）接触电压和跨步电压

在散流场中接地体附近电位较高，越远离接地体，疏散电场中的各点电位就越小。当电气设备发生单相碰壳或接地故障时，在接地点周围的地面上会形成对地电位分布，如图 10-31 所示。接地点与 20m 以外的零电位之间的电位差 U_E 称为接地部分的"对地电压"。

接触电压 U_t 是指设备绝缘损坏时，在人身体可同时触及的两部分之间出现的电位差。如果人站在发生接地故障的设备旁边，手触及设备的金属外壳，则人手与脚之间所呈现的电位差就是接触电压。接触电压通常按人体离开设备 0.8m 考虑。

跨步电压 U_s 是指人在接地故障点附近行走时两脚之间出现的电位差。离接地体位置越近，人体承受的跨步电压就越大。离接地体越远，人体承受的跨步电压就越小。

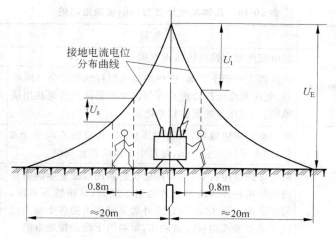

图 10-31　接触电压和跨步电压

对于垂直埋设的单一接地体,离开接地体 20m 以外,跨步电压接近于零。在环境条件特别恶劣的场所,最大接触电压和最大跨步电压值宜降低。当接地配置的最大接触电压和最大跨步电压较大时,可敷设高电阻率地面结构层或深埋接地网。

6)工频接地电阻和冲击接地电阻

工频故障电流的接地电阻为工频接地电阻 R_E,通常简称为接地电阻。雷电冲击电流的接地电阻为冲击电阻 R_{sh}。只有在需要区分冲击电阻(如防雷接地等)时才注明工频接地电阻。

接地装置的冲击接地电阻与工频接地电阻的换算式为

$$R_E = AR_{sh} \tag{10-38}$$

式中:R_E——接地装置的工频接地电阻,Ω;

A——换算系数,其数值与土壤电阻率有关,在 1~3 之间;

R_{sh}——接地装置冲击接地电阻,Ω。

与引下线连接的基础接地体,当其钢筋到引下线的连接点的距离大于 20m 时,在 20m 以内的散流场,其冲击接地电阻值等于工频接地电阻。

2. 共用接地装置

在民用建筑物中有多种不同作用的接地系统,如果各自使用专用接地方式可能会产生不同的电位。不同接地体之间的电磁耦合还会相互干扰影响,带来不安全因素。因此,各种接地系统相互之间的距离有一定的要求,如电子设备的工作接地应与防雷接地装置相距 20m 等。但是在一个建筑物中满足各种接地装置的间距要求是很困难的。

共用接地装置就是将建筑物中的功能性接地、保护性接地、防雷接地以及电磁兼容性接地采用共同的接地系统。接地装置的接地电阻值必须满足各系统接地所需最小值要求。

由于信息技术设备功能上的原因,要求在电气装置或系统中增设局部接地极,但必须通过等电位连接而形成联合共用接地系统,以防止出现不同电位引起干扰或电击事故。常见的建筑物内各种电气装置要求的接地电阻值如表 10-10 所示。

表 10-10　几种电气装置要求的接地电阻值

电气装置名称	接 地 特 点	接地电阻要求
低压系统	配电变压器中性点的接地电阻	$R \leqslant 4\Omega$
安装在该建筑物内的配电变压器	高压侧工作于不接地,或经消弧线圈接地和经高电阻接地,低压系统电源接地点可与该变压器保护接地共用接地网,该变压器的保护接地电阻	$R \leqslant 4\Omega$
建筑物防雷装置	第二类防雷建筑物,专设引下线时,其根数不应少于2根,间距不应大于18m,每根引下线的接地电阻	冲击接地阻不应大于 10Ω
	第二类防雷建筑物,当利用建筑物钢筋混凝土中的钢筋或钢结构柱作为防雷装置的引下线时,其根数可不限,间距不应大于18m,但建筑外廓易受雷击的各个角上的柱子的钢筋或钢柱应被利用,每根引下线的接地电阻	冲击接地电阻可不作规定
	第三类防雷建筑物,专设引下线时,其引下线数量不应少于2根,间距不应大于25m,每根引下线的接地电阻	冲击接地电阻不宜大于 30Ω
	第三类防雷建筑物中,属于年预计雷击次数大于或等于0.012且小于或等于0.06的部、省级办公建筑物及其他重要或人员密集的公共建筑物,专设引下线时,其引下线数量不应少于2根,间距不应大于25m,每根引下线的接地电阻	不宜大于 10Ω
信息系统	电子设备接地电阻	一般取不宜大于 4Ω
共用接地装置	建筑物内的各种电气系统的接地宜用同一接地网。接地网的接地电阻,应符合其中最小值的要求	一般取不宜大于 1Ω

10.5.2　等电位连接

1. 等电位连接的保护功能

等电位连接是使电气装置外露可导电部分和装置以外可导电部分电位基本相等的一种电气连接,其作用一方面降低甚至消除电位差,保持人身和设备安全,减少保护电器动作不可靠的危险性;另外可以消除或降低从建筑物外部窜入的危险电压的影响。等电位连接装置正常情况下不流通电流,仅在发生故障时才通过部分电流。

在建筑物内实施了等电位连接后,当出现漏电等电气故障时,各点电位同时升高,整个建筑物中并未因导入的故障电压而出现危险的电位差,因而能避免发生电击事故。

这种危险的电压差引起的电击事故,不能靠重复接地防止,因为重复接地的接地电阻上产生的电压降仍然远远高于人体安全电压,由各种原因带来的电位差所引起的触电事故只能靠等电位连接来防止。

2. 等电位连接的分类

建筑物内等电位连接可分为总等电位连接(Main Equipotential Bonding,MEB)、局部等电位连接(Local Equipotential Bonding,LEB)和辅助等电位连接(SEB)。

1）总等电位连接 MEB

总等电位连接是将建筑物内各种电气装置外露可导电部分与装置外导电部分电位基本相等的连接。如将 PE 干线与建筑物内的水管、燃气管、采暖和空调管道等金属管道等可导电部分应作总等电位连接，并设总等电位连接端子板。每一电源进线处应作总等电位连接，总等电位连接端子板之间应相互连通。

2）辅助等电位连接 SEB

辅助等电位连接是指将两个可能同时触及的可导电部分连接，用以消除两个不同电位部分的电位差引起的电击危险。

在有总等电位连接的建筑物内，如果一个装置或装置的一部分，其过电流防护电器不能满足自动切除电源防电击的时间要求，常需要增加辅助等电位连接。辅助等电位连接能快速降低接触电压，防止电击事故发生。

3）局部等电位连接 LEB

在某个局部小范围内将各种可导电部分形成电气连通的连接，以提高安全保护功能。

3. 等电位连接与接地的关系

两者的关系可以认为是以大地为参考电位的等电位连接。为防止电击而设置的等电位连接一般均作接地系统，与大地电位保持一致。

如图 10-32 所示。总等电位连接应包括建筑物的钢筋混凝土基础，建筑物内的装置外导电部分，如给排水干管、煤气干管、集中采暖和空调管以及建筑物金属结构等，来自建筑物外面的装置外导电部分，如给水干管、煤气干管等。

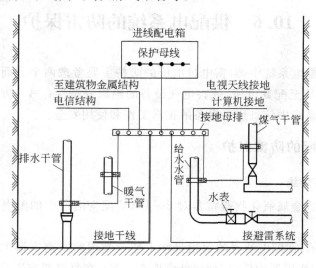

图 10-32　等电位连接示意

如图 10-33 所示的总等电位连接方法为：一般在建筑物进线配电箱近旁设置总接地端子箱（MEB），内设接地母线排端子，与接地装置的预埋件连接。根据需要装设局部等电位 LEB 端子箱，将需要作等电位连接的设备或设施，用等电位连接干线连接到 MEB 的端子上，保持良好的电气连通。总等电位端子箱（MEB）的接地极，一般采用共用接地。

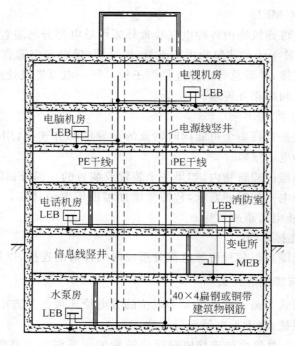

图 10-33　建筑物内总等电位连接示意

10.6　供配电系统的防雷保护

在智能建筑供配电系统中,对雷电过电压的防护主要考虑两个方面。一方面要防止雷电侵入波沿导线传导至配变电所,危害电气设备的绝缘安全性;另一方面要防止雷击电磁脉冲影响低压配电系统中信息用电设备的正常工作和使用安全。

10.6.1　配变电所的防雷保护

1. 保护配置与接线

一般采用阀式或金属氧化物避雷器对 3～10kV 配变电所中的配电装置和电力变压器进行保护配置。

如图 10-34 所示,在配电装置的每组母线上装设站用阀式避雷器 FZ,避雷器应尽量靠近变压器,接地线与变压器中性点、金属外壳连在一起;在每路架空进线上装设配电线路用阀式避雷器 FS,如图 10-34 中线路 1 所示;有电缆段的架空线路,避雷线应装在电缆头附近,避雷器的接地端应和电缆金属外皮相连,如图 10-34 中线路 2 所示;若进线电缆在与母线相连时串有电抗器,则应在电抗器和电缆头之间增加一组阀式避雷器,如图 10-34 中线路 3 所示。

所选择的避雷器伏秒特性应能与被保护设备配合,在任何过电压波形下,避雷器伏秒特性都应在被保护绝缘伏秒特性之下。避雷器的残压要低于被保护设备的冲击击穿电压。

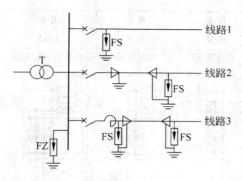

图 10-34　3～10kV 配电装置雷电侵入波的保护接线

2. 避雷器的保护范围

由于配变电站设备很多,要求尽可能减少避雷器的组数,又要保护全部电气设备的安全。因此,会出现一组避雷器要保护多台配电设备的过电压防护,避雷器与被保护设备之间有一定的保护范围。如果超出了避雷器的保护范围,不能保证对被保护设备的保护作用。因此,避雷器与被保护设备之间的距离必须限制在一定的保护范围 $l_{\max}$ 之内。$l_{\max}$ 的计算公式为

$$l_{\max} = \frac{U_{it} - U_{res}}{2\alpha/v} \tag{10-39}$$

式中：$l_{\max}$——避雷器与被保护设备的连线距离；

　　　U_{res}——避雷器的残压；

　　　U_{it}——被保护设备的冲击耐压；

　　　α——侵入波陡度；

　　　v——侵入波波速。

避雷器与所有被保护设备的电气距离均不能超过其最大允许值。若不能满足要求,则应增设避雷器。母线上的避雷器应尽量靠近变压器,其电气距离不应大于表 10-11 所列数值。

表 10-11　10kV 避雷器与变压器的最大电气距离

雷季经常运行的进出架空线路数	1	2	3	4 及以上
最大电气距离/m	15	23	27	30

10.6.2　低压配电系统中的防雷保护

根据低压配电系统的接地形式及剩余电流保护器安装位置的不同,SPD 的安装位置及个数也不相同。电源线路的各级浪涌保护器(SPD)应分别安装在被保护设备电源线路的前端。电子信息系统设备由 TN 交流配电系统供电时,配电线路必须采用 TN-S 系统的接地方式。

配电线路浪涌保护器(SPD)的安装位置及电子信息系统电源设备的分类如图 10-35 所示。

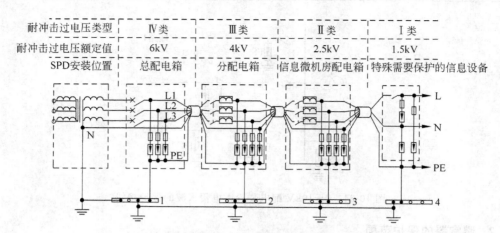

耐冲击过电压类型	Ⅳ类	Ⅲ类	Ⅱ类	Ⅰ类
耐冲击过电压额定值	6kV	4kV	2.5kV	1.5kV
SPD安装位置	总配电箱	分配电箱	信息微机房配电箱	特殊需要保护的信息设备

图 10-35 耐冲击电压类别及浪涌保护器安装位置(TN-S)

1—总等电位接地端子板；2—楼层等电位接地端子板；3、4—局部等电位接地端子板；

✕/—空气断路器；／—隔离开关；⟼—熔断器；⟝—浪涌保护器；⟚—退耦器件；▭▭▭—等电位连接端子板

若第一级 SPD 的电压保护水平加上其两端引线的感应电压保护不了该配电盘内的设备,应在该盘内安装第二级 SPD,其标称放电电流不宜小于 $8/20\mu s$,5kA。

习　题

10-1　什么叫过电压？过电压有哪几种分类？它们的产生原因分别是什么？

10-2　雷电的特征参数有哪些？分别表示什么意义？

10-3　什么叫接地？接地的主要作用是什么？

10-4　什么叫接地装置？由哪几部分构成？

10-5　什么叫冲击接地电阻？什么叫工频接地电阻？

10-6　什么叫散流场？什么叫接触电压和跨步电压？怎样防护？

10-7　直击雷防护装置由哪几部分构成？各部分的作用分别是什么？

10-8　试说明雷电侵入波过电压的防护原理？有哪些防护装置？

10-9　简述避雷器的安装位置及特性参数？

10-10　什么是雷击电磁脉冲？有哪些危害？

10-11　LPZ 是什么含义？如何划分？

10-12　简述 SPD 的类型和保护特性？有几种接线方式？如何选择？

10-13　什么是等电位连接？有哪些类型？怎样起到保护作用？

10-14　建筑物中哪些场所需要采取等电位连接？

10-15　对供配电系统通常采用哪些防雷措施？

10-16　对建筑物通常采用哪些防雷措施？

10-17　雷击电磁脉冲的危害主要有哪些？防护措施有哪些？分别如何起到防护作用？

10-18　什么叫电涌保护器？它与避雷器有何异同？

10-19　某一类高层建筑,高 98m,外形呈长方体,长 65m,宽 50m。若在建筑物屋面上设避雷针作防雷保护,试分别使用滚球法和折线法确定避雷针的设置方案。对雷电过电压还应采用哪些防护措施?

10-20　避雷针高 25m,被保护设备高为 10m 和 15m 时,求避雷针在地面和被保护高度 h_x 的保护范围 r_x。

10-21　某厂一座高 30m 的水塔旁边,建有一水泵房(属第三类防雷建筑物),高 6m,其屋顶最远一角距离水塔 20m。水塔上面安装有一支高 2m 的避雷针。试问此针能否保护这一水泵房。

第 11 章　电能质量

11.0　内容简介及学习策略

1. 学习内容简介

本章主要介绍了供配电系统电能质量的基本概念,评价电能质量的主要指标及允许值。简要分析了不符合电能质量允许值的各种指标下的劣质电能所造成的不良影响和危害,以及改进各项指标的基本措施和方法。

2. 学习策略

本章建议使用的学习策略为从保证供配电系统电能质量的电压、频率和波形质量三个角度入手,理解供电电压质量的指标和含义,理解波形的改变原因和谐波的基本知识,了解各种改善措施的内容。学完本章后,读者将能够实现如下目标。

- 了解评价电能质量的主要指标和国家标准中的允许值。
- 掌握电压偏差的含义和改进措施。
- 了解电压波动和闪变的基本内容。
- 了解三相电压不平衡度的含义和改善措施。
- 了解抑制谐波策略和措施内容。

11.1　概　　述

电力系统的电能质量是指电压、频率和波形的质量。理想的电能应该是完美对称的正弦波。导致用户电力设备故障或不能正常工作的电压、电流或频率的静态偏差和动态扰动都统称为电能质量问题。衡量电能质量的主要指标有电压偏差、电压波动与闪变、三相电压不平衡、暂态和瞬态过电压、频率偏差、谐波(波形畸变)以及供电连续性等。

11.1.1　供配电系统中的电能质量

电能质量问题的产生原因是非常复杂的。由于电能的生产和使用是同时进行的,发电设备、配电设备和用电设备连接在一个电力系统之中,因此电能质量问题将取决于电力系统中的各个环节。

对处于电力系统末端的供配电系统来说,一方面影响电能质量的主要原因是系统的设计、施工、运行和用电负荷性质等因素,如调速电动机、开关电源、气体放电光源和无功补偿装置等的使用,会导致系统谐波水平不断上升。另一方面,一些新型用电负荷的出现,对所使用的电能质量提出了更高的要求,如大量智能化仪表和电子装置等设备,其性能对电能质量非常敏感。

电能质量涉及国民经济各行各业和人民生活用电,优质电力可以提高用电设备效率,增加使用寿命,减少电能损耗和生产损失。随着国民经济的发展和人民生活的提高,对电能质量的要求不断提高,衡量电能质量的标准由国家发布,以适应供需双方在生产运行中的要求。优质的电能质量是实现节约型社会的必要条件之一。

11.1.2 评价供配电系统电能质量的主要指标

在供配电系统中,评价电能质量的主要指标有电压质量、频率质量和电压波形质量。

1. 电压质量

为保证用电设备的正常工作,要求供配电系统向用电设备所提供的电压始终保持在额定电压。合格的电压质量为电压不允许超过所规定的各类指标允许值。

影响电压质量的主要指标有电压偏差、电压波动和闪变、三相电压不对称度等。

2. 频率质量

衡量频率质量的指标是频率偏差。中国规定,电力系统的额定频率为 50Hz,称为"工频"或标称频率。符合频率质量要求的频率不得超过规定的允许偏差值。

频率偏差是电力系统实际基波频率偏离标称频率的程度,即

$$\Delta f = f - f_N \tag{11-1}$$

式中:Δf——频率偏差,Hz;

$\quad\quad f$——实际基波频率,Hz;

$\quad\quad f_N$——标称频率,Hz。

供电频率偏差允许值是 ± 0.2Hz,系统容量在 3000MW 以下的用户,其频率偏差允许值是 ± 0.5Hz。

频率的变化对电力系统运行的稳定性影响很大。当系统低频运行时,用户的所有电动机的转速都将下降,将影响许多产品的质量和数量;将使与系统频率有关的测控设备受系统频率的影响而降低其性能,甚至不能正常工作;将引起异步电动机和变压器激磁电流增加,所消耗的无功功率增加,恶化电力系统的电压水平;频率的变化还可能引起系统中滤波器的失谐和电容器组发出的无功功率变化。

频率偏差通常由电力系统调节,为防止电力系统低频运行,应提供足够的电源容量,满足负荷增长的需求。在紧急情况下,采取自动按频率减负荷装置,切除低于设定值的次要负荷,保证系统频率质量。在智能建筑供配电系统设计时,一般不必采取频率调节措施。

3. 电压波形质量

电压的波形质量是以正弦电压波形畸变率来衡量的。电压波形的畸变率是因为电网中除基波电压以外的其他各次谐波分量的影响导致的。

电压波形质量是指电压波形畸变率不许超过规定的允许值。中国国家标准对公共电网谐波电压及电网中公共连接点的注入谐波电流分量均有严格的规定范围。

11.2　电 压 偏 差

11.2.1　电压偏差及其影响

1. 电压偏差

电压偏差是指供配电系统正常运行时,系统各点的实际电压对系统标称电压的偏差值,常用百分数表示。即

$$\Delta U = \frac{U - U_N}{U_N} \times 100\% \tag{11-2}$$

式中:ΔU——电压偏差百分比;

　　　U——系统中某点的实际电压;

　　　U_N——供配电系统的标称电压。

2. 电压偏差对系统和用电设备的影响

不正常的电压偏差会影响供配电系统中的电气设备和生产设备的正常工作。供配电系统中用电设备的种类繁多,受系统电压偏差影响较大的用电设备主要有异步电动机、照明设备的光源、电子设备和无功补偿器等。

1) 对异步电动机的影响

由于电动机转矩与端电压的平方成正比,即 $M \infty U^2$。当电压偏差过高,会使电动机端电压升高,激磁电流和温升增加,产生有害的谐波电流,降低使用寿命。当电压偏差过低,会使电动计时及转矩下降较多,转速降低,负荷电流增加,影响使用寿命。

2) 对照明设备的光源影响

如图 11-1 所示为电光源的电压特性曲线。电光源的发光效率、光通量和寿命等因素都与系统电压有很大关系。电压偏差过高,会使照明设备光通量增加,发光效率增加,但会减少使用寿命。电压偏差过低,会使照明设备光通量减少,照度不足,影响照明效果,甚至导致气体放电光源的照明不能正常点燃。

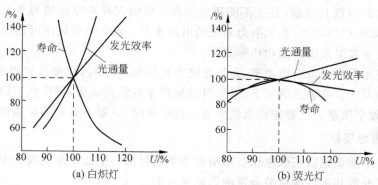

图 11-1　电光源的电压特性

3) 对电子设备的影响

在智能建筑中使用大量的电子式仪表、元件和装置等构成智能化设备。应用计算机技术、现代通信技术、现代控制技术进行系统集成,实现智能化管理。电压偏差会造成计算机

系统的工作紊乱,数据损坏,严重影响智能化管理系统的正常工作。电压偏差还会造成精密机床、机器人等无法保持精确控制。

4) 对无功补偿的影响

由于供配电系统的用电设备在工作时需要大量的无功功率,因此常在供配电系统的用户端进行无功功率补偿,以减少电力系统的供电容量。因为无功补偿量 Q 与电压的平方成正比,故电压偏差过高,会使无功功率 Q 输出增加,影响系统正常工作。电压偏差过低,会使无功功率 Q 输出减少,不能满足补偿需求。

11.2.2 电压偏差的允许值

1. 供电电压允许偏差

国家标准 GB 12325—2003《电能质量 供电电压允许偏差》中对供电电压允许偏差的规定如下。

(1) 35kV 及以上供电电压正、负偏差的绝对值之和不超过额定电压的 10%。若供电电压上下偏差同号(均为正或负)时,按较大的偏差绝对值作为衡量依据。

(2) 10kV 及以下三相供电电压允许偏差为系统标称电压的 ±7%。

(3) 220V 单相供电电压允许偏差为系统标称电压的 +7%、−10%。

2. 用电设备端电压允许偏差

根据国家标准《供配电系统设计规范》GB 50052—95 规定,正常工作时,用电设备端子处电压偏差允许值应符合下列要求。

(1) 电动机允许的电压偏差为额定电压的 ±5%。

(2) 照明时,在一般工作场所允许的电压偏差为额定电压的 ±5%;对于远离变电所的小面积一般工作场所,难以满足上述要求时,允许电压偏差可为额定电压的 +5%、−10%;应急照明、道路照明和警卫照明等场所的允许电压偏差为额定电压的 +5%、−10%。

(3) 其他用电设备当无特殊规定时允许的电压偏差为额定电压的 ±5%。

3. 变压器的电压损失

在不同功率因数下,满负荷运行的 10(6)/0.4kV SC(B)9 型和 S9 型变压器的电压损失如表 11-1 所示。当为其他负荷率时按比例计算。

表 11-1 满负荷时 10(6)/0.4kV 变压器的电压损失 　　　V

$\cos\varphi$	SC(B)9 型和 S9 型变压器容量/kVA										
	200	250	315	400	500	630	800	1000	1250	1600	2000
1	1.2	1.0	1.0	0.9	0.9	0.9(0.9)	0.8	0.8	0.7	0.7	0.7
	1.3	1.2	1.2	1.1	1.1	1.0	0.9	1.0	0.9	0.9	0.9
0.95	2.3	2.2	2.2	2.1	2.1	2.0(2.2)	2.1	2.1	2.1	2.0	2.0
	2.4	2.3	2.3	2.2	2.2	2.3	2.2	2.3	2.3	2.2	2.2
0.9	2.7	2.6	2.6	2.5	2.5	2.5(2.7)	2.7	2.7	2.7	2.7	2.7
	2.8	2.8	2.7	2.6	2.6	2.8	2.7	2.7	2.8	2.7	2.7
0.8	3.2	3.1	3.1	3.1	3.1	3.0(3.4)	3.3	3.3	3.3	3.3	3.3
	3.3	3.3	3.2	3.2	3.1	3.4	3.4	3.5	3.4	3.4	3.4

续表

cosφ	SC(B)9 型和 S9 型变压器容量/kVA										
	200	250	315	400	500	630	800	1000	1250	1600	2000
0.7	3.6	3.5	3.5	3.4	3.4	3.4(3.8)	3.7	3.7	3.7	3.7	3.7
	3.6	3.6	3.5	3.5	3.5	3.8	3.8	3.8	3.8	3.8	3.8
0.6	3.8	3.7	3.7	3.7	3.7	3.6(4.1)	4.0	4.0	4.0	4.0	4.0
	3.8	3.8	3.8	3.7	3.7	4.1	4.1	4.1	4.1	4.1	4.1
0.5	3.9	3.9	3.9	3.8	3.8	3.8(4.3)	4.2	4.2	4.2	4.2	4.2
	3.9	3.9	3.9	3.9	3.9	4.3	4.3	4.3	4.3	4.3	4.3

注：1. SC(B)9 和 S9 型变压器阻抗电压 u_k 为 4%（630kVA 括号内阻抗电压 u_k 为 6%）。容量大于等于 630kVA 时 SC(B)9 型变压器阻抗电压 u_k 为 6%，S9 型变压器阻抗电压 u_k 为 4.5%。

2. 每栏中的第二行为 S9 型变压器的电压损失。

4. 线路电压损失允许值

在低压配电线路设计时，应根据用电设备端子电压偏差允许值的要求，以及地区电网供电电压偏差的具体情况，确定出线路电压损失的允许值。在缺乏资料计算时，线路上的电压损失允许值可进行如下参考。

（1）从配电变压器二次侧母线算起的低压线路，允许电压损失为 5%。

（2）从配电变压器二次侧母线算起的供给有照明负荷的低压线路，允许电压损失为 3%～5%。

（3）从 110(35)/10(6)kV 变压器二次侧母线算起的 10(6)kV 线路，允许电压损失为 5%。

当变压器高压侧为稳定的系统标称电压时，低压侧线路允许电压损失计算值如表 11-2 所示。

表 11-2　低压侧线路允许电压损失计算值　　　　　　　　　　　V

负荷率	cosφ	SC(B)9 型/kVA										
		200	250	315	400	500	630	800	1000	1250	1600	2000
1.0	1	8.8	9.0	9.0	9.1	9.1	9.1(9.1)	9.2	9.2	9.3	9.3	9.3
	0.95	7.7	7.8	7.8	7.9	7.9	8.0(7.8)	7.9	7.9	7.9	8.0	8.0
	0.9	7.3	7.4	7.4	7.5	7.5	7.5(7.3)	7.3	7.4	7.4	7.4	7.4
	0.8	6.8	6.9	6.9	6.9	6.9	7.0(6.6)	6.7	6.7	6.8	6.8	6.8
	0.7	6.4	6.5	6.5	6.6	6.6	6.6(6.2)	6.3	6.3	6.3	6.3	6.3
	0.6	6.2	6.3	6.3	6.3	6.3	6.4(5.9)	6.0	6.0	6.0	6.0	6.0
	0.5	6.1	6.1	6.1	6.2	6.2	6.2(5.7)	5.8	5.8	5.8	5.8	5.8
0.8	1	9.1	9.2	9.2	9.3	9.3	9.3(9.3)	9.4	9.4	9.4	9.5	9.5
	0.95	8.2	8.3	8.3	8.3	8.3	8.4(8.2)	8.3	8.3	8.3	8.4	8.4
	0.9	7.8	7.9	7.9	8.0	8.0	8.0(7.8)	7.9	7.9	7.9	8.0	8.0
	0.8	7.4	7.4	7.4	7.4	7.6	7.5(7.3)	7.4	7.4	7.4	7.4	7.4
	0.7	7.2	7.2	7.2	7.3	7.3	7.3(7.0)	7.0	7.0	7.0	7.1	7.1
	0.6	7.0	7.0	7.0	7.1	7.1	7.1(6.8)	6.8	6.8	6.8	6.8	6.8
	0.5	6.9	6.9	6.9	6.9	6.9	6.9(6.6)	6.6	6.6	6.6	6.6	6.6

注：本表计算条件为按用电设备允许电压为 ±5%，变压器空载电压比低压系统标称电压高 5%，变压器高压侧为稳定的系统标称电压。将允许总的电压损失的 10% 减去变压器电压损失即得本表数据。

11.2.3　电压偏差的改善措施

供配电系统减小电压偏差的常用措施有正确选择变压器的电压分接头、降低系统阻抗、采取无功功率补偿措施、平衡三相负荷等。

1. 合理选择变压器的电压分接头

合理选择变压器的分接头，可将实际电压与额定电压的偏差限制在一定的范围。电力变压器的电压分接头一般为 $2\times\pm2.5\%$ 或 $\pm5\%$ 等，分接头接线如图 11-2 所示。

若某降压变压器，一次侧最大负荷时的实际电压为 U_{1max}，最小负荷时的实际电压为 U_{1min}，变压器归算到一次侧的电压损失最大负荷时为 $\Delta U_{T\cdot max}$，最小负荷时为 $\Delta U_{T\cdot min}$。变压器的变比 $n=U_f/U_{N2}$。

在最大负荷时，变压器电压损失大，二次侧电压较低，变压器二次侧要求维持的最低电压为 U_{2min}，则

$$U_{2min}\geqslant(U_{1max}-\Delta U_{T\cdot max})\frac{U_{N2}}{U_{f1}} \qquad (11\text{-}3)$$

即要求一次侧的调压 U_{f1} 的取值范围为

$$U_{f1}\geqslant(U_{1max}-\Delta U_{T\cdot min})\frac{U_{N2}}{U_{2min}} \qquad (11\text{-}4)$$

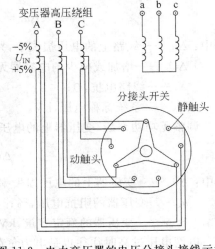

图 11-2　电力变压器的电压分接头接线示意

在最小负荷时，变压器电压损失小，二次侧电压较高，变压器二次侧要求维持的最高电压为 U_{2max}，则

$$U_{2max}\leqslant(U_{1min}-\Delta U_{T\cdot min})\frac{U_{N2}}{U_{f2}} \qquad (11\text{-}5)$$

即要求二次侧的调压 U_{f2} 的取值范围为

$$U_{f2}\geqslant(U_{1min}-\Delta U_{T\cdot min})\frac{U_{N2}}{U_{2max}} \qquad (11\text{-}6)$$

在兼顾最大负荷和最小负荷的情况时，分接头电压 U_f 应为

$$U_{f2}\leqslant U_f\leqslant U_{f1} \qquad (11\text{-}7)$$

若实际变压器的分接头不能满足式(11-7)，则说明采用无载调整分接头的方式不能达到限制电压偏差的目的，可以采用有载调压变压器。合理选择变压器的变比和电压分接头，可将供配电系统的电压调整在合理的水平上，能改善系统电压偏差的影响。

2. 降低系统阻抗

电压偏差与电压损失有一定的关系。电压损失越大，电压偏差的限制也就越困难。供电元件的电压损失与阻抗大小成正比，在经济技术合理时，可以采用措施，减少电压损失，缩小电压偏差的范围。

(1) 减少变压级数，可降低变压器产生的电压损失。

(2) 增加线路导体截面，可以减小线路阻抗，减少线路电压损失。

（3）因为电缆线路的电抗值比相同截面的架空线路和普通绝缘导线小得多。用电缆线路替代架空线路或普通绝缘导线，可有效减少电压损失。

3. 合理采用无功功率补偿措施

产生电压偏差的主要原因是系统滞后的无功负荷所引起的系统电压损失。因此，当负荷变化时，相应调整电容器的接入容量就可以改变系统的电压损失，在一定程度上缩小电压偏差的范围。

调整无功功率后，线路上的电压损失的估算为

$$\Delta u_1 = \Delta Q_{\text{C}} \frac{X_1}{1000 U_{\text{N}}^2} \times 100\%$$ (11-8)

式中：Δu_1——线路上的电压损失率，%；

ΔQ_{C}——增加或减少的电容器无功功率容量，kVar；

X_1——线路电抗，Ω；

U_{N}——系统标称电压，kV。

调整无功功率后，变压器上的电压损失的估算为

$$\Delta u_{\text{T}} = \Delta Q_{\text{C}} \frac{u_{\text{k}}}{S_{\text{r} \cdot \text{T}}}\%$$ (11-9)

式中：Δu_{T}——变压器上的电压损失率，%；

u_{k}——变压器的阻抗电压，%；

$S_{\text{r} \cdot \text{T}}$——变压器的额定容量，kVA。

电网电压过高时往往也是电力负荷较低，功率因素偏高的时候，适时减少电容器组投切容量，能同时起到合理补偿无功功率和调整电压偏差水平的作用。在低压侧采用电容器进行无功补偿时，调压效果更显著。应尽量采用按功率因素或电压水平调整投切电容器无功容量的自动装置。

例 11-1　某配变电中有一台 SCB9-1000/0.4 型变压器，$u_{\text{k}} = 6\%$。如果采用动态自动跟踪补偿无功功率装置，每增加 120kVar 无功功率时，变压器上的电压损失率为多少？

解：根据式（11-9）可得变压器上的电压损失为

$$\Delta u_{\text{T}} = \Delta Q_{\text{C}} \frac{u_{\text{k}}}{S_{\text{r} \cdot \text{T}}}\% = 120 \times \frac{6}{1000} = 0.72\%$$

变压器低压侧的电压损失为

$$\Delta U_{\text{T}} = U_2 \times \Delta u_{\text{T}} = 400 \times 0.72\% = 2.9(\text{V})$$

4. 平衡三相负荷

在三相四线制中，如果三相负荷分布不均，则通过三根相线的电流大小就会有较大差别。带负荷多的相，会因为电流增大而增加线路上的电压损耗，致使末端负荷的相电压偏差加大，三个大小不相等的相电压将产生零序电压，使零点移位。带负荷多的相电压会降低，带负荷较少的相电压会升高。每相的用电负荷得到的相电压都会有不同程度的电压偏差，如图 11-3 所示。

同样，线间负荷不平衡，则引起线间电压不平衡，增大

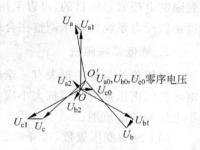

图 11-3　不对称电压相量图

电压偏差。所以,在三相供配电系统中应将单相负荷时尽可能均匀配到三个单相系统中,尽量做到三相平衡。

11.3 电压波动和电压闪变

11.3.1 电压波动和电压闪变及其影响

1. 电压波动和电压闪变

1) 电压波动

一系列电压方均根值(有效值)的变动或电压包络线的周期性变动,当其变化速度等于或大于每秒 0.2% 时称为电压波动。其计算公式为

$$d\% = \frac{U_{max} - U_{min}}{U_N} \times 100\% \tag{11-10}$$

式中: $d\%$ ——电压变动百分比;

U_{max} ——电力系统在最小运行方式下,一个以上用户连接点的公共供电点相邻电压的方均根最大值,V;

U_{min} ——电力系统在最小运行方式下,一个以上用户连接点的公共供电点相邻电压的方均根最小值,V;

U_N ——系统标称电压,V。

对于三相平衡负荷,由负荷引起的电压波动的计算公式为

$$d\% = \frac{R_L \Delta P + X_L \Delta Q}{U_N^2} \times 100(\%) \approx \frac{\Delta S_i}{S_{SC}} \times 100\% \tag{11-11}$$

式中: R_L、X_L ——系统电阻和电抗,Ω;

ΔP、ΔQ ——负荷的有功功率(W)和无功功率(var)变化量;

U_N ——系统标称电压,V;

ΔS_i ——波动负荷视在功率的变化,VA;

S_{SC} ——公共连接点短路容量,VA。

2) 电压变动频度

单位时间内电压变动的次数称为电压变动频度。电压由大到小或由小到大各算一次变动。同一方向的若干次变动,如间隔时间小于 30ms,则算一次变动。计算公式为

$$r = \frac{m}{T} \tag{11-12}$$

式中: r ——电压变动频度,h^{-1};

m ——某一规定时间内电压变化次数;

T ——冲击负荷的周期,h。

3) 电压闪变

瞬时电压的升降将造成照明设备的灯光亮度急剧变化,使人眼对灯光的闪烁感到不适应的现象称为电压闪变。评价电压闪变的指标有短时间闪变值 P_{st} 和长时间闪变值 P_{lt}。

（1）短时间闪变值 P_{st}

短时间闪变值 P_{st} 是衡量短时间（若干分钟）内闪变强弱的一个统计量。

（2）长时间闪变值 P_{lt}

长时间闪变值 P_{lt} 是由短时间闪变量推算出，反映长时间（若干小时）闪变强弱的量值。

2. 电压波动和电压闪变的影响

电压波动和电压闪变主要是由冲击性功率负荷引起的。如电力牵引车、炼钢电弧炉、电弧焊机和轧钢机等。电压波动对电压质量要求很高的敏感性负荷影响巨大。电压闪变超过限度值时，使照明负荷无法正常工作，损害人身健康。

（1）电压波动和闪变能引起照明设备中光源的闪烁，使得照明质量下降。

（2）电压波动和闪变会引起电视机、计算机显示器中显像管工作不正常，图像变形。

（3）电压的不稳定将使电动机转速不均匀，影响所生产产品的质量。

（4）电压波动和闪变会导致电子设备、自控设备或测试仪器无法准确工作。

11.3.2　电压波动和电压闪变的允许值

1. 电压变动的限定值

根据《电能质量　电压波动和闪变》GB 12326—2000 中的有关规定，在电力系统公共连接点处，由波动负荷产生的电压变动限值和变动频度如表 11-3 所示。

表 11-3　电压变动限定值

电压变动频度 r/h^{-1}	电压变动 $d\%$		电压变动频度 r/h^{-1}	电压变动 $d\%$	
	LV(≤1kV)，MV(1~35kV)	HV(35~220kV)		LV(≤1kV)，MV(1~35kV)	HV(35~220kV)
$r≤1$	4	3	$10<r≤100$	2	1.5
$1<r≤10$	3	2.5	$100<r≤1000$	1.25	1

注：LV 为低压配电网，MV 为中压配电网，HV 为高压配电网。

2. 电压闪变的限定值

电力系统公共连接点处，由波动负荷引起的短时间闪变值 P_{st} 和长时间闪变值 P_{lt} 应满足如表 11-4 所示的限值。

表 11-4　各级电压下的闪变限定值

系统电压等级	LV(≤1kV)	MV(1~35kV)	HV(35~220kV)
P_{st}	1.0	0.9(1.0)	0.8
P_{lt}	0.8	0.7(0.8)	0.6

注：1. P_{st} 和 P_{lt} 每次测量周期分别为 10min 和 2h。

　　2. MV 括号中的值仅适用于公共连接点连接的所有用户为同电压级的用户。

闪变干扰可以在各级电力网中传递。在高电压级出现的闪变干扰基本上全部传递到低压级。由于高电压的电力网的短路容量较大，由低电压级的闪变干扰传递至高电压级的作用很小，实际上可以忽略。

3. 波动负荷用户的电压波动和闪变值

根据用户负荷大小和其协议用电容量占供电容量的比例，以及系统电压，对波动负荷用户的电压波动和闪变值分别按三级不同的规定处理。

1) 第一级规定

满足本级规定时，可以不经闪变核算，允许接入电网。第一级闪变限定值如表 11-5 所示。

表 11-5　第一级电压闪变限定值

用户电压等级	$r/\min^{-1}$	$K=(\Delta S/S_{sc})_{\max} \%$
对于 LV 和 MV 用户	$r<10$	0.4
	$10 \leqslant r \leqslant 200$	0.2
	$20<r$	0.1
对于 HV 用户		<0.1

注：1. 表中 ΔS 为波动负荷视在功率的变动，S_{sc} 为接入公共连接点的短路容量。

　　2. 已通过 IEC 6100-3-3 和 IEC 6100-3-5 的 LV 设备均视为满足第一级规定。

2) 第二级规定

需根据用户闪变的发生值和限定值作比较后确定。每个用户按其协议用电量 S_i（$S_i = P_i/\cos\varphi_i$）和供电容量 S 之比，考虑上一级对下一级闪变传递的影响等因素后再确定闪变限定值。不同电压之间闪变传递系数 T 如表 11-6 所示。

表 11-6　不同电压等级间闪变传递系数

传递系数 T	HV-MV	HV-LV	MV-LV
范围	0.8~1.0	0.8~1.0	0.95~1.0
一般取值	0.9	0.9	1.0

用户闪变值的计算如下。

对于 MV 和 LV 单个用户，首先求出接于公共连接点的全部负荷产生闪变的总限定值 G。以 MV 用户为例写出的计算公式为

$$G_{MV} = \sqrt[3]{L_{MV}^3 - T_{HM}^3 L_{HV}^3} \tag{11-13}$$

式中：L_{MV}、L_{HV}——分别为 MV 和 HV 的闪变限定值，如表 11-4 所示；

　　　　T_{HM}——HV 对 MV 的闪变传递系数，如表 11-6 所示。

单个用户的闪变限值 E_{iMV} 为

$$E_{iMV} = G_{MV} \sqrt[3]{\frac{S_i}{S_{MV}} \cdot \frac{1}{F_{MV}}} \tag{11-14}$$

式中：F_{MV}——波动负荷的同时系数。其典型值为 0.2~0.3，但必须满足 $S_i/F_{MV} \leqslant S_{MV}$。

如将下标作适当替换，如 F_{MV} 换为 F_{LV}，T_{HM} 换为 T_{HV} 或 T_{ML} 等，则可以用于 LV 用户的计算。式(11-13)、式(11-14)对于短时间闪变（P_{st}）和长时间闪变（P_{lt}）均适用。

对于 HV 单个用户，闪变限值计算式为

$$E_{iHV} = L_{MV} \sqrt[3]{\frac{S_i}{S_{tHV}}} \tag{11-15}$$

式中：S_{tHV}——接 S_i 的公共连接点的总供电容量。

对于某些相对较小的用户,当未超过表 11-7 中基本闪变值时,仍允许接入电网。

3) 第三级规定

当超过第二级限值时,若实际背景闪变水平比较低,或超标概率很低(如每周不超过 1%时间)时,电力企业可酌情放宽限值。反之若背景水平已接近于表 11-4 的规定值,则应采取措施降低闪变水平。

表 11-7　基本闪变值

E_{psti}	E_{plti}
0.35	0.25

某些用电设备允许电压波动与其允许波动频度的关系如图 11-4 所示。1 区为调节设备用的泵、剧院照明、喷油器等。2 区为独立升降机、提升机、桥式起重机、X 光设备等。3 区为电弧炉、手动点焊、落锤、电弧焊、锯、成组升降机等。4 区为活塞泵、空压机、自动点焊机等。

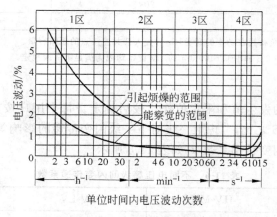

图 11-4　用电设备电压波动和频度的关系

11.3.3　电压波动和闪变的限制措施

电压波动是由于供配电线路中负荷的急剧变动所引起的,特别是大型电弧炉和大型轧钢机等冲击性负荷,会使供配电系统电压损耗增加,导致电气设备的端电压出现电压波动现象。抑制电压波动和闪变可采取的改进措施简要介绍如下。

1. 采用单独回路供电

对负荷急剧变化的大型用电设备以专线单独供电;对较大功率的冲击性负荷或负荷群由专门的变压器供电,以限制对其他负荷的影响。这是最简便而行之有效的方法。

2. 降低配电线路的阻抗

将单回路线路改为双回路线路,或将架空线路改为电缆线路,降低配电系统线路上的阻抗值,从而减小负荷变动时引起的电压波动。

3. 提高供电电压等级

电压损失的百分比与电网的额定电压的平方成反比,因此,提高供电电压等级能抑制电网电压的波动。对大功率用电设备,可选用更高等级的电压供电。对大功率电弧炉等冲击性负荷的变压器,宜由短路容量较大的电网供电。

4. 采用静止型无功功率补偿装置(SVC)

静止补偿装置(SVC)对大功率电弧炉或其他大功率冲击性负荷引起的电压波动和闪变以及产生的谐波有很好的补偿作用,但其价格昂贵。SVC 的主要类型如图 11-5 所示。

如图 11-6(a)所示 TCR 为固定电容器/晶闸管相控电抗器型 SVC。如图 11-5(b)所示 TSC 为晶闸管投切电容器型 SVC。如图 11-5(c)所示 SR 为自饱和电抗器型 SVC。如图 11-5(d)所示 TCT 为晶闸管相控高阻抗变压器型 SVC。

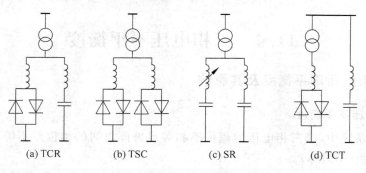

(a) TCR　　　　(b) TSC　　　　(c) SR　　　　(d) TCT

图 11-5　SVC 的主要形式

1) FC/TCR 型 SVC

目前使用较多的是 FC/TCR 型 SVC,如图 11-6 所示。FC 对于基波是无功功率补偿装置,并可作为高次谐波的滤波器。

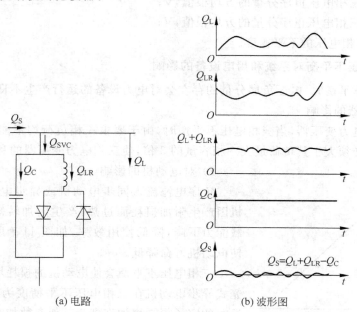

(a) 电路　　　　　　　　　　　(b) 波形图

图 11-6　SVC 工作原理

由于负荷一般是感性的,设负荷的无功功率变化量为 Q_L,利用晶闸管的相位控制,使电抗器需要消耗的无功功率对应于 Q_L 相反的变化量为 Q_{LR},从而使 $Q_L + Q_{LR} = \text{const}$(感性)。

电容器产生的无功功率 Q_C(容性),与 $Q_L + Q_{LR}$ 相互补偿。即

$$Q_S = Q_L + Q_{LR} - Q_C \approx \text{const}$$

可以控制使系统的无功功率 Q_S 基本保持恒定。

2）SR 型 SVC

SR 型 SVC（自饱和电抗器式 SVC）与 FC/TCR 型 SVC 相比具有较为突出的优点。自饱和电抗器式与晶闸管式 SVC 的事故率之比为 1：7，SR 型 SVC 的可靠性高。SR 型 SVC 还具有反应速度更快，维护方便，维护费用低，过载能力强等特点。

11.4 三相电压不平衡度

11.4.1 三相电压不平衡度及其影响

1. 三相电压不平衡度

在供配电系统中，当三相电压的幅值不相等或彼此之间的相位差不等于 120°时，称为三相电压不平衡（不对称）。

三相电压的不平衡程度，用三相系统的负序电压分量与正序电压分量的方均根值的百分比表示，即

$$\varepsilon_U = \frac{U^-}{U^+} \times 100\% \tag{11-16}$$

式中：U^-——三相电压负序分量的方均根值，V；

U^+——三相电压正序分量的方均根值，V；

ε_U——三相电压的不平衡度。

2. 三相电压不平衡对系统和用电设备的影响

三相电压不平衡时，电压负序分量的存在会对电力设备的运行产生不良影响。

1）对变压器的影响

对于三相电力变压器，当三相电压不平衡时，由于要求三相负荷均不能过载，因此变压器的额定容量必须大于其负荷最大一相容量的 3 倍，使三相电力变压器的利用率降低。

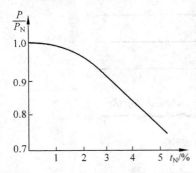

图 11-7 感应电动机的降容系数曲线

2）对电动机的影响

负序电流流入同步电动机或异步电动机，会使电动机因产生附加损耗而过热，产生附加转矩而使电动机负载能力下降，降低使用效率，如图 11-7 所示。同时还会使电动机寿命降低。

三相电压不平衡会使电动机的损耗增加。例如 4 kW 笼式异步电动机在三相电压不平衡度为 5.36% 时，空载运行的定子损耗增加许多。其他参数如表 11-7 所示。

3）对变流装置的影响

对多相整流装置，不平衡电压会使电流在各整流元件上导通的时间和大小发生差异，导致部分元器件的效能得不到充分利用。此外不平衡电压还会产生偶次非特性谐波，其幅值与电压的不平衡度成正比，进一步影响电能质量。

表 11-8　4kW 笼式异步电动机三相不平衡电压下的测量参数

三相电压不平衡度		$\varepsilon_U = 0$			$\varepsilon_U = 5.36\%$		
三相线电压/V		AB	BC	CA	AB	BC	CA
		380	380	380	380	380	360
空载	空转损耗 p_0/W	156.5			220		
	铁损 p_{Fe}/W	708.3			1994.7		
	定子铜损 p_{Cu0}/W	708.3			1994.7		
额定负载	输入功率 P_1/W	4880			4960		
	定子铜损 p_{Cu1}/W	683.5			744.9		
	转差率 s/%	4.06			4.26		
	功率因数 $\cos\varphi$	0.7			0.63		
	定子相电流/A	A	B	C	A	B	C
		8.8	8.8	9.4	11	10	7.4

　　4）对补偿电容的影响

　　对于对称连接的电容器,加上不对称电压后,会引起三相无功功率输出的不平衡,改变总无功功率的输出。

　　5）对低压配电系统设备的影响

　　在低压配电线路中,不平衡电压会引起照明电光源的寿命缩短或烧损,电视机损坏,中性线过负荷等不良影响,还会引起线损及线路电压损失增大,影响正常通信质量。

　　3. 三相电压不平衡度的允许值

　　根据《电能质量　三相电压允许不平衡度》GB/T 15543－1995 规定,电力系统中三相电压不平衡度的允许值如下。

　　(1)电力系统公共连接点正常电压的不平衡度允许值为 2%,短时不得超过 4%。电气设备额定工况的电压允许不平衡度和负序电流允许值仍由各自标准规定。

　　(2)接于公共接点的每个用户,该点正常电压的不平衡度允许值一般为 1.3%。

11.4.2　三相电压不平衡度的改善措施

　　产生三相电压不平衡的主要原因是由于单相负荷在三相系统中容量分布不合理,因此改善三相电压不平衡度的措施如下。

　　(1)应将单相负荷平衡地分布于三相上,并考虑用电设备功率因素的不同,尽量使有功功率和无功功率在三相系统中达到平衡。低压配电系统三相之间的容量之差不宜超过 15%。

　　(2)对不能平衡的单相负荷,采用单独的单相变压器供电。

　　(3)对不对称的三相负荷,尽量连接在短路容量较大的系统。

　　(4)采用平衡电抗器和电容器组成的电流平衡装置。

11.5　谐　　波

　　在理想干净的供配电系统中,在只含有线性元件(RLC)的简单电路里,流过的电流与电压成正比关系,电流和电压都是正弦波。

当电流流经非线性负载时,电流与电压不成线性关系,就形成非正弦曲线波形的电流,电路中产生谐波。由于半导体晶闸管的开关操作和非线性特性,电力系统的一些设备(如功率转换器)产生的谐波较为严重,电流波形比较大地背离了正弦曲线波形。

谐波是供配电系统中的一种污染,可造成线路导线和用电设备发热,产生趋肤效应,使电动机产生机械振荡。谐波还能干扰无线电设备,导致其不能正常运行。电网中谐波含量过大,可引起电网振荡,造成电网颠覆的严重事故。

11.5.1　谐波及谐波含量

1. 谐波的基本概念

1) 基波与谐波

在中国,基波是指频率为 50Hz 的正弦波。谐波是指电量中含有的频率为基波频率整数倍的正弦波电量。一般是指对周期性的非正弦电量进行傅里叶级数分解,大于基波频率的所有的电量。谐波属于无功类别。

如图 11-8 所示,谐波是正弦波,每个谐波都具有不同的频率、幅度与相角。根据谐波频率为基波频率的整数倍划分,谐波可分为奇次谐波和偶次谐波。

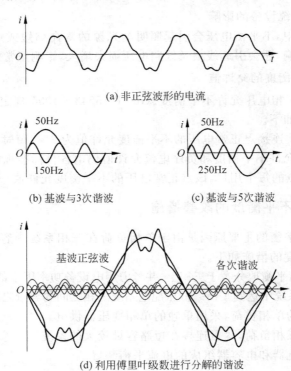

(a) 非正弦波形的电流

(b) 基波与3次谐波　　　(c) 基波与5次谐波

(d) 利用傅里叶级数进行分解的谐波

图 11-8　谐波示意图

2) 奇次谐波

奇次谐波是指频率为基波频率奇数倍的谐波,如 3、5、7 次谐波。3 次谐波的频率为 150Hz,5 次谐波的频率为 250Hz。

3）偶次谐波

偶次谐波是指频率为基波频率偶数倍的谐波，如 2、4、6、8 次谐波。2 次谐波的频率为 100Hz，4 次谐波的频率为 200Hz。

在三相平衡系统中，由于对称关系偶次谐波已经被消除了，只有奇次谐波存在。对于三相整流负载，出现的谐波电流主要是 $6n\pm1$ 次谐波，例如 5、7、11、13、17、19 等。变频器主要产生 5、7 次谐波。一般情况下，奇次谐波引起的危害比偶次谐波更多更大。

4）分量谐波

分量谐波是指频率为基波频率非整数倍的谐波，又称为间谐波。有时将低于基波的间谐波称为次谐波。

2. 谐波电流与谐波电压

当正弦波电压施加在非线性负载上时，电流就畸变为非正弦波。非正弦波电流在电网阻抗上产生压降，会使电压波形也畸变为非正弦波。

谐波电流是指由系统引入设备的非正弦电流。谐波电压是由谐波电流和配电系统阻抗产生的电压。

谐波电流和谐波电压的出现对公用电网是一种污染，同时它使用电设备所处的电气环境恶化，也对周围的通信系统和公用电网以外的设备造成危害。

3. 谐波含量

从周期性变化量中减去基波频率分量后剩下的其他分量为谐波含量。向公共电网注入谐波电流或在公用电网中产生谐波电压的电气设备称为谐波源。被污染的电网中谐波含量越高，污染程度就越严重。

1）谐波电压含量 U_H

谐波电压含量 U_H 的计算式为

$$U_H = \sqrt{\sum_{h=2}^{\infty} (U_h)^2} \tag{11-17}$$

式中：U_H——谐波电压含量，即各次谐波电压的方均根值，V；

$\quad\quad U_h$——第 h 次谐波电压方均根值，V；

$\quad\quad h$——谐波次数，h 为偶数则为偶次谐波，h 为奇数则为奇次谐波。

2）谐波电流含量 I_H

谐波电流含量 I_H 的计算式为

$$I_H = \sqrt{\sum_{h=2}^{\infty} (I_h)^2} \tag{11-18}$$

式中：I_H——谐波电流含量，即各次谐波电流的方均根值，A；

$\quad\quad I_h$——第 h 次谐波电流的方均根值，A。

3）谐波含有率 HR

谐波含有率 HR 分为第 h 次谐波电流含有率 HRI_h 和第 h 次谐波电压含有率 HRU_h。用周期性交流量中含有的第 h 次谐波分量的方均根值与基波分量的方均根值之比表示。

第 h 次谐波电流含有率 HRI_h 为

$$HRI_h = \frac{I_h}{I_1} \times 100\% \tag{11-19}$$

式中：HRI_h——第 h 次谐波电流含有率，%；

I_1——基波电流方均根值，V。

第 h 次谐波电压含有率 HRU_h 为

$$HRU_h = \frac{U_h}{U_1} \times 100(\%) \tag{11-20}$$

式中：HRU_h——第 h 次谐波电压含有率，%；

U_1——基波电压方均根值，V。

例 11-2 如图 11-9 所示，电容器组串联电抗器作无功补偿时，可保护电容器避免因谐波的影响而发生故障，还可以避免谐振现象，降低谐波的污染。已知：变压器 T 低压侧电容器组串加电抗器 L 的阻抗电压为 6%。系统的 3 次谐波电压含有率 $HRU_3 = 0.5\%$，5 次谐波电压含有率 $HRU_5 = 5.0\%$，7 次谐波电压含有率 $HRU_7 = 5.0\%$。试求：(1)各次谐波电压的有效值和谐波电压含量？(2)串联电抗器的电容器组应耐受多少电压？

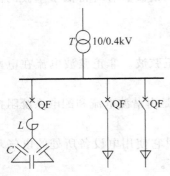

图 11-9 例 11-2 图

解：(1) 求谐波电压含量 U_H

基波电压 $U_1 = 400V$，根据式(11-20)可得，则各次谐波电压有效值为

3 次谐波电压为 $U_3 = HRU_3 \times U_1 = 0.5\% \times 400 = 2(V)$

5 次谐波电压为 $U_5 = HRU_5 \times U_1 = 5.0\% \times 400 = 20(V)$

7 次谐波电压为 $U_7 = HRU_7 \times U_1 = 5.0\% \times 400 = 20(V)$

根据式(11-17)可得，谐波电压含量为

$$U_H = \sqrt{\sum_{h=2}^{\infty}(U_h)^2} = \sqrt{U_3^2 + U_5^2 + U_7^2} = \sqrt{2^2 + 20^2 + 20^2} = 28.4(V)$$

(2) 串联电抗器的电容器组应耐受的电压

因为电容器组并联在变压器低压母线上，则有 $U_S = U_1 = 400V$。电抗器的电压与电容器的电压相位相反，所以电容器的耐受电压应为

$$U_C = U_S + 6\%U_S + U_H = 400 + 6\% \times 400 + 28.4 = 452.4(V)$$

4) 总谐波畸变率 THD

谐波源使实际的电压波形偏离标准的正弦波而发生了畸变，电压波形畸变的程度用电压总谐波畸变率来衡量。

周期性交流量中的各次谐波含有的方均根值（U_H 或 I_H）与其基波分量的方均根值（U_1 或 I_1）之比称为总谐波分量的畸变率 THD。总谐波畸变率 THD 分为电压总谐波畸变率 THD_u 和电流总谐波畸变率 THD_i。即

$$THD_u = \frac{U_H}{U_1} \times 100\% \tag{11-21}$$

$$THD_i = \frac{I_H}{I_1} \times 100\% \tag{11-22}$$

许多国家规定低压供电电压总谐波畸变率不得超过 5%，通常将符合这种标准的工业供电的电压波形，近似地认为是实际上的正弦波形。

例 11-3　某线路测得总电流为 120A,总电流的畸变率为 28%。求总谐波电流 I_H。

解：线路测得的总电流通常为基波电流的方均根值,即总电流的有效值,根据式(11-22)得,线路上的总谐波电流含量 I_H 为

$$I_\mathrm{H} = I_1 \times \mathrm{THD_i} = 120 \times 28\% = 33.6(\mathrm{A})$$

11.5.2　谐波的影响

电力系统的谐波污染主要是由于大量的非线性用电设备成为了谐波源。电力系统中主要的谐波源可分为两大类。

第一类是含有半导体非线性元件的谐波源,如各种整流设备、交直流换流设备、变频器、节能控制用的电力电子设备等。变压器和 UPS 的总谐波电流畸变率约为 25%~35%。

第二类是含有电弧和铁磁非线性设备的谐波源,如交流电弧炉、交流电焊机、日光灯、发电机、变压器、电视机等。家用电器设备分属于上述两类谐波源。家用电器虽然容量小,但数量大,接入电网会产生大量的谐波电流注入到电网中。如单相全控桥式整流器注入电网的谐波成分主要是奇次谐波。索尼 F29MF 电视机产生 3 次谐波含有率为 89.9%,产生 5 次谐波含有率为 73.2%,产生 7 次谐波含有率为 52.4%。气体放电灯的 3 次谐波电流含有率为 12%~13%。

1. 谐波的不良影响

大量谐波电流流入电网后,通过电网阻抗产生谐波电压降,叠加在基波电压上,引起电压波形的畸变。这对同样接入电网运行的其他设备将产生影响。

1) 谐波对电网的影响

谐波电流在电网中的流动会在线路上产生有功功率损耗,虽然谐波电流与基波电流相比所占比例不大,但谐波频率高,导线的趋肤效应使谐波电阻比基波电阻增加得快很多,因此谐波引起的附加线路损耗增大,增大了线损,降低了安全。

对于采用电缆的输电系统,谐波除了引起附加损耗外,还可以使电压波形出现尖峰,加速电缆绝缘老化,使温升增高,缩短电缆的使用寿命。

2) 谐波对变压器的影响

谐波电流流入变压器,增加了变压器的铜损和铁损。随着频率的提高,趋肤效应更加严重,铁损也更大,有可能引起变压器的局部严重过热,降低变压器带负荷的能力。

3) 谐波对旋转电动机的影响

谐波电流在绕组中流通,由于趋肤效应使电机的转子绕组产生附加功率损而过热,产生脉动转矩和噪声。

4) 谐波对电容器组的影响

为了补偿用电设备的无功功率,在低压配电处一般并联电容补偿滤波器来提高功率因数。在工频情况下,这些电容器的容抗比系统的感抗大得多,不产生谐振。但是如果谐波含量高,这些谐波使电容的容抗变小而使系统的感抗变大,这样就容易产生谐振,使谐波电流经过电容器时进一步放大,使电容过热、寿命缩短,严重时甚至引起爆炸。

谐波电流叠加在电容器的基波电流上,使电容器电流的有效值增大,温升增高,甚至引起过热而降低电容器的使用寿命或使电容器损坏。谐波电压叠加在电容器基波电压上,不仅使电容器电压的有效值增大,并可能使电压峰值大大增加,使电容器运行中发生的局部放

电不能熄灭。这是使电容器损坏的一个常见主要原因。

　　5）谐波对供配电线路的影响

　　谐波电流会增加供配电线路的损耗,导线的直径越大,因集肤效应而使谐波频率下的电阻增加越明显,谐波产生的附加损耗也越大。因谐波电压而产生的过电压将会降低电力电缆的绝缘性能。在三相四线制低压供配电系统中,大量 3 次谐波电流通过中性线,致使中性线因长期过负荷而发生故障。

　　6）谐波对计算机的影响

　　谐波会使计算机数据混乱、程序破坏,甚至会使 UPS 工作失常。计算机群、显示仪器等低压电力电子设备产生相互叠加的三次谐波电流,会使中性线上的电流达到相线电流的 1.7 倍。

　　7）对电能表的影响

　　目前,计量中主要采用静电感应式电能表。它是按工频(基波 50Hz)纯正弦交流额定工况设计制造的。当电力系统出现谐波电压和谐波电流时,基波电流和谐波电流都会在电能表转盘上产生涡流,电能表转速所反映的功率是基波和各次谐波共同作用下产生的功率,即

$$P_{\mathrm{w}} = K_1 P_1 + \sum_{h=2}^{\infty} K_h P_h \tag{11-23}$$

式中：P_{w}——电能表计量的功率,kW；

　　　　K_1——基波电流的转矩系数；

　　　　P_1——基波功率,kW；

　　　　K_h——第 h 次谐波的功率,kW；

　　　　P_h——第 h 次谐波电流的转矩系数。

　　8）谐波电流产生的电磁干扰

　　谐波的存在,会使控制设备损坏或出现误动作的几率大大增加。电力电子设备对供电电压的谐波畸变很敏感,如可编程控制器(Programmable Logic Controller,PLC),通常要求总谐波电压畸变率小于 5%。较高的畸变率可导致控制设备误动作。这是一些大型 UPS 控制板容易烧坏,以及一些监控设备出现误动作的重要原因。

　　2. 谐波的危害案例

　　(1) 2004 年,在吉林省农电局一条约 40km 长的 10kV 配电线路上,末端 49 个台区先后发生了 500 多次电视机、计算机、冰箱温控器、交换机模块、VCD、加油机电源板等低压电器设备烧损事故。经测试分析,其原因是因为某炼钢厂中频炉谐波效应所致。

　　(2) 某证券公司由于谐波使得网络速度变慢、数据出错,实时交易的动态信息显示屏幕出现大片空白,数据刷新和交易的速度都极慢,且经常中断,根本无法进行交易。

11.5.3　谐波的允许值

　　1. 公用电网谐波电压和谐波电流的限值

　　1）谐波电压限值

　　根据《电能质量 公用电网谐波》GB 14549—93 中的规定,公用电网谐波电压(相电压)的限值如表 11-9 所示。

表 11-9　公共电网谐波电压(相电压)限值

电网标称电压/kV	电压总谐波畸变率/%	各次谐波电压含有率/% 奇次	偶次	电网标称电压/kV	电压总谐波畸变率/%	各次谐波电压含有率/% 奇次	各次谐波电压含有率/% 偶次
0.38	5.0	4.0	2.0	35	3.0	2.4	1.2
6	4.0	3.2	1.6	66			
10				110	2.0	1.6	0.8

2) 谐波电流

公共连接点的全部用户向该点注入的谐波电流分量(方均根值)不应超过如表 11-10 所示的允许值。

表 11-10　注入公共连接点的谐波电流允许值

标准电压/kV	基准短路容量/MVA	谐波次数 h 及谐波电流允许值/A 2	3	4	5	6	7	8	9	10	11	12	13
0.38	10	78	62	39	62	26	44	19	21	46	28	13	24
6	100	43	34	21	34	14	24	11	11	8.5	16	7.1	13
10	100	26	20	13	20	8.5	15	6.4	6.8	5.1	9.3	4.3	7.9
15	12	15	12	7.7	12	5.1	8.8	3.8	4.1	3.1	5.6	2.6	4.7
66	500	16	13	8.1	5.4	9.3	4.1	4.3	3.3	5.9	2.7	5.0	
110	750	12	9.6	6.0	9.6	4.0	6.8	3.0	3.2	2.1	4.2	2.0	3.7

标准电压/kV	基准短路容量/MVA	谐波次数 h 及谐波电流允许值/A 14	15	16	17	18	19	20	21	22	23	24	25
0.38	10	11	12	9.7	18	8.6	16	7.8	8.9	7.1	14	6.5	12
6	100	6.1	6.8	5.3	10	4.7	9.0	4.3	4.9	3.9	7.4	3.6	6.8
10	100	3.7	4.1	3.2	6.0	2.8	5.4	2.6	2.9	2.3	4.5	2.1	4.1
35	250	2.2	2.5	1.9	3.6	1.7	3.2	1.5	1.8	1.4	2.7	1.3	2.5
66	500	2.3	2.6	2.0	3.8	1.8	3.4	1.6	1.9	1.5	2.8	1.4	2.6
110	750	1.7	1.9	1.5	2.8	1.3	2.5	1.2	1.4	1.1	2.1	1.0	1.9

当公共连接点处的最小短路容量不同于基准短路容量时,表 11-9 中的谐波电流允许值可以进行换算,换算公式为

$$I_h = \frac{S_{k1}}{S_{k2}} I_{hP} \tag{11-24}$$

式中:S_{k1}——公共连接点的最小短路容量,MVA;

S_{k2}——基准短路容量,MVA;

I_{hP}——表 11-9 中的第 h 次谐波电流允许值,A;

I_h——短路容量为 S_{k1} 时的第 h 次谐波电流允许值,A。

2. 用电设备谐波电流限值

在国家标准《电磁兼容　限值　谐波电流发射限值(设备每相输入电流≤16A)》GB 17625.1—2003 中规定,设备按照谐波电流限值可分为 A 类、B 类、C 类、D 类。

属于 A 类设备的有：平衡的三相设备；家用电器，不包括列入 D 类的设备；工具，不包括便携式工具；白炽灯调光器；音频设备。

属于 B 类设备的有：便携式工具；不属于专用设备的电弧焊设备。

属于 C 类设备的有：照明设备。

属于 D 类设备的有：按照某些要求，额定功率不大于 600W 的个人计算机或个人计算机显示器和电视接收机等。

各类设备的谐波电流限值如表 11-11～表 11-13 所示。B 类设备输入电流的各次谐波不应超过表 11-11 给出值的 1.5 倍。

表 11-11　A 类设备的谐波电流限值

奇　次　谐　波		偶　次　谐　波	
谐波次数	最大允许谐波电流/A	谐波次数	最大允许谐波电流/A
3	2.30	2	1.08
5	1.14	4	0.43
7	0.77	6	0.30
9	0.40	$8 \leqslant n \leqslant 40$	$0.23 \times 8/n$
11	0.33		
13	0.21		
$15 \leqslant n \leqslant 39$	$0.15 \times 15/n$		

表 11-12　C 类设备的谐波电流限值

谐波次数（仅有奇次）	基波频率下输入电流以百分数表示的最大允许谐波电流含量/%[①]
2	2
3	$30 \times \lambda$[②]
5	10
7	7
9	5
$11 \leqslant n \leqslant 39$	3

注：① 功率不大于 25W 的放电灯，其 3 次谐波不应超过 86%，5 次谐波不超过 61%。
　　② λ 为电路功率因数。

表 11-13　D 类设备的谐波电流限值

谐波次数（仅有奇次）	每瓦允许的最大谐波电流/(mA/W)	最大允许谐波电流/A
3	3.4	2.30
5	1.9	1.14
7	1.0	0.77
9	0.5	0.40
11	0.35	0.33
$13 \leqslant n \leqslant 39$	$3.85/n$	$0.15 \times 15/n$

3. 谐波计算

第 h 次谐波电压含有率 HRU_h 和第 h 次谐波电流分量 I_h 的关系为

$$HRU_h = \frac{\sqrt{3} Z_h I_h}{10 U_N}(\%) \tag{11-25}$$

式中：U_N——电网的标称电压，kV；

　　　Z_h——系统中第 h 次谐波阻抗，Ω；

　　　I_h——第 h 次谐波电流，A。

在工程上近似估算谐波电压含有率 HRU_h 的计算式为

$$HRU_h = \frac{\sqrt{3} U_N \times h \times I_h}{10 S_k}(\%)$$

或

$$I_h = \frac{10 S_k \times HRU_h}{\sqrt{3} U_N \times h} \tag{11-26}$$

式中：S_k——公共连接点的三相短路容量，MV·A。

11.5.4　抑制谐波的措施

对供配电系统中的高次谐波的抑制措施可从多方面考虑。对于整个系统应加强系统承受谐波的能力。对于电气设备自身来说，应提高供电和用电设备抗谐波干扰的能力。限制谐波的产生；从谐波的产生根源来看，应在污染严重的谐波源附近装设滤波器来吸收谐波，或限制谐波源产生的谐波程度。

1. 加强系统承受谐波的能力

增大系统容量可以增强系统承受谐波的能力并降低系统的谐波电压水平，但这有待于电力系统的发展。

将谐波源负荷改由容量较大的母线供电，或改由高一级电压的电网供电。很多用户的整流装置经由数千米馈线（6kV 或 10kV）供电，装置供电母线的短路容量较小，由此产生的谐波干扰很大，常使用户附近的用电设备无法正常工作。如果在设计规划时对谐波源负荷由容量较大的母线或高一级电压的电网供电，则可避免这些问题。

对产生谐波较严重的大功率用电设备，应采用低阻抗专用馈电线路供电，如 X 光机、CT 机、核磁共振机等。

2. 提高供、用电设备抗谐波干扰的能力

按电磁兼容的有关标准，系统中的各种供用电设备的抗谐波干扰的能力应高于系统谐波兼容值。

3. 限制谐波的产生

1) 三相整流变压器采用（Y，d）或（D，y）接线方式

由于在三角形连接的绕组内，3 次及 3 的倍数次谐波电流可以形成环流，而不能注入电网，减少了谐波源的谐波电流含量。这是抑制高次谐波最基本的措施。

由于电力系统中非正弦交流电压或电流波形的特点为其函数的波形在坐标图上跟时间轴移动半个周期后与原波形相对于横轴呈镜像对称。这种函数经傅里叶变换后的级数中仅

含有奇数次谐波。因此,采用(Y,d)或(D,y)接线后,只有谐波的含有率较低的 5、7、11、13、…次谐波电流注入了电网,大量减少了谐波源对电网的污染。

2) 采用 D,yn11 连接组别的三相配电变压器

利用其一次侧绕组的三角形接法,将 3 及 3 的倍数次谐波形成电流通路,使其不能注入电网。变压器的负荷率不应高于 70%。

3) 增加换流器的相数

整流装置的相数越多,次数低的谐波电流被消去的也就越多。增加换流器的相数对高次谐波的抑制作用效果显著。

4) 避免并联补偿电容器的谐波电流放大作用

并联无功补偿电容器对谐波电流的放大是电力系统中带有普遍性的问题,一旦电容器对某次谐波电流产生谐振放大作用,不仅使电容器产生过电流和过电压,还会危及整个系统的安全性能。

根据设备情况应将并联补偿电容器的串联电抗器进行适当调整。当附近存在较大的谐波源时,应将其改成单调谐滤波器,并提供一定量的无功功率。这项措施投资不高,效果比较好。

4. 装设交流滤波器吸收谐波

在谐波源附近装设交流滤波器,减少进入电网的谐波电流。这是当前最主要的抑制谐波的方法。交流滤波器分为无源交流滤波器和有源交流滤波器。

1) 装设无源谐波滤波器

无源滤波器由电力电容器、电抗和电阻等无源元件组合而成。在装设大型晶闸管整流装置与电网连接处,能吸收一些谐波电流而不致注入电网。无源滤波器中的器件不需要工作电源支持。无源电路中的信号如果没有外部信号补充最后将衰减为零。无源滤波器有单调谐滤波器、双调谐滤波器和高通滤波器等,如图 11-10 所示。

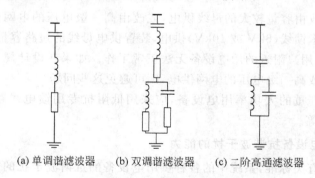

(a) 单调谐滤波器　　(b) 双调谐滤波器　　(c) 二阶高通滤波器

图 11-10　常用无源滤波器接线

无源滤波器的工作原理为将电容器和电抗器串联的参数调谐在某个特定谐波频率上,滤波器在其调谐频率处阻抗很小(理论值为零),因此可吸收掉要滤出的谐波电流。滤波器对其所调谐的谐波来说是一个低阻抗的"陷阱",如图 11-11 所示。单调谐滤波器对某一频率的谐波成现低阻抗 Z,与电网阻抗 Z_b 形成分流的关系,使大部分该频率的谐波流入滤波器。

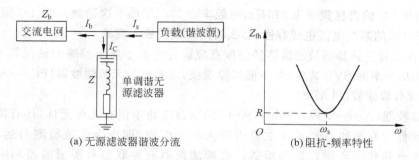

(a) 无源滤波器谐波分流　　　　　　(b) 阻抗-频率特性

图 11-11　无源滤波器的工作原理和特性

单调谐滤波器应用最广泛,其典型配置是由若干组单调谐滤波器加上一组二阶高通滤波器组成的一套滤波装置。如对 6 个脉动整流装置进行滤波时,其典型配置为 5、7、11 次单调谐滤波器加上 13 次以上的高通滤波器(有的还加 3 次单调谐滤波器)。这两种滤波器的接线较简单、灵活,调谐容易,参数的设计也较简便,因此在用户滤波工程中得到广泛应用。

双调谐滤波器有两个谐振频率,与两个单调谐滤波器相比,其基波损耗小,并且只有一个电抗器承受全部冲击电压,占地和投资都较节省。

无源滤波器具有结构简单、设备投资少、运行可靠性高、容量大、运行费用低,对基波有一定的无功补偿等优点。但只能抑制固定的几次谐波,谐波滤除率一般只有 $60\%\sim70\%$,并且对某次谐波在一定条件下会产生谐振而使谐波放大,引起其他事故。由于对其中的元件参数和可靠性要求较高,且不能随时间和外界环境变化,故对无源滤波器的制造工艺要求也很高。

无源滤波器的局限性,很难满足目前高度自动化控制过程中谐波变化的治理要求,同时还有系统及谐波放大的问题。

例 11-4　在图 11-11 中,某 5 次无源谐波滤波器 LC 的谐振频率为 236Hz,低于 5 次谐波的频率 250Hz。试分析:(1)当 $Z=Z_b$ 时,流入电网的谐波电流为谐波源发出的谐波电流 I_s 的百分比? (2)当 $Z=25\%Z_b$ 时,$I_s\%$ 又为多少? (3)如果 LC 的谐振频率为 270Hz,对 5 次谐波来说能否发生谐振现象?

解:(1) 当 $Z=Z_b$ 时,由于谐振点 LC 上的电抗值与电容器上容抗值相等,即 $X_L=X_C$,则有 $\omega_s L=1/\omega_s C$。$X=X_{L(n)}-X_{C(n)}=0$。

当 5 次谐波电流通过时,由于 LC 的谐振频率 $\omega_s<\omega_5$,5 次谐波在 LC 上的阻抗 Z 对 250Hz 成微感性,而对 50Hz 成容性。

滤波原理实际上变为分流原理,即流入电网的谐波电流为

$$I_b=\frac{Z}{Z+Z_b}\times I_s=0.5I_s=50\%I_s$$

其余 50% 的 5 次谐波电流流入 LC 滤波器支路。

(2) 当 $Z=25\%Z_b$ 时,流入电网的谐波电流为

$$I_b=\frac{Z}{Z+Z_b}\times I_s=\frac{0.25Z_b}{0.25Z_b+Z_b}\times I_s=20\%I_s$$

其余 80% 的 5 次谐波电流流入 LC 滤波器支路。

（3）如果 LC 的谐振频率为 270Hz，对频率为 250Hz 的 5 次谐波来说，LC 阻抗成容性，对频率为 50Hz 的基波电流也成容性，那么将出现谐波放大现象。

因此，在工程上选择谐波滤波器的谐振点应设计在低于所要滤除的谐波频率。对于能快速调节无功功率的 SVC 装置，并不能滤除谐波，通常要与无源滤波器（FC）一起使用。

2）装设有源滤波器（APF）

有源滤波器（Active Power Filter，APF）的滤波电路不仅有无源元件，还有需要电源支持的有源元件。有源滤波器系统主要由两大部分组成，即指令电流检测与运算电路、补偿电流发生电路和电流跟踪器等组成。有源滤波器有并联型有源滤波器和串联型有源滤波器。

如图 11-12 所示，电流互感器 CT 检测到负载电流 i_L 的成分，通过指令电路运算，输出与负载需要的谐波电流 i_{Lh} 和无功功率电流 i_{Lq} 两项之和相反的指令电流 i_C'，即 $i_C' = -(i_{Lh} + i_{Lq})$。由于 i_C 跟踪 i_C'，补偿电流发生器将向交流电网提供 i_C，则电网提供的电流 i_S 只有负载有功功率的基波电流成分 i_{Lp}。APF 削去了谐波源产生的谐波电流，并提供一定量的无功功率电流。

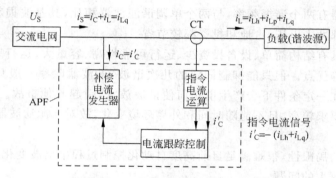

图 11-12　有源滤波器工作原理示意图

有源滤波器自身就是谐波源。它依靠电力电子装置，在检测到系统谐波的同时产生一组和系统幅值相等，相位相反的谐波相量，这样可以抵消掉系统谐波，使其成为正弦波形。有源滤波除了滤除谐波外，同时还可以动态补偿无功功率，提高了线路的功率因数。

有源滤波器具有反映动作迅速，滤除谐波可达到 95% 以上，补偿无功功率细致的优点。但它的价格较高，容量小，常见的有源滤波容量不超过 600kVar，运行可靠性也不及无源滤波器。

并联型有源滤波器和串联型有源滤波器的组合可同时解决电压、电流的波形问题。

3）混合型滤波器

混合型 APF 有源滤波器和无源滤波器混合使用，可以较好地解决单独使用 APF 存在的问题。在抑制谐波和补偿无功功率时，无源滤波器起主要作用，而有源滤波器主要是改善无源滤波器的滤波特性，克服无源滤波器易受电网阻抗的影响等缺点。因此，有源滤波器可用相对低的容量应用于较大的大容量场合，相当于降低了有源滤波器的容量，提高了系统的性价比。

习　题

11-1　评价供配电系统电能质量的主要指标有哪些？

11-2　什么叫电压偏差？评价指标是什么？如何限制？

11-3　电压偏差对照明设备的正常工作有哪些影响？

11-4　什么叫电压波动？电压波动的评价指标是什么？其产生的主要原因是什么？电压波动的主要危害是什么？如何限制？

11-5　什么叫电压闪变？电压闪变的评价指标是什么？其产生的主要原因是什么？电压闪变的主要危害是什么？如何限制？

11-6　什么叫三相电压不平衡度？三相电压不平衡的主要危害是什么？如何限制？

11-7　什么叫谐波和谐波畸变率？谐波的评价指标有哪些？

11-8　简述供配电系统抑制谐波的基本策略和基本方法？

11-9　某 10/0.4kV 变电站中一台无载调压变压器，变比为 10±5%/0.4kV。在最大负荷下，一次侧电压为 10.5kV，变压器电压损失为 4%；在最小负荷下，一次侧电压为 11.5kV，变压器电压损失为 2.8%。要求变压器在任何时候，电压偏差在−4.5%∼+7% 之间，试选择变压器分接头。

11-10　一台 10/0.4kV 无载调压变压器，变比为 10±2×2.5%/0.4kV。上级变电站采用常调压方式。该 10/0.4kV 变压器一次侧电压恒为 10kV，分接头调在"0"，最大负荷时低压母线电压为 360V，最小负荷时低压母线电压为 410V。问低压母线电压偏差范围为多少？负荷允许电压偏差的要求？应如何调整？

11-11　已知：380/220V 供配电系统向电动机提供电能，三个线电压为 $U_{AB}=380V$，$U_{BC}=380V$，$U_{CA}=360V$，相差互为 120°。求：(1)三相电压的正序分量和负序分量的有效值？(2)三相电压的不平衡度？

11-12　简述 10kV 供配电系统中，在哪些环节可以采取哪些措施来保证供电质量？

11-13　查阅资料，讨论关于谐波抑制与电气节能方面的内容。写一篇 500 字以上的论文。

附　录　A

附表 A-1　SC9 环氧树脂浇注干式变压器的技术数据

型　号	额定容量 /kVA	连接组 标号	电压 /kV	空载损 耗/W	负载损 耗/W	空载电 流/%	短路阻 抗/%	外形尺寸/mm L×W×H	重量 /kg
SC9-30/10	30			210	700	2.9		850×650×678	290
SC9-50/10	50			300	1040	2.6		900×650×748	395
SC9-80/10	80			410	1450	2.4		930×650×870	500
SC9-100/10	100			450	1600	2.2		950×650×895	570
SC9-125/10	125			530	1950	2.0		1050×650×1015	690
SC9-160/10	160			610	2250	2.0	4	1140×650×1050	860
SC9-200/10	200		11/0.4 10.5/0.4 10/0.4 6.6/0.4 6.3/0.4 6/0.4 3/0.4	700	2670	1.8		1170×650×1070	900
SC9-250/10	250			810	2910	1.8		1200×650×1080	1150
SC9-315/10	315	Yyn0 或 Dyn11		990	3600	1.6		1360×760×1260	1360
SC9-400/10	400			1090	4200	1.6		1350×760×1438	1780
SC9-500/10	500			1300	5160	1.6		1460×920×1553	2000
SC9-630/10	630			1450	6300	1.4		1500×920×1381	2250
SC9-800/10	800			1710	7360	1.4		1600×920×1553	2930
SC9-1000/10	1000			1950	8600	1.2		1730×920×1578	3400
SC9-1250/10	1250			2340	10260	1.2	6	1780×920×1710	4650
SC9-1600/10	1600			2750	12420	1.2		1850×920×1940	4740
SC9-2000/10	2000			3620	15300	1.0		1950×920×2200	5360
SC9-2500/10	2500			4500	18180	1.0		2050×920×2450	6365
SCB9-400/10	400			1090	4200	1.6		1440×920×1370	2178
SCB9-500/10	500			1300	5160	1.6	4	1380×920×1298	2100
SCB9-630/10	630		11/0.4 10.5/0.4 10/0.4 6.6/0.4 6.3/0.4 6/0.4 3/0.4	1500	6200	1.4		1335×920×1383	2280
SCB9-630/10	630			1450	6300	1.4		1420×920×1278	2280
SCB9-800/10	800	Yyn0 或 Dyn11		1710	7360	1.4		1540×920×1465	2850
SCB9-1000/10	1000			1950	8600	1.2		1680×920×1508	3388
SCB9-1250/10	1250			2340	10260	1.2	6	1650×920×1605	3720
SCB9-1600/10	1600			2750	12420	1.2		1710×920×1680	4500
SCB9-2000/10	2000			3620	1530	1.0		1760×1300×1770	5465
SCB9-2500/10	2500			4500	18180	1.0		1850×1300×1770	6230

附表 A-2 （10.5/0.4kV)环氧树脂干式变压器低压侧出线处的短路电流 I_d

变压器容量/kVA	低压侧短路电流/kA	供电线路类别	系统容量/MV·A 350					500				
			10.5kV线路长度/km									
			1	2	4	6	10	1	2	4	6	10
630	$u_k\%=4$	架空	20.78	19.90	18.35	17.02	14.90	21.04	20.14	18.55	17.19	14.90
		电缆	21.51	21.28	20.84	20.40	19.61	21.79	21.55	21.10	20.65	19.83
	$u_k\%=6$	架空	14.27	13.85	13.08	12.39	11.23	14.39	13.96	13.18	12.48	11.23
		电缆	14.61	14.50	14.29	12.39	13.70	14.74	14.63	14.42	14.21	13.81
800		架空	17.83	17.18	16.01	14.99	13.32	18.02	17.36	16.16	15.12	13.32
		电缆	18.36	18.19	17.91	17.54	16.96	18.67	18.06	17.73	17.13
1000		架空	21.88	20.91	19.20	17.75	15.46	22.17	21.18	19.42	17.94	15.46
		电缆	22.70	22.44	21.95	21.46	20.58	23.00	22.74	22.23	21.74	20.83
1250		架空	26.75	25.31	22.85	20.83	17.74	27.19	25.71	23.17	21.10	17.74
		电缆	27.97	27.59	26.85	26.12	24.84	28.44	28.05	27.28	26.54	25.20
1600		架空	33.21	31.03	27.41	24.55	20.37	33.89	31.62	27.86	24.92	20.37
		电缆	35.13	34.51	33.36	32.25	30.32	35.87	35.24	34.03	32.89	30.86
2000		架空	40.14	37.00	31.96	28.14	22.79	41.13	37.84	32.58	28.63	22.79
		电缆	42.97	42.06	40.36	38.74	35.99	11.09	43.14	41.35	39.67	36.75

附表 A-3 SC(B)9 系列 10(6)/0.4kV 变压器的阻抗平均值(归算到400V 侧)

型号	电压/kV	容量/kAV	阻抗电压/%	负载损耗/kW	电阻/mΩ Dyn11			电抗/mΩ Dyn11			电阻/mΩ Yyn0			电抗/mΩ Yyn0		
					正、负序	零序	相保	正、负序	零序	相保	正、负序	零序	相保	正、负序	零序	相保
					r	r_0	$r_{\Psi p}$	x	x_0	$x_{\Psi p}$	r	r_0	$r_{\Psi p}$	x	x_0	$x_{\Psi p}$
SC9		160	4	1.98	12.38	12.38	12.38	38.04	38.04	38.04	12.38	37.4	20.72	38.04	40.5	160.36
		200	4	2.24	8.96	8.96	8.96	29.93	29.93	29.93	8.96	35.46	17.79	29.93	359.8	139.89
		250	4	2.41	6.17	6.17	6.17	24.85	24.85	24.85	6.17	33.03	15.12	24.85	303.4	117.1
		315	4	3.10	5.00	5.00	5.00	19.07	19.07	19.07	5.00	29.86	13.29	19.70	230	89.8
		400	4	3.60	3.60	3.60	3.60	15.59	15.59	15.59	3.60	16.88	8.03	15.59	214.8	81.99
SCB9	10/0.4	500	4	4.30	2.5	2.5	2.5	12.50	12.50	12.50	2.75	12.88	6.13	12.50	177.7	67.57
		630	4	5.40	2.18	2.18	2.18	9.92	9.92	9.92	2.18	10.19	4.85	9.92	150.1	56.65
		630	6	5.60	2.26	2.26	2.26	15.07	15.07	15.07	2.26	11.44	5.32	15.07	197.8	75.98
		800	6	6.60	1.66	1.66	1.66	11.89	11.89	11.89	1.65	7.96	3.75	11.89	148.7	57.49
		1000	6	7.60	1.22	1.22	1.22	9.52	9.52	9.52	1.22	7.73	3.39	9.52	109.1	42.71
		1250	6	9.10	0.93	0.93	0.93	7.62	7.62	7.62	0.93	6.49	2.78	7.62	79	31.41
		1600	6	11.00	0.69	0.69	0.69	5.96	5.96	5.96	0.69	4.43	1.94	5.96	58	23.31
		2000	6	13.30	0.53	0.53	0.53	4.77	4.77	4.77	0.53	2.91	1.32	4.77	46.3	18.61
		2500	6	15.80	0.40	0.40	0.40	3.82	3.82	3.82	0.40	2.18	0.99	3.82	36.7	14.78

附表 A-4　线路单位长度阻抗值　　　　mΩ/m

r' ①

S/mm^2 ②	185	150	120	95	70	50	35	25	16	10	6	4	2.5	1.5
铝	0.156	0.192	0.240	0.303	0.411	0.575	0.822	1.151	1.798	2.876	4.700	7.050	11.280	
铜	0.095	0.117	0.146	0.185	0.251	0.351	0.501	0.702	1.097	1.754	2.867	4.300	6.880	11.467

$r'_{\varphi p}=1.5(r'_\varphi + r'_p)$ ③

$S_p=S/\text{mm}$　4×	185	150	120	95	70	50	35	25	16	10	6	4	2.5	1.5
铝	0.468	0.576	0.720	0.909	1.233	1.725	2.466	3.453	5.394	8.628	14.10	21.15	33.84	
铜	0.285	0.351	0.438	0.555	0.753	1.053	1.503	2.106	3.291	5.262	8.601	12.90	20.64	34.40

$r'_{\varphi p}=1.5(r'_\varphi + r'_p)$

$S_p=S/2/\text{mm}$		185	150	120	95	70	50	35	25	16	10	6	4
	3×	185	150	120	95	70	50	35	25	16	10	6	4
	+1×	95	70	70	50	35	25	16	16	10	6	4	2.5
铝		0.689	0.905	0.977	1.317	1.850	2.589	3.930	4.424	7.011	11.36	17.63	27.50
铜		0.420	0.552	0.596	0.804	1.128	1.580	2.397	2.699	4.277	6.932	10.95	16.77
电缆铅包电阻		1.1	1.3	1.5	1.7	2.0	2.4	2.9	3.1	4.0	5.0	5.5	6.4

布线钢管电阻（分母为管径/mm）：

$\dfrac{0.7}{\text{SC80}}$	$\dfrac{0.7}{\text{SC65}}$	$\dfrac{0.8}{\text{SC50}}$	$\dfrac{0.9}{\text{SC40}}$	$\dfrac{1.3}{\text{SC32}}$	$\dfrac{1.5}{\text{SC25}}$	$\dfrac{2.5}{\text{SC20}}$

x'

线芯 S/mm^2		185	150	120	95	70	50	35	25	16	10	6	4	2.5	1.5
架空线④		0.30	0.31	0.32	0.33	0.34	0.35	0.36	0.37	0.38	0.40				
绝缘子布线⑤	$D=150\text{mm}$	0.208	0.216	0.223	0.231	0.242	0.251	0.266	0.277	0.290	0.306	0.325	0.338	0.353	0.368
	$D=100\text{mm}$	0.184						0.241	0.251	0.265	0.280	0.300	0.312	0.327	0.342
	$D=70\text{mm}$	0.162										0.277	0.290	0.305	0.321
全塑电缆	四芯		0.076	0.076	0.076	0.079	0.078	0.079	0.080	0.082	0.087	0.094	0.100	0.100	
纸绝缘电缆	四芯	0.068	0.070	0.069	0.069	0.070	0.073	0.082	0.088	0.093	0.098				
交联电缆（四等芯）			0.077	0.076	0.077	0.078	0.079	0.080	0.080	0.082	0.085	0.092	0.097		
管子布线		0.08	0.08	0.08	0.09	0.09	0.09	0.10	0.10	0.10	0.11	0.11	0.12	0.13	0.14

布线钢管的零序电抗（管径/mm）：

$\dfrac{0.6}{\text{SC80}}$	$\dfrac{0.6}{\text{SC65}}$	$\dfrac{0.8}{\text{SC50}}$	$\dfrac{0.9}{\text{SC40}}$	$\dfrac{1.0}{\text{SC32}}$	$\dfrac{1.1}{\text{SC25}}$	$\dfrac{1.3}{\text{SC20}}$

$x'_{\varphi p}$

	S/mm^2	185	150	120	95	70	50	35	25	16	10	6	4	2.5	1.5
架空线	$S_p=S$	0.57	0.59	0.61	0.63	0.65	0.67	0.69	0.71	0.75	0.77				
	$S_p=S/2$	0.60	0.62	0.63	0.65	0.67	0.69	0.72	0.73	0.767					
绝缘子布线 $D=150\text{mm}$	$S_p=S$	0.448	0.464	0.478	0.493	0.517	0.537	0.563	0.583	0.611	0.643	0.681	0.707	0.737	0.767
	$S_p=S/2$	0.470	0.471	0.498	0.516	0.539	0.559	0.587	0.597	0.627					
$D=100\text{mm}$	$S_p=S$							0.513	0.533	0.561	0.591	0.631	0.655	0.685	0.716
	$S_p=S/2$							0.537	0.547	0.576					
$D=70\text{mm}$	$S_p=S$											0.585	0.611	0.645	0.673
全塑电缆	$S_p=S$	0.152	0.152	0.152	0.158	0.156	0.158	0.160	0.164	0.174	0.188	0.200	0.200		
	$S_p=S/2$	0.179	0.161	0.161	0.186	0.178	0.187	0.191	0.192	0.201	0.224	0.211	0.234		
纸绝缘电缆	$S_p=S$	0.136	0.136	0.140	0.138	0.138	0.140	0.146	0.146	0.164	0.176	0.186	0.196		
	$S_p=S/2$	0.155	0.155	0.153	0.163	0.163	0.177	0.179	0.182	0.198	0.219	0.219			

$x'_{\varphi p}$		185	150	120	95	70	50	35	25	16	10	6	4	2.5	1.5
S/mm^2		185	150	120	95	70	50	35	25	16	10	6	4	2.5	1.5
钢管布线	$S_p=S$	0.20	0.21	0.23	0.22	0.21	0.24	0.23	0.25	0.26	0.26	0.28	0.29	0.32	
	$S_p=S/2$	0.21	0.21	0.21	0.23	0.22	0.25	0.25	0.25						
	钢管作保护线	0.69	0.69	0.70	0.70	0.90	1.01	1.00	1.11	1.22	1.42	1.43	1.44	1.45	

注：① r 为导线 20℃时单位长度电阻值，$r=C_j\dfrac{\rho_{20}}{S}\times10^3$（单位为 m$\Omega$），铝 $\rho_{20}=0.0282\Omega\cdot\mathrm{mm}^2/\mathrm{m}$，铜 $\rho_{20}=0.0172\Omega\cdot\mathrm{mm}^2/\mathrm{m}$。$C_j$ 为绞入系数，导线截面 $\leqslant 6\mathrm{mm}^2$ 时，C_j 取为 1.0，导线截面 $>6\mathrm{mm}^2$ 时，C_j 取为 1.02。

② S 为相线线芯截面积，S_p 为 PEN 线线芯截面积。

③ $r'_{\varphi p}$ 为计算单相对地短路电流用，其值取导线 20℃时电阻的 1.5 倍。

④ 架空线水平排列，PEN 线在中间，线间距依次为 400mm，600mm，400mm。

⑤ 绝缘子布线水平排列，PEN 线在边位，D 为线间距离。

附表 A-5　10.5kV 在不同输电距离下三相短路的参量

始端短路容量/MVA	线路种类	线路长度/km 短路值	1	2	3	4	5	6	7	8	9	10	15	20
350	架空线路	S_{kl}/MVA	168	111	83	66	55	47	41	36	33	30	20	16
		I_k/kA	9.24	6.11	4.57	3.60	3.03	2.69	2.25	1.98	1.82	1.65	1.1	0.88
		I_{sh}/kA	10.07	6.66	5.18	3.92	3.3	2.82	2.45	2.16	1.98	1.8	1.2	0.96
		i_{sh}/kA	17	11.24	8.41	6.62	5.58	4.76	4.14	3.64	3.35	3.04	2.02	1.62
	电缆种类	S_{kl}/MVA	279	232	198	174	154	138	126	115	106	99	74	58
		I_k/kA	15.35	12.76	10.89	9.57	8.47	7.59	6.93	6.33	5.83	5.45	4.07	3.19
		I_{sh}/kA	16.73	13.91	11.87	10.43	9.23	8.27	7.55	6.90	6.35	5.94	4.44	3.48
		i_{sh}/kA	28.24	23.48	20.04	17.61	15.58	13.97	12.75	11.65	10.73	10.03	7.49	5.87
500	架空线路	S_{kl}/MVA	197	123	89	70	57	49	42	38	34	30	21	16
		I_k/kA	10.84	6.77	4.9	3.85	3.14	2.70	2.31	2.09	1.87	1.65	1.16	0.88
		I_{sh}/kA	11.81	7.37	5.34	4.20	3.42	2.94	2.52	2.28	2.04	1.80	1.26	0.96
		i_{sh}/kA	19.94	12.46	9.02	7.08	5.78	4.97	4.25	3.85	3.44	3.04	2.13	1.62
	电缆种类	S_{kl}/MVA	366	290	239	204	177	157	141	128	117	108	79	61
		I_k/kA	20.13	16.17	13.15	11.22	9.74	8.64	7.76	7.04	6.44	5.94	4.35	3.36
		I_{sh}/kA	21.94	17.63	14.33	12.23	10.62	9.42	8.45	7.67	7.01	6.47	4.74	3.66
		i_{sh}/kA	37.04	29.75	24.20	20.64	17.92	15.90	14.28	12.95	11.85	10.93	8.0	6.18

附表 A-6　常用高压断路器、负荷开关、隔离开关的技术参数

	型　号	额定电压/kV	额定电流/A	工频耐压/kV	冲击耐压/kV	分断时间/ms	额定开断电流/kA	动稳定电流峰值/kA	热稳定电流峰值/kA	操作机构
少油断路器	SN10-10Ⅰ 630-16 1000-16	10	630、1000	42	75	$\leqslant 60$	16	40	16(2s)	CD10 CT8
	SN10-10Ⅱ 1000-31.5	10	1000	42	75	$\leqslant 60$	31.5	80	31.5(2s)	CD10 CT8
	SN10-10Ⅲ 1250-43.3 2000-43.3 3000-43.3	10	1250、2000、3000	42	75	$\leqslant 60$	43.3	125	43.3(2s)	CD10 CT8

	型　号	额定电压/kV	额定电流/A	工频耐压/kV	冲击耐压/kV	分断时间/ms	额定开断电流/kA	动稳定电流峰值/kA	热稳定电流峰值/kA	操作机构
真空断路器	ZN12-10	10	1250、1600、2000	42	75	65	31.5	80	31.5(4s)	CTN
			1600、2500、3150	42	75	50	40	100	40(3s)	
	ZN22-10	10	630、1250	42	75	65	25	63	25(4s)	CT14
			1600、2000	42	75	65	20	50	20(4s)	
			2000、2500	42	75	65	31.5	80	31.5(4s)	
			1250、1600、2000	42	75	65	40	100	40(4s)	
	ZN28-10	10	630、1000、1250、1600	42	75	60	20	50	20(4s)	CT8 CD17
			1000、1250	42	75	60	25	63	25(4s)	
			1250、1600、2000	42	75	60	31.5	80	31.5(4s)	
			1250、1600、2000	42	75	60	40	100	40(4s)	
	VD4	12	630、1250、1600、2000、2500、3150	42	75	45	16	40	16(4s)	CT
							20	50	20(4s)	
							25	63	25(4s)	
							31.5	80	31.5(4s)	
							40	100	40(4s)	
	VM1	12	630、1250、1600、2000、2500	42	75	45	31.5	80	31.5(3s)	永磁机构
			1250、1600、2000、2500	42	75	45	40	100	40(3s)	
SF_6 断路器	FP16B	7.2/10	630	42	75	≤70	16	46.7/40	18.4/16 (3s)	BLRM
	FP62D	7.2/10	1250	42	75	≤70	31.5/29	79/73	31.5/29 (3s)	BLRM
负荷开关	FN5-10	10	400				0.4	25	10(4s)	
			400、630				0.4、0.63	40	16(4s)	
			1250				1.25	50	20(4s)	
	SM6	12	630				0.63	50	20(3s)	
隔离开关	GN19-10、10C1、10C2、10C3、10XT、10XQ	10	400					31.5	12.5(2s)	CS6-1T
			630					50	20(2s)	
			1000					80	40(2s)	
			1250					100	31.5(2s)	

附表 A-7　LZZBJ9-12 型电流互感器技术参数

额定一次电流/A(I_{1r})	二次侧额定电流/A	准确级组合	二次额定输出容量/VA	额定短时(1s)热电流/kA（方均根值）	额定动稳定电流/kA（峰值）
20,30,40,50,75,100,150		0.2S/10P10 0.5/10P10 0.5/10P15 10P10/10P10	10/20 15/20 10/10 15/15	$150I_{1r}$	$375I_{1r}$
200		0.2S/10P10	10/20	31.5	80
300		0.5/10P10	20/20	45	112.5
400	5	0.2S/10P15	15/15		
500		0.5/10P15	10/15	63	130
600		10P10/10P10	20/15		
800		0.2S/10P10	15/20		
1000		0.5/10P10	20/30		
		0.2S/10P15	15/15	80	160
1250		0.5/10P15	30/15		
		10P10/10P10	15/20		

附表 A-8　变压器高低压侧主要设备的规格

类　别		变压器容量/kVA									
		250	315	400	500	630	800	1000	1250	1600	2000
电流值/A	6.0kV	24.1	30.3	38.5	48.1	60.6	77	96.2	120.3	154	192.4
	10kV	14.4	18.2	23	29	36.4	46.2	57.7	72.3	92.3	115.5
	0.4kV	361	455	577	722	909	1155	1443	1804	2309	2886
高压侧电流互感器	6kV	30/5A	50/5A	50/5A	75/5A	100/5A	100/5A	150/5A	150/5A	200/5A	250/5A
	10kV	30/5A	30/5A	50/5A	50/5A	50/5A	75/5A	100/5A	100/5A	150/5A	150/5A
低压侧电流互感器/5A		500	600	800	1000	1500	1500	2000	3000	3000	4000
低压侧断路额定电流		630A	630A	1000A	1000A	1250A	1600A	2000A	2500A	3200A	4000A
低压侧母线规格(TMY)		3(40×4)+1(25×3)	3(40×5)+1(25×3)	3(50×5)+1(30×4)	3(60×6)+1(30×4)	3(80×6)+1(40×5)	3(100×6)+1(50×6)	3(100×8)+1(60×6)	3(120×10)+1(80×6)	3[2(120×8)]+1(120×8)	3[2(120×10)]+1(120×10)

附表 A-9　SC9 环氧树脂浇注干式变压器技术数据

型　号	额定容量 /kVA	连接组标号	电压 /kV	空载损耗/W	负载损耗/W	空载电流/%	短路阻抗/%	外形尺寸/mm L×W×H	重量 /kg
SC9-30/10	30			210	700	2.9		850×650×678	290
SC9-50/10	50			300	1040	2.6		900×650×748	395
SC9-80/10	80			410	1450	2.4		930×650×870	500
SC9-100/10	100			450	1600	2.2		950×650×895	570
SC9-125/10	125			530	1950	2.0		1050×650×1015	690
SC9-160/10	160			610	2250	2.0	4	1140×650×1050	860
SC9-200/10	200		11/0.4	700	2670	1.8		1170×650×1070	900
SC9-250/10	250		10.5/0.4	810	2910	1.8		1200×650×1080	1150
SC9-315/10	315	Yyn0	10/0.4	990	3600	1.6		1360×760×1260	1360
SC9-400/10	400	或	6.6/0.4	1090	4200	1.6		1350×760×1438	1780
SC9-500/10	500	Dyn11	6.3/0.4	1300	5160	1.6		1460×920×1553	2000
SC9-630/10	630		6/0.4	1450	6300	1.4		1500×920×1381	2250
SC9-800/10	800		3/0.4	1710	7360	1.4		1600×920×1553	2930
SC9-1000/10	1000			1950	8600	1.2		1730×920×1578	3400
SC9-1250/10	1250			2340	10260	1.2	6	1780×920×1710	4650
SC9-1600/10	1600			2750	12420	1.2		1850×920×1940	4740
SC9-2000/10	2000			3620	15300	1.0		1950×920×2200	5360
SC9-2500/10	2500			4500	18180	1.0		2050×920×2450	6365

附表 A-10　SCB9 环氧树脂浇注干式变压器技术数据

型　号	额定容量 /kVA	连接组标号	电压 /kV	空载损耗/W	负载损耗/W	空载电流/%	短路阻抗/%	外形尺寸/mm L×W×H	重量 /kg
SCB9-400/10	400			1090	4200	1.6		1440×920×1370	2178
SCB9-500/10	500			1300	5160	1.6	4	1380×920×1298	2100
SCB9-630/10	630		11/0.4	1500	6200	1.4		1335×920×1383	2280
SCB9-630/10	630		10.5/0.4	1450	6300	1.4		1420×920×1278	2280
SCB9-800/10	800	Yyn0	10/0.4	1710	7360	1.4		1540×920×1465	2850
SCB9-1000/10	1000	或	6.6/0.4	1950	8600	1.2		1680×920×1508	3388
SCB9-1250/10	1250	Dyn11	6.3/0.4	2340	10260	1.2	6	1650×920×1605	3720
SCB9-1600/10	1600		6/0.4	2750	12420	1.2		1710×920×1680	4500
SCB9-2000/10	2000		3/0.4	3620	1530	1.0		1760×1300×1770	5465
SCB9-2500/10	2500			4500	18180	1.0		1850×1300×1770	6230

附表 A-11 C65 及 NC100 系列空气断路器技术数据（施奈德）

产品系列	名称代号	分断能力 /kA	极数	额定电流 I_n /A	额定电压 /V	瞬动倍数	隔离功能	附 件
C65（用于照明）	C65N-C	6	1P、2P、3P、4P	1、2、3、4、6、10、16、20、25、32、40、50、63	230/400	$(5\sim10)I_n$	有	MX—分离脱扣 MN—欠压脱扣 MN s—欠时欠压脱扣 SD—报警接点
	C65H-C	10						
	C65L-C	15				$(7\sim10)I_n$		
C65（用于电动机）	C65N-D	6	1P、2P、3P、4P	1、2、3、4、6、10、16、20、25、32、40、50、63	230/400	$(10\sim14)I_n$	有	Tm—远程控制附件 ATm—自动重合附件 OF—状态指示接点 OF+SD/OF—双重切换接点
	C65H-D	10						
	C65L-D	15						
NC100（D 用于电动机）（C 用于照明）	NC100H-D/C	10	1P、2P、3P、4P	63、80、100	230/400	C：$(5\sim10)I_n$ D：$(10\sim14)I_n$		OF、SD、MN、MN s、MX+OF
	NC125H-D/C	10		125				
	NC100LS-D/C	36		10、16、20、25、32、40、50、63				

附表 A-12 NM1 系列空气断路器技术数据（正泰）

型 号	壳架等级额定电流 /A	额定电流 /A	额定工作电压/V	额定绝缘电压/V	额定极限短路分断能力 /kA 400V/690V	额定运行短路分断能力 /kA 400V/690V	极数	飞弧距离
NM1-63S	63	6、10、16、20、25、32、40、50、63	400	500	25*	12.5*	3	≤50
NM1-63H					50*	25*	3、4	
NM1-100S	100	16、20、25、32、40、50、63、80、100	690	800	35/8	17.5/4	3	≤50
NM1-100H					50/10	25/5	2、3、4	
NM1-100R					85/20	42.5/10	3	
NM1-225S	225	100、125、160、180、200、225	690	800	35/8	17.5/4	3	≤50
NM1-225H					50/10	25/5	2、3、4	
NM1-225R					85/20	42.5/10	3	
NM1-400S	400	225、250、315、350、400	690	800	50/10	25/5	3、4	≤100
NM1-400H					65/10	32.5/5	3	
NM1-400R					100/20	50/10	3	
NM1-630S	630	400、500、630	690	800	50/10	25/5	3、4	≤100
NM1-630H					65/10	32.5/5	3	
NM1-630R					100/20	50/10	3	
NM1-800H	800	630、700、800	690	800	75*	37.5*	3	≤100
NM1-800R					100*	50*	3	
NM1-1250H	1250	700、800、1000、1250	690	800	80*	40*	3	≤100

注：1. S 表示标准型，H 表示较高型，R 表示限流型。

2. * 为 400V 时的试验参数，6A 无热脱扣。

3. 四极产品中，N 极的型式分四种：

A 型——N 极不安装电流脱扣器元件，且 N 极始终接通，不与其他三极一起分合；

B 型——N 极不安装电流脱扣器元件，且 N 极与其他三极一起分合（N 极先合后分）；

C 型——N 极安装电流脱扣器元件，且 N 极与其他三极一起分合（N 极先合后分）；

D 型——N 极安装电流脱扣器元件，且 N 极始终接通，不与其他三极一起分合。

附表 A-13　DZ20 系列低压断路器技术参数

型　　号	额定电压/V	壳架电流/A	脱扣器整定电流/A	分断能力/kA	外形尺寸/mm 宽×高×厚
DZ20Y-100	500	100	16、20、32、40、 50、63、80、100	18	105×163×86.5
DZ20J-100				35	
DZ20G-100				75	
DZ20Y-200	500	200	100、125、160、 180、200、225	25	108×268×105
DZ20J-200				42	
DZ20G-200				70	
DZ20J-400	500	400	250、315、350、400	42	210×268×138
DZ20G-400				80	
DZ20Y-630	500	630	250、315、350、 400、500、630	30	210×268×138
DZ20J-630				65	

附表 A-14　NC100 及 C65 相配合的漏电保护设备

			与 NC100 及 C65 相配合的漏电保护设备		
产品型号	名称代号	额定电流	极数	漏电脱扣电流/mA	备注
C65	VigiC65ELE	40、63	1P+N、2P、 3P、4P	30	—
	VigiC65ELEG				带过电压保护/V 280±5%
	VigiC65ELM	32、40、63	2P、3P、4P		—
NC100	VigiC100ELM	40、50、63、100	2P、3P、4P	30、300、300 [s] 500、1000 [s]	带 [s] 为延时型
C120	VigiC120ELM	125	2P、3P、4P	300、300 [s]	—
DPN	DPNVigi	6、10、16、20	—	—	—
	DPNVigiG	25、32	1P+N	30	带过电压保护/V 280±5%
	DPNNVigi	6、10、16、20 25、32、40	—	—	电磁式漏电保护
1D	1D	25、40、63	2P+4P		—

附表 A-15　135 系列柴油发动机主要参数

机组型号	常用功率		发动机型号 135.138	缸径/行程 /mm	外形尺寸/mm L×W×H	机组重量/kg
	kW	kVA				
KH-100GF	100	125	4135AZD-2	135/150	2200×800×1400	1700
KH-120GF	120	150	6135JZD	135/140	2750×900×1700	2200
KH-150GF	150	188	6135ZAZD-1	135/150	2750×900×1700	2200
KH-200GF	200	250	G128ZLD	135/150	2850×1000×1700	2400
KH-200GF	200	250	G128ZLD2	135/150	3300×1250×1900	3200
KH-250GF	250	312.5	G128ZLD1	135/150	3300×1450×1900	3400
KH-280GF	280	350	12V135JZD	135/150	3300×1450×1900	3600

续表

机组型号	常用功率		发动机型号	缸径/行程	外形尺寸/mm	机组重量/kg
	kW	kVA	135.138	/mm	$L \times W \times H$	
KH-300GF	300	375	12V135AZD	135/150	3500×1600×2100	3800
KH-320GF	320	400	12V135AZD	135/150	3500×1600×2100	3800
KH-360GF	360	450	NT12V135ZDH	135/150	3500×1600×2100	4000
KH-360GF	360	450	12V135AZLD	135/150	3500×1600×2100	4000
KH-400GF	400	500	NT12V135ZDHX	135/150	3650×1700×2200	4200
KH-400GF	400	500	12V135BZLD	135/150	3650×1700×2200	4200
KH-450GF	450	563	TC12V138ZDW	135/150	3650×1700×2200	4200

附表 A-16　GL 系列电流互感器主要技术数据

型　　号	额定电流 /A	整　定　值		电磁元件瞬动电流倍数	返回系数
		感应元件动作电流/A	10 倍动作电流的动作时间/s		
GL-11/10,GL-21/10	10	4、5、6、7、8、9、10	0.5、1、2、3、4	2～8	不小于 0.85
GL-11/5,GL-21/5	5	2、2.5、3、3.5、4、4.5、5			
GL-12/10,GL-22/10	10	4、5、6、7、8、9、10	2、4、8、12、16	2～8	
GL-12/5,GL-22/5	5	2、2.5、3、3.5、4、4.5、5			
GL-13/10,GL-23/10	10	4、5、6、7、8、9、10	2、3、4	2～8	
GL-13/5,GL-23/5	5	2、2.5、3、3.5、4、4.5、5			
GL-14/10,GL-24/10	10	4、5、6、7、8、9、10	8、12、16	2～8	不小于 0.8
GL-14/5,GL-24/5	5	2、2.5、3、3.5、4、4.5、5			
GL-15/10,GL-25/10	10	4、5、6、7、8、9、10	0.5、1、2、3、4	2～8	
GL-15/5,GL-25/5	5	2、2.5、3、3.5、4、4.5、5			
GL-16/10,GL-26/10	10	4、5、6、7、8、9、10	8、12、16	2～8	
GL-16/5,GL-26/5	5	2、2.5、3、3.5、4、4.5、5			

注：动作时间指在 10 倍动作电流的情况下,瞬动电流倍数即比值,瞬动电流(电磁元件)/动作电流(感应元件)。

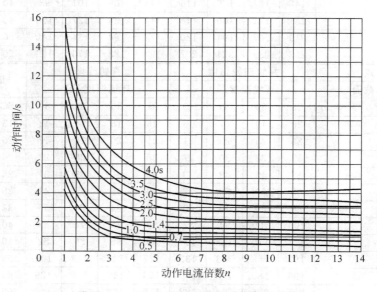

附图 A-1　GL 电流继电器的动作特性曲线

附表 A-17　铜芯绝缘电线（BV）明敷在导管内的持续载流量　　　　　　　A

额定电压/kV					0.45/0.75						
导体工作温度/℃					70						
敷设方式	每管两线靠墙				每管两线埋墙				最小管径/mm		
线芯标称截面	环境温度/℃				环境温度/℃						
/mm²	25	30	35	40	25	30	35	40	SC	MT	PC
1.5	18	17	15	14	14	14	13	12	15	16	16
2.5	25	24	22	20	20	19	17	16	15	16	16
4	33	32	30	27	27	26	24	22	15	16	16
6	43	41	38	35	36	34	31	29	15	19	20
10	65	57	53	49	48	46	43	40	20	25	25
16	80	76	71	66	64	61	57	53	25	25	32
25	107	101	94	87	84	81	75	69	25	32	40
35	132	125	117	108	104	99	93	86	32	38	40
50	106	151	141	131	126	119	111	103	32	51	50
70	203	192	180	167	160	151	141	131	40	51	50
95	245	232	218	201	192	182	171	158	50	64	63
120	285	269	252	234	222	210	197	182	50	64	63
敷设方式	每管三线靠墙				每管三线埋墙				最小管径/mm		
线芯标称截面	环境温度/℃				环境温度/℃						
/mm²	25	30	35	40	25	30	35	40	SC	MT	PC
2.5	22	21	19	18	19	18	16	15	15	16	16
4	29	28	26	24	25	24	22	20	15	16	20
6	38	36	33	31	32	31	29	26	15	19	20
10	53	50	47	43	44	42	39	36	20	25	25
16	72	68	63	59	59	56	52	48	24	32	32
25	94	89	83	77	77	73	68	63	32	32	40
35	116	110	103	95	94	89	83	77	32	38	40
50	142	134	125	116	114	108	101	93	40	51	50
70	181	171	160	148	144	136	127	118	40	51	50
95	219	207	194	180	173	164	154	142	50	64	63
120	253	239	224	207	199	188	176	163	50	64	63
敷设方式	每管四线靠墙				每管四线埋墙				最小管径/mm		
线芯标称截面	环境温度/℃				环境温度/℃						
/mm²	25	30	35	40	25	30	35	40	SC	MT	PC
2.5	20	19	17	16	15	15	14	13	15	19	20
4	26	25	23	21	21	20	18	17	20	25	20
6	33	32	30	27	28	27	25	23	20	25	25
10	47	45	42	39	38	36	33	31	25	32	32
16	63	60	56	52	50	48	45	41	25	32	40
25	84	80	75	69	67	64	60	55	32	38	50
35	106	100	94	87	83	79	74	68	40	51	50
50	127	120	112	104	100	95	89	82	40	51	63
70	162	153	143	133	127	120	112	104	50	64	63
95	196	185	173	160	153	145	136	126	65	64	—
120	227	215	202	187	178	168	157	146	65	76	—

续表

敷设方式	每管五或六线靠墙				每管五或六线埋墙				最小管径/mm		
线芯标称截面 /mm²	环境温度/℃				环境温度/℃				SC	MT	PC
	25	30	35	40	25	30	35	40			
2.5	16	16	15	13	13	13	12	11	15	19	20
4	23	22	20	19	19	18	16	15	20	25	25
6	29	28	26	24	24	23	21	20	20	25	32
10	41	39	36	33	33	32	30	27	25	32	40
16	56	53	49	46	44	42	39	36	32	38	40
25	74	70	65	60	59	56	52	48	40	51	50
35	92	87	81	75	73	69	64	60	50	51	63
50	111	105	96	91	87	83	78	72	50	64	63
70	142	134	125	116	111	105	98	91	65	64	—
95	171	162	152	140	134	127	119	110	65	76	—
120	199	188	176	163	155	147	138	127	80	—	—

附表 A-18   VV、VLV 三芯电力电缆持续载流量   A

额定电压/kV	0.6/1.0											
导体工作温度/℃	70											
敷设方式	敷设在隔热墙中的导管内				敷设在明敷的导管内				直通最小 管径/mm		一个弯最小 管径/mm	
缆芯标称 截面/mm²	环境温度/℃				环境温度/℃				SC	PC	SC	PC
	25	30	35	40	25	30	35	40				
铜芯	2.5	18	17	15	14	21	20	18	17	25	32	32	40
	4	24	23	21	20	28	27	25	23	25	40	40	50
	6	30	29	27	25	36	34	31	29	32	40	40	50
	10	41	39	36	33	48	46	43	40	32	40	50	63
	16	55	52	48	45	65	62	58	53	40	50	50	63
	25	72	68	63	59	84	80	75	69	50	63	65	—
	35	87	83	78	72	104	99	93	86	50	63	65	—
	50	104	99	93	86	125	118	110	102	65	—	80	—
	70	132	125	117	108	157	149	140	129	65	—	100	—
	95	159	150	141	130	189	179	168	155	80	—	100	—
	120	182	172	161	149	218	206	193	179	80	—	100	—
	150	207	196	184	170	—	—	—	—	100	—	125	—
	185	236	223	209	194	—	—	—	—	100	—	125	—
	240	276	261	245	227	—	—	—	—	100	—	150	—

续表

敷设方式	敷设在空气中				敷设在埋地的管道内				直通最小管径/mm		一个弯最小管径/mm	
					土壤热阻系数/(k·m/W)							
					1	1.5	2	2.5				
缆芯标称截面/mm²	环境温度/℃				环境温度/℃				SC	PC	SC	PC
	25	30	35	40	20							
铝芯 2.5	13	13	12	11	15	15	14	13	25	32	32	40
4	18	17	15	14	22	21	19	18	25	40	40	50
6	24	23	21	20	28	27	25	23	32	40	40	50
10	32	31	29	26	38	36	33	40	32	40	50	63
16	43	41	38	35	50	48	45	41	40	50	50	63
25	56	53	49	46	65	62	58	53	50	63	65	—
35	68	65	61	56	81	77	72	66	50	63	65	—
50	82	78	73	67	97	92	86	80	65	—	80	—
70	103	98	92	85	122	116	109	100	65	—	100	—
95	125	118	110	102	147	139	130	120	80	—	100	—
120	143	135	126	117	169	160	150	139	80	—	100	—
150	164	155	145	134					100	—	125	—
185	186	176	165	153	—				100	—	125	—
240	219	207	194	180					100	—	150	—
铜芯 2.5	26	25	23	21	28	26	25	24	25	32	32	40
4	36	34	31	29	36	34	32	31	25	40	40	50
6	45	43	40	37	46	42	40	39	32	40	40	50
10	63	60	56	52	61	57	54	52	32	40	50	63
16	84	80	75	69	79	73	70	67	40	50	50	63
25	107	101	94	87	101	94	90	86	50	63	65	—
35	133	126	118	109	121	113	108	103	50	63	65	—
50	162	153	143	133	143	134	128	122	65	—	80	—
70	207	16	184	170	178	166	158	151	65	—	100	—
95	252	238	223	207	211	196	187	179	80	—	100	—
120	292	276	259	240	239	223	213	203	80	—	100	—
150	338	319	299	277	271	253	241	230	100	—	125	—
185	385	364	342	316	304	283	270	258	100	—	125	—
240	455	430	404	374	350	326	311	297	100	—	150	—

注：① 墙内壁的表面热系数不小于 10W/(m²·K)。

② 电缆穿管长度在 30m 及以下，直线管段内径不小于电缆外径 1.5 倍；一个弯曲时管内径不小于电缆外径 2 倍；两个弯曲时管内径不小于电缆外径 2.5 倍。

附表 A-19 VV₂₂、VLV₂₂电力电缆直埋持续载流量 A

额定电压/kV	0.6/1.0											
导体工作温度/℃	70											
敷设方式	直接埋地敷设											
土壤热阻系数	1.2(℃·m/W)											
电缆型号	VV₂₂						VLV₂₂					
电缆芯数	单芯	二芯	三芯或四芯				单芯	二芯	三芯或四芯			
缆芯标称截面/mm²	环境温度/℃											
	25	25	15	20	25	30	25	25	15	20	25	30
4		44	43	41	39	36		34	33	32	30	28
6		55	53	50	48	45		43	41	39	37	35
10	99	76	72	68	65	61	77	59	56	53	50	47
16	135	102	80	92	88	83	105	79	62	71	68	64
25	173	129	125	117	112	106	134	100	97	91	87	82
35	209	169	151	142	135	128	162	131	117	110	105	99
50	250	196	184	174	166	156	194	152	143	135	129	121
70	303	232	218	206	196	184	235	180	169	160	152	143
95	362	280	258	244	232	218	281	217	200	189	180	169
120	504	321	297	280	267	252	319	249	230	217	207	195
150	471	352	339	321	306	288	365	273	263	249	237	223
185	530		278	357	341	320	410		293	277	264	248
240	623		444	421	400	375	483		344	326	310	291
300	700		497	470	448	421	543		385	364	347	326
400	806						625					
500	922						715					
630	1057						819					
800	1242						963					

附录 A-20　YJV、YJLV、YJV₂₂、YJLV₂₂三芯及四芯电力电缆持续载流量

型号：YJV、YJLV（额定电压 0.6/1 kV）；YJV₂₂、YJLV₂₂（额定电压 8.7/10 kV）　导体工作温度：90℃　单位：A

敷设在空气中（环境温度/℃：25、30、35、40）；敷设在土壤中（土壤热阻系数/(K·m/W)：1、1.5、2、2.5；环境温度：20℃）

标称截面积/mm²	敷设在空气中 25℃		30℃		35℃		40℃		敷设在土壤中 热阻1		热阻1.5		热阻2		热阻2.5	
	铜	铝	铜	铝	铜	铝	铜	铝	铜	铝	铜	铝	铜	铝	铜	铝
1.5	23	—	23	—	22	—	20	—	—	—	—	—	—	—	—	—
2.5	33	24	32	24	30	23	29	21	—	—	—	—	—	—	—	—
4	43	33	42	32	40	30	38	29	—	—	—	—	—	—	—	—
6	56	43	54	42	51	40	49	38	—	—	—	—	—	—	—	—
10	78	60	75	58	72	55	68	52	—	—	—	—	—	—	—	—
16	104	80	100	77	96	73	91	70	—	—	—	—	—	—	—	—
25	132	100	127	97	121	93	115	88	—	—	—	—	—	—	—	—
35	164	124	158	120	151	115	143	109	167	130	149	116	136	106	129	100
50	199	151	192	146	184	140	174	132	198	156	177	139	162	127	153	120
70	255	194	246	187	236	179	223	170	247	192	220	171	201	156	190	148
95	309	236	298	227	286	217	271	206	291	230	259	205	237	187	224	177
120	359	273	346	263	332	252	314	239	331	262	295	234	270	214	255	201
150	414	316	399	304	383	291	363	276	375	295	335	263	306	240	289	227
185	474	360	456	347	437	333	414	315	419	331	374	295	342	270	323	255
240	559	425	538	409	516	392	489	372	487	382	435	341	397	311	375	292
300	645	489	621	471	596	452	565	428	552	430	493	383	450	350	425	331
400	—	—	—	—	—	—	—	—	601	460	537	410	490	375	463	354

附表 A-21　三相 380V 聚氯乙烯绝缘电缆的电压损失（θ＝65℃）　　%/A·km

线芯材质	截面/mm²	感抗/(Ω/km)	电阻/(Ω/km)	cosφ 0.5	0.6	0.7	0.8	0.9	1.0	线芯材质	电阻/(Ω/km)	cosφ 0.5	0.6	0.7	0.8	0.9	1.0
铜	2.5	0.100	7.981	1.858	2.219	2.579	2.938	3.294	3.638	铝	13.085	3.022	3.615	4.208	4.799	5.388	5.964
	4	0.093	4.988	1.174	1.398	1.622	1.844	2.065	2.274		8.178	1.901	2.270	2.640	3.008	3.373	3.728
	6	0.093	3.325	0.795	0.943	1.091	1.238	1.383	1.516		5.452	1.279	1.525	1.770	2.014	2.255	2.485
	10	0.087	2.035	0.498	0.588	0.678	0.766	0.852	0.928		3.313	0.789	0.938	1.085	1.232	1.376	1.510
	16	0.082	1.272	0.322	0.385	0.433	0.486	0.538	0.580		2.085	0.508	0.600	0.683	0.783	0.872	0.950
	25	0.075	0.814	0.215	0.250	0.284	0.317	0.349	0.371		1.334	0.334	0.392	0.450	0.507	0.562	0.608
	35	0.072	0.581	0.161	0.185	0.209	0.232	0.253	0.265		0.954	0.246	0.287	0.328	0.368	0.406	0.435
	50	0.072	0.407	0.121	0.138	0.153	0.168	0.181	0.186		0.688	0.181	0.209	0.237	0.263	0.288	0.305
	70	0.069	0.291	0.094	0.105	0.115	0.125	0.133	0.133		0.476	0.136	0.155	0.175	0.192	0.209	0.217
	95	0.069	0.214	0.076	0.084	0.091	0.097	0.102	0.098		0.351	0.107	0.121	0.135	0.147	0.158	0.160
	120	0.069	0.169	0.066	0.071	0.076	0.081	0.083	0.077		0.278	0.091	0.101	0.111	0.120	0.128	0.127
	150	0.070	0.136	0.059	0.063	0.066	0.069	0.070	0.062		0.223	0.078	0.087	0.094	0.101	0.105	0.102
	185	0.070	0.110	0.053	0.056	0.058	0.059	0.059	0.050		0.180	0.069	0.075	0.080	0.085	0.088	0.082
	240	0.070	0.085	0.047	0.049	0.050	0.050	0.049	0.039		0.139	0.059	0.064	0.067	0.070	0.071	0.063

附表 A-22　矩形母线竖放载流量（θ＝70℃）　　　　　　A

母线尺寸/mm²	硬铜母（TMY）				硬铝母（LMY）			
	25℃	30℃	35℃	40℃	25℃	30℃	35℃	40℃
15×3	210	197	185	170	165	155	145	134
20×3	275	258	242	223	215	202	189	174
25×3	340	320	299	276	265	249	233	215
30×4	475	446	418	385	365	343	321	396
40×4	625	587	550	506	480	451	422	389
40×5	700	659	615	567	540	507	475	438
50×5	860	809	756	697	665	625	585	539
50×6	955	898	840	774	740	695	651	600
60×6	1125	1056	990	912	870	818	765	705
80×6	1480	1390	1300	1200	1150	1080	1010	932
100×6	1810	1700	1590	1470	1425	1340	1255	1153

母线尺寸/mm²	硬铜母（TMY）				硬铝母（LMY）			
	25℃	30℃	35℃	40℃	25℃	30℃	35℃	40℃
60×8	1320	1240	1160	1070	1025	965	902	831
80×8	1690	1590	1490	1370	1320	1240	1160	1070
100×8	2080	1955	1830	1685	1625	1530	1430	1315
120×8	2400	2255	2110	1945	1900	1785	1670	1540
60×10	1475	1388	1300	1195	1155	1085	1016	936
80×10	1900	1766	1670	1540	1480	1390	1300	1200
100×10	2310	2170	2030	1870	1820	1710	1600	1475
120×10	2650	2490	2330	2150	2070	1945	1820	1680

注：母线平放时，宽为 60mm 以下，载流量减少 5%。当宽为 60mm 以上时，载流量应减少 8%。

附表 A-23　LJ 型钢芯铝绞线的主要技术数据

截面/mm²	16	25	35	50	70	95	120	150	185	240
50℃时电阻/(Ω/km)	2.07	1.33	0.96	0.66	0.48	0.36	0.28	0.23	0.18	0.14
线间几何均距/mm	线路电抗/(Ω/km)									
600	0.36	0.35	0.34	0.33	0.32	0.31	0.30	0.29	0.28	0.28
800	0.38	0.37	0.36	0.35	0.34	0.33	0.32	0.31	0.30	0.30
1000	0.40	0.38	0.37	0.36	0.35	0.34	0.33	0.32	0.31	0.31
1250	0.41	0.40	0.39	0.37	0.36	0.35	0.34	0.34	0.32	0.32
1500	0.42	0.41	0.40	0.38	0.37	0.36	0.35	0.35	0.34	0.34
2000	0.44	0.43	0.41	0.40	0.40	0.38	0.37	0.37	0.36	0.35

注：

① 线间几何均距 $a_{av} = \sqrt[3]{a_1 a_2 a_3}$，式中 a_1、a_2、a_3 为三相导线的各相之间的线间距离。三相导线正三角形排列时，$a_{av} = a$；三相导线等距水平排列时，$a_{av} = 1.26a$。

② 铜绞线 TJ 的电阻约为同截面 LJ 铝绞线电阻的 61%；TJ 的电抗与 LJ 相同；TJ 的载流量约为同截面 LJ 载流量的 1.29 倍。

附录 A-24　LJ 型铝绞线、LGJ 型钢芯铝绞线的载流量（$\theta = 70$℃）　　　A

截面/mm²	LJ 型								LGJ 型			
	室内				室外				室外			
	25℃	30℃	35℃	40℃	25℃	30℃	35℃	40℃	25℃	30℃	35℃	40℃
10	55	52	48	45	75	70	66	61				
16	80	75	70	65	105	99	92	85	105	98	92	85
25	110	103	97	89	135	127	119	109	135	127	119	109
35	135	127	119	109	170	160	150	138	170	159	149	137
50	170	160	150	138	215	202	189	174	220	207	193	178
70	215	202	189	174	265	249	233	215	275	259	228	222
95	260	244	229	211	325	305	286	247	335	315	295	272
120	310	292	273	251	375	352	330	304	380	357	335	307
150	370	348	326	300	440	414	387	356	445	418	390	360
185	425	400	374	344	500	470	440	405	515	484	453	416
240					610	574	536	494	610	574	536	494
300					680	640	597	550	700	658	615	566

附录 A-25　全国部分城市雷暴日数

序号	地名		平均雷暴日数/(d/a)	序号	地名		平均雷暴日数/(d/a)
1	北京市		35.6	9	上海市		30.1
2	天津市		28.2	10	江苏省	南京市	35.1
3	河北省	石家庄市	31.5			连云港市	29.6
		唐山市	32.7			徐州市	29.4
		保定市	30.7	11	浙江省	杭州市	40.0
4	山西省	太原市	36.4			宁波市	40.0
		大同市	42.3			温州市	51.0
		阳泉市	40.0	12	安徽省	合肥市	30.1
5	内蒙古自治区	呼和浩特市	37.5			芜湖市	34.6
		包头市	34.7	13	福建省	福州市	57.6
6	辽宁省	沈阳市	27.1			厦门市	47.4
		大连市	19.2	14	江西省	南昌市	58.5
		鞍山市	26.9			景德镇市	59.2
		本溪市	33.7	15	山东省	济南市	26.3
7	吉林省	长春市	36.6			青岛市	23.1
		吉林市	40.5	16	河南省	郑州市	22.6
		四平市	33.7			开封市	22.0
		通化市	36.7			洛阳市	24.8
		白城市	30.0	17	湖北省	武汉市	37.8
8	黑龙江省	哈尔滨市	30.9			黄石市	50.4
		齐齐哈尔市	27.7	18	湖南省	长沙市	49.5
		双鸭山市	29.8			株州市	50.0
		大庆市(安达)	31.9				

参 考 文 献

[1] 任元会.工业与民用配电设计手册(第三版).北京:中国电力出版社,2005
[2] 陈元丽.现代建筑电气设计指南.北京:中国水利水电出版社,2007
[3] 居荣.供配电技术.北京:化学工业出版社,2005
[4] 孟祥忠.现代供电技术.北京:清华大学出版社,2006
[5] 江萍.建筑电气数据选择指南.北京:化学工业出版社,2010
[6] 江萍,等.建筑设备概论(下).武汉:武汉理工大学出版社.2008
[7] 王玉华,等.工厂供电.北京:北京大学出版社,中国林业出版社,2006
[8] 雍静.供配电系统.北京:机械工业出版社,2006
[9] 黄民德,郭福雁.建筑供配电与照明.北京:人民交通出版社,2008
[10] 陆地.建筑供配电系统与照明技术.北京:中国水利水电出版社,2011
[11] 中国建筑学会建筑电气分会.建筑供配电新技术.北京:中国建筑工业出版社,2010
[12] 李军.供配电系统.北京:中国轻工业出版社,2007
[13] 王晓丽.供配电系统.北京:机械工业出版社,2004
[14] 建设部工程质量安全监督与行业发展司中国建筑标准设计研究所.全国民用建筑工程设计技术措施(电气).北京:中国建筑标准设计研究院,2008
[15] 《建筑物电子信息系统防雷技术规范》GB 50343—2004.北京:中国建筑出版社,2004
[16] 《供配电系统设计规范》GB 50052—95.北京:中国规划出版社,1995
[17] 《低压配电设计规范》GB 50054—95.北京:中国规划出版社,1995
[18] 《民用建筑电气设计规范》JGJ 16—2008.北京:中国建筑出版社,2008
[19] 《建筑物防雷设计规范》GB50057—2010.北京:中国建筑出版社,2011